Massimo Bergamini
Anna Trifone   Graziella Barozzi

3 Elementi di matematica
con Maths in English

Per sapere quali risorse digitali integrano il tuo libro, e come fare ad averle, connettiti a Internet e vai su:

http://my.zanichelli.it/risorsedigitali

Segui le istruzioni e tieni il tuo libro a portata di mano: avrai bisogno del codice ISBN*, che trovi nell'ultima pagina della copertina, in basso a sinistra.

- L'accesso alle risorse digitali protette è personale: non potrai condividerlo o cederlo.
- L'accesso a eventuali risorse digitali online protette è limitato nel tempo: alla pagina http://my.zanichelli.it/risorsedigitali trovi informazioni su la durata della licenza.

* Se questo libro fa parte di una confezione, l'ISBN si trova nella quarta di copertina dell'ultimo libro nella confezione.

Copyright © 2015 Zanichelli editore S.p.A., Bologna [19961der]
www.zanichelli.it

I diritti di elaborazione in qualsiasi forma o opera, di memorizzazione anche digitale su supporti di qualsiasi tipo (inclusi magnetici e ottici), di riproduzione e di adattamento totale o parziale con qualsiasi mezzo (compresi i microfilm e le copie fotostatiche), i diritti di noleggio, di prestito e di traduzione sono riservati per tutti i paesi. L'acquisto della presente copia dell'opera non implica il trasferimento dei suddetti diritti né li esaurisce.

Le fotocopie per uso personale (cioè privato e individuale, con esclusione quindi di strumenti di uso collettivo) possono essere effettuate, nei limiti del 15% di ciascun volume, dietro pagamento alla S.I.A.E. del compenso previsto dall'art. 68, commi 4 e 5, della legge 22 aprile 1941 n. 633. Tali fotocopie possono essere effettuate negli esercizi commerciali convenzionati S.I.A.E. o con altre modalità indicate da S.I.A.E.

Per le riproduzioni ad uso non personale (ad esempio: professionale, economico, commerciale, strumenti di studio collettivi, come dispense e simili) l'editore potrà concedere a pagamento l'autorizzazione a riprodurre un numero di pagine non superiore al 15% delle pagine del presente volume. Le richieste per tale tipo di riproduzione vanno inoltrate a

Centro Licenze e Autorizzazioni per le Riproduzioni Editoriali (CLEARedi)
Corso di Porta Romana, n.108
20122 Milano
e-mail autorizzazioni@clearedi.org e sito web www.clearedi.org

L'editore, per quanto di propria spettanza, considera rare le opere fuori del proprio catalogo editoriale, consultabile al sito www.zanichelli.it/f_catalogo.html. La fotocopia dei soli esemplari esistenti nelle biblioteche di tali opere è consentita, oltre il limite del 15%, non essendo concorrenziale all'opera. Non possono considerarsi rare le opere di cui esiste, nel catalogo dell'editore, una successiva edizione, le opere presenti in cataloghi di altri editori o le opere antologiche. Nei contratti di cessione è esclusa, per biblioteche, istituti di istruzione, musei e archivi, la facoltà di cui all'art. 71 - ter legge diritto d'autore.
Maggiori informazioni sul nostro sito: www.zanichelli.it/fotocopie/

Coordinamento editoriale: Giulia Laffi

Realizzazione editoriale: Edigeo srl, Milano
- Redazione: Elena Colombo, Elisabetta Querci, Angela Ripamonti
- Contributi alla stesura dei testi: Angela Ripamonti

- Progetto grafico: Byblos, Faenza
- Progetto grafico delle pagine IX-XII: Roberto Marchetti
- Composizione e impaginazione: Litoincisa, Bologna
- Ricerca iconografica e realizzazione delle aperture di capitolo, di *Realtà e modelli* e di *Maths in English*: Byblos, Faenza
- Disegni: Graffito, Cusano Milanino

Copertina:
- Progetto grafico: Miguel Sal & C., Bologna
- Realizzazione: Roberto Marchetti e Francesca Ponti
- Immagine di copertina: Artwork Miguel Sal & C., Bologna

Prima edizione: febbraio 2015

Ristampa:

5 4 3 2 1   2015 2016 2017 2018 2019

Zanichelli garantisce che le risorse digitali di questo volume sotto il suo controllo saranno accessibili, a partire dall'acquisto dell'esemplare nuovo, per tutta la durata della normale utilizzazione didattica dell'opera. Passato questo periodo, alcune o tutte le risorse potrebbero non essere più accessibili o disponibili: per maggiori informazioni, leggi my.zanichelli.it/fuoricatalogo

File per sintesi vocale
L'editore mette a disposizione degli studenti non vedenti, ipovedenti, disabili motori o con disturbi specifici di apprendimento i file pdf in cui sono memorizzate le pagine di questo libro.
Il formato del file permette l'ingrandimento dei caratteri del testo e la lettura mediante software screen reader. Le informazioni su come ottenere i file sono sul sito
http://www.zanichelli.it/scuola/bisogni-educativi-speciali

Suggerimenti e segnalazione degli errori
Realizzare un libro è un'operazione complessa, che richiede numerosi controlli: sul testo, sulle immagini e sulle relazioni che si stabiliscono tra essi. L'esperienza suggerisce che è praticamente impossibile pubblicare un libro privo di errori. Saremo quindi grati ai lettori che vorranno segnalarceli. Per segnalazioni o suggerimenti relativi a questo libro scrivere al seguente indirizzo:

lineauno@zanichelli.it

Le correzioni di eventuali errori presenti nel testo sono pubblicate nel sito www.zanichelli.it/aggiornamenti

Zanichelli editore S.p.A. opera con sistema qualità
certificato CertiCarGraf n. 477
secondo la norma UNI EN ISO 9001:2008

Contributi:
- Stesura delle aperture: Silvia Benvenuti (*Bulloni!*), Daniela Cipolloni (*1729*, *Home cinema*, *Body Mass Index*), Daniele Gouthier (*L'ellisse del giardiniere*, *Possiamo fidarci?*)
- Stesura dei testi e degli esercizi del *Laboratorio di matematica*: Antonio Rotteglia
- Stesura e revisione degli esercizi in lingua inglese: Andrea Betti
- Revisioni dei testi e degli esercizi: Chiara Ballarotti, Luca Malagoli, Elisa Menozzi, Monica Prandini
- Rilettura dei testi: Marco Giusiano, Emilia Liviotti, Luca Malagoli, Francesca Anna Riccio
- Risoluzione degli esercizi: Silvano Baggio, Francesco Benvenuti, Davide Bergamini, Angela Capucci, Elisa Capucci, Lisa Cecconi, Elisa Garagnani, Daniela Giorgi, Erika Giorgi, Cristina Imperato, Francesca Incensi, Chiara Lugli, Francesca Lugli, Elisa Menozzi, Monica Prandini, Francesca Anna Riccio, Elisa Targa, Ambra Tinti
- Stesura degli esercizi: Anna Maria Bartolucci, Davide Bergamini, Cristina Bignardi, Francesco Biondi, Lisa Cecconi, Chiara Cinti, Paolo Maurizio Dieghi, Daniela Favaretto, Rita Fortuzzi, Ilaria Fragni, Lorenzo Ghezzi, Chiara Lucchi, Mario Luciani, Chiara Lugli, Francesca Lugli, Armando Magnavacca, Elisa Menozzi, Luisa Morini, Monica Prandini, Tiziana Raparelli, Laura Recine, Daniele Ritelli, Antonio Rotteglia, Giuseppe Sturiale, Renata Tolino, Maria Angela Vitali, Alessandro Zagnoli, Alessandro Zago, Lorenzo Zordan
- Stesura dei problemi di *Realtà e modelli*: Daniela Boni, Maria Falivene, Nadia Moretti
- Revisione di *Maths in English* e stesura di *Maths Talk*: Anna Baccaglini-Frank

Derive è un marchio registrato della Soft Warehouse Inc.
Excel è un marchio registrato della Microsoft Corp.
Cabrì-Géomètre è un marchio registrato della Texas Instruments

L'intera opera è frutto del lavoro comune di Massimo Bergamini e Anna Trifone.
Hanno collaborato alla realizzazione di questo volume Davide Bergamini, Enrico Bergamini e Lisa Cecconi.

Questo libro è stampato su carta che rispetta le foreste.
www.zanichelli.it/la-casa-editrice/carta-e-ambiente/

Stampa: Grafica Editoriale
Via E. Mattei 106, 40138 Bologna
per conto di Zanichelli editore S.p.A.
Via Irnerio 34, 40126 Bologna

Massimo Bergamini
Anna Trifone   Graziella Barozzi

3 Elementi
di matematica
con Maths in English

ZANICHELLI

SOMMARIO

	TEORIA	ESERCIZI
Dai numeri alle strutture algebriche	IX	

...che cosa ha di speciale un numero così?

▶ La risposta a pag. 13

CAPITOLO 1
LA DIVISIONE FRA POLINOMI E LA SCOMPOSIZIONE IN FATTORI

		TEORIA	ESERCIZI
1.	La divisione fra polinomi	2	17
2.	La regola di Ruffini	5	21
3.	Il teorema del resto e il teorema di Ruffini	6	24
4.	La scomposizione in fattori	7	25
5.	Applicazioni della scomposizione in fattori	10	35
	LABORATORIO DI MATEMATICA Le frazioni algebriche con Derive		14
■	Realtà e modelli		43
■	Verifiche di fine capitolo		44

...a quale distanza deve essere posto il proiettore affinché l'immagine che appare sullo schermo abbia la dimensione desiderata?

▶ La risposta a pag. 60

CAPITOLO 2
LE EQUAZIONI DI SECONDO GRADO

		TEORIA	ESERCIZI
1.	Le equazioni di secondo grado	48	65
	I problemi di secondo grado		80
2.	Le relazioni fra le radici e i coefficienti	53	85
3.	La scomposizione di un trinomio di secondo grado	55	89
4.	Le equazioni parametriche	56	93
5.	Le equazioni di grado superiore al secondo	56	95
6.	I sistemi di secondo grado	58	97
	LABORATORIO DI MATEMATICA Le equazioni di secondo grado		61
■	Realtà e modelli		109
■	Verifiche di fine capitolo		110

V

SOMMARIO

	TEORIA	ESERCIZI

…considerato un peso di 70 kilogrammi, per quali fasce di altezza possiamo ritenere una persona sottopeso, normale, sovrappeso o obesa?

▶ La risposta a pag. 127

CAPITOLO 3

LE DISEQUAZIONI DI SECONDO GRADO

1.	Le disequazioni	114	131
2.	Il segno di un trinomio di secondo grado	116	134
3.	La risoluzione delle disequazioni di secondo grado intere	119	135
4.	Le disequazioni di grado superiore al secondo	121	141
5.	Le disequazioni fratte	124	143
6.	I sistemi di disequazioni	124	146
7.	Le equazioni e le disequazioni di secondo grado con valori assoluti	125	148
	LABORATORIO DI MATEMATICA Le disequazioni di secondo grado con Wiris		128
■	Realtà e modelli		151
■	Verifiche di fine capitolo		152

…perché le teste dei bulloni sono quasi sempre esagonali?

▶ La risposta a pag. 185

CAPITOLO 4

LA CIRCONFERENZA, I POLIGONI INSCRITTI E CIRCOSCRITTI

1.	La circonferenza e il cerchio	156	191
2.	I teoremi sulle corde	161	194
3.	Le posizioni di una retta rispetto a una circonferenza	163	195
4.	Le posizioni reciproche fra due circonferenze	165	197
5.	Gli angoli alla circonferenza e i corrispondenti angoli al centro	167	199
6.	I poligoni inscritti e circoscritti	169	201
7.	I triangoli inscritti e circoscritti	170	202
8.	I quadrilateri inscritti e circoscritti	172	203
9.	I poligoni regolari	175	205
10.	La similitudine nella circonferenza	176	207
	Applicazioni dell'algebra alla geometria		213
11.	La lunghezza della circonferenza e l'area del cerchio	179	210
	LABORATORIO DI MATEMATICA La circonferenza con Geogebra		186
■	Realtà e modelli		219
■	Verifiche di fine capitolo		220

VI

SOMMARIO

Come può fare un giardiniere per creare un'aiuola a forma di ellisse?

▶ La risposta a pag. 244

		TEORIA	ESERCIZI
CAPITOLO 5			
LE CONICHE			
1.	La parabola	224	250
2.	Retta e parabola	228	254
3.	Le rette tangenti a una parabola	230	256
4.	Determinare l'equazione di una parabola	231	257
5.	La risoluzione grafica di una disequazione di secondo grado	232	262
6.	La circonferenza	235	264
7.	L'ellisse	238	270
8.	L'iperbole	241	273
	Circonferenza, ellisse, iperbole e funzioni		277
	LABORATORIO DI MATEMATICA La parabola	245	
■	Realtà e modelli		279
■	Verifiche di fine capitolo		280

Quanto sono attendibili i risultati dei sondaggi?

▶ La risposta a pag. 310

		TEORIA	ESERCIZI
CAPITOLO 6			
LA STATISTICA			
1.	I dati statistici	284	315
2.	Gli indici di posizione centrale	288	315
3.	Gli indici di variabilità	292	318
4.	Le tabelle a doppia entrata	295	321
5.	Indipendenza e dipendenza	298	322
6.	L'interpolazione statistica	301	324
7.	La regressione, la correlazione	303	325
	LABORATORIO DI MATEMATICA La statistica	311	
■	Realtà e modelli		330
■	Verifiche di fine capitolo		331

MATHS IN ENGLISH

		TEORIA	ESERCIZI
1.	Polar and Cartesian Coordinates... and How To Convert Them	E2	E3
2.	The Number π	E4	E5
3.	Flatland - A Romance of Many Dimensions	E6	E7
	MATHS TALK Let's read the equations	E8	

VII

FONTI DELLE ILLUSTRAZIONI

X: pcandweb.myblog.it;

XI (a): Frans Hals, *Cartesio*. ca. 1649-1700. Musée du Louvre, Parigi;

XI (b): mathdl.maa.org;

XI (c): Klaus Wohlfahrt, owpdb.mfo.de;

XII: Vasilij Kandinskij, *Improvvisazione 33*, 1913. Stedelijk Museum, Amsterdam;

45 (a): Istvan Csak/Shutterstock;

45 (b): Brian K./Shutterstock;

109 (a): Robert Elias/Shutterstock;

109 (b): Andriano/Shutterstock;

109 (c): Brian Weed/Shutterstock;

113 (a) e (b), 127: Dana Bartekoske/Shutterstock;

151 (b): http://images-01.delcampe-static.net;

155 (a), 185 : DenisNata/Shutterstock;

155 (b), 185 : Olly/Shutterstock;

219 (a): Decid-Daniele B.;

219 (b): Maggee/Shutterstock;

223, 244 (a): Milos Luzanin/Shutterstock;

279 (a): Tomasz Trojanowski/Shutterstock;

279 (b): www.yamaha-motor.com;

283, 310 (a): Denis Vrublevski/Shutterstock;

310 (b): Jose Valdislav/Shutterstock;

310 (c): James Group Studios/iStockphoto;

330 (a): Andresr/Shutterstock;

330 (b): Marcel Jancovic/Shutterstock;

330 (c): Colour/Shutterstock;

E1: Jan Baptist Weenix, *Ritratto di Cartesio* (1647-1649), Centraal Museum d'Utrecht;

E5: The Rhind Mathematical Papyrus. The British Museum, London.

Dai numeri alle strutture algebriche

? Le proprietà delle operazioni fra numeri possono essere estese a enti diversi?

■ Algebra: non solo numeri

• Le trasformazioni del triangolo equilatero in sé

Consideriamo un triangolo equilatero di vertici 1, 2, 3 e il suo centro G, punto di intersezione degli assi (figura 1).

Muoviamo il triangolo con una rotazione antioraria R_1 di 120° intorno a G: il vertice 3 si sposta nel vertice 1, il vertice 1 in 2 e 2 in 3 (figura 2). R_1 trasforma il triangolo equilatero in sé e può essere indicata mediante la permutazione dei vertici che la caratterizza con la scrittura:

$$R_1 = \begin{pmatrix} 1 & 2 & 3 \\ 2 & 3 & 1 \end{pmatrix}$$

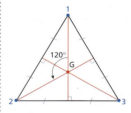
▲ Figura 1

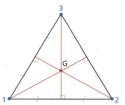
▲ Figura 2

Consideriamo ora tutte le trasformazioni geometriche che mutano il triangolo equilatero in sé:

- S_1 = simmetria rispetto all'asse del lato 2-3;
- S_2 = simmetria rispetto all'asse del lato 3-1;
- S_3 = simmetria rispetto all'asse del lato 2-1;
- R_1 = rotazione in senso antiorario di 120° intorno a G;
- R_2 = rotazione in senso antiorario di 240° intorno a G;
- I = identità (o rotazione di 360° intorno a G).

Le sei trasformazioni corrispondono alle sei permutazioni dei vertici del triangolo equilatero.

Il concetto di permutazione non riguarda soltanto i numeri, ma si può definire per oggetti qualsiasi. Le permutazioni di n oggetti distinti sono tutti i possibili ordinamenti di quegli oggetti.

Attività

Con un cartoncino realizza un triangolo equilatero come quello della figura e fai un po' di pratica nell'ottenere le trasformazioni elencate. Scrivi poi la permutazione relativa, nella forma che abbiamo utilizzato per quella di R_1.

Per esempio, verifica che $\begin{pmatrix} 1 & 2 & 3 \\ 3 & 1 & 2 \end{pmatrix}$ corrisponde a R_2.

Un esempio di permutazioni sono gli anagrammi. Gli anagrammi della parola EVA sono EVA, EAV, VEA, VAE, AEV, AVE. Le permutazioni di tre elementi sono 6.

IX

Dai numeri alle strutture algebriche

• Un'operazione fra trasformazioni

Consideriamo l'operazione di composizione ∘ tra le trasformazioni elencate. Indichiamo con T l'insieme delle sei trasformazioni.
È possibile verificare che ∘ è un'operazione interna: comunque si compongano due elementi di T, si ottiene ancora un elemento di T.

Attività

Considera ancora il triangolo di figura 1 ed esegui prima la simmetria S_1 e poi applica al triangolo ottenuto la rotazione R_2, ossia esegui $R_2 \circ S_1$.
$R_2 \circ S_1$ è uguale a un'altra delle sei trasformazioni. Quale?
Completa la tabella dell'operazione ∘.

∘	I	R_1	R_2	S_1	S_2	S_3
I	I	R_1	R_2	S_1	S_2	S_3
R_1	R_1	R_2				
R_2	R_2					
S_1	S_1					
S_2	S_2					
S_3	S_3					

> La struttura di gruppo, insieme ai concetti di simmetria e di permutazione, venne utilizzata per la prima volta da Évariste Galois (1811-1832) per studiare le soluzioni delle equazioni polinomiali. Tuttavia, soltanto alla fine del XIX secolo, Arthur Cayley diede la definizione generale di gruppo.

• La struttura di gruppo

Dato un insieme A e una legge di composizione interna #, definita fra gli elementi di A, si dice che $(A, \#)$ è una struttura di gruppo se:

a) # è *associativa*, cioè $(a \# b) \# c = a \# (b \# c)$ per ogni a, b, c di A;
b) esiste l'elemento neutro e di A tale che $a \# e = e \# a = a$ per ogni a di A;
c) per ogni a di A esiste l'elemento inverso a^{-1} di A tale che $a \# a^{-1} = a^{-1} \# a = e$.

Attività

- Verifica che $(\mathbb{Z}, +)$, dove $\mathbb{Z}$ è l'insieme dei numeri interi e + l'operazione di addizione, è una struttura di gruppo. In particolare: qual è l'elemento neutro? Assegnato un numero intero a, qual è il suo inverso?

- Verifica che la struttura $(T, \circ)$, dove T è l'insieme delle trasformazioni del triangolo equilatero in sé e ∘ la loro legge di composizione, è una struttura di gruppo. In particolare, determina l'elemento neutro della struttura e, per ogni trasformazione, la sua inversa. Per esempio, l'inversa di S_3 è ancora S_3, perché $S_3 \circ S_3 = I$.

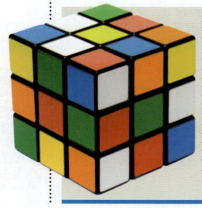

Il cubo di Rubik può essere studiato matematicamente. Chiamiamo *mossa base* la rotazione di 90° in senso orario di una faccia: le mosse base sono in totale sei. Si può passare da una all'altra delle 43 252 003 274 489 856 000 permutazioni possibili del cubo mediante la composizione di un numero finito di mosse base. In questo caso si dice che le mosse base *generano* l'insieme M di tutte le possibili mosse del cubo. L'insieme delle mosse M e l'operazione di composizione fra mosse costituiscono una struttura di gruppo.

X

Una matematica in evoluzione

I Greci Per i Greci l'algebra aveva senso soltanto se era interpretabile geometricamente. Ecco come Euclide (vissuto intorno al 300 a.C.) scrive l'identità $(a + b)^2 = a^2 + 2ab + b^2$, che noi interpretiamo geometricamente come nella figura 3:
«Se si taglia a caso una linea retta, il quadrato del tutto è uguale alla somma dei quadrati delle parti e del doppio del rettangolo contenuto dalle parti».

◀ Figura 3

Gli Arabi Insieme ai Cinesi e agli Indiani, gli Arabi hanno dato un grosso contributo allo sviluppo dell'algebra. Al-Khuwarizmi (vissuto nel IX secolo d.C.) ha fornito una trattazione dettagliata delle equazioni di secondo grado e l'uso sistematico di passaggi algebrici nel suo testo *Hisab al-jabr w'al-muqabala*. Come vedi dal titolo, la parola algebra è proprio di origine araba. Altri contributi sono di Al-Karaji (953-1029) e Al-Samawal (duecento anni dopo) che si dedicarono, in particolare, allo studio dei monomi e dei polinomi.

Gli Italiani Importante è anche il contributo degli algebristi italiani del Cinquecento e in particolare di Girolamo Cardano e Nicolò Tartaglia, che affrontarono la risoluzione delle equazioni di terzo e quarto grado, e di Raffaele Bombelli, che contribuì alla diffusione dell'*algebra sincopata* (un'algebra con parole abbreviate al posto delle variabili e delle operazioni).

Cartesio Solo con Cartesio (1596-1650) l'algebra inizia ad affrancarsi dall'interpretazione geometrica, riuscendo, in tal modo, a dare nuove idee alla stessa geometria. Cartesio scrive che, volendo studiare le matematiche, si rese conto che per «studiarle in particolare» doveva «raffigurarle in forma di linee», ma per «comprenderne molte insieme» doveva invece «esprimerle con qualche cifra fra le più brevi possibili».

Peacock Nel XIX secolo, il matematico inglese Peacock afferma che l'algebra non deve essere ridotta a una semplice generalizzazione dell'aritmetica: «Nell'algebra aritmetica le definizioni delle operazioni determinano le regole; nell'algebra simbolica le regole determinano il significato delle operazioni». Questa impostazione apre definitivamente la strada all'algebra come scienza astratta.

Noether e Van der Waerden Nel 1930 il matematico Van der Waerden, allievo di Emmy Noether, scrive il libro *Modern Algebra* in cui afferma che «l'indirizzo astratto, formale o assiomatico, cui l'algebra deve il suo rinnovato sviluppo, ha condotto a una serie di concetti nuovi e alla considerazione di nuove connessioni e di fecondi risultati».

Nel XVIII secolo inizia a farsi strada l'idea di un'algebra come scienza di quantità generiche, una sorta di aritmetica generalizzata, quindi utile a rappresentare e dimostrare proprietà fra numeri e proprietà delle operazioni fra essi.

Per il carattere innovativo dei suoi studi di algebra, la matematica tedesca di origini ebree Emmy Noether viene spesso chiamata «la mamma dell'algebra moderna».

Dai numeri alle strutture algebriche

Bourbaki Lo sviluppo delle conoscenze matematiche nel secolo XX è stato talmente imponente che alcuni matematici hanno avvertito il bisogno di cercare di individuare concetti unificanti che potessero aiutare a gestire la complessità e l'eccessiva ricchezza dei diversi campi di ricerca. Proprio quell'idea espressa da van der Waerden, ossia la considerazione di «nuove connessioni» fra le varie teorie, porta, intorno agli anni '30 del secolo XX, un gruppo di giovani e brillanti matematici, che si presentano con lo pseudonimo collettivo di Bourbaki, a individuare nel concetto di struttura uno strumento per trattare in modo unitario le conoscenze matematiche. Capire la matematica vuol dire, secondo i bourbakisti, coglierne il suo aspetto strutturale: la ricerca matematica diventa quindi ricerca di strutture nascoste, sempre più generali e astratte.

Nel XX secolo anche altre discipline hanno percorso la strada dello studio delle relazioni indipendenti dagli oggetti descritti. Un giorno, a Monaco, racconta Kandinsky,

«aprendo la porta dello studio, vidi dinnanzi a me un quadro indescrivibilmente bello. All'inizio rimasi sbalordito, ma poi mi avvicinai a quel quadro enigmatico, assolutamente incomprensibile nel suo contenuto e fatto esclusivamente di macchie di colore. Finalmente capii: era un quadro che avevo dipinto io e che era stato appoggiato al cavalletto capovolto [...] Quel giorno mi fu perfettamente chiaro che l'oggetto non aveva posto, anzi era dannoso ai miei quadri».

Vassily Kandinsky, Improvvisazione 33, 1913.

Attività

Il concetto di struttura in matematica e le sue applicazioni in altre discipline: sviluppa questo tema, realizzando, come sintesi, una presentazione multimediale.

Le forme dei cerchioni dei pneumatici delle automobili possono essere studiati mediante i concetti di simmetria e di gruppo. Ne puoi trovare esempi come quello della figura in www.matematita.it.

Da leggere:
- Giuliano Spirito, *Matematica senza numeri*, Newton Compton, 2004.
- Ian Stewart, *L'eleganza della verità*, Einaudi, 2008.
- Keith Devlin, *Il linguaggio della matematica*, Bollati Boringhieri, 2002; capitolo: La matematica della bellezza.

 Cerca nel Web:
algebra astratta, strutture algebriche, algebra Boole, Klein programma Erlangen, gruppo rosoni, cristalli

CAPITOLO 1

[numerazione araba]

[numerazione devanagari]

[numerazione cinese]

LA DIVISIONE FRA POLINOMI E LA SCOMPOSIZIONE IN FATTORI

1729 Salire su un taxi numero 1729 lascerebbe indifferente la maggior parte delle persone. Ma per il matematico indiano Srinivasa Ramanujan un episodio apparentemente banale fu l'occasione di una celebre scoperta…

…che cosa ha di speciale un numero così?

▶ La risposta a pag. 13

TEORIA | **CAPITOLO 1. LA DIVISIONE FRA POLINOMI E LA SCOMPOSIZIONE IN FATTORI**

1. LA DIVISIONE FRA POLINOMI

Nell'insieme dei numeri naturali la divisione è possibile se il dividendo è un multiplo del divisore; si dice allora che il dividendo è divisibile per il divisore.

● 6 è divisibile per 3 perché 3 · 2 dà come prodotto 6.

Procediamo in modo analogo per i polinomi, fornendo prima la definizione di **divisibilità** e poi il **procedimento di calcolo**.

La divisione di un polinomio per un monomio

Un polinomio è divisibile per un monomio (non nullo) se esiste un polinomio che, moltiplicato per il monomio divisore, dà il polinomio iniziale.

■ ESEMPIO

Il polinomio $4ab^2 - 6a^2b$ è divisibile per il monomio $2ab$.
Infatti, esiste il polinomio

$2b - 3a$

tale che

$(2b - 3a)2ab = 4ab^2 - 6a^2b.$

In questo caso, per eseguire la divisione, possiamo applicare la proprietà distributiva della divisione rispetto all'addizione.

$(4ab^2 - 6a^2b) : 2ab = (4ab^2 : 2ab) - (6a^2b : 2ab) = 2b - 3a.$

> Un polinomio è **divisibile** per un monomio se ogni suo termine è divisibile per tale monomio.

Quando un polinomio è divisibile per un monomio, il quoziente è il polinomio che si ottiene dividendo ciascun termine del polinomio per il monomio.

■ ESEMPIO

$$(5a^6 - 6a^4 + 2a^3) : 2a^2 = \frac{5}{2}a^4 - 3a^2 + a;$$

$$\left(\frac{7}{3}a^3b^2 + \frac{1}{2}a^2b - 5b\right) : b = \frac{7}{3}a^3b + \frac{1}{2}a^2 - 5.$$

Ci sono casi in cui un polinomio non è divisibile per un monomio.

■ ESEMPIO

$a^2 + a + 1$ non è divisibile per a^3.

La divisione esatta fra due polinomi

■ DEFINIZIONE

Divisibilità fra polinomi

Un polinomio A è divisibile per un polinomio B se esiste un polinomio Q che, moltiplicato per B, dà come prodotto A.

$A : B = Q$ se e solo se $B \cdot Q = A.$

● Quando vogliamo indicare un polinomio generico, senza precisare le variabili, utilizziamo lettere maiuscole ($P, Q, A, B, R, \ldots$).

2

A è il dividendo, B il divisore, Q il quoziente.

■ **ESEMPIO**

Il polinomio

$$A = 2x^7 + x^5 - 6x^3 + 8x^2 - 3x + 4$$

è divisibile per il polinomio

$$B = 2x^2 + 1.$$

Infatti, esiste il polinomio

$$Q = x^5 - 3x + 4$$

tale che

$$(2x^2 + 1)(x^5 - 3x + 4) = 2x^7 - 6x^3 + 8x^2 + x^5 - 3x + 4.$$

■ Il grado del polinomio quoziente

Sappiamo che il grado del polinomio prodotto è la somma dei gradi dei polinomi fattori: dunque, poiché $B \cdot Q = A$, se A è di grado n e B è di grado p, il grado di Q deve essere $n - p$, con $n \geq p$.

● Il grado di $B \cdot Q$ è la somma del grado di B e del grado di Q.

Nell'esempio precedente, il grado di A è 7, il grado di B è 2, il grado del polinomio quoziente Q è 5, cioè $7 - 2$.

■ La divisione con resto fra due polinomi

Analogamente a quanto succede nell'insieme dei numeri naturali, possiamo eseguire la divisione fra due polinomi anche se uno non è divisibile per l'altro.

● Nei numeri naturali, per esempio, abbiamo:

$$\begin{array}{c|c} 14 & 4 \\ \hline 2 & 3 \end{array}$$

$$14 = 3 \cdot 4 + 2.$$

> Dati due polinomi A e B nella variabile x, con il grado di B minore o uguale al grado di A, si può dimostrare che è sempre possibile ottenere due polinomi Q e R tali che:
>
> $$A = B \cdot Q + R,$$
>
> dove Q è il polinomio quoziente e R il polinomio resto.

● dividendo

$$\begin{array}{c|c} A & B \\ \hline R & Q \end{array}$$

— divisore

resto   quoziente

Il grado di Q è la differenza fra il grado di A e il grado di B; il grado di R è minore del grado di B.

Nel caso particolare in cui $R = 0$, si ha $A = B \cdot Q$, ossia A è divisibile per B.

Vediamo ora con un esempio qual è la tecnica per eseguire la divisione tra due polinomi.

■ **ESEMPIO**

Dividiamo il polinomio di terzo grado

$$A = 13x^2 + 6x^3 + 6 + 5x$$

per il polinomio di secondo grado

$$B = 2 - x + 3x^2.$$

Per eseguire la divisione bisogna ordinare i due polinomi secondo le potenze decrescenti della variabile:

$$(6x^3 + 13x^2 + 5x + 6) : (3x^2 - x + 2).$$

Il quoziente sarà un polinomio di primo grado.

La figura 1 mostra i passaggi della divisione.

TEORIA CAPITOLO 1. LA DIVISIONE FRA POLINOMI E LA SCOMPOSIZIONE IN FATTORI

$$\begin{array}{c|c} \overbrace{6x^3 + 13x^2 + 5x + 6}^{A} & \overbrace{3x^2 - x + 2}^{B} \\ & 2x \\ & \underbrace{}_{Q_1} \end{array}$$

a. Dividiamo $6x^3$ per $3x^2$ e scriviamo il quoziente $2x$, che rappresenta il quoziente parziale Q_1.

$$\begin{array}{c|c} 6x^3 + 13x^2 + 5x + 6 & 3x^2 - x + 2 \\ \underbrace{-6x^3 + 2x^2 - 4x}_{-Q_1 \cdot B} & 2x \end{array}$$

b. Moltiplichiamo $2x$ per ogni termine di B e scriviamo con il segno cambiato i risultati al di sotto di A, incolonnati, rispetto al grado, con i termini di A.

$$\begin{array}{c|c} 6x^3 + 13x^2 + 5x + 6 & 3x^2 - x + 2 \\ -6x^3 + 2x^2 - 4x & 2x \\ \hline '' \quad \underbrace{15x^2 + x + 6}_{R_1} \end{array}$$

c. Sommiamo in colonna i termini, ottenendo un primo resto parziale, R_1. Questo resto è tale che $A = B \cdot Q_1 + R_1$.

$$\begin{array}{c|c} 6x^3 + 13x^2 + 5x + 6 & \overline{3x^2 - x + 2} \\ -6x^3 + 2x^2 - 4x & 2x + 5 \\ \hline '' \quad 15x^2 + x + 6 & \underset{Q_2}{} \end{array}$$

d. Ripetiamo il procedimento considerando R_1. Dividiamo $15x^2$ per $3x^2$, ottenendo 5 come secondo quoziente parziale Q_2.

$$\begin{array}{c|c} 6x^3 + 13x^2 + 5x + 6 & 3x^2 - x + 2 \\ -6x^3 + 2x^2 - 4x & 2x + 5 \\ \hline '' \quad 15x^2 + x + 6 & \\ \underbrace{-15x^2 + 5x - 10}_{-Q_2 \cdot B} \end{array}$$

e. Moltiplichiamo 5 per tutti i termini di B e scriviamo i prodotti, con il segno cambiato, in colonna sotto R_1.

$$\begin{array}{c|c} 6x^3 + 13x^2 + 5x + 6 & 3x^2 - x + 2 \\ -6x^3 + 2x^2 - 4x & \underbrace{2x + 5}_{Q} \\ \hline '' \quad 15x^2 + x + 6 & \\ -15x^2 + 5x - 10 & \\ \hline '' \quad \underbrace{6x - 4}_{R} \end{array}$$

f. Eseguiamo l'addizione dei termini in colonna e otteniamo il resto $6x - 4$. Poiché il grado di $6x - 4$ è minore del grado di B, la divisione è terminata e $6x - 4$ è il resto R.
$$A = B \cdot Q + R.$$

▶ Figura 1

Verifica

La definizione di divisione con resto, in base alla quale si ha $A = B \cdot Q + R$, permette di verificare l'esattezza del risultato.

Calcoliamo:

$$B \cdot Q + R = (3x^2 - x + 2)(2x + 5) + (6x - 4) =$$
$$= 6x^3 + 15x^2 - 2x^2 - 5x + 4x + 10 + 6x - 4 =$$
$$= 6x^3 + 13x^2 + 5x + 6.$$

Il risultato ottenuto coincide con il dividendo:

$$A = 6x^3 + 13x^2 + 5x + 6.$$

2. LA REGOLA DI RUFFINI

Quando il **polinomio divisore** è un binomio del tipo $x - a$, dove a è un numero reale qualunque, per determinare il quoziente Q e il resto R possiamo utilizzare un procedimento rapido, detto *regola di Ruffini*.

● La regola e il teorema di Ruffini prendono il nome dal matematico Paolo Ruffini. Nato nei pressi di Roma nel 1765, nei primi anni dell'infanzia si trasferì con il padre a Modena, dove restò fino alla morte, avvenuta nel 1822.

ESEMPIO

Eseguiamo la divisione $(-10x - 9 + 3x^2) : (x - 4)$.

La regola di Ruffini

Scriviamo i polinomi ordinati in senso decrescente:

$(3x^2 - 10x - 9) : (x - 4)$.

La figura 2 illustra come si applica la regola di Ruffini.

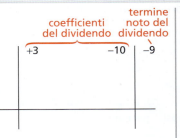

a. Scriviamo su una riga, nell'ordine, i coefficienti dei termini del polinomio dividendo, $+3$ e -10, e il termine noto -9. Tracciamo due linee verticali, una a sinistra del primo coefficiente e una fra l'ultimo e il termine noto. Lasciamo una riga vuota e tracciamo una linea orizzontale.

b. A sinistra della prima linea verticale, sulla seconda riga, scriviamo $+4$, ossia l'opposto del termine noto del polinomio divisore $x - 4$. Abbassiamo $+3$, ossia il primo coefficiente del dividendo: esso è anche il primo coefficiente del quoziente.

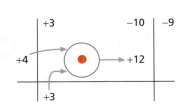

c. Moltiplichiamo $+3$ per $+4$ e scriviamo il risultato nella colonna successiva a $+3$, ossia sotto -10.

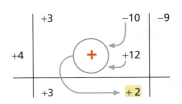

d. Sommiamo -10 e $+12$ e scriviamo il risultato nella stessa colonna, sotto la linea orizzontale. $+2$ è il secondo coefficiente del quoziente.

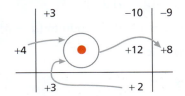

e. Ripetiamo il procedimento, moltiplicando $+2$ per $+4$ e scrivendo il risultato nella colonna a destra di $+2$, sopra la riga orizzontale.

f. Sommiamo -9 e $+8$ e scriviamo il risultato nella stessa colonna, sotto la linea orizzontale: -1 è il resto.

▲ Figura 2

● Dividendo un polinomio $A(x)$ di grado n per il binomio $x - a$, di primo grado, otteniamo per quoziente un polinomio $Q(x)$ di grado $n - 1$.

Scrittura del quoziente

I coefficienti del polinomio quoziente sono 3 e 2. Tenendo conto che il dividendo ha grado 2 e il divisore ha grado 1, il quoziente deve avere grado 1. Quindi possiamo scrivere:

$Q = 3x + 2$; $R = -1$.

Verifica

Per verificare che il risultato è esatto, possiamo controllare che sia valida l'uguaglianza $A = B \cdot Q + R$:

$3x^2 - 10x - 9 = (x - 4)(3x + 2) + (-1)$.

Se il divisore è del tipo $x + a$, osserviamo che: $x + a = x - (-a)$.

TEORIA   CAPITOLO 1. LA DIVISIONE FRA POLINOMI E LA SCOMPOSIZIONE IN FATTORI

3. IL TEOREMA DEL RESTO E IL TEOREMA DI RUFFINI

Il teorema del resto

Consideriamo ancora la divisione già esaminata

$$(3x^2 - 10x - 9) : (x - 4),$$

che ha quoziente $3x + 2$ e resto -1.

Calcoliamo il valore che assume il polinomio dividendo $3x^2 - 10x - 9$ per $x = 4$, cioè per x uguale all'opposto del termine noto del divisore:

$$3(4)^2 - 10 \cdot 4 - 9 = -1.$$

Il resto della divisione coincide con il valore assunto dal polinomio per $x = 4$, cioè, nella formula generale, per $x = a$.

In generale, vale il seguente teorema.

● Se il divisore è $x - 3$, il valore di a da sostituire a x è 3; se il divisore è $x + 2$, allora $a = -2$.

■ **TEOREMA**

Teorema del resto

Data la divisione tra polinomi $A(x) : (x - a)$, il resto è dato dal valore che assume $A(x)$ quando alla variabile x si sostituisce il valore a:

$$R = A(a).$$

■ **DIMOSTRAZIONE**

Data la divisione $A(x) : (x - a)$, possiamo scrivere:

$$A(x) = (x - a)Q(x) + R.$$

Sostituendo a x il valore a, otteniamo:

$$A(a) = (a - a)Q(a) + R.$$

Essendo $a - a = 0$, il prodotto $(a - a)Q(a)$ si annulla, quindi:

$$A(a) = R.$$

● Illustriamo la dimostrazione con il seguente esempio.
Data la divisione

$(3x^3 - 2x^2 - 5) : (x - 2),$

$(3x^3 - 2x^2 - 5) =$
$= (x - 2) \cdot Q(x) + R;$

$3 \cdot 2^3 - 2 \cdot 2^2 - 5 =$
$= (2 - 2) \cdot Q(2) + R;$

$3 \cdot 8 - 2 \cdot 4 - 5 = R;$

$R = 11.$

■ **ESEMPIO**

Calcoliamo il resto della divisione $(-x^4 + 3x^2 - 5) : (x + 2)$.

Poiché $x + 2 = x - (-2)$, possiamo sostituire il valore -2 a x. Abbiamo quindi $R = A(-2)$:

$$R = -(-2)^4 + 3(-2)^2 - 5 = -9.$$

Il teorema di Ruffini

Esaminiamo ora il seguente ragionamento.

Se il polinomio $A(x) = x^3 + 2x^2 - 13x + 10$ è divisibile per $x + 5$, allora la divisione $(x^3 + 2x^2 - 13x + 10) : (x + 5)$ dà resto 0; quindi, per il teorema del resto, $A(-5) = 0$.

Il ragionamento è invertibile.

Dato il polinomio $A(x) = x^3 + 2x^2 - 13x + 10$, se $A(-5) = 0$, allora la divisione $(x^3 + 2x^2 - 13x + 10) : (x + 5)$ dà resto 0, per il teorema del resto; quindi il polinomio $x^3 + 2x^2 - 13x + 10$ è divisibile per $x + 5$.

6

In generale, vale il seguente teorema.

TEOREMA
Teorema di Ruffini
Un polinomio $A(x)$ è divisibile per un binomio $x - a$ se e soltanto se $A(a)$ è uguale a 0.

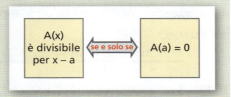

ESEMPIO
Il polinomio $A(x) = 2x^3 + x^2 - 5x + 2$ è divisibile sia per $x - 1$ sia per $x + 2$; infatti:

$A(1) = 2 + 1 - 5 + 2 = 0$;
$A(-2) = 2(-8) + 4 - 5(-2) + 2 = -16 + 4 + 10 + 2 = 0$.

4. LA SCOMPOSIZIONE IN FATTORI

Scomporre in fattori un polinomio significa scriverlo sotto forma di prodotto di polinomi di grado inferiore.

ESEMPIO
$x^4 - 1 = (x^2 - 1)(x^2 + 1)$.

$(x^2 - 1)$ può essere scomposto ulteriormente in $(x + 1)(x - 1)$. Quindi:

$x^4 - 1 = (x + 1)(x - 1)(x^2 + 1)$.

Invece, $x^2 + 1$ non è scomponibile. Puoi verificarlo applicando il teorema di Ruffini.

DEFINIZIONE
Polinomio riducibile, polinomio irriducibile
Un polinomio in una o più variabili è riducibile quando può essere scomposto nel prodotto di polinomi, tutti di grado minore.

Un polinomio non riducibile si chiama irriducibile.

ESEMPIO
Il polinomio $x^2 - 2x + 1$ è riducibile. Infatti:

$x^2 - 2x + 1 = (x - 1)(x - 1) = (x - 1)^2$.

Sono irriducibili i polinomi: $x^2 + 25$, $x + 4$, $2x^2 + 5$.

Il raccoglimento a fattore comune

Se in tutti i termini di un polinomio è contenuto uno stesso fattore, lo mettiamo in evidenza con un **raccoglimento a fattore comune**.

ESEMPIO
$4a^6 - 8a^5 + 2a^4 = 2a^4(2a^2 - 4a + 1)$,
$5(x + 2) - x^2(x + 2) = (x + 2)(5 - x^2)$.

● Riprendiamo in questo paragrafo e in quello successivo alcuni concetti già esaminati nel volume 1 di *Matematica.azzurro*, completando l'argomento.

● $x^4 - 1$, scomponibile in fattori, è riducibile, mentre $(x + 1)$, $(x - 1)$, $(x^2 + 1)$ sono irriducibili.

● Possiamo fare un'analogia fra i polinomi irriducibili e i numeri primi. Come la scomposizione di un numero naturale in fattori primi è unica (a meno dell'ordine), così anche la scomposizione di un polinomio in polinomi irriducibili è unica (a meno dell'ordine).

● Il raccoglimento a fattore comune si basa sulla proprietà distributiva della moltiplicazione rispetto all'addizione.

Il raccoglimento parziale

Nel **raccoglimento parziale**, prima si raccolgono fattori comuni soltanto a parti del polinomio, poi si raccoglie un fattore comune alle diverse parti.

> ● Il metodo che applichiamo percorre in verso contrario i passaggi che utilizziamo nella moltiplicazione di due polinomi.

ESEMPIO

$$x^2 + 3xy + 2x + 6y = x(x + 3y) + 2(x + 3y) = (x + 3y)(x + 2).$$

La scomposizione riconducibile a prodotti notevoli

Ognuna delle seguenti uguaglianze si verifica calcolando il prodotto che si trova nel secondo membro e fornisce una regola di scomposizione in fattori.

$$A^2 - B^2 = (A + B)(A - B);$$
$$A^2 + 2AB + B^2 = (A + B)^2;$$
$$A^2 - 2AB + B^2 = (A - B)^2;$$
$$A^2 + B^2 + C^2 + 2AB + 2AC + 2BC = (A + B + C)^2;$$
$$A^3 + 3A^2B + 3AB^2 + B^3 = (A + B)^3;$$
$$A^3 - 3A^2B + 3AB^2 - B^3 = (A - B)^3;$$
$$A^3 - B^3 = (A - B)(A^2 + AB + B^2);$$
$$A^3 + B^3 = (A + B)(A^2 - AB + B^2).$$

ESEMPIO

$$25a^2 - b^6 = (5a)^2 - (b^3)^2 = (5a + b^3)(5a - b^3).$$
$$9x^4 - 6x^2y + y^2 = (3x^2)^2 - 2 \cdot 3x^2 \cdot y + y^2 = (3x^2 - y)^2.$$
$$a^3 - 1 = a^3 - 1^3 = (a - 1)(a^2 + a + 1).$$

La scomposizione di particolari trinomi di secondo grado

> ● s è l'iniziale di «somma», p di «prodotto».

Un trinomio di secondo grado del tipo $x^2 + sx + p$ è scomponibile nel prodotto $(x + a)(x + b)$ se $s = a + b$ e $p = ab$:

$$x^2 + (a + b)x + ab = (x + a)(x + b).$$

ESEMPIO

$$y^2 - 3y - 10 = (y - 5)(y + 2).$$

$$s = -5 + 2 \qquad p = (-5)(+2)$$

La scomposizione mediante il teorema e la regola di Ruffini

Il teorema di Ruffini permette spesso di scomporre in fattori un polinomio. Sappiamo infatti che se un polinomio $A(x)$ assume il valore 0 quando alla variabile x si sostituisce un valore a, allora il polinomio è divisibile per $x - a$.

PARAGRAFO 4. LA SCOMPOSIZIONE IN FATTORI | **TEORIA**

Eseguendo la divisione $A(x) : (x - a)$, otteniamo il polinomio quoziente $Q(x)$ e, poiché il resto è zero, scriviamo $A(x)$ come prodotto di due fattori:

$$A(x) = (x - a)\, Q(x).$$

ESEMPIO

$$2x^3 - 5x^2 + 5x - 6$$

assume il valore 0 per $x = 2$, quindi è divisibile per $x - 2$.
Calcoliamo il quoziente applicando la regola di Ruffini.

● 2 è uno zero del polinomio iniziale.

$$
\begin{array}{c|ccc|c}
 & 2 & -5 & 5 & -6 \\
2 & & 4 & -2 & 6 \\
\hline
 & 2 & -1 & 3 & 0
\end{array}
\quad \rightarrow \quad Q(x) = 2x^2 - x + 3.
$$

$$(2x^3 - 5x^2 + 5x - 6) : (x - 2) = 2x^2 - x + 3.$$

Quindi: $2x^3 - 5x^2 + 5x - 6 = (x - 2)(2x^2 - x + 3)$.

● Il polinomio iniziale è stato scomposto nel prodotto di due fattori.

Dunque, se troviamo uno **zero a di un polinomio** $A(x)$, cioè un valore a tale che $A(a) = 0$, sappiamo anche scomporre il polinomio di partenza nel prodotto di due fattori.
Ma come trovare gli zeri di un polinomio? Per farlo può essere utile considerare la seguente regola.

REGOLA

Zeri interi di un polinomio
Se un numero intero annulla un polinomio a coefficienti interi, allora esso è divisore del termine noto.

Dalla regola possiamo dedurre un metodo per la ricerca degli zeri interi di un polinomio: se esistono, essi sono fra i divisori del termine noto.

ESEMPIO

Dato il polinomio

$$A(x) = 5x^2 - x - 4,$$

i divisori di -4 sono: $1, 2, 4, -1, -2, -4$.
Sostituendo a x il valore 1, otteniamo

$$A(1) = 5 - 1 - 4 = 0,$$

quindi 1 è uno zero di $A(x)$, perciò il polinomio è divisibile per $x - 1$.

Calcoliamo il quoziente applicando la regola di Ruffini.

● Non è vero che *tutti* i divisori del termine noto sono zeri del polinomio. Per esempio:

$$A(2) = 5 \cdot 4 - 2 - 4 =$$
$$= 20 - 6 = 14 \neq 0.$$

$$
\begin{array}{c|cc|c}
 & 5 & -1 & -4 \\
1 & & 5 & 4 \\
\hline
 & 5 & 4 & 0
\end{array}
\quad \rightarrow \quad Q(x) = 5x + 4.
$$

Pertanto, $5x^2 - x - 4 = (x - 1)(5x + 4)$.

9

TEORIA | **CAPITOLO 1.** LA DIVISIONE FRA POLINOMI E LA SCOMPOSIZIONE IN FATTORI

● Nell'esempio precedente tutti i possibili casi sono:

$$\pm\frac{1}{5}, \pm\frac{2}{5}, \pm\frac{4}{5},$$
$$\pm\frac{1}{1}, \pm\frac{2}{1}, \pm\frac{4}{1}.$$

Più in generale si ha la seguente regola.

■ **REGOLA**

Zeri razionali di un polinomio

Tutti gli zeri razionali di un polinomio a coefficienti interi sono tra le frazioni $\pm\frac{m}{n}$, dove m è divisore del termine noto e n è divisore del coefficiente del termine di grado massimo.

5. APPLICAZIONI DELLA SCOMPOSIZIONE IN FATTORI

■ Il M.C.D. e il m.c.m. fra polinomi

■ **DEFINIZIONE**

M.C.D. e m.c.m. fra polinomi

Si dice massimo comune divisore (M.C.D.) fra due o più polinomi il polinomio di grado massimo che è divisore di tutti i polinomi dati.
Si dice minimo comune multiplo (m.c.m.) fra due o più polinomi il polinomio di grado minimo che è divisibile per tutti i polinomi dati.

Per calcolare il massimo comune divisore e il minimo comune multiplo fra polinomi, utilizziamo il procedimento già illustrato per i numeri naturali e per i monomi.
Scomponiamo innanzitutto i polinomi in fattori irriducibili, raccogliendo anche gli eventuali coefficienti numerici in comune.

Il calcolo del M.C.D.

Il M.C.D. fra due o più polinomi è il prodotto dei loro **fattori irriducibili comuni**, presi una sola volta, con l'esponente minore.

■ **ESEMPIO**

Determiniamo il M.C.D. fra i seguenti polinomi:

$$x^2y - xy, \quad x^2y - y, \quad x^3y - 3x^2y + 3xy - y.$$

Scomponiamo in fattori:

$$x^2y - xy = xy(x - 1);$$
$$x^2y - y = y(x^2 - 1) = y(x + 1)(x - 1);$$
$$x^3y - 3x^2y + 3xy - y = y(x^3 - 3x^2 + 3x - 1) = y(x - 1)^3.$$

Mettiamo in colonna i fattori.

x	y	$x - 1$	
	y	$x - 1$	$x + 1$
	y	$(x - 1)^3$	

10

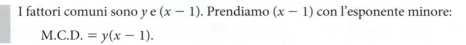

I fattori comuni sono y e $(x - 1)$. Prendiamo $(x - 1)$ con l'esponente minore:

M.C.D. $= y(x - 1)$.

Il calcolo del m.c.m.

Il m.c.m. fra due o più polinomi è il prodotto dei loro **fattori irriducibili comuni e non comuni**, presi una sola volta, con l'esponente maggiore.

ESEMPIO

Determiniamo il m.c.m. fra i tre polinomi dell'esempio precedente.

Dopo avere incolonnato i fattori, scegliamo quelli comuni e non comuni, ciascuno preso con l'esponente maggiore.

x	y	$x - 1$	
	y	$x - 1$	$x + 1$
	y	$(x - 1)^3$	

Pertanto:

m.c.m. $= xy(x - 1)^3(x + 1)$.

Le condizioni di esistenza delle frazioni algebriche

DEFINIZIONE
Frazione algebrica
Dati i polinomi A e B, con B diverso dal polinomio nullo, la frazione $\dfrac{A}{B}$ viene detta frazione algebrica.

Ogni monomio o polinomio può essere considerato una frazione algebrica il cui denominatore è il monomio 1. Dunque l'insieme delle frazioni algebriche include l'insieme dei polinomi.

ESEMPIO

$a^3 + 2$ si identifica con la frazione algebrica $\dfrac{a^3 + 2}{1}$.

Una frazione algebrica assume valori che dipendono da quelli assegnati alle lettere che vi compaiono, quindi è una funzione rispetto alle variabili contenute nei suoi polinomi.

Essa può perdere significato per particolari valori dati alle lettere. Per esempio, la frazione

$$\frac{x - 3}{x - 2}$$

non ha significato per $x = 2$, poiché non può avere denominatore nullo.

Una frazione algebrica perde significato per tutti e soli quei valori delle lettere che annullano il denominatore.

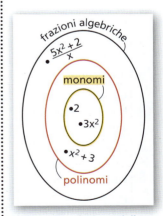

▲ **Figura 3** L'insieme delle frazioni algebriche è un ampliamento dell'insieme dei polinomi.

11

TEORIA | **CAPITOLO 1. LA DIVISIONE FRA POLINOMI E LA SCOMPOSIZIONE IN FATTORI**

Chiamiamo **condizioni di esistenza** di una frazione algebrica tutte le disuguaglianze che le variabili devono verificare affinché il denominatore non sia nullo.

■ **ESEMPIO**

La frazione

$$\frac{x+2}{x^3-9x},$$

scomponendo in fattori il denominatore, si può scrivere nella forma:

$$\frac{x+2}{x(x-3)(x+3)}$$

quindi perde significato quando $x = 0$, $x = 3$ e $x = -3$. Scriviamo:

C.E.: $x \neq 0 \wedge x \neq 3 \wedge x \neq -3$.

● Indichiamo con C.E. le condizioni di esistenza.

■ Il calcolo con le frazioni algebriche

Per semplificare espressioni contenenti frazioni algebriche, dove valgono regole analoghe a quelle che applichiamo per espressioni con frazioni numeriche, utilizziamo la scomposizione in fattori dei polinomi.

■ **ESEMPIO**

	Frazioni numeriche	Frazioni algebriche
Semplifichiamo l'espressione:	$\left(\dfrac{1}{45} + \dfrac{8}{15} - \dfrac{1}{6}\right) \cdot \dfrac{3}{49}$	$\left(\dfrac{a+3}{a^2-a} - \dfrac{a-2}{a^2+a} + \dfrac{1}{a}\right) \cdot \dfrac{a+1}{a^2+5a-14}$
Nell'addizione, scomponiamo in fattori i denominatori e poniamo le C.E.:	$\left(\dfrac{1}{3^2 \cdot 5} + \dfrac{8}{3 \cdot 5} - \dfrac{1}{2 \cdot 3}\right) \cdot \dfrac{3}{49}$	$\left[\dfrac{a+3}{a(a-1)} - \dfrac{a-2}{a(a+1)} + \dfrac{1}{a}\right] \cdot \dfrac{a+1}{a^2+5a-14}$ C.E.: $a \neq 0 \wedge a \neq 1 \wedge a \neq -1$
Riduciamo allo stesso denominatore (m.c.m. dei denominatori):	$\dfrac{2 + 8 \cdot 2 \cdot 3 - 3 \cdot 5}{2 \cdot 3^2 \cdot 5} \cdot \dfrac{3}{49}$	$\dfrac{(a+3)(a+1) - (a-2)(a-1) + (a-1)(a+1)}{a(a-1)(a+1)} \cdot \dfrac{a+1}{a^2+5a-14}$
Eseguiamo i calcoli a numeratore:	$\dfrac{2 + 48 - 15}{2 \cdot 3^2 \cdot 5} \cdot \dfrac{3}{49}$	$\dfrac{a^2 + 3a + a + 3 - a^2 + 2a + a - 2 + a^2 - 1}{a(a-1)(a+1)} \cdot \dfrac{a+1}{a^2+5a-14}$
Calcoliamo la somma algebrica a numeratore:	$\dfrac{35}{2 \cdot 3^2 \cdot 5} \cdot \dfrac{3}{49}$	$\dfrac{a^2 + 7a}{a(a-1)(a+1)} \cdot \dfrac{a+1}{a^2+5a-14}$
Scomponiamo in fattori i numeratori e i denominatori e poniamo le C.E. per la seconda frazione algebrica:	$\dfrac{7 \cdot 5}{2 \cdot 3^2 \cdot 5} \cdot \dfrac{3}{7^2}$	$\dfrac{a(a+7)}{a(a-1)(a+1)} \cdot \dfrac{a+1}{(a-2)(a+7)}$ C.E.: $a \neq 2 \wedge a \neq -7$
Semplifichiamo:	$\dfrac{\cancel{7} \cdot \cancel{5}}{2 \cdot 3^2 \cdot \cancel{5}} \cdot \dfrac{\cancel{3}}{7^{\cancel{2}}}$	$\dfrac{\cancel{a}(a+\cancel{7})}{\cancel{a}(a-1)(a+1)} \cdot \dfrac{a+\cancel{1}}{(a-2)(a+\cancel{7})}$
Calcoliamo il prodotto:	$\dfrac{1}{2 \cdot 3 \cdot 7} = \dfrac{1}{42}$	$\dfrac{1}{(a-1)(a-2)} = \dfrac{1}{a^2-3a+2}$

RISPOSTA AL QUESITO | TEORIA

1729
…che cosa ha di speciale un numero così?

▶ Il quesito completo a pag. 1

Il numero 1729 è al centro di un aneddoto che vide protagonisti due matematici del secolo scorso, l'indiano Srinivasa Ramanujan e l'inglese Godfrey Hardy. Un giorno del 1917 Hardy fece visita all'amico, ricoverato per malattia all'ospedale londinese di Putney. Gli raccontò di aver preso il taxi 1729, un numero che suonava piuttosto insulso alle sue orecchie. Era forse di cattivo augurio? Ramanujan tranquillizzò il collega, replicando: «Ma no, Hardy! È un numero molto interessante. È il più piccolo numero intero esprimibile in due modi diversi come somma di due cubi positivi». Ramanujan faceva riferimento alla seguente uguaglianza:

$$1729 = 1^3 + 12^3 = 9^3 + 10^3.$$

Non sappiamo come il matematico l'abbia scoperta, ma noi, al suo posto, avremmo potuto utilizzare la scomposizione della somma di due cubi:

$$x^3 + y^3 = (x + y)(x^2 - xy + y^2).$$

Sapendo che gli unici fattori di 1729 sono 7, 13, 19 (ovvero: $1729 = 7 \cdot 13 \cdot 19$), il problema si traduce in:

$$1729 = x^3 + y^3 =$$
$$= (x + y)(x^2 - xy + y^2) =$$
$$= 7 \cdot 13 \cdot 19.$$

◀ Srinivasa Ramanujan (al centro) e G.H. Hardy (all'estrema destra), con altri colleghi, al Trinity College, Cambridge.

Si tratta di trovare due numeri naturali x e y tali che: $(x + y)$ sia uguale a 7, 13 o 19 e $(x^2 - xy + y^2)$ al prodotto dei due numeri rimanenti. Le possibili scelte di x e y tali che il primo fattore $(x + y)$ sia uguale al numero 7 sono: $(6 + 1)$, $(5 + 2)$, $(4 + 3)$. Nessuna di queste coppie dà come somma di cubi 1729. Passiamo al numero 13.
Le possibilità di esprimere il 13 come somma di due numeri naturali sono: $(12 + 1)$, $(11 + 2)$, $(10 + 3)$, $(9 + 4)$, $(8 + 5)$, $(7 + 6)$. Elevando al cubo e sommando i termini, si può vedere che solo per la coppia 12 e 1 la somma dei cubi è 1729. Ecco la prima soluzione. Analogamente si procede per il numero 19, scoprendo, dopo un po' di calcoli, che 9 e 10 sono la seconda soluzione del problema.
Ma Ramanujan ha detto qualcosa in più: 1729 è *il più piccolo* numero intero esprimibile come somma di due cubi positivi in due modi diversi. Esiste una dimostrazione di questa affermazione, ma è decisamente laboriosa. E probabilmente il giovane matematico non ne era a conoscenza. Era, infatti, praticamente privo di formazione universitaria. Nato in un piccolo villaggio indiano nel 1887 da una famiglia molto povera, aveva dimostrato fin da bambino uno straordinario talento per i numeri ed era arrivato a «intuire» da autodidatta risultati complessi, pur non possedendo il formalismo per dimostrarli. Grazie all'interessamento del matematico Hardy, che riconobbe le sue intrinseche abilità, Ramanujan riuscì a ottenere la laurea all'Università di Cambridge senza dare alcun esame. La scoperta delle proprietà del numero 1729 è solo un esempio delle sue eccezionali capacità di calcolo. Purtroppo morì molto giovane, stroncato dalla tubercolosi a soli 32 anni.

Citazioni famose

Il numero 1729 compare in diversi episodi della serie televisiva *Futurama*, ideata da Matt Groening, padre dei *Simpson*. In un episodio, per esempio, 1729 è il numero della navicella spaziale Nimbus; in un altro, il messaggio di una cartolina natalizia inviata al robot Bender. Un riferimento al numero 1729 è presente anche nel film *Proof*, dove Anthony Hopkins interpreta la parte di un genio matematico ai limiti della follia.

13

LABORATORIO DI MATEMATICA
LE FRAZIONI ALGEBRICHE CON DERIVE

ESERCITAZIONE GUIDATA

Con Derive determiniamo la somma delle frazioni algebriche:

$$\frac{a+1}{a^3 - 3a^2 + 2a} \quad e \quad \frac{3}{a^2 - a - 2}.$$

Per verifica sostituiamo il valore $-\frac{3}{2}$ alla lettera a nelle due frazioni e nella somma, operiamo le semplificazioni e confrontiamo i risultati.

- Attiviamo Derive, assegniamo un nome alle due frazioni e le immettiamo nella zona algebrica (figura 1).
- Impostiamo ed eseguiamo la loro somma.
- Determiniamo i valori della prima frazione e della seconda frazione per $a = -\frac{3}{2}$ (figura 2).
- Operiamo la somma di tali valori.
- Nella frazione somma che si trova in #4 sostituiamo $-\frac{3}{2}$ ad a e semplifichiamo, ottenendo il medesimo risultato.

  Figura 1

  Figura 2

Nel sito: ▶ Altre esercitazioni

Esercitazioni

Assegna un nome alle seguenti frazioni algebriche, effettua su di esse le operazioni indicate, svolgi una verifica con una sostituzione numerica scelta da te. Determina quali condizioni devono soddisfare i numeri da sostituire alle lettere affinché le frazioni esistano.

1 $\quad \dfrac{a}{a-2}, \; \dfrac{a-3}{a^3 - 3a^2 + 2a}.$

a) Somma il quadrato della prima con la seconda.
b) Sottrai dal cubo della prima il quoziente della seconda per la prima.
c) Somma il cubo della prima con la reciproca della seconda.

2 $\quad \dfrac{k^3 - k^2 + k - 1}{k^2 - 4}, \; \dfrac{k^3 - 1}{k^4 - 4k^2}, \; \dfrac{k-2}{k}.$

a) Somma i quozienti della prima per la seconda e della prima per la terza.
b) Sottrai al prodotto della prima per la seconda il quadrato della terza.
c) Dividi la somma della seconda e della terza per la prima.

LA TEORIA IN SINTESI
LA DIVISIONE FRA POLINOMI E LA SCOMPOSIZIONE IN FATTORI

1. LA DIVISIONE FRA POLINOMI

- Un polinomio è **divisibile per un monomio** se lo sono tutti i suoi termini. In tal caso il quoziente si ottiene dividendo ogni termine per il monomio.

    ESEMPIO: $(6x^4 + 3x^3 - 4x^2) : 2x^2 = 3x^2 + \frac{3}{2}x - 2$.

- Nella **divisione** fra due polinomi, $A : B$, se Q è il polinomio quoziente e R il polinomio resto, allora:

    $A = B \cdot Q + R$.

    ESEMPIO: $(3x^2 - x - 1) : (x + 2)$.

    $\underbrace{3x^2 - x - 1}_{A} = \underbrace{(x+2)}_{B}\underbrace{(3x-7)}_{Q} + \underbrace{13}_{R}$.

- Un polinomio A è **divisibile** per un polinomio B se e solo se $R = 0$, ossia $A : B = Q \leftrightarrow A = B \cdot Q$.

2. LA REGOLA DI RUFFINI

- Se il divisore di un polinomio è un binomio del tipo $x - a$, possiamo utilizzare la **regola di Ruffini**.
Se il divisore è del tipo $x + a$, possiamo scriverlo nella forma $x - (-a)$ e applicare la stessa regola.

    ESEMPIO: $(3x^2 - 10x - 9) : (x - 4)$.

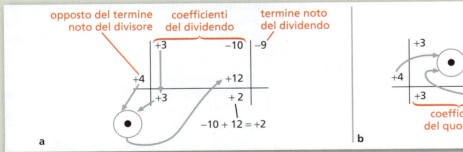

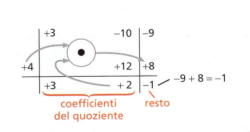

3. IL TEOREMA DEL RESTO E IL TEOREMA DI RUFFINI

- **Teorema del resto.** Il resto della divisione di un polinomio $A(x)$ per un binomio $x - a$ è $A(a)$.

- **Teorema di Ruffini.** Un polinomio $A(x)$ è divisibile per un binomio $x - a$ se e soltanto se $A(a) = 0$.

ESERCIZI   CAPITOLO 1. LA DIVISIONE FRA POLINOMI E LA SCOMPOSIZIONE IN FATTORI

4. LA SCOMPOSIZIONE IN FATTORI

■ Scomporre un polinomio in fattori significa scriverlo come prodotto di polinomi. Se un polinomio si può scomporre, diciamo che è **riducibile**. Altrimenti è **irriducibile**.

■ Abbiamo esaminato i seguenti **metodi di scomposizione**.

• Il **raccoglimento a fattore comune**.

ESEMPIO: $3a^2 + 6a = 3a(a + 2)$.

• Il **raccoglimento parziale**.

ESEMPIO: $3a + 3b + a^2 + ab =$
$= 3(a + b) + a(a + b) =$
$= (3 + a)(a + b)$.

• La scomposizione riconducibile a prodotti notevoli:

– la **differenza di due quadrati**:
$a^2 - b^2 = (a + b)(a - b)$;
– il **quadrato di un binomio**:
$a^2 + 2ab + b^2 = (a + b)^2$;
– il **quadrato di un trinomio**:
$a^2 + b^2 + c^2 + 2ab + 2ac + 2bc =$
$= (a + b + c)^2$;
– il **cubo di un binomio**:
$a^3 + 3a^2b + 3ab^2 + b^3 = (a + b)^3$;
– la **somma** o la **differenza di due cubi**:
$a^3 + b^3 = (a + b)(a^2 - ab + b^2)$;
$a^3 - b^3 = (a - b)(a^2 + ab + b^2)$.

ESEMPIO: $9 - a^2 = (3 + a)(3 - a)$.
$9 - 6a + a^2 = (3 - a)^2$.
$27 + a^3 = (3 + a)(9 - 3a + a^2)$.

• La scomposizione di **particolari trinomi di secondo grado**:

$$x^2 + sx + p = (x + x_1)(x + x_2),$$

essendo $s = x_1 + x_2, p = x_1 \cdot x_2$.

ESEMPIO: $a^2 - 6a + 8 = (a - 4)(a - 2)$.

• La scomposizione mediante **il teorema e la regola di Ruffini**.

ESEMPIO: Scomponiamo $P(a) = 3a^2 + a - 2$ mediante la regola di Ruffini.
Cerchiamo gli zeri del polinomio fra i divisori del termine noto, ossia $+ 1, - 1, + 2, - 2$, e fra le frazioni

$$\frac{1}{3}, -\frac{1}{3}, \frac{2}{3}, -\frac{2}{3}.$$

$P(1) = 3(1)^2 + 1 - 2 = 2 \neq 0$;
$P(- 1) = 3(- 1)^2 + (- 1) - 2 = 0$.

$- 1$ è uno zero di $P(a)$, quindi $P(a)$ è divisibile per $a + 1$.

$$
\begin{array}{c|ccc}
 & 3 & + 1 & - 2 \\
- 1 & & - 3 & + 2 \\
\hline
 & 3 & - 2 & 0 \\
\end{array}
$$

$3a - 2$ è il quoziente della divisione, quindi:

$$3a^2 + a - 2 = (a + 1)(3a - 2).$$

5. APPLICAZIONI DELLA SCOMPOSIZIONE IN FATTORI

■ Per la ricerca del **M.C.D.** e del **m.c.m.** fra polinomi, i polinomi devono essere scomposti in fattori irriducibili.

■ Il M.C.D. fra due o più polinomi è il prodotto di tutti i fattori irriducibili comuni, presi una sola volta, ciascuno con l'esponente minore.

■ Il m.c.m. è il prodotto di tutti i fattori irriducibili, comuni e non comuni, presi una sola volta, ciascuno con l'esponente maggiore.

■ Dati i polinomi A e B, con B diverso dal polinomio nullo, la frazione $\dfrac{A}{B}$ è detta **frazione algebrica**.

■ Le **condizioni di esistenza** (C.E.) di una frazione algebrica sono tutte le disuguaglianze che le variabili devono verificare affinché il denominatore non sia nullo.

■ È possibile semplificare le espressioni con frazioni algebriche facendo uso di regole di calcolo analoghe a quelle delle frazioni numeriche.

16

PARAGRAFO 1. LA DIVISIONE FRA POLINOMI **ESERCIZI**

1. LA DIVISIONE FRA POLINOMI

▶ Teoria a pag. 2

La divisione di un polinomio per un monomio

1 ESERCIZIO GUIDA

Eseguiamo, se possibile, le seguenti divisioni:

a) $(12x^4y^3 - 3x^3y^4 + 2x^2y) : (2x^2y)$;   b) $(5ab^2 + 3a^3b^3 - 3a^4) : (2a^2b^2)$.

a) La divisione $(12x^4y^3 - 3x^3y^4 + 2x^2y) : (2x^2y)$ è possibile, perché ogni termine del dividendo contiene le variabili del divisore, con esponente maggiore o uguale.
Non è necessario, invece, che i coefficienti dei termini del dividendo siano multipli del coefficiente del divisore.
Dividiamo per $2x^2y$ ogni termine del polinomio dividendo:

$$12x^4y^3 : (2x^2y) = 6x^{4-2}y^{3-1} = 6x^2y^2;$$

$$-3x^3y^4 : (2x^2y) = -\frac{3}{2}x^{3-2}y^{4-1} = -\frac{3}{2}xy^3;$$

$$2x^2y : (2x^2y) = 1.$$

Il risultato è quindi:

$$(12x^4y^3 - 3x^3y^4 + 2x^2y) : (2x^2y) = 6x^2y^2 - \frac{3}{2}xy^3 + 1.$$

Verifica:

$$\underbrace{\left(6x^2y^2 - \frac{3}{2}xy^3 + 1\right)}_{\text{quoziente}} \cdot \underbrace{2x^2y}_{\text{divisore}} = \underbrace{12x^4y^3 - 3x^3y^4 + 2x^2y}_{\text{dividendo}}.$$

b) La divisione $(5ab^2 + 3a^3b^3 - 3a^4) : 2a^2b^2$ non è possibile per due motivi:

- $5ab^2$ ha grado rispetto ad a minore di $2a^2b^2$;
- $-3a^4$ ha grado rispetto a b minore di $2a^2b^2$ (il grado rispetto a b di $-3a^4$ è 0).

Esegui, se è possibile, le seguenti divisioni di un polinomio per un monomio e fai la verifica.

2 $(20a^4 - 12a^3 + 6a^2) : (+2a^2)$ $\qquad\qquad [10a^2 - 6a + 3]$

3 $(x^3 - x^2 + x) : \left(-\frac{1}{2}x\right)$ $\qquad\qquad [-2x^2 + 2x - 2]$

4 $\left(a^4 + a^3b - \frac{1}{5}ab^3 + a^2b^2\right) : \left(-\frac{1}{5}a\right)$ $\qquad\qquad [-5a^3 - 5a^2b + b^3 - 5ab^2]$

5 $(7x^4 - 3x^2y^3 + 5x^3y^2) : (-3x^2)$ $\qquad\qquad \left[-\frac{7}{3}x^2 + y^3 - \frac{5}{3}xy^2\right]$

6 $\left(2a^3b^3 + \frac{1}{4}a^4b^4 - 2a^3b^2\right) : \left(\frac{2}{3}a^2b^3\right)$ $\qquad\qquad [\text{impossibile}]$

7 $\left(-\frac{2}{3}a^6 + \frac{1}{3}a^4 + \frac{4}{15}a^3\right) : \left(-\frac{2}{9}a^3\right)$ $\qquad\qquad \left[3a^3 - \frac{3}{2}a - \frac{6}{5}\right]$

8 $\left(\frac{2}{5}y^5z^3 - \frac{3}{4}y^3z^2 + \frac{1}{2}y^2z^5\right) : \left(-\frac{2}{3}y^2z^2\right)$ $\qquad\qquad \left[-\frac{3}{5}y^3z + \frac{9}{8}y - \frac{3}{4}z^3\right]$

Semplifica le seguenti espressioni.

9 $[(3x^3 + 6x^2) : 2x - x] : x$ $\qquad\qquad \left[\frac{3}{2}x + 2\right]$

17

ESERCIZI
CAPITOLO 1. LA DIVISIONE FRA POLINOMI E LA SCOMPOSIZIONE IN FATTORI

10 $\{[(a+b)^3 - (a-b)^3] : (6b)\} : \left(-\dfrac{3}{2}\right)$ $\qquad\left[-\dfrac{2}{3}a^2 - \dfrac{2}{9}b^2\right]$

11 $(-2x^2y + 4x^4y^2 - x^4y) : [(x+y)^2 - (x+y)(x-y) - 2y^2]$ $\qquad\left[-x + 2x^3y - \dfrac{1}{2}x^3\right]$

12 $\{[b(2a-b)(2a+b) + b^2(b+4ab)] : (-2ab) + 2(a+b^2)\} : \dfrac{1}{2}b$ $\qquad[0]$

13 $[(2x+1)(2x-1)(4x^2+1) + 1] : (-2x)^3 + 3x + y$ $\qquad[x+y]$

14 $[(3x-y)^3 + y^3] : (3x) - (3x-y)^2$ $\qquad[2y^2 - 3xy]$

15 $[(x^2-y^2)^3 - (x^2+y^2)(x^2-y^2)y^2 - x^6] : (x^2y)$ $\qquad[-4x^2y + 3y^3]$

16 $[(2x^2y - 4xy^2)^3 - 8y^3(-2xy)^3] : (-2x^2y)^2$ $\qquad[2x^2y - 12xy^2 + 24y^3]$

La divisione fra polinomi a coefficienti numerici

17 In una divisione tra polinomi il divisore è $x-4$, il quoziente è $x^2 - 6x + 2$ e il resto è -1. Qual è il dividendo?
$\qquad[x^3 - 10x^2 + 26x - 9]$

18 Trova il polinomio dividendo di una divisione in cui il divisore è $x^2 - 1$, il quoziente è $2x^2 - x + 1$ e il resto è $x + 2$.
$\qquad[2x^4 - x^3 - x^2 + 2x + 1]$

19 **ESERCIZIO GUIDA**

Calcoliamo quoziente e resto della divisione $(x^3 - 8) : (x - 2)$.

Il polinomio $x^3 - 8$ è incompleto, mancano infatti i termini in x^2 e x. Per poter eseguire la divisione è necessario inserire lo 0 al posto dei termini mancanti.

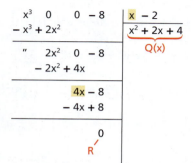

PARAGRAFO 1. LA DIVISIONE FRA POLINOMI **ESERCIZI**

Calcola quoziente e resto delle seguenti divisioni fra polinomi.

20 $(x^4 + 3x^2 - 4) : (x^2 - 4)$ $[Q = x^2 + 7; R = 24]$

21 $(15a^3 - 8a^2 - 9a + 2) : (3a + 2)$ $[Q = 5a^2 - 6a + 1; R = 0]$

22 $(7a - a^3 + 2 + a^2) : (a^2 + 2)$ $[Q = -a + 1; R = 9a]$

23 $(8x^3 - 4x + 1) : \left(x - \dfrac{1}{2}\right)$ $[Q = 8x^2 + 4x - 2; R = 0]$

24 $(16x^5 - 8x^3 + 2x - 1) : (x^3 - 1)$ $[Q = 16x^2 - 8; R = 16x^2 + 2x - 9]$

25 $(2a^3 - 4a^2 + a + 2) : (2a^2 + a - 1)$ $\left[Q = a - \dfrac{5}{2}; R = \dfrac{9}{2}a - \dfrac{1}{2}\right]$

26 $(a^4 + 6a^2 - 4a^3 - 4a + 1) : \left(-\dfrac{2}{3} + a^3\right)$ $\left[Q = a - 4; R = 6a^2 - \dfrac{10}{3}a - \dfrac{5}{3}\right]$

27 $(x^5 - x^3 + 1) : (x^2 + 1)$ $[Q = x^3 - 2x; R = 2x + 1]$

28 $\left(9b^4 - 6b^3 + \dfrac{2}{3}\right) : \left(\dfrac{3}{4}b - \dfrac{1}{2}\right)$ $\left[Q = 12b^3; R = +\dfrac{2}{3}\right]$

29 $(0{,}5x^3 + 1{,}5x - x^2 - 1) : (1 - 3x + 2x^2)$ $\left[Q = \dfrac{1}{4}x - \dfrac{1}{8}; R = \dfrac{7}{8}x - \dfrac{7}{8}\right]$

Calcola quoziente e resto delle seguenti divisioni fra polinomi. Esegui la verifica.

30 $(y^3 - 5y^2 + 3y - 6) : (y^2 + 1 - 2y)$ $[Q = y - 3; R = -4y - 3]$

31 $(-3y^3 + 11y^2 - 9y - 2) : (3y^2 - 5y - 1)$ $[Q = 2 - y; R = 0]$

32 $(2x^4 - 14x^2 + 12x - 5) : (2x^2 - x)$ $\left[Q = x^2 + \dfrac{1}{2}x - \dfrac{27}{4}; R = \dfrac{21}{4}x - 5\right]$

La divisione fra polinomi a coefficienti letterali

33 **ESERCIZIO GUIDA**

Eseguiamo la divisione $(5a^2b + a^3 - 2ab^2 + b^3) : (a^2 - 4ab + b^2)$ considerando come variabile la lettera a.

Ordiniamo i polinomi secondo le potenze decrescenti della variabile a:

$(a^3 + 5a^2b - 2ab^2 + b^3) : (a^2 - 4ab + b^2)$.

Eseguiamo la divisione:

$$
\begin{array}{ll|l}
a^3 + 5a^2b - 2ab^2 + b^3 & a^2 - 4ab + b^2 \\
\underline{-a^3 + 4a^2b - \ ab^2} & a + 9b \\
\quad +9a^2b - 3ab^2 + b^3 \\
\quad \underline{-9a^2b + 36ab^2 - 9b^3} & a^3 : a^2 \quad 9a^2b : a^2 \\
\qquad\qquad +33ab^2 - 8b^3
\end{array}
$$

$\rightarrow Q = a + 9b; \quad R = 33ab^2 - 8b^3.$

Esegui le seguenti divisioni fra polinomi, considerando come variabile quella indicata a fianco.

34 $(a^2 - 3b^2 - 2ab) : (b + a)$ [variabile: a] $[Q = a - 3b]$

35 $(x^6 - y^4) : (3x^3 + 3y^2)$ [variabile: x] $\left[Q = \dfrac{1}{3}(x^3 - y^2)\right]$

19

ESERCIZI | **CAPITOLO 1.** LA DIVISIONE FRA POLINOMI E LA SCOMPOSIZIONE IN FATTORI

36 $(x^3 - 2x^2y + xy^2) : (x^2 - 2xy + y^2)$ [variabile: x] $[Q = x]$

37 $(4b^3 - 20ab^2 - 9a^2b + 45a^3) : (b - 5a)$ [variabile: b] $[Q = 4b^2 - 9a^2]$

38 $\left(x^3 + \dfrac{5}{2}x^2y - 4xy^2 - 3y^3\right) : (2x - 3y)$ [variabile: x] $\left[Q = \dfrac{1}{2}x^2 + 2xy + y^2\right]$

39 $(-b^2 - 1 + a^2 - 2b) : (a - 1 - b)$ [variabile: a] $[Q = a + 1 + b]$

RIEPILOGO La divisione fra polinomi

40 **TEST** È data la divisione:

$$(5a^3 - 6a^2 - 3a + 4) : (ka + 4).$$

Per quale valore di k il quoziente è $a^2 - 2a + 1$?

A 2   C 0   E -5

B -3 D 5

41 **TEST** È data la divisione:

$$(2a^3 + 3a^2 - 2a - 3) : (ka + 3).$$

Per quale valore di k il quoziente è $a^2 - 1$?

A 1   C 3   E -3

B 2   D -2

....

42 Il quoziente fra due polinomi è il polinomio nullo. Come possono essere i due polinomi?

43 In quale caso il resto di una divisione fra due polinomi è uguale a 0?

44 Il grado del resto di una divisione fra polinomi può essere uguale o maggiore del grado del divisore? Fornisci un esempio.

45 Dati i polinomi

A) $a^2 + 4a$,   B) 4,   C) $a^2 + 3a$,   D) $a + 3$,   E) $a + 4$,

è possibile, scelto uno di essi come polinomio di partenza, ricavarli uno dall'altro utilizzando, nell'ordine, le seguenti operazioni: $\cdot a$, $+a$, $:a$, $-a$.

Sapresti mettere nel giusto ordine i cinque polinomi?

Due di essi sono divisibili per $a + 3$ e altri due per $a + 4$. Quali? $[D, C, A, E, B; D, C; E, A]$

Esegui, se possibile, le seguenti divisioni calcolando il quoziente e il resto (nelle divisioni in cui compaiono polinomi in più variabili, esegui la divisione rispetto alla variabile indicata a fianco). Le lettere a esponente rappresentano numeri naturali.

46 $(x^2 - 6x + 3) : (1 - x^3)$ [impossibile]

47 $(5a^6 + 15a^5 + 20 + 5a) : (a + 3)$ $[Q = 5a^5 + 5; R = 5]$

48 $\left(-\dfrac{1}{2}b^3 - b^2c^2 + 3bc^4 - c^6\right) : (b - c^2)$ [variabile: b] $\left[Q = -\dfrac{1}{2}b^2 - \dfrac{3}{2}bc^2 + \dfrac{3}{2}c^4; R = \dfrac{1}{2}c^6\right]$

49 $(3y^3 - 14ay^2 + 21a^2y - 12a^3) : (3y - 8a)$ [variabile: y] $\left[Q = y^2 - 2ay + \dfrac{5}{3}a^2; R = \dfrac{4}{3}a^3\right]$

50 $(36x^2y + 12xy^2 + y^3) : (6x + y)$ [variabile: x] $[Q = 6xy + y^2]$

51 $\left(a^4b - \dfrac{1}{3}a^3b^2 - 2b^3 + 6ab^2\right) : \left(\dfrac{2}{3}b - 2a\right)$ [variabile: a] $\left[Q = -\dfrac{1}{2}a^3b - 3b^2\right]$

52 $(x^4 - 4x^3y + 5x^2y^2 - 3xy^3 + 2y^4) : (-2y^2 + x^2)$ [variabile: x]

$[Q = x^2 - 4xy + 7y^2; R = -11xy^3 + 16y^4]$

20

2. LA REGOLA DI RUFFINI

▶ Teoria a pag. 5

La divisione fra polinomi a coefficienti numerici

53 **ESERCIZIO GUIDA**

Eseguiamo la divisione $(2x^3 + 3x - 8) : (x + 2)$, applicando la regola di Ruffini.

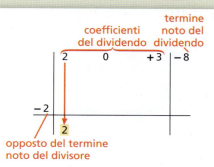

a. Costruiamo lo schema e abbassiamo il 2.

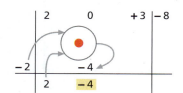

b. Moltiplichiamo 2 per −2, scriviamo il risultato nella colonna a fianco di 2 e sommiamo.

c. Moltiplichiamo −4 per −2 e completiamo la terza colonna: abbiamo trovato i coefficienti del quoziente.

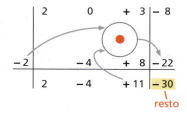

d. Moltiplichiamo +11 per −2, scriviamo il risultato sotto −8 e sommiamo: abbiamo trovato il resto.

I coefficienti del quoziente sono 2, −4 e 11. Poiché il dividendo è di terzo grado, il polinomio quoziente è di secondo grado. $Q(x) = 2x^2 - 4x + 11$; $R = -30$.

Esegui le seguenti divisioni, applicando la regola di Ruffini. Indica il resto R se diverso da 0.

54 $(a^2 - a - 12) : (a - 4)$ $[Q = a + 3]$

55 $(2x^3 - 9x + 1) : (x - 3)$ $[Q = 2x^2 + 6x + 9; R = 28]$

56 $(3x^3 + x^2 - 8x + 4) : (x + 2)$ $[Q = 3x^2 - 5x + 2]$

57 $(b^3 + b^2 - b + 15) : (b + 3)$ $[Q = b^2 - 2b + 5]$

58 $(-3x^2 + 2x^3 - x + 2) : (x - 1)$ $[Q = 2x^2 - x - 2]$

59 $(a^5 - 10a - 12) : (a - 2)$ $[Q = a^4 + 2a^3 + 4a^2 + 8a + 6]$

60 $\left(2b^3 - \dfrac{11}{3}b^2 - \dfrac{1}{3} + 2b\right) : \left(b - \dfrac{1}{3}\right)$ $[Q = 2b^2 - 3b + 1]$

61 $\left(a^4 - \dfrac{1}{25}a^2 + a + \dfrac{2}{5}\right) : \left(a + \dfrac{1}{5}\right)$ $\left[Q = a^3 - \dfrac{1}{5}a^2 + 1; R = \dfrac{1}{5}\right]$

ESERCIZI | **CAPITOLO 1.** LA DIVISIONE FRA POLINOMI E LA SCOMPOSIZIONE IN FATTORI

La divisione fra polinomi a coefficienti letterali

62 **ESERCIZIO GUIDA**

Eseguiamo la divisione $(2a^2x - 3ax^2 - 2a^3 + x^3) : (x - 2a)$ applicando la regola di Ruffini.

Poiché il divisore è del tipo $x - a$, se ordiniamo il polinomio dividendo rispetto alla variabile x, possiamo applicare la regola di Ruffini:

$(x^3 - 3ax^2 + 2a^2x - 2a^3) : (x - 2a)$.

	$+1$	$-3a$	$+2a^2$	$-2a^3$
$2a$		$2a$	$-2a^2$	0
	$+1$	$-a$	0	$-2a^3$

$\rightarrow \quad Q = x^2 - ax; \quad R = -2a^3.$

Esegui le seguenti divisioni, applicando la regola di Ruffini e considerando come variabile la prima lettera che compare al dividendo. Indica il resto R se diverso da 0.

63 $(a^3 + 2a^2b - 4ab^2 - 8b^3) : (a + 2b)$ $\hfill [Q = a^2 - 4b^2]$

64 $(y^4 + x^3y - 9x^2y^2 + 3x^4) : (y + 3x)$ $\hfill [Q = y^3 - 3xy^2 + x^3]$

65 $(2x^4 + 5x^3y + 2x^2y^2 + x + 2y) : (x + 2y)$ $\hfill [Q = 2x^3 + x^2y + 1]$

66 $(2x^4 - 5a^2x^2 + 4ax^3 - 3a^3x + 2a^5) : (x - a)$ $\hfill [Q = 2x^3 + 6ax^2 + a^2x - 2a^3; R = 2a^5 - 2a^4]$

67 $(a^6 - 3a^2b^4 - 4a^4b^2 + 12b^6) : (a + 2b)$ $\hfill [Q = a^5 - 2a^4b - 3ab^4 + 6b^5]$

68 $(x^3 - xy^2 + x^2y - y^3 + 2x^2 - 2y^2) : (x + y)$ $\hfill [Q = x^2 + 2x - y^2 - 2y]$

Il divisore $cx - b$

69 **ESERCIZIO GUIDA**

Calcoliamo il quoziente e il resto della divisione $(3x^2 + 2x - 5) : (2x - 1)$ mediante la regola di Ruffini.

Per applicare la regola di Ruffini occorre che il divisore sia della forma $x - a$, con $a \in \mathbb{R}$.
Sappiamo poi che, se in una divisione dividiamo sia il dividendo sia il divisore per uno stesso numero, anche il resto viene diviso per lo stesso numero, mentre il quoziente non cambia. In generale, vale cioè:

A	B		A : n	B : n
R	Q		R : n	Q

Nel nostro esempio, poiché il divisore è $2x - 1$, dividiamo dividendo e divisore per **2** per applicare la regola di Ruffini:

$$\left(\frac{3}{2}x^2 + x - \frac{5}{2}\right) : \left(x - \frac{1}{2}\right).$$

Applichiamo la regola di Ruffini:

	$\frac{3}{2}$	1	$-\frac{5}{2}$
$+\frac{1}{2}$		$\frac{3}{4}$	$\frac{7}{8}$
	$\frac{3}{2}$	$\frac{7}{4}$	$-\frac{13}{8}$

coefficienti del quoziente $\qquad R : 2$

$$Q(x) = \frac{3}{2}x + \frac{7}{4}.$$

Il resto si ottiene moltiplicando per **2** il resto $-\frac{13}{8}$ trovato: $\qquad R = -\frac{13}{4}.$

22

PARAGRAFO 2. LA REGOLA DI RUFFINI   **ESERCIZI**

Esegui le seguenti divisioni applicando la regola di Ruffini.

70 $(12x^3 - 54x^2 + 21x - 3) : (3x - 12)$

$[Q = 4x^2 - 2x - 1; R = -15]$

71 $(12y^3 + 36y^2 - 38y + 42) : (2y + 8)$

$[Q = 6y^2 - 6y + 5; R = 2]$

72 $(6a^4 - 24a^3 + 24a^2 + 12a - 19) : (6a - 12)$

$[Q = a^3 - 2a^2 + 2; R = 5]$

73 $(6b^5 + 30b^4 - 14b^2 - 4b^3 - 49 + 20b) : (2b + 10)$

$[Q = 3b^4 - 2b^2 + 3b - 5; R = 1]$

74 $\left(\dfrac{4}{5}x^3 - \dfrac{1}{2}x^2 - \dfrac{19}{4}x + \dfrac{5}{2}\right) : (2x - 5)$

$\left[Q = \dfrac{2}{5}x^2 + \dfrac{3}{4}x - \dfrac{1}{2}; R = 0\right]$

75 $(-3x^2 - 4xy + 4y^2) : (3x - 2y)$

$[Q = -x - 2y; R = 0]$

RIEPILOGO   La regola di Ruffini

76 **TEST** Nella divisione $(4x^2 - 15x - 2) : (4x + 1)$ il quoziente è $x - 4$ e il resto è 2. Nella divisione

$$\left(x^2 - \frac{15}{4}x - \frac{1}{2}\right) : \left(x + \frac{1}{4}\right)$$

il quoziente e il resto sono, rispettivamente:

A $\dfrac{1}{4}x - 1$ e $\dfrac{1}{2}$.   D $x - 4$ e $\dfrac{1}{2}$.

B $\dfrac{1}{4}x - 1$ e 2.   E $x + \dfrac{1}{4}$ e $\dfrac{1}{2}$.

C $x - 4$ e 2.

77 **TEST** Fra le seguenti divisioni, quale si può eseguire mediante la regola di Ruffini?

A $(3a^3 - 2a^2 + 1) : (a^2 - 1)$

B $(2b^2 + 2) : (b^2 + 1)$

C $(4x^2 - 2x + 3) : (2x - 1)$

D $(a^4 - 1) : (a^3 - a^2)$

E $(x^3 - 2x^2) : (2x^2 - 1)$

Esegui, se possibile, le seguenti divisioni con la regola di Ruffini (nelle divisioni in cui compaiono polinomi in più variabili, esegui la divisione rispetto alla variabile indicata a fianco). Indica il resto R se diverso da 0.

78 $(b^4 - 2b^2 + 3) : (b - 2)$

$[Q = b^3 + 2b^2 + 2b + 4; R = 11]$

79 $(5x^3 - 3x^2 + 4x - 2) : (x - 1)$

$[Q = 5x^2 + 2x + 6; R = 4]$

80 $(x^3 - 3x + 2) : (x + 2)$

$[Q = x^2 - 2x + 1]$

81 $(2x^3 - 13x^2 + 4 + 19x) : (x - 4)$

$[Q = 2x^2 - 5x - 1]$

82 $\left(7a^3 + \dfrac{27}{2}a^2 + \dfrac{3}{2} + \dfrac{11}{2}a\right) : \left(a + \dfrac{3}{2}\right)$

$[Q = 7a^2 + 3a + 1]$

83 $(12a^2 + 5a - 2) : (4a - 1)$

$[Q = 3a + 2]$

84 $(4y^4 - 6y^3 - 18y^2 - 10) : (2y - 6)$

$[Q = 2y^3 + 3y^2; R = -10]$

85 $\left(\dfrac{1}{2}a^5 - \dfrac{1}{2}a^4 - a^2 - \dfrac{2}{9}a^3 - \dfrac{1}{2}a - \dfrac{1}{18}\right) : \left(a + \dfrac{1}{3}\right)$

$\left[Q = \dfrac{1}{2}a^4 - \dfrac{2}{3}a^3 - a - \dfrac{1}{6}\right]$

86 $[y^4 + (a - 4)y^2 - 4a^2] : (y - 2)$ [variabile: y]

$[Q = y^3 + 2y^2 + ay + 2a; R = 4a - 4a^2]$

87 $[2x^2 - 2x(a - 2) - 4a] : (x - a)$ [variabile: x]

$[Q = 2x + 4]$

88 $\left(a^3 - \dfrac{27}{8}b^6\right) : \left(a - \dfrac{3}{2}b^2\right)$ [variabile: a]

$\left[Q = a^2 + \dfrac{3}{2}ab^2 + \dfrac{9}{4}b^4\right]$

23

ESERCIZI | **CAPITOLO 1. LA DIVISIONE FRA POLINOMI E LA SCOMPOSIZIONE IN FATTORI**

3. IL TEOREMA DEL RESTO E IL TEOREMA DI RUFFINI

▶ Teoria a pag. 6

89 **ESERCIZIO GUIDA**

Calcoliamo il resto della divisione $(x^3 - 1) : \left(x + \dfrac{1}{2}\right)$.

Scriviamo il divisore nella forma $x - a$:

$$x - \left(-\frac{1}{2}\right).$$
$$\underbrace{\phantom{-\frac{1}{2}}}_{a}$$

Dunque $a = -\dfrac{1}{2}$.

Possiamo applicare il teorema del resto: nel dividendo $x^3 - 1$ sostituiamo la variabile con il valore di a, cioè $-\dfrac{1}{2}$, e otteniamo il resto della divisione:

$$R = \left(-\frac{1}{2}\right)^3 - 1 = -\frac{1}{8} - 1 = -\frac{9}{8}.$$

Calcola il resto delle seguenti divisioni.

90 $(2x^3 - 9x + 1) : (x - 3)$

91 $(a^2 - a + 3 - 2a^3) : (a - 1)$

92 $(5b^6 + 15b^5 + 20 + 5b) : (b + 3)$

93 $\left(2x^3 - \dfrac{11}{3}x^2 + 2x - \dfrac{1}{3}\right) : \left(x - \dfrac{1}{3}\right)$

94 $(2x^3 - 5x + 4) : (x + 1)$

95 $(2x^4 + x^3 - 6x + 1) : (x - 1)$

96 $(-x^3 + 2x^2 - 2) : (x + 2)$

97 $(2y^5 + y^2 - y - 26) : (y - 2)$

98 $\left(a^4 + \dfrac{1}{2}a^3 - \dfrac{1}{2} + \dfrac{7}{4}a - 2a^2\right) : (a + 2)$

99 $(x^3 + 4x^2 y - x + 3xy^2 - 3y) : (x + 3y)$

100 $(15a - 5b - 9a^2 - b^2 + 6ab) : (b - 3a)$

101 $(2x^4 - 5a^2 x^2 + 4ax^3 - 3a^3 x + 2a^5) : (x - a)$

102 Trova per quale valore di b la divisione $(4x^4 - 5x^2 + x + b - 1) : (x - 1)$ ha resto 0. [1]

103 Determina a in modo che il polinomio $x^3 + ax - 2$ diviso per $(x + 1)$ dia resto -3. [0]

104 Stabilisci per quale valore di k il polinomio $x^3 + 2x^2 + x + k - 1$ diviso per $(x + 2)$ dà come resto -4. [-1]

Determina, senza eseguire la divisione, se i seguenti polinomi sono divisibili per i binomi scritti a fianco.

105 $x^3 + 6x^2 + 11x + 6$ $x + 1;$ $x - 1;$ $x + 2;$ $x - 3.$

106 $a^5 + y^5$ $a - 2y;$ $a + 2y;$ $a - y;$ $a + y.$

107 $x^2 - 4y^2 - x^3 - 8y^3$ $x + 2y;$ $x - 2y;$ $x - y;$ $x + y.$

108 $2a^2 + 7a - 4$ $a + 2;$ $2a + 1;$ $a - 1;$ $2a - 1.$

109 $2a^4 - 3a^2 + 2a - 1$ $2a + 1;$ $a - \dfrac{1}{2};$ $3a + 2;$ $a - 1.$

110 $\dfrac{1}{27}x^3 - 1 - \dfrac{1}{3}x^2 + 4x$ $x + 3;$ $x - 1;$ $\dfrac{1}{3}x - 1;$ $x + 1.$

111 $a^2 - 2ab + a^2 b - 4b^3$ $a + b;$ $a - 2b;$ $a - b;$ $2a + b.$

PARAGRAFO 4. LA SCOMPOSIZIONE IN FATTORI **ESERCIZI**

4. LA SCOMPOSIZIONE IN FATTORI

▶ Teoria a pag. 7

Il raccoglimento a fattore comune

112 **ESERCIZIO GUIDA**

Scomponiamo in fattori i seguenti polinomi raccogliendo a fattore comune:

a) $6x^2y^2 - 12x^4$;   b) $\dfrac{5}{6}a + \dfrac{5}{3}ab^2$;   c) $y(x - 2y) + (x - 2y)^2$.

a) Raccogliamo il M.C.D. fra i termini del polinomio, cioè $6x^2$:
$$6x^2y^2 - 12x^4 = 6x^2(y^2 - 2x^2).$$

b) Raccogliamo $\dfrac{5}{3}a$ nel polinomio dato: $\dfrac{5}{6}a + \dfrac{5}{3}ab^2 = \dfrac{5}{3}a\left(\dfrac{1}{2} + b^2\right)$.

c) Raccogliamo $(x - 2y)$:
$$y(x - 2y) + (x - 2y)^2 = (x - 2y)[y + (x - 2y)] = (x - 2y)(x - y)$$

Quando è possibile, scomponi in fattori, raccogliendo a fattore comune.

113 $7a + 9b$; $a^4x^4 - a^4y^4$; $y^2 + 4y$.

114 $4xy + 8x^2$; $\dfrac{1}{2}y^4 + \dfrac{1}{2}y^2$; $2ay - 4a^2 + 2a$.

115 $a^5 + a^6 + a^9$; $2a^2b^2 + 2a^2b^3 - 4ab^2$; $\dfrac{1}{4}a^3b - \dfrac{1}{8}a^2$.

116 $5x - 10xy + 15y$; $-27a^2 + 9ay - 18a$; $-6a^3 + 9a^2b + 3a^2$.

117 $-2a^2 + 4ab - 2a^3$; $cx^2 - 4cx + c^2x^2$; $6xy^2 - 4x^2 + 10xy$.

118 $3a + 9b - 15$; $4a^4 - 2a^3 - 2a^6$; $-3a^5 + 12a^3b - 6a^2$.

119 $6ax + 2a - 4a^2x^2$; $125x^2 - 25x + 25xy$; $12a^2b^3 + 30a^3b + 6ab$.

120 $\dfrac{2}{3}a^2y^3 + \dfrac{1}{3}ay^2$; $4x - 2x^2 - 2$; $\dfrac{2}{5}ax^2 + \dfrac{4}{5}a$.

121 $18a^3y - 4a^4y^3 + 10a^5y^2$; $4x^3 + 3x^2y$; $\dfrac{1}{9}y^3 - 3y^2$.

122 $\dfrac{5}{2}a^2b - \dfrac{15}{4}ab^2 + \dfrac{3}{4}ab$; $\dfrac{4}{9}x^{18} - \dfrac{2}{3}x^6 + x^3$; $-2a^9 + 8a^4 + 2a^3$.

123 $15a^4 + 6a^2b + 3a$; $2ac + 14ab$; $\dfrac{2}{3}a^2b + \dfrac{10}{9}ab^2$.

124 $3z^2 - 27y^3z + 12y^2z^2$; $12x^3y^2 + 3x^2y^2$; $a^3 - a^2 - a + 2a^2$.

125 $x(a + b) + y(a + b)$; $8a^2(2a + b) - 2b^2(2a + b)$; $(b + c) - a(b + c)$.

126 $(2x + y) + (2x + y)^3$; $(3a + 2) - (3a + 2)^2$; $(a - b)^3 - (a - b)^2$.

127 $(a^2 - b)^4 + 2(a^2 - b)^3 - (a^2 - b)^2$; $2(x + y)(a + b) + \dfrac{1}{2}(x + y)$.

25

ESERCIZI | **CAPITOLO 1. LA DIVISIONE FRA POLINOMI E LA SCOMPOSIZIONE IN FATTORI**

Il raccoglimento parziale

128 **ESERCIZIO GUIDA**

Scomponiamo in fattori i seguenti polinomi:

a) $3xy + zy + z + 3x$;

b) $4ay^2 - 4ay^3 - y^2 + y^3$.

a) Possiamo procedere in due diversi modi.

1. $3xy + zy + z + 3x =$

Raccogliamo fra i termini sottolineati in blu e in rosso rispettivamente $3x$ e z:

$= 3x(y + 1) + z(y + 1) =$

Raccogliamo $(y + 1)$:

$= (y + 1)(3x + z)$.

2. Possiamo raggruppare in modo diverso i termini e, notando che $3x + z$ e $z + 3x$ sono lo stesso fattore, otteniamo:

$3xy + zy + z + 3x = y(3x + z) + 1(z + 3x) = (3x + z)(y + 1)$.

b) $4ay^2 - 4ay^3 - y^2 + y^3 =$

Raccogliamo y^2 a fattore comune:

$= y^2(4a - 4ay - 1 + y) =$

Nel polinomio fra parentesi raccogliamo parzialmente:

$= y^2[4a(1 - y) - 1(1 - y)] =$

e poi il fattore $(1 - y)$:

$= y^2(1 - y)(4a - 1)$.

Scomponi in fattori mediante il metodo del raccoglimento parziale.

129 $10bx + x - 30b + 3$

130 $a^2b^2 + 2b^2 + a^2 + 2$

131 $4xy^2 - 3y + 20xy - 15$

132 $3bx + 4by + 3ax + 4ay$

133 $15by - 10b + 21ay - 14a$

134 $(x^2 - y)a + y - x^2$

135 $ax + ay + (x + y)^3$

136 $\dfrac{7}{3}ab - \dfrac{7}{6}bc - \dfrac{1}{3}a + \dfrac{1}{6}c$

137 $y^4 - y^3 - 2y + 2$

138 $ax + 6x + ay + 6y$

139 $\dfrac{3}{2}x - \dfrac{1}{2}xy - 3a + ay$

140 $x^2 + xy + x + y$

141 $ay - 4a - 3y + 12$

142 $2ax + 4x - 3a - 6$

143 $x^4 + 4x^2 - x^3y - 4xy$

144 $12a^2 - 4a - 3a + 1$; $(5 - x)(5 + x) + (x - 5)^2 + (2x - 10)(x + 3)$.

145 $2a^3b^2 - 12a^2b^4 + 4ab^6 - 24b^8$; $(a + 3b)^2 - 2a^2 - 6ab - 9b - 3a$.

146 $-8x^2y + 4xy^2 + 6ax^2y - 3axy^2$; $(2a + x)^2 - 4x^3 - 8ax^2$.

26

PARAGRAFO 4. LA SCOMPOSIZIONE IN FATTORI — ESERCIZI

La scomposizione mediante la differenza di due quadrati

$$A^2 - B^2 = (A + B)(A - B)$$

147 ESERCIZIO GUIDA

Scomponiamo in fattori, riconoscendo la differenza di due quadrati:

a) $81a^2 - 16$;   b) $625a^4 - 1$;   c) $4x^4 - 64x^2y^2$.

a) $81a^2 - 16 = (9a + 4)(9a - 4)$.

b) $625a^4 - 1 = (25a^2 + 1)(25a^2 - 1) = (25a^2 + 1)(5a + 1)(5a - 1)$.

c) $4x^4 - 64x^2y^2 = 4x^2(x^2 - 16y^2) = 4x^2(x + 4y)(x - 4y)$.

Scomponi in fattori, riconoscendo la differenza di due quadrati.

148 $49 - x^2$; $\qquad$ $81 - b^2$.

149 $a^2 - 4$; $\qquad$ $\dfrac{1}{16} - x^2y^2$.

150 $y^6 - 81$; $\qquad$ $64 - a^2b^2$.

151 $(y - x)^2 - x^2$; $\qquad$ $9a^4 - 25b^4$.

152 $36x^2y^2 - 81$; $\qquad$ $1 - \dfrac{1}{64}x^4$.

153 $9 - 121x^4$; $\qquad$ $16a^4 - 9$.

154 $\dfrac{1}{25}x^2 - \dfrac{1}{36}y^2$; $\qquad$ $a^4b^4 - \dfrac{1}{49}$.

155 $a^8 - 64b^8$; $\qquad$ $(a + b)^2 - a^2$.

156 $16x^2y^2 - 25$; $\qquad$ $\dfrac{1}{9}x^2 - 25$.

157 $49y^4 - 25x^4$; $\qquad$ $64x^2y^2 - 1$.

158 $256x^4y^4 - 1$; $\qquad$ $9x^2 - 81y^2$.

159 $2(2a^2 - 3)^2 - 8$; $\qquad$ $3xy^2 - 3x^3$.

160 $5b^2(b - 3) - b^2 + 9$; $\quad$ $-a^4 - 16b^4 + 16 + a^4b^4$.

161 $1 - x^2 - y^2 + x^2y^2$; $\quad$ $12x^4 + 4x^3 - 3x^2 - x$.

Polinomio scomponibile nel quadrato di un binomio

$$A^2 + 2AB + B^2 = (A + B)^2$$

162 ESERCIZIO GUIDA

Scomponiamo in fattori, riconoscendo il quadrato di un binomio:
a) $16a^2 + 24ab + 9b^2$;   b) $x^2y^2 - 4xy^2 + 4y^2$;   c) $-49x^2 - 28x - 4$.

a) $16a^2 + 24ab + 9b^2$.

Individuiamo due termini del trinomio che sono i quadrati di $4a$ e $3b$.
Controlliamo che il loro doppio prodotto sia uguale all'altro termine del trinomio:

$$2(4a \cdot 3b) = 24ab.$$

Allora possiamo scrivere il trinomio come:

$$16a^2 + 24ab + 9b^2 = (4a + 3b)^2.$$

b) Raccogliamo a fattore comune y^2:

$$x^2y^2 - 4xy^2 + 4y^2 = y^2(x^2 - 4x + 4) = y^2(x - 2)^2.$$

c) $-49x^2 - 28x - 4$.

È riconducibile a un quadrato di binomio raccogliendo il segno $-$ nel trinomio dato:

$$-(49x^2 + 28x + 4) = -(7x + 2)^2.$$

27

ESERCIZI CAPITOLO 1. LA DIVISIONE FRA POLINOMI E LA SCOMPOSIZIONE IN FATTORI

CACCIA ALL'ERRORE Trova gli errori e spiega perché le uguaglianze sono sbagliate.

163 $a^2 + b^2 = (a + b)^2$

166 $4x^2 + 9 - 16x = (2x - 3)^2$

164 $x^2 - 9xy - 9y^2 = (x - 3y)^2$

167 $a^4 + 8a^2x^2 + 4x^4 = (a^2 + 2x^2)^2$

165 $\dfrac{1}{16}a^2 + y^2 = \left(\dfrac{1}{4}a + y\right)^2$

168 $\dfrac{1}{9} + \dfrac{1}{36}y + \dfrac{y^2}{4} = \left(\dfrac{1}{3} + \dfrac{y}{2}\right)^2$

....

Quando è possibile, scomponi in fattori, riconoscendo il quadrato di un binomio.

169 $x^4 + 4x^2 + 4$; $16a^2 + 8a + 1$; $16b^2 + 20b + 25$.

170 $b^2x^2 + 2abx + a^2$; $16a^2 + 4ab^2 + b^4$; $x^4 + 16x^2 + 64$.

171 $4x^2 + 8xy + 4y^2$; $9a^2 + 6ab + b^2$; $25x^2 + 70x + 49$.

172 $4x + 4x^2 + 1$; $36 - 24x + 4x^2$; $a^2 - 32a + 16$.

173 $b^2 + \dfrac{1}{25}a^2 - \dfrac{2}{5}ab$; $x^2 + \dfrac{1}{49} + \dfrac{2}{7}x$; $4a^2b^2 + b^2 + 4a^2$.

174 $x^3 + 16x^2y + 64xy^2$; $5a^2 + 10ab + 5b^2$; $-x^2 - 8x - 16$.

175 $a^2 - ab + \dfrac{1}{4}b^2$; $9a^2x^4y^4 + 12a^3x^3y^3 + 4a^4x^2y^2$; $8a^2 + 16ab + 8b^2$.

176 $a^2 - 22a + 121$; $\dfrac{1}{6}x^2y^2 + \dfrac{1}{3}x^3y^3 + \dfrac{1}{6}x^4y^4$; $a^9 + 2a^3b + b$.

177 $\dfrac{1}{9}x^2 + \dfrac{1}{6}xy + \dfrac{1}{16}y^2$; $\dfrac{16}{9}x^2 + \dfrac{4}{3}xy + \dfrac{1}{4}y^2$; $x^4 + 2x^2y + 4y^2$.

178 $a^2 + b^4 + 2ab^2$; $9x^2y^4 + 3xy^2 + 1$; $16a^4b^4 + 8a^8b^4 + a^8$.

Scomponi in fattori.

179 $(2x + y - 8)^2 - (2x + y)^2$; $4y^4 - 12y^3 - y^2 + 6y - 9$. $[-16(2x + y - 4); (y - 3)(4y^3 - y + 3)]$

180 $a^2 - 4b - b^2 - 4$; $x^{10} - 6x^7 + 9x^4$. $[(a + b + 2)(a - b - 2); x^4(x^3 - 3)^2]$

181 $9x^2y^2 + 6xy(1 - 2xy) + (1 - 2xy)^2$; $\dfrac{1}{4}a^4 - \dfrac{2}{3}a^2b + \dfrac{4}{9}b^2 - \dfrac{1}{9}a^6$

$$\left[(1 + xy)^2; \left(\dfrac{1}{2}a^2 - \dfrac{2}{3}b + \dfrac{1}{3}a^3\right)\left(\dfrac{1}{2}a^2 - \dfrac{2}{3}b - \dfrac{1}{3}a^3\right)\right]$$

182 $b^2 - 2b + 1 - (a + b)^2$; $32a^4(b + 1)^2 - 2x^4(b^2 + 2b + 1)$.

$$[-(a + 1)(a + 2b - 1); 2(b + 1)^2(2a + x)(2a - x)(4a^2 + x^2)]$$

183 $5bx - 25by - 2ax^2 + 50ay^2$; $(x + y)(x + 2y) - x(x + y)^2 - x^2 + y^2$.

$$[(x - 5y)(5b - 2ax - 10ay); (x + y)(3y - xy - x^2)]$$

184 $\dfrac{2}{3}x^4 + \dfrac{32}{3}x^2y^2 + \dfrac{128}{3}y^4$; $(2 - x)^2 - 9$. $\left[\dfrac{2}{3}(x^2 + 8y^2)^2; (x + 1)(x - 5)\right]$

185 $27a^2x^2y + 90ax^2y + 75x^2y - 6a - 10$; $20m^3t + 60m^2t^2 + 45mt^3 - 5mt$; $\dfrac{1 + a^2b^2 - 2ab}{4} + 2 - ab$.

$$\left[(3a + 5)(9ax^2y + 15x^2y - 2); 5mt(2m + 3t + 1)(2m + 3t - 1); \left(\dfrac{ab - 1}{2} - 1\right)^2\right]$$

28

PARAGRAFO 4. LA SCOMPOSIZIONE IN FATTORI | **ESERCIZI**

186 $x + y - x^2 - 2xy - y^2$; $\qquad a^6 - a^2 - 3a^4 + 3$; $\qquad a^2 - x^2 - 7(a - x)^2$.

$$[(x + y)(1 - x - y); (a^2 - 3)(a - 1)(a + 1)(a^2 + 1); 2(a - x)(-3a + 4x)]$$

187 $b^5 - 5b^4 - b^2 + 10b - 25$; $\qquad \dfrac{a^4}{64} + \dfrac{a^2}{4} + 1$; $\qquad x^2 - 12bx + 36b^2$.

$$\left[(b - 5)(b^4 - b + 5); \left(\dfrac{a^2}{8} + 1\right)^2; (x - 6b)^2\right]$$

188 $a^4 + 4a^3y + 4a^2y^2$; $\qquad x^2 - 4x + 4 - (a + 2)^2$; $\qquad 4a + 4b + a^2 + 2ab + b^2$.

$$[a^2(a + 2y)^2; (x - a - 4)(x + a); (a + b)(4 + a + b)]$$

189 $4x^4 + 9a^2 - 36x^2 - a^2x^2$; $\qquad x^9 - x - 3x^8 + 3$; $\qquad \dfrac{1}{4}a^3 - a^2b + ab^2$.

$$\left[(2x - a)(2x + a)(x - 3)(x + 3); (x - 3)(x - 1)(x + 1)(x^2 + 1)(x^4 + 1); a\left(\dfrac{1}{2}a - b\right)^2\right]$$

190 $-\dfrac{x^6}{9} - 9a^2 - 2ax^3$; $\qquad 2b(a - x)^2 - 2a^2b$; $\qquad (x + 2c)^2 - (4x + 8c)(x + c)$.

$$\left[-\dfrac{1}{9}(x^3 + 9a)^2; -2bx(2a - x); (x + 2c)(-3x - 2c)\right]$$

Polinomio scomponibile nel quadrato di un trinomio

$$A^2 + B^2 + C^2 + 2AB + 2AC + 2BC = (A + B + C)^2$$

191 **ESERCIZIO GUIDA**

Scomponiamo in fattori $9b^2 + 4a^2 - 8a + 12b + 4 - 12ab$.

Il polinomio è costituito da sei termini di cui tre sono dei quadrati, quindi può essere un quadrato di trinomio:

$$9b^2 + 4a^2 - 8a + 12b + 4 - 12ab.$$

quadrato di $3b$ quadrato di $2a$ quadrato di 2

Controlliamo che gli altri tre termini possano essere i tre doppi prodotti esaminando i loro valori assoluti:

$$9b^2 + 4a^2 - 8a + 12b + 4 - 12ab.$$

$2 \cdot 2a \cdot 2 \qquad 2 \cdot 2 \cdot 3b \qquad 2 \cdot 3b \cdot 2a$

Studiamo i segni:

$$9b^2 + 4a^2 - 8a + 12b + 4 - 12ab.$$

$2a$ e 2 discordi 2 e $3b$ concordi $3b$ e $2a$ discordi

Ricaviamo due possibilità, che sono equivalenti:

$$9b^2 + 4a^2 - 8a + 12b + 4 - 12ab = (3b - 2a + 2)^2 = (-3b + 2a - 2)^2.$$

Quando è possibile, scomponi in fattori, riconoscendo il quadrato di un trinomio.

192 $9a^2 + 4b^2 + 4 + 12ab - 8b - 12a$

193 $x^2 + 4y^2 - 4xy + 16 + 8x - 16y$

194 $\dfrac{1}{4}a^2 + \dfrac{1}{9} + 2ab + 4b^2 + \dfrac{1}{3}a + \dfrac{4}{3}b$

195 $1 + 6y + 9y^2 - 2xy + \dfrac{1}{9}x^2 - \dfrac{2}{3}x$

29

ESERCIZI CAPITOLO 1. LA DIVISIONE FRA POLINOMI E LA SCOMPOSIZIONE IN FATTORI

196 $2ab + 4a + 4a^2 + b^2 + 4 + 2b$

198 $8a - b + 4a^2 + \dfrac{1}{16}b^2 + 4 - ab$

197 $16x^2 + 8xy + 1 + y^2 - 8x - 2y$

199 $4y^2 + 8xy - 12x - 12y + 4x^2 + 9$

La scomposizione mediante il cubo di un binomio

$$A^3 + 3A^2B + 3AB^2 + B^3 = (A + B)^3$$

200 ESERCIZIO GUIDA

Scomponiamo in fattori $8y^3 - 27 - 36y^2 + 54y$.

Il polinomio è costituito da quattro termini di cui due sono dei cubi, quindi può essere il cubo di un binomio:

$8y^3 - 27 - 36y^2 + 54y$.

cubo di 2y   cubo di − 3

Controlliamo che gli altri due termini siano i tripli prodotti:

$8y^3 - 27 - 36y^2 + 54y$.

$3 \cdot (2y)^2 \cdot (-3)$ $3 \cdot 2y \cdot (-3)^2$

Quindi: $8y^3 - 27 - 36y^2 + 54y = (2y - 3)^3$.

201 CACCIA ALL'ERRORE Trova gli errori e spiega perché le uguaglianze sono sbagliate.

$a^3 - 8b^3 = (a - 2b)^3$;

$a^3 + 3a^2x^2 + x^3 = (a + x)^3$;

$\dfrac{1}{8}x^3 + 8 + 3x^2 + 3x = \left(\dfrac{1}{2}x + 2\right)^3$;

$x^3y^3 - 9x^2y^2 - 27xy - 27 = (xy - 3)^3$;

$1 - 2x + 4x^2 - 8x^3 = (1 - 2x)^3$;

$a^3 - 1 + 3a^2 + 3a = (a - 1)^3$.

Quando è possibile, scomponi in fattori, riconoscendo il cubo di un binomio.

202 $27x^3 + y^3 + 27x^2y + 9xy^2$; $-\dfrac{1}{27}a^3 + b^3 + \dfrac{1}{3}a^2b - ab^2$.

203 $-8b^3 + 12ab^2 - 6a^2b + a^3$; $x^3 + 2x^2 + 4x + 8$.

204 $y^3 + 3y - 1 - 3y^2$; $-b^6 - \dfrac{3}{2}ab^2 + \dfrac{3}{4}ab^4 + \dfrac{1}{8}a^3$.

205 $-3x^2y^2 - y^3 - 3x^4y - x^6$; $48y - 12y^2 + y^3 - 64$.

206 $a^3 + 125 + 15a^2 + 75a$; $-36x^2y - 27y^3 - 54xy^2 - 8x^3$.

207 $a^3 + \dfrac{3}{4}ab^2 - \dfrac{1}{8}b^3 - \dfrac{3}{2}a^2b$; $-3b + 12b^2 - b^3 + 8$.

208 $24x^2y + 8y^3 + 8x^3 + 24xy^2$; $-3y^2x^2 + 3yx + y^3x^3 - 1$.

209 $a^6 + 3a^4b^2 + b^6 + 3a^2b^4$; $8x^3 + 27 + 12x^2 + 18x$.

30

PARAGRAFO 4. LA SCOMPOSIZIONE IN FATTORI **ESERCIZI**

La scomposizione mediante la somma o la differenza di due cubi

$$A^3 \pm B^3 = (A \pm B) \cdot (A^2 \mp AB + B^2)$$

210 **ESERCIZIO GUIDA**

Scomponiamo in fattori, riconoscendo la somma o la differenza di due cubi:

a) $27x^3 + y^3$;

b) $1 - \dfrac{1}{8}b^3$.

a) $27x^3 + y^3 = (3x)^3 + y^3 = (3x + y)(9x^2 - 3xy + y^2)$.

b) $1 - \dfrac{1}{8}b^3 = 1^3 - \left(\dfrac{1}{2}b\right)^3 = \left(1 - \dfrac{1}{2}b\right)\left(1 + \dfrac{1}{2}b + \dfrac{1}{4}b^2\right)$.

Scomponi in fattori, riconoscendo la somma o la differenza di due cubi quando è possibile.

211 $x^6 + 27$; $\qquad$ $y^3 + 125$; $\qquad$ $\dfrac{8}{125}a^3 - b^3$; $\qquad$ $81x^3 - 1$.

212 $64a^3 - 27b^3$; $\qquad$ $a^6 + b^3$; $\qquad$ $\dfrac{8}{81}a^3 - 1$; $\qquad$ $64x^3 - 8$.

213 $x^{18} - y^9$; $\qquad$ $(1 + a)^3 + 8$; $\qquad$ $27x^4 + x$; $\qquad$ $\dfrac{1}{125}a^3 - 216b^3$.

214 $a^3b^3 + 9$; $\qquad$ $64x^{10} - x$; $\qquad$ $125x^9y^6 - 1$; $\qquad$ $\dfrac{5}{8} + 40x^3$.

215 $2y + 54y^4$; $\qquad$ $-a^3b^3 - 81$; $\qquad$ $\dfrac{1}{3}b^3 + \dfrac{27}{24}a^3$; $\qquad$ $8a^5 + a^8$.

216 $6b^6a^6 - 6$; $\qquad$ $27x^9 - y^9$; $\qquad$ $5a^5 + 40a^2$; $\qquad$ $(2 + a)^3 + 1$.

La scomposizione di trinomi del tipo $x^2 + sx + p$

217 **ESERCIZIO GUIDA**

Scomponiamo in fattori $x^2 + 2x - 8$.

Per scomporre in fattori, cerchiamo due numeri x_1 e x_2 tali che:

$$x_1 + x_2 = +2, \qquad x_1 \cdot x_2 = -8.$$

Conviene partire dal prodotto, compilando la tabella seguente fino a trovare i valori cercati.

Moltiplicazioni con prodotto $p = -8$	Somma s dei fattori
$(+1)(-8)$	-7
$(-1)(+8)$	-7
$(+2)(-4)$	-2
$(-2)(+4)$	$+2$

Dunque $x_1 = -2$ e $x_2 = +4$, quindi:

$$x^2 + 2x - 8 = (x - 2)(x + 4).$$

31

ESERCIZI **CAPITOLO 1.** LA DIVISIONE FRA POLINOMI E LA SCOMPOSIZIONE IN FATTORI

Scomponi in fattori i seguenti trinomi.

218 $x^2 + x - 20;$ $\qquad$ $x^2 + 10x + 21;$ $\qquad$ $-x^2 + x + 2;$ $\qquad$ $x^2 + 6x - 16.$

219 $x^2 - x - 6;$ $\qquad$ $-x^2 + 3x + 10;$ $\qquad$ $x^2 - x - 12;$ $\qquad$ $x^2 + 3x + 2.$

220 $-x^2 - x + 30;$ $\qquad$ $x^2 + 7x - 18;$ $\qquad$ $x^2 + 9x - 10;$ $\qquad$ $x^2 + 5x + 6.$

La scomposizione mediante il teorema e la regola di Ruffini

221 **ESERCIZIO GUIDA**

Scomponiamo il polinomio $P(x) = 2x^3 + 3x^2 - 17x - 30$, utilizzando la regola di Ruffini.

Cerchiamo, se ci sono, dei numeri che annullano il polinomio. Tali numeri vanno cercati fra i divisori del termine noto, ossia

$$+ 1, - 1, + 2, - 2, + 3, - 3, + 5, - 5, \ldots$$

e fra le frazioni

$$+ \frac{1}{2}, - \frac{1}{2}, + \frac{3}{2}, - \frac{3}{2}, + \frac{5}{2}, - \frac{5}{2}, \ldots$$

$$P(+ 1) = 2 + 3 - 17 - 30 = - 42 \neq 0;$$
$$P(- 1) = - 2 + 3 + 17 - 30 = - 12 \neq 0;$$
$$P(+ 2) = 16 + 12 - 34 - 30 = - 36 \neq 0;$$
$$P(- 2) = - 16 + 12 + 34 - 30 = 0.$$

Il polinomio è divisibile per $x + 2$.

Calcoliamo il quoziente con la regola di Ruffini:

	2	3	− 17	− 30
− 2		− 4	+ 2	+ 30
	2	− 1	− 15	0

$$2x^3 + 3x^2 - 17x - 30 = (x + 2)(2x^2 - x - 15).$$

Ripetendo il procedimento con il polinomio $2x^2 - x - 15$, troviamo che esso non è divisibile per $x + 2$, mentre lo è per $x - 3$.

Nota che non è necessario ripetere il procedimento per 1 e per − 1, perché se $(x - 1)$ e $(x + 1)$ dividessero $2x^2 - x - 15$, dividerebbero anche il polinomio originale, mentre abbiamo già verificato che non succede.

Applichiamo di nuovo la regola di Ruffini:

	2	− 1	− 15
+ 3		+ 6	+ 15
	2	+ 5	0

$$2x^2 - x - 15 = (x - 3)(2x + 5).$$

La scomposizione richiesta è quindi:

$$2x^3 + 3x^2 - 17x - 30 =$$
$$= (x + 2)(2x^2 - x - 15) =$$
$$= (x + 2)(x - 3)(2x + 5).$$

Scomponi in fattori, utilizzando la regola di Ruffini.

222 $5x^2 - 4x - 1$ $\qquad$ $[(x - 1)(5x + 1)]$

223 $2x^2 + 3x - 2$ $\qquad$ $[(x + 2)(2x - 1)]$

224 $2a^3 - a^2 - 5a - 2$ $\qquad$ $[(a + 1)(a - 2)(2a + 1)]$

225 $x^3 - x^2 - 3x - 9$ $\qquad$ $[(x - 3)(x^2 + 2x + 3)]$

226 $2b^3 + 5b^2 - 4b - 3$ $\qquad$ $[(b - 1)(b + 3)(2b + 1)]$

227 $3b^3 - 4b^2 + 5b - 4$ $\qquad$ $[(b - 1)(3b^2 - b + 4)]$

228 $t^3 - 39t + 70$ $\qquad$ $[(t - 2)(t - 5)(t + 7)]$

229 $3a^3 - 2a^2 - 5a - 6$ $\qquad$ $[(a - 2)(3a^2 + 4a + 3)]$

230 $x^3 - 3x - 2$ $\qquad$ $[(x + 1)^2(x - 2)]$

231 $x^3 - 2x^2 - 5x + 6$ $\qquad$ $[(x - 1)(x + 2)(x - 3)]$

232 $4b + 16 + b^4 - 2b^3 - 10b^2$ $\qquad\qquad$ $[(b + 2)(b - 4)(b^2 - 2)]$

32

PARAGRAFO 4. LA SCOMPOSIZIONE IN FATTORI   **ESERCIZI**

233 $y^4 - 4y^3 - 2y^2 + 9y - 4$ $[(y-4)(y-1)(y^2+y-1)]$

234 $a^5 + 32$ $[(a+2)(a^4 - 2a^3 + 4a^2 - 8a + 16)]$

235 $x^5 - x^4 - 10x^3 - 8x^2$ $[x^2(x+1)(x+2)(x-4)]$

236 $6x^4 - 5x^3 - 2x^2 + x$ $[x(x-1)(2x+1)(3x-1)]$

237 $a^3 - a^2b - 3ab^2 - b^3$ $[(a+b)(a^2 - 2ab - b^2)]$

CACCIA ALL'ERRORE Trova l'eventuale errore e spiega perché l'uguaglianza è sbagliata.

238 $a^4 + a^3 + a^2 = a^2(a^2 + a)$

239 $3a^3 + 9a = 3a(a^2 + 6)$

240 $9a^4 - b^9 = (3a^2 - b^3)(3a^2 + b^3)$

241 $x^2 - 9a - 20 = (a-5)(a-4)$

242 $a^3b^3 + 1 = (ab+1)(a^2b^2 + ab + 1)$

243 $-x^2 - 4y^2 - 4xy = (-x - 2y)^2$

244 $16x^2y^2 + 9z^4 = (4xy + 3z^2)^2$

245 $b^4 - 20b^2 + 25 = (b^2 - 5)^2$

246 $a^2 + 11a - 12 = (a+1)(a-12)$

Scomponi in fattori.

247 $16x^5y^2 - 4x^3$

248 $64c^3 - 1$

249 $4b^4 - 9$

250 $25 + 9x^2 - 30x$

251 $1 - 9y + 27y^2 - 27y^3$

252 $4a^2 + \dfrac{1}{9} - \dfrac{4}{3}a$

253 $125x^3 - y^6$

254 $\dfrac{1}{4} + x + x^2$

255 $y^2 - 11y + 30$

256 $\dfrac{1}{27} + b^2 + b^3 + \dfrac{1}{3}b$

257 $b^9 - 1$

258 $1 - x^{16}$

259 $x^5 - 3x^4 + 3x^3 - x^2$

260 $x^6 - x^2$

261 $x^2 - 13x + 22$

262 $x^3 - 2x^2 - 5x + 6$

263 $1 - (a+b)^2$

264 $8x^5y^2 + 6x^3y^2 - 12x^4y^2 - x^2y^2$

265 $-7x^2y^2 + 14x^5y^6$

266 $\dfrac{x^4}{4} + x^2 + 1$

267 $a^2 + b^2 + 4c^2 - 2ab - 4ac + 4bc$

268 $3ax + 3xy + 2a + 2y$

269 $8x^3 + 12x^2 + 6x + 1$

270 $(2x - y)^2 - \dfrac{1}{25}$

271 $y^3z^{12} - a^9$

272 $3b^2 + b - 10$

273 $x^3 - 2x^2 + 4x - 3$ $[(x-1)(x^2 - x + 3)]$

274 $32x - 12x^2 - 16$ $[-4(x-2)(3x-2)]$

275 $3x^5 - 81x^2$ $[3x^2(x-3)(x^2 + 3x + 9)]$

276 $a^4 - \dfrac{1}{625}$ $\left[\left(a - \dfrac{1}{5}\right)\left(a + \dfrac{1}{5}\right)\left(a^2 + \dfrac{1}{25}\right)\right]$

277 $a^2x^2 - 2b + abx - 2ax$ $[(ax+b)(ax-2)]$

278 $a^2 - 21 - 4a$ $[(a-7)(a+3)]$

279 $27t^4 - 54t^3 - 8t + 36t^2$ $[t(3t-2)^3]$

280 $2x^3 + 2x^2 - 4x$ $[2x(x-1)(x+2)]$

33

ESERCIZI **CAPITOLO 1.** LA DIVISIONE FRA POLINOMI E LA SCOMPOSIZIONE IN FATTORI

281 $\frac{1}{3}a^3 - 3a^2 + 9a - 9$ $\left[\frac{1}{3}(a-3)^3\right]$

282 $6x^2 + 13x - 5$ $[(3x - 1)(2x + 5)]$

283 $3x - 7x^2 + 2x^3$ $[x(x - 3)(2x - 1)]$

284 $4x^2 + y^2 - 4xy - 4$ $[(2x - y + 2)(2x - y - 2)]$

285 $y^2 - 2x^2 + 2 - x^2y^2$ $[(1 + x)(1 - x)(y^2 + 2)]$

286 $4x^4 - 2x^3 - 2x^2 + x$ $[x(2x^2 - 1)(2x - 1)]$

287 $9x^2 - (x - 5)^2$ $[(2x + 5)(4x - 5)]$

288 $x^6 - x^4 + x^2 - 1$ $[(x + 1)(x - 1)(x^4 + 1)]$

289 $(a + b)3x^2 - (a - b)3x^2$ $[6bx^2]$

290 $3ax - 3bx - 6ay + 6by$ $[3(x - 2y)(a - b)]$

291 $x(x - 2y^3)^2 - (2y^3 - x)^2$ $[(x - 2y^3)^2(x - 1)]$

292 $(2b - c)^3 - 9(2b - c)$
$[(2b - c)(2b - c + 3)(2b - c - 3)]$

293 $12(a + b) - 6(a^2 - b^2)$ $[6(a + b)(2 - a + b)]$

294 $24 - 6(x - y)^2$ $[6(2 - x + y)(2 + x - y)]$

295 $x^3 + 4x^2 - 9x - 36$ $[(x + 4)(x - 3)(x + 3)]$

296 $x^4 - 4x^2y^2 + 4y^6 - x^2y^4$
$[(x + 2y)(x - 2y)(x + y^2)(x - y^2)]$

297 $(a + 2)^2 - 1$ $[(a + 1)(a + 3)]$

298 $3x^4 - 12ax^2 + 12a^2$ $[3(x^2 - 2a)^2]$

299 $x^5 - 10x^4 + 25x^3$ $[x^3(x - 5)^2]$

300 $a^2(x + 1) - 2a(x + 1) + x + 1$
$[(x + 1)(a - 1)^2]$

301 $4a^4 + 4 - 8a^2$ $[4(a + 1)^2(a - 1)^2]$

302 $2x + 2y + x^2 + 2xy + y^2$ $[(x + y)(2 + x + y)]$

303 $a^3 - a^2b - ab - a$ $[a(a + 1)(a - b - 1)]$

304 $(2a + 3b)^2 - (4a + 6b)(a + b)$ $[b(2a + 3b)]$

305 $(a^2 + 2b)(2x - y) - b(b + 2)(2x - y)$
$[(2x - y)(a + b)(a - b)]$

306 $x^2 - y^2 - 3(x - y)^2$ $[2(2y - x)(x - y)]$

307 $x^5 - x - 2x^4 + 2$
$[(x - 2)(x^2 + 1)(x + 1)(x - 1)]$

308 $a - b - a^2 + 2ab - b^2$ $[(a - b)(1 - a + b)]$

309 $a^6 + a^4b^2 - a^2b^4 - b^6$
$[(a^2 + b^2)^2(a + b)(a - b)]$

310 $2a^3 - 2a^3b - 18a + 18ab$
$[2a(1 - b)(a + 3)(a - 3)]$

311 $a^9 - 3a^6 + 3a^3 - 1$ $[(a - 1)^3(a^2 + a + 1)^3]$

312 $2ax^3 - bx^3 - 2ay^3 + by^3$
$[(2a - b)(x - y)(x^2 + xy + y^2)]$

313 $x^4 - 4x^3 + 4x^2 + x - 2$
$[(x - 1)(x - 2)(x^2 - x - 1)]$

314 $y^2 - (x + 2)y + 2x$ $[(y - x)(y - 2)]$

315 $\frac{1}{3}x^2 - \frac{2}{9}xy + \frac{1}{27}y^2$ $\left[\frac{1}{3}\left(x - \frac{1}{3}y\right)^2\right]$

316 $16a^2b - \frac{1}{9}b$ $\left[b\left(4a - \frac{1}{3}\right)\left(4a + \frac{1}{3}\right)\right]$

317 $x^6 + 16x^3 + 64$ $[(x + 2)^2(x^2 - 2x + 4)^2]$

318 $a^4(x^2 + 1) - 2a^4$ $[a^4(x + 1)(x - 1)]$

319 $x^6 - 12x^4 + 48x^2 - 64$ $[(x + 2)^3(x - 2)^3]$

320 $x^3 + x^2y - x - y$ $[(x - 1)(x + 1)(x + y)]$

321 $7x^4 - 7$ $[7(x - 1)(x + 1)(x^2 + 1)]$

322 $3(a^2 + b^2) - 9(a^2 + b^2)^2$
$[3(a^2 + b^2)(1 - 3a^2 - 3b^2)]$

323 $x^4 - 4x^2 + 5x^3 - 20x$
$[x(x - 2)(x + 2)(x + 5)]$

324 $a^4 - 5a^2 + 4$ $[(a - 1)(a + 1)(a - 2)(a + 2)]$

325 $a^5 - a - 2 + 2a^4$
$[(a + 2)(a^2 + 1)(a + 1)(a - 1)]$

326 $a^3 - 6a^2 - a + 30$ $[(a + 2)(a - 3)(a - 5)]$

327 $x^8 + 2x^6 - x^4 - 2x^2$
$[x^2(x^2 + 1)(x^2 + 2)(x - 1)(x + 1)]$

34

328 $3x^4 - 4x^3 - 17x^2 + 6x$ $\hfill [x(x + 2)(x - 3)(3x - 1)]$

329 $x^4 - y^4 + 2x^3y - 2xy^3$ $\hfill [(x + y)^3(x - y)]$

330 $x^6 - 9x^3 + 8$ $\hfill [(x - 2)(x - 1)(x^2 + 2x + 4)(x^2 + x + 1)]$

331 $2t^5 + 4t^4 - 10t^3 - 12t^2$ $\hfill [2t^2(t + 1)(t + 3)(t - 2)]$

5. APPLICAZIONI DELLA SCOMPOSIZIONE IN FATTORI

▶ Teoria a pag. 10

■ Il M.C.D. e il m.c.m. fra polinomi

332 **ESERCIZIO GUIDA**

Determiniamo il M.C.D. e il m.c.m. fra i polinomi: $a^3 + 2a^2 - 3a$; $5a^3 - 5a$; $a^2 - a^3$.

Scomponiamo in fattori i tre polinomi.

1. $a^3 + 2a^2 - 3a = a(a^2 + 2a - 3) =$

Non possiamo fermarci qui, perché il secondo fattore è ancora scomponibile:

$= a(a - 1)(a + 3);$

2. $5a^3 - 5a = 5a(a^2 - 1) =$

Il secondo fattore è ancora scomponibile:

$= 5a(a + 1)(a - 1);$

3. $a^2 - a^3 = a^2(1 - a) =$

Poiché nelle scomposizioni precedenti abbiamo incontrato il fattore $(a - 1)$, raccogliamo $- 1$ nel secondo fattore:

$= - a^2(a - 1).$

Dunque:

M.C.D.$(a^3 + 2a^2 - 3a;\ 5a^3 - 5a;\ a^2 - a^3) =$
$= a(a - 1);$

m.c.m.$(a^3 + 2a^2 - 3a;\ 5a^3 - 5a;\ a^2 - a^3) =$
$= 5a^2(a - 1)(a + 3)(a + 1).$

Determina M.C.D. e m.c.m. fra i seguenti polinomi.

333 $x^3 - 3x - 2;$ $\qquad$ $x^3 + x^2 - 9x - 9;$ $\qquad$ $x^2 - x - 2.$
$$[\text{M.C.D.} = (x + 1);\ \text{m.c.m.} = (x + 1)^2(x + 3)(x - 3)(x - 2)]$$

334 $x^2 - 9;$ $\qquad$ $x^4 - x^3 - 6x^2;$ $\qquad$ $x^3 + x^2 - 8x - 12.$
$$[\text{M.C.D.} = (x - 3);\ \text{m.c.m.} = (x - 3)(x + 3)(x + 2)^2x^2]$$

335 $2x^3 + 2x^2 - 4x;$ $\qquad$ $4x^4 - 4x^3;$ $\qquad$ $4x^3 - 4x.$
$$[\text{M.C.D.} = 2x(x - 1);\ \text{m.c.m.} = 4x^3(x - 1)(x + 1)(x + 2)]$$

336 $a^3 + 2a^2 - a - 2;$ $\qquad$ $a^3 + 2a^2 - 9a - 18;$ $\qquad$ $a^3 - 4a.$
$$[\text{M.C.D.} = (a + 2);\ \text{m.c.m.} = a\,(a + 1)(a - 1)(a + 2)(a - 2)(a + 3)(a - 3)]$$

337 $a^2 - b^2;$ $\qquad$ $a^3 - b^3 - 3a^2b + 3ab^2;$ $\qquad$ $3a^2 - a - 3ab + b.$
$$[\text{M.C.D.} = (a - b);\ \text{m.c.m.} = (a - b)^3(a + b)(3a - 1)]$$

338 $3x^2 - 3x - 18;$ $\qquad$ $4x^5 - 16x^3.$
$$[\text{M.C.D.} = (x + 2);\ \text{m.c.m.} = 12x^3(x - 3)(x + 2)]$$

339 $a^2 - ab - 2a + 2b;$ $\qquad$ $b^2 - 2b - ab + 2a;$ $\qquad$ $4 - 2a + ab - 2b.$
$$[\text{M.C.D.} = 1;\ \text{m.c.m.} = (a - b)(a - 2)(b - 2)]$$

ESERCIZI CAPITOLO 1. LA DIVISIONE FRA POLINOMI E LA SCOMPOSIZIONE IN FATTORI

340 $(x^2 - 4)(x^2 + 9);$ $(x^3 + 9x)(x^2 + 4x + 4);$ $x^3 - 4x.$

$$[\text{M.C.D.} = (x + 2); \text{ m.c.m.} = x(x + 2)^2(x^2 + 9)(x - 2)]$$

341 $6 - x - x^2;$ $x^3 - 7x + 6;$ $x^2 - 3x + 2.$

$$[\text{M.C.D.} = (2 - x); \text{ m.c.m.} = (x + 3)(1 - x)(2 - x)]$$

Le condizioni di esistenza delle frazioni algebriche

342 **ESERCIZIO GUIDA**

Determiniamo le condizioni di esistenza delle seguenti frazioni algebriche:

a) $\dfrac{3x + 2}{x^2 - 9};$ b) $\dfrac{x + 2y}{2x^2y};$ c) $\dfrac{2x - 1}{x^3 - 7x + 6};$ d) $\dfrac{25}{x^2 + 25}.$

a) Dobbiamo porre il denominatore diverso da 0:

$$x^2 - 9 \neq 0 \rightarrow (x - 3)(x + 3) \neq 0.$$

Per la legge di annullamento del prodotto, il prodotto è 0 se e soltanto se almeno uno dei due fattori è 0, quindi deve essere:

$x - 3 \neq 0$ e $x + 3 \neq 0$, ossia:

C.E.: $x \neq -3 \wedge x \neq 3.$

b) $2x^2y \neq 0 \rightarrow$ C.E.: $x \neq 0 \wedge y \neq 0.$

c) $x^3 - 7x + 6 \neq 0.$

Il polinomio è divisibile per $x - 1$. Infatti:

$$P(1) = 1 - 7 + 6 = 0.$$

Calcoliamo il quoziente con la regola di Ruffini:

	1	0	− 7	6
1		+ 1	1	− 6
	1	1	− 6	0

Pertanto: $x^3 - 7x + 6 = (x - 1)(x^2 + x - 6).$
Cercando due numeri x_1 e x_2 tali che $x_1 + x_2 = +1$ e $x_1 \cdot x_2 = -6$, troviamo che $x_1 = -2$ e $x_2 = +3$.
Pertanto: $x^3 - 7x + 6 = (x - 1)(x - 2)(x + 3).$
Possiamo quindi porre le C.E.: $x \neq 1 \wedge x \neq 2 \wedge x \neq -3.$

d) $x^2 + 25 \neq 0.$

Questo è vero per ogni numero reale x; infatti, essendo x^2 sempre ≥ 0, la somma $x^2 + 25$ è sempre un numero positivo.

C.E.: $\forall x \in \mathbb{R}.$

Determina le condizioni di esistenza delle seguenti frazioni algebriche.

343 $\dfrac{2x + 3}{3xy};$ $\dfrac{1}{x^2 + 1};$ $\dfrac{2}{a^4b};$ $\dfrac{3}{a^2 + b^2}.$ **345** $\dfrac{5 - x}{6x - 9};$ $\dfrac{1 - x}{2x^2 + 1};$ $\dfrac{1}{y^2 - 25}.$

344 $\dfrac{x + 1}{x - 9};$ $\dfrac{3x^2}{2x + 1};$ $\dfrac{1}{xy};$ $\dfrac{2}{a + b}.$ **346** $\dfrac{1}{3x^2 - 12x + 12};$ $\dfrac{1}{x^2 - x - 2};$ $\dfrac{6}{a^3 + 4a^2}.$

PARAGRAFO 5. APPLICAZIONI DELLA SCOMPOSIZIONE IN FATTORI **ESERCIZI**

347 $\dfrac{6ax}{x^2 + 2x}$; $\quad \dfrac{1}{y^3 + 1}$; $\quad \dfrac{a - 3}{(a^2 - 4)(a^3 - a^2)}$. **349** $\dfrac{2ax}{x - a}$; $\quad \dfrac{3x + b}{x^2 - b^2}$; $\quad \dfrac{ax^2 + 1}{x^2 - 4a^2}$.

348 $\dfrac{2a}{a - b}$; $\quad \dfrac{1}{x - y}$; $\quad \dfrac{a + b}{2a + b}$.

Indica per quali valori di x le seguenti frazioni si annullano e per quali perdono significato.

350 $\dfrac{x^2 + 3x}{x + 1}$; $\quad \dfrac{2x}{x^2 - 4}$; $\quad \dfrac{x + 1}{x^2 + 1}$; $\quad \dfrac{x - 2}{x^2 + 9}$; $\quad -\dfrac{7x^3}{1 - x}$; $\quad \dfrac{2x^2 + 10x}{(x + 5)(3x - 1)}$.

■ Il calcolo con le frazioni algebriche

La semplificazione delle frazioni algebriche

351 **ESERCIZIO GUIDA**

Dopo aver determinato le condizioni di esistenza, semplifichiamo le frazioni algebriche:

a) $\dfrac{10x^6 y^4}{2xy^5}$; $\quad$ b) $\dfrac{x^2 - 6x + 9}{x^2 - 2x - 3}$; $\quad$ c) $\dfrac{x^3 + x^2 - 9x - 9}{x^2 - 9}$.

a) C.E.: $x \neq 0 \wedge y \neq 0$.

$$\frac{10x^6 y^4}{2xy^5} = \frac{\overset{5}{\cancel{10}}\, \overset{x^5}{\cancel{x^6}}\, y^4}{\cancel{2}\, \cancel{x}\, y^{\cancel{5}\, y}} = \frac{5x^5}{y}.$$

b) C.E.: $x^2 - 2x - 3 \neq 0 \rightarrow (x - 3)(x + 1) \neq 0 \rightarrow x \neq 3 \wedge x \neq -1$.

$$\frac{x^2 - 6x + 9}{x^2 - 2x - 3} = \frac{\overset{(x-3)}{\cancel{(x - 3)^2}}}{\cancel{(x - 3)}(x + 1)} = \frac{x - 3}{x + 1}.$$

c) C.E.: $x^2 - 9 \neq 0 \rightarrow (x - 3)(x + 3) \neq 0 \rightarrow x \neq 3 \wedge x \neq -3$.

Applicando la regola di Ruffini al numeratore, otteniamo:

$$x^3 + x^2 - 9x - 9 = (x + 1)(x^2 - 9) = (x + 1)(x - 3)(x + 3).$$

Pertanto:

$$\frac{x^3 + x^2 - 9x - 9}{x^2 - 9} = \frac{(x + 1)\cancel{(x - 3)}\cancel{(x + 3)}}{\cancel{(x - 3)}\cancel{(x + 3)}} = x + 1.$$

Quando è possibile, semplifica le seguenti frazioni algebriche dopo aver determinato le condizioni di esistenza, che per brevità non scriviamo nei risultati.

352 $\dfrac{2a^4 b^2 c^2}{4a^4 c^2}$; $\quad \dfrac{9x^3 y^3}{3x^3}$; $\quad \dfrac{5ab^2}{15ab^3}$; $\quad \dfrac{4x^2 y^2}{8x^2 y^2 z}$.

353 $\dfrac{4b^3 c^7}{b^2 c^5}$; $\quad \dfrac{3a^2 b^2 c^2}{6abc}$; $\quad \dfrac{14x^2 y^4}{7xy^3}$; $\quad \dfrac{x^4 y^2}{2x^2 y^2}$.

354 $\dfrac{a^4 - 1}{a^3 - 1}$; $\quad \dfrac{ax + 2x - a - 2}{ax - 2x - a + 2}$; $\quad \dfrac{a^2 - 4}{a^2 - 4a + 4}$. $\quad \left[\dfrac{(a + 1)(a^2 + 1)}{a^2 + a + 1}; \dfrac{a + 2}{a - 2}; \dfrac{a + 2}{a - 2} \right]$

355 $\dfrac{9a^2 - 9}{3a + 3}$; $\quad \dfrac{ay + ax + 2y + 2x}{4ay + 4ax}$; $\quad \dfrac{9 - 3y}{3a^2 - a^2 y}$. $\quad \left[3(a - 1); \dfrac{a + 2}{4a}; \dfrac{3}{a^2} \right]$

356 $\dfrac{x^2 - 9}{6a + 2ax}$; $\quad \dfrac{a^2 x + 2ax + x}{2x + 2ax}$; $\quad \dfrac{x^2 - 2x - 3}{x^2 - 6x + 9}$. $\quad \left[\dfrac{x - 3}{2a}; \dfrac{a + 1}{2}; \dfrac{x + 1}{x - 3} \right]$

37

ESERCIZI | **CAPITOLO 1.** LA DIVISIONE FRA POLINOMI E LA SCOMPOSIZIONE IN FATTORI

357 $\dfrac{y^2 - 3y + 2}{y^2 - y - 2}$; $\qquad \dfrac{16a^2 - 24ab + 9b^2}{28ab - 21b^2}$; $\qquad \dfrac{1 - 4b^2}{1 + 4b + 4b^2}$. $\qquad \left[\dfrac{y - 1}{y + 1}; \dfrac{4a - 3b}{7b}; \dfrac{1 - 2b}{1 + 2b} \right]$

358 **ASSOCIA** a ogni frazione della prima riga la sua frazione equivalente scelta nella seconda riga, tenendo conto delle condizioni di esistenza.

1) $\dfrac{a - x}{3a^2 - 3ax}$; $\qquad$ **2)** $\dfrac{3a + 9}{3a}$; $\qquad$ **3)** $\dfrac{9a - 81}{a - 9}$; $\qquad$ **4)** $\dfrac{-9a - 9}{27a^2 + 27a}$.

a) $-\dfrac{1}{3a}$; $\qquad$ **b)** $\dfrac{a + 3}{a}$; $\qquad$ **c)** $\dfrac{1}{3a}$; $\qquad$ **d)** 9.

359 **CACCIA ALL'ERRORE**
Trova l'eventuale errore e, nel caso ci sia, spiega perché l'uguaglianza è falsa.

a) $\dfrac{\cancel{x} + y}{\cancel{x}} = y$; $\qquad$ **c)** $\dfrac{4x^2 - ax}{x^2} = \dfrac{\cancel{x}(4x - a)}{x^{\cancel{2}}} = \dfrac{4\cancel{x} - a}{\cancel{x}} = 4 - a$; $\qquad$ **e)** $\dfrac{a^6 b^4}{a^3 b^2} = a^2 b^2$;

b) $\dfrac{\cancel{x}(1 + y)}{\cancel{x}} = 1 + y$; $\qquad$ **d)** $\dfrac{x^{\cancel{4}} y}{x^2} = x^2 y$; $\qquad$ **f)** $\dfrac{(x - y)^3}{(y - x)^3} = 1$.

L'addizione e la sottrazione di frazioni algebriche

360 **ESERCIZIO GUIDA**

Semplifichiamo la seguente espressione: $-\dfrac{x}{4 - x} + \dfrac{7}{x^2 - x - 12} + \dfrac{1}{x + 3}$.

Nel denominatore della seconda frazione cerchiamo due numeri x_1 e x_2 tali che $x_1 + x_2 = -1$ e $x_1 \cdot x_2 = -12$. Tali numeri sono $x_1 = 3$ e $x_2 = -4$.

Pertanto otteniamo:

$$-\frac{x}{\underset{-(x-4)}{4 - x}} + \frac{7}{(x + 3)(x - 4)} + \frac{1}{(x + 3)} =$$

C.E.: $x \neq 4 \land x \neq -3$.

$$= \frac{x(x + 3) + 7 + x - 4}{(x + 3)(x - 4)} =$$

$$= \frac{x^2 + 3x + 3 + x}{(x + 3)(x - 4)} = \frac{x^2 + 4x + 3}{(x + 3)(x - 4)} =$$

$$= \frac{(x + 3)(x + 1)}{(x + 3)(x - 4)} = \frac{x + 1}{x - 4}.$$

Esegui le seguenti addizioni e sottrazioni di frazioni algebriche, semplificando il risultato quando è possibile.

361 $\dfrac{11}{2a^2 x^2} - 1 - \dfrac{3}{4a^2 x^2}$; $\qquad \dfrac{a + b}{2a} - \dfrac{2a - b}{3b} - \dfrac{3b - a}{6a}$. $\qquad \left[\dfrac{19 - 4a^2 x^2}{4a^2 x^2}; \dfrac{3b - 2a}{3b} \right]$

362 $\dfrac{2}{a + 1} - \dfrac{5}{a + 1}$; $\qquad \dfrac{2x}{3x + 1} - \dfrac{1 - x}{3x + 1}$. $\qquad \left[-\dfrac{3}{a + 1}; \dfrac{3x - 1}{3x + 1} \right]$

363 $\dfrac{x - 3}{x + 5} - \dfrac{2x - 7}{x + 5}$; $\qquad \dfrac{a + 9}{a + 3} - \dfrac{6 - a}{a + 3}$. $\qquad \left[\dfrac{-x + 4}{x + 5}; \dfrac{2a + 3}{a + 3} \right]$

364 $x - y - \dfrac{x^2}{x + y}$; $\qquad \dfrac{3a - b}{3a + b} - \dfrac{3a + b}{3a - b}$. $\qquad \left[-\dfrac{y^2}{x + y}; -\dfrac{12ab}{9a^2 - b^2} \right]$

365 $\dfrac{x^2}{x^2 - y^2} + \dfrac{y^2}{y^2 - x^2} - \dfrac{xy - y^2}{2xy - x^2 - y^2}$ $\qquad \left[\dfrac{x}{x - y} \right]$

366 $\dfrac{a^2 + 2b^2}{a^3 + b^3} - \dfrac{1}{a} + \dfrac{a + 2b}{a^2 + b^2 - ab} + \dfrac{b^2 - 4ab}{a^3 + ab^2 - a^2 b}$ $\qquad \left[\dfrac{1}{a + b} \right]$

38

PARAGRAFO 5. APPLICAZIONI DELLA SCOMPOSIZIONE IN FATTORI   **ESERCIZI**

CACCIA ALL'ERRORE Trova gli errori e spiega perché le uguaglianze sono sbagliate.

367   **a)** $\dfrac{2}{a} + \dfrac{2}{b} = \dfrac{2}{a+b}$;   **b)** $1 + \dfrac{2}{x} = \dfrac{3}{x}$;   **c)** $\dfrac{1}{2x} + \dfrac{1}{3x} = \dfrac{1}{5x}$.

La moltiplicazione di frazioni algebriche

368   **ESERCIZIO GUIDA**

Semplifichiamo la seguente espressione:

$$\frac{x^2 - 4x - 5}{x^2 - 25} \cdot \frac{x}{2x + 2} \cdot \frac{x + 5}{(x - 5)x}.$$

Scomponiamo e semplifichiamo:

$$\frac{(x-5)(x+1)}{(x-5)(x+5)} \cdot \frac{\cancel{x}}{2(x+1)} \cdot \frac{x+5}{(x-5)\cancel{x}} = \frac{1}{2(x-5)}.$$

C.E.: $x \neq 0 \wedge x \neq \pm 5 \wedge x \neq -1$.

Esegui le seguenti moltiplicazioni di frazioni algebriche.

369 $\dfrac{x^3 y^3}{3ab^2} \cdot \dfrac{15a^3 y}{7x^4 y^2} \cdot \dfrac{x^3}{5a^2 y}$; $-9b^3 y^2 \cdot \dfrac{3ax^2}{2by} \cdot \dfrac{2y}{45a^2 x^2}$. $\left[\dfrac{x^2 y}{7b^2}; -\dfrac{3b^2 y^2}{5a} \right]$

370 $3x \cdot \dfrac{x + y}{x - y} \cdot \dfrac{2xy - x^2 - y^2}{x^2 + y^2 + 2xy}$; $\dfrac{b^3 - 8}{8 + b^3} \cdot \dfrac{b + 2}{4 + 2b + b^2}$. $\left[\dfrac{3x(y - x)}{x + y}; \dfrac{b - 2}{4 - 2b + b^2} \right]$

371 $\dfrac{13xy}{32(9a^2 - b^2)} \cdot (24ax - 8xb)$; $\dfrac{x^2 + 9y^2 - 6xy}{xy + y^2} \cdot \dfrac{xy^2 + y^3}{3xy - x^2}$. $\left[\dfrac{13x^2 y}{4(3a + b)}; \dfrac{y(3y - x)}{x} \right]$

La divisione di frazioni algebriche

372   **ESERCIZIO GUIDA**

Semplifichiamo:

$$\frac{x^3 + 2x^2}{3x + 3} : \frac{x + 2}{x^2 - 1}.$$

Scomponiamo in fattori i denominatori e i numeratori:

$$\frac{x^2(x + 2)}{3(x + 1)} : \frac{x + 2}{(x - 1)(x + 1)} =$$

Per l'esistenza delle due frazioni deve essere $x \neq -1 \wedge x \neq +1$; inoltre, poiché il divisore deve essere diverso da 0, il suo numeratore deve essere non nullo, quindi $x \neq -2$. In sintesi:

C.E.: $x \neq \pm 1 \wedge x \neq -2$.

Eseguiamo la divisione, cioè moltiplichiamo per il reciproco del divisore e semplifichiamo:

$$= \frac{x^2(x + 2)}{3(x + 1)} \cdot \frac{(x - 1)(x + 1)}{(x + 2)} = \frac{x^2(x - 1)}{3}.$$

Semplifica le seguenti espressioni.

373 $\dfrac{2}{a} : \dfrac{a - 1}{a + 1}$; $\dfrac{5a - 5b}{3ab} : \dfrac{a^2}{a - b}$. $\left[\dfrac{2(a + 1)}{a(a - 1)}; \dfrac{5(a - b)^2}{3a^3 b} \right]$

374 $-12ab : \left(-\dfrac{2}{3} ab \right)$; $\dfrac{7bx}{2ay} : \dfrac{5bx}{4ay}$. $\left[18; \dfrac{14}{5} \right]$

39

ESERCIZI CAPITOLO 1. LA DIVISIONE FRA POLINOMI E LA SCOMPOSIZIONE IN FATTORI

375 $1 : \dfrac{1}{z - t}$; $\qquad\qquad \dfrac{3a^2 b^3}{2c^2} : (-2ab^2).$ $\qquad\qquad \left[z - t; -\dfrac{3ab}{4c^2}\right]$

376 $\dfrac{x - 2y}{x + 2y} : \dfrac{x - 2y}{x + 2y}$; $\qquad\qquad 10x^3 y^3 : \left(-\dfrac{5y^4}{x^3}\right).$ $\qquad\qquad \left[1; -\dfrac{2x^6}{y}\right]$

377 $\dfrac{2x^3}{x + y} : \dfrac{4xy}{x^2 + 2xy + y^2} : \dfrac{x^2 - y^2}{yx - y^2}$; $\quad \dfrac{2x^3}{x + y} : \left(\dfrac{4xy}{x^2 + 2xy + y^2} : \dfrac{x^2 - y^2}{yx - y^2}\right).$ $\left[\dfrac{x^2}{2}; \dfrac{x^2(x + y)^2}{2y^2}\right]$

378 $\dfrac{z}{z^2 - a^2} \cdot (z - a) : \left[\left(1 - \dfrac{a}{z}\right)\dfrac{az}{z^2 - a^2}\right]$; $\quad \left(\dfrac{a + 3}{a - 3} : \dfrac{a^2 + 2a - 3}{a^2 - 2a - 3} + 1\right) : (a - 1).$ $\left[\dfrac{z}{a}; \dfrac{2a}{(a - 1)^2}\right]$

La potenza di frazioni algebriche

379 **ESERCIZIO GUIDA**

Semplifichiamo: $\left[\dfrac{x^2 - yx + x - y}{3(x^2 - xy)}\right]^3$.

Scomponiamo e semplifichiamo:

$$\left[\dfrac{x^2 - yx + x - y}{3x(x - y)}\right]^3 = \left[\dfrac{x(x - y) + (x - y)}{3x(x - y)}\right]^3 =$$

C.E.: $x \neq 0 \wedge x \neq y$.

$$= \left[\dfrac{(x - y)(x + 1)}{3x(x - y)}\right]^3 = \left[\dfrac{x + 1}{3x}\right]^3 =$$

Eleviamo al cubo il numeratore e il denominatore:

$$= \dfrac{(x + 1)^3}{27x^3}.$$

Semplifica le seguenti espressioni.

380 $\left(-\dfrac{2a^2 b^3}{3ab^2}\right)^3$; $\qquad\qquad \left(\dfrac{3x^2 y^3}{6x^3 y}\right)^2.$

381 $\left(\dfrac{x^3 - y^3}{x^2 + xy + y^2}\right)^2$; $\qquad\qquad \left(\dfrac{x^2 - 10xy + 25y^2}{10y - 2x}\right)^2.$ $\left[(x - y)^2; \dfrac{(x - 5y)^2}{4}\right]$

382 $\left(\dfrac{x^3 + x^2 y}{x^2 + 2xy + y^2}\right)^3$; $\qquad\qquad \left(\dfrac{2a^2 b^3 - 2ab^4}{2a^2 b^2 - 2a^3 b}\right)^5.$ $\left[\dfrac{x^6}{(x + y)^3}; -\dfrac{b^{10}}{a^5}\right]$

383 $\left(\dfrac{a^2 + 1}{a^2 - 3a - 4} - \dfrac{a + 1}{a - 4}\right)^2$; $\qquad \left(\dfrac{b}{b - 1}\right)^2 \cdot \left(b - \dfrac{1}{b}\right)^2.$ $\left[\dfrac{4a^2}{(a - 4)^2(a + 1)^2}; (b + 1)^2\right]$

384 **ESERCIZIO GUIDA**

Semplifichiamo: $\left(\dfrac{5xy}{a^2}\right)^{-2}$.

C.E.: $a \neq 0$. $\qquad\qquad\qquad\qquad$ Dobbiamo aggiungere nuove C.E.:

Poiché, per definizione, $x^{-n} = \dfrac{1}{x^n}$, possiamo $\qquad x \neq 0 \wedge y \neq 0.$
scrivere:

$\qquad\qquad\qquad\qquad\qquad\qquad\qquad\qquad$ Dunque:

$$\left(\dfrac{5xy}{a^2}\right)^{-2} = \dfrac{1}{\left(\dfrac{5xy}{a^2}\right)^2} = \left(\dfrac{a^2}{5xy}\right)^2. \qquad \left(\dfrac{5xy}{a^2}\right)^{-2} = \dfrac{a^4}{25x^2 y^2}; \text{C.E.: } a \neq 0 \wedge x \neq 0 \wedge y \neq 0.$$

40

RIEPILOGO LE ESPRESSIONI CON LE FRAZIONI ALGEBRICHE   **ESERCIZI**

Semplifica le seguenti espressioni.

385 $\left(-\dfrac{2ac^2}{3b^4}\right)^{-2}$; $\left(\dfrac{a-3}{a^2-4a+3}\right)^{-1}$. $\left[\dfrac{9b^8}{4a^2c^4}\,;a-1\right]$

386 $\left(\dfrac{x^2-y^2}{x+y}\right)^3\cdot\left(\dfrac{x^2-y^2}{x+y}\right)^{-4}$; $\left(\dfrac{a^3}{a^2-2a+4}\right)^2\cdot(a^2+2a)^{-3}\cdot\left(\dfrac{a^3+8}{a}\right)^2$. $\left[\dfrac{1}{x-y}\,;\dfrac{a}{a+2}\right]$

RIEPILOGO Le espressioni con le frazioni algebriche

TEST

387 Solo una tra le seguenti espressioni è equivalente a $\left(\dfrac{-1}{a-1}\right)^{-1}$, con $a\neq 1$. Quale?

  A $a-1$

  B $\dfrac{1}{a-1}$

  C $\dfrac{1}{1-a}$

  D $1-a$

  E 1

388 La divisione tra $\left(\dfrac{x-1}{x+2}\right)^{-2}$ e $\left(\dfrac{x+2}{1-x}\right)^3$ ha come quoziente:

  A $\dfrac{x+2}{1-x}$.   D $-\dfrac{x+1}{x+2}$.

  B $\dfrac{x-1}{x+2}$.   E $-\dfrac{x+2}{x-1}$.

  C $\dfrac{1-x}{2+x}$.

389 La divisione tra una frazione F e $\dfrac{x+1}{(x-1)^2}$ dà x^2-1. Qual è la frazione F?

  A $\dfrac{x+1}{x-1}$ D $\dfrac{(x-1)^2}{x+1}$

  B $\dfrac{(x+1)^2}{x-1}$ E $\dfrac{x+1}{(x-1)^2}$

  C $\dfrac{(x+1)^2}{1-x}$

390 La somma di due frazioni è:

$$\dfrac{2x-3b}{bx},\quad \text{con } b\neq 0 \wedge x\neq 0.$$

Le frazioni sono:

  A $\dfrac{2}{b}$ e $-\dfrac{3}{x}$.   D $\dfrac{2}{b}$ e $\dfrac{3}{x}$.

  B $\dfrac{2x}{b}$ e $-\dfrac{3b}{x}$.   E $\dfrac{2x}{b}$ e $\dfrac{3b}{x}$.

  C $\dfrac{2b}{x}$ e $\dfrac{3x}{b}$.

Semplifica le seguenti espressioni dopo aver determinato le condizioni di esistenza, che per brevità non scriviamo nei risultati.

391 $\dfrac{a^3-2}{4a^2y}+\dfrac{1}{2}-\dfrac{a}{4y}+\dfrac{1}{2a^2y}$ $\left[\dfrac{1}{2}\right]$

392 $\dfrac{z^3+t^3}{z^2-t^2}:\dfrac{z^3-z^2t+zt^2}{2z-2t}$ $\left[\dfrac{2}{z}\right]$

393 $\dfrac{(a-1)(a+1)}{a^2b^2}-\dfrac{1+2a^2}{a^2}+\dfrac{b^2+1}{a^2b^2}$ $\left[\dfrac{1-2b^2}{b^2}\right]$

394 $1-\dfrac{1}{x^2}-\dfrac{x}{3y^2}+\dfrac{2x^3+y^3}{6x^2y^2}-\dfrac{y}{6x^2}$ $\left[\dfrac{x^2-1}{x^2}\right]$

....

395 $\dfrac{x^3-4x}{x^2+4x+4}:\dfrac{x^2-4x+4}{2x^2-8}:4x^2$ $\left[\dfrac{1}{2x}\right]$

396 $\dfrac{(x+y)^2}{2x^2y}+3-\dfrac{(x-y)^2}{2x^2y}-\dfrac{1}{x}$ $\left[\dfrac{1+3x}{x}\right]$

397 $\dfrac{a+3b}{2a}-\dfrac{2a-b}{3b}-\dfrac{4a^2+9b^2}{6ab}+\dfrac{a-b}{b}$ $\left[-\dfrac{2a+b}{6b}\right]$

398 $\left[\dfrac{2a+2b}{a}+\dfrac{a^2-b^2}{ab}-\dfrac{(a+b)^2}{ab}\right]:\dfrac{a+1}{9-9a^2}$ $[0]$

399 $\dfrac{4b^2+1}{2b^3}-\dfrac{1}{12a^2}+\dfrac{b-36a^4}{12a^2b}-\dfrac{1}{2b^3}$ $\left[\dfrac{2-3a^2}{b}\right]$

41

ESERCIZI | CAPITOLO 1. LA DIVISIONE FRA POLINOMI E LA SCOMPOSIZIONE IN FATTORI

400 $\dfrac{x^2-4}{y^3-4y^2-5y} : \dfrac{2y-10-xy+5x}{y+y^2}$ $\qquad \left[-\dfrac{x+2}{(y-5)^2}\right]$

401 $\dfrac{(k+x)(k-x)}{5k^2x^2} - \dfrac{2-kx}{7x^2} + \dfrac{4}{35k^2} - \dfrac{k}{7x}$ $\qquad \left[-\dfrac{3(k^2+x^2)}{35k^2x^2}\right]$

402 $\dfrac{2a^4-3b^2}{12a^4b^2} - \dfrac{2a^2-3}{12a^2b^2} - \left(\dfrac{3}{6a^2}\right)^2$ $\qquad \left[\dfrac{a^2-2b^2}{4a^4b^2}\right]$

403 $\dfrac{x^2-y^2}{16y^4-(y+1)^2} \cdot \dfrac{4y^2+y+1}{3x-3y} \cdot \dfrac{4y^2-y-1}{x+y}$ $\qquad \left[\dfrac{1}{3}\right]$

404 $\dfrac{2}{a} + \dfrac{a^2+a}{a^2+4a+3} + \dfrac{4a+3}{a^2+3a}$ $\qquad \left[\dfrac{a+3}{a}\right]$

405 $\dfrac{x^2-x}{x^2+4x+4} : \dfrac{2x^2+6x}{x^2-4}; \qquad \dfrac{x^3+1+3x^2+3x}{x^2+5x} : \left(1+\dfrac{2}{x}+\dfrac{1}{x^2}\right).$ $\qquad \left[\dfrac{(x-1)(x-2)}{2(x+2)(x+3)}; \dfrac{x^2+x}{x+5}\right]$

406 $\dfrac{1}{x} : \left(\dfrac{x-3y}{xy} + \dfrac{x+y}{x^2} - \dfrac{y^3-2xy^2}{x^2y^2}\right)$ $\qquad \left[\dfrac{y}{x}\right]$

407 $x(2x-1) : \left(2x + \dfrac{1}{2x-2} + \dfrac{2x-1}{2x-2}\right)$ $\qquad [x-1]$

408 $\left(1-\dfrac{4}{x^2}\right)^2 \cdot \left(\dfrac{x}{x+1} + \dfrac{4}{x^2-x-2}\right) : \dfrac{x^3-x^4+8-8x}{-2x^2+6x-4}$ $\qquad \left[\dfrac{2(x+2)}{x^2(x+1)}\right]$

409 $\dfrac{8x^3}{x^3-y^3} : \left(\dfrac{4x^2y}{x^2+xy+y^2} : \dfrac{2x}{xy-y^2}\right)$ $\qquad \left[\dfrac{4x^2}{y^2(x-y)^2}\right]$

410 $\left(\dfrac{1}{a+b} - \dfrac{b}{a^2-ab} + \dfrac{b^2}{a^3-ab^2}\right) : \left(\dfrac{1}{a+b} + \dfrac{b}{a^2-b^2}\right)$ $\qquad \left[\dfrac{a-2b}{a}\right]$

411 $\dfrac{3x}{x^3-x^2-x+1} - \dfrac{3x}{2-2x^2} + \dfrac{x-2}{4x-2x^2-2}$ $\qquad \left[\dfrac{x+1}{(x-1)^2}\right]$

412 $\dfrac{1}{x-y} - \dfrac{x-y}{x^2+xy+y^2} + \dfrac{y^2}{y^3-x^3}$ $\qquad \left[\dfrac{y(3x-y)}{x^3-y^3}\right]$

413 $\dfrac{x^2+5x+4}{x^2+7x+12} : \dfrac{2x+2}{3x+9} : \dfrac{14x+14y}{9}$ $\qquad \left[\dfrac{27}{28(x+y)}\right]$

414 $\dfrac{x^2+5x+4}{x^2+7x+12} : \left(\dfrac{2x+2}{3x+9} : \dfrac{14x+14y}{9}\right)$ $\qquad \left[\dfrac{7}{3}(x+y)\right]$

415 $\dfrac{2a}{a^2b-b^3} - \dfrac{a-b}{2a^2b+2ab^2} - \dfrac{a+b}{2a^2b-2ab^2}$ $\qquad \left[\dfrac{1}{ab}\right]$

416 $\left(\dfrac{a}{a-2} - \dfrac{a}{a+2}\right) : \dfrac{4}{a^2-a-2} : \dfrac{a^2-1}{a^2+a-2}$ $\qquad [a]$

417 $\dfrac{6}{1-m^2} + \dfrac{2}{m^2-3m+2} - \dfrac{6}{m^2-m-2}$ $\qquad \left[\dfrac{10}{1-m^2}\right]$

418 $\dfrac{x^2-5x+6}{x^3-6x^2+12x-8} \cdot \left(\dfrac{4-x}{x-3} + 2\right)$ $\qquad \left[\dfrac{1}{x-2}\right]$

419 $\dfrac{2a+7}{a^3+2a^2-a-2} - \dfrac{3}{a^2+a-2} + \dfrac{2}{a^2+3a+2}$ $\qquad \left[\dfrac{1}{a^2-1}\right]$

420 $\left(\dfrac{a+1}{a-2} + \dfrac{3a-5}{a+3} - \dfrac{3a^2+7}{a^2+a-6}\right) \dfrac{a^2+4a+3}{a^2-4a-12}$ $\qquad \left[\dfrac{a^2-1}{a^2-4}\right]$

421 $\dfrac{a^4-b^4}{a^2+b^2-2ab} : \dfrac{a^2+ab}{a-b} : \left(a+\dfrac{b^2}{a}\right)$ $\qquad [1]$

422 $\left(\dfrac{1+x}{1-x} - \dfrac{1-x}{1+x}\right) : \left[\left(\dfrac{1+x}{1-x} - 1\right) \cdot \left(1-\dfrac{1}{1+x}\right)\right]$ $\qquad \left[\dfrac{2}{x}\right]$

REALTÀ E MODELLI

NEL SITO ▶ Scheda di risoluzione guidata

1 La fontana

Un architetto ha progettato una fontana un cui bozzetto preparatorio è riportato a lato. La struttura centrale è costituita da cubi di marmo sovrapposti: si passa dal livello inferiore a quello immediatamente superiore togliendo un cubo da ciascuna delle quattro ali. L'architetto utilizza la seguente formula per calcolare la quantità di cubi di marmo necessaria:

numero totale di cubi $= 2n^2 - n$,

dove n indica il numero (naturale) dei livelli della struttura.

▶ Se ha a disposizione 66 cubi, quanti livelli riesce a costruire?

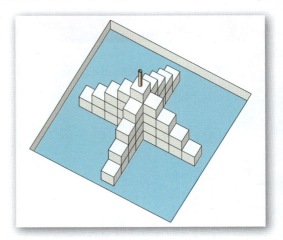

2 La lente d'ingrandimento

Una nonna non riesce a leggere i piccoli caratteri del quotidiano nemmeno con gli occhiali e prova con una lente d'ingrandimento trovata in un cassetto: l'immagine che vede varia a seconda della distanza tra la lente e il giornale. Il nipote consulta il suo manuale di fisica e scopre che la distanza focale f della lente, la distanza p tra l'oggetto e la lente e la distanza q tra la lente e l'immagine sono legate dalla legge:

$$\frac{1}{p} + \frac{1}{q} = \frac{1}{f}.$$

Nel caso della lente di ingrandimento, l'immagine è virtuale e la distanza q si deve considerare negativa.

▶ Ricava p dalla formula precedente.

▶ La distanza focale della lente trovata è di 25 cm. Supponendo che la distanza tra lente e immagine sia di 40 cm ($q = 40$), quanto vale la distanza p tra il giornale e la lente?

▶ Se la posizione di lettura più comoda per la nonna prevede una distanza lente-immagine di 55 cm e una distanza lente-giornale di 15 cm, che distanza focale deve avere una lente d'ingrandimento ottimale?

3 La sfida

Aldo e Giovanni amano i giochi matematici e spesso si sfidano. Aldo sostiene che, presi due numeri dispari p e q maggiori di 1, il prodotto di p diminuito di 1 con il quadrato di q diminuito di 1 è divisibile per 8, e il quoziente è un numero pari. Giovanni prova con qualche numero ed effettivamente verifica che è vero, però pensa che sia un caso fortuito.

▶ Dimostra questa proprietà.

4 La botte di vino

Non è facile calcolare esattamente il volume di una botte. Probabilmente il primo che ci provò, volendo quantificare il vino presente nella sua cantina, fu l'astronomo tedesco Keplero (1571-1630). Una formula sufficientemente approssimata considera le superfici S_1, S_2 e S_3, dove S_1 e S_3 sono le superfici delle basi della botte e S_2 è quella del cerchio massimo. Il volume V della botte è dato dalla relazione:

$$V = \frac{h(S_1 + 4S_2 + S_3)}{6}.$$

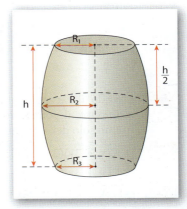

▶ Una botte costruita da un artigiano abruzzese ha le due basi identiche di diametro D, mentre il cerchio massimo ha diametro $D_2 = 1{,}25D$ e l'altezza è h. Calcola il volume V della botte in funzione di D e h e determina la frazione K per la quale si può scrivere $V = K\pi h D^2$.

43

ESERCIZI
CAPITOLO 1. LA DIVISIONE FRA POLINOMI E LA SCOMPOSIZIONE IN FATTORI

VERIFICHE DI FINE CAPITOLO

TEST

Questi e altri test interattivi nel sito: zte.zanichelli.it

1 Qual è il resto della divisione
$$\left(4x^2 - 2x + \frac{1}{2}\right) : (2x - 1)?$$
A $\frac{1}{2}$ B $-\frac{1}{2}$ C $-\frac{3}{4}$ D $\frac{3}{2}$ E 0

2 La divisione
$$(x^2 + x - a^2 - 1) : (x - a)$$
ha resto 0 se a è uguale a:
A 1.   D 2.
B -1.   E -2.
C 0.

3 Il polinomio
$$P(x) = 2x^3 - \frac{13}{2}x + k$$
è divisibile per $(x + 2)$ se k è uguale a:
A $+1$.   D -3.
B -2.   E $+3$.
C 0.

4 Per quale dei seguenti binomi è divisibile il polinomio $2x^3 + x^2 - 5x + 2$?
A $2x + 1$ D $x + 1$
B $3x + 2$ E $x - 2$
C $x + 2$

5 Se -2 e $+1$ sono zeri del polinomio $P(x)$, allora nella scomposizione di $P(x)$ si hanno i fattori:
A $x - 2$ e $x + 1$.   D $x + 2$ e $x + 1$.
B $x + 2$ e $x - 1$.   E $2 - x$ e $1 - x$.
C $x - 2$ e $x - 1$.

6 Usando il raccoglimento parziale, è possibile scomporre il polinomio $2x + 6y - 5ax - 15ay$ in uno solo dei seguenti modi. Quale?
A $(x + 3y)(2 + 5a)$ D $(x - 3y)(2 - 5a)$
B $(x + 3y)(2 - 5a)$ E $(x + 3y)(5a - 2)$
C $(x - 3y)(2 + 5a)$

7 Quale dei seguenti trinomi *non* è il quadrato di un binomio?
A $4x^2 + 9a^2 + 12ax$ D $25 + 20a + 4a^2$
B $a^4 + 16x^4 + 4a^2x^2$ E $9x^2 + 4 + 12x$
C $4a^2 + x^2 - 4ax$

8 Il binomio
$$27a^3x^3 - 8a^3$$
è scomponibile in uno solo dei seguenti modi. Quale?
A $(3ax - 2a)^3$
B $(-3ax + 2a)^3$
C $(3ax - 2a) \cdot (9a^2x^2 + 4a^2)$
D $(3ax - 2a) \cdot (9a^2x^2 - 12a^2x + 4a^2)$
E $a^3(3x - 2) \cdot (9x^2 + 6x + 4)$

9 $(x + 1)$ è un fattore della scomposizione di
$$P(x) = 2x^3 + 5x^2 + 2x + k$$
se k è uguale a:
A 0.   B -1.   C 1.   D -2.   E 2.

10 Il risultato della divisione
$$\frac{3x + yx}{x + 2} : \frac{x - xy^2}{x + 2 + xy + 2y},$$
con $x \neq -2 \wedge x \neq 0 \wedge y \neq \pm 1$, è:
A $\frac{3 + y}{x + 2}$.   C $\frac{1 - y^2}{y + 2}$.   E $\frac{1 - y}{x + 2}$.
B $\frac{1 - y}{3 + y}$.   D $\frac{3 + y}{1 - y}$.

11 Il prodotto di due frazioni algebriche è:
$$\frac{a - 1}{ax}, \text{ con } a \neq 0 \wedge x \neq 0.$$
Le frazioni sono:
A $\frac{a - 1}{a}$ e x.   D $\frac{a}{x}$ e $-\frac{1}{a}$.
B $\frac{a - 1}{x}$ e $\frac{1}{a}$.   E $\frac{3a - 3}{a}$ e $\frac{x}{3a}$.
C $\frac{1}{x}$ e $\frac{a}{x}$.

44

QUESITI ED ESERCIZI

12 Spiega perché è sbagliato eseguire la divisione indicata nel seguente modo:

$$(9x^3) : (3x^2 + 9) = (9x^3) : (3x^2) + (9x^3) : 9 = 3x + x^3.$$

Calcola il risultato nel modo corretto.

13 Il binomio $27x^3 + 8$ è divisibile per $x + 2$? Perché?

14 Se al quadrato di un numero naturale aggiungiamo 1 e il doppio del numero stesso, troviamo il quadrato del suo successivo. Spiega perché.

15 Considera l'uguaglianza $Ax^3 + Bx^2 + Cx + D = (x + a)(x + b)(x + c)$. Che relazione esiste tra i valori di D e a, b, c? Come deve essere A? Spiega perché.

16 I polinomi $x^4 + 3x^2 - 28$ e $x^2 + 7x + 10$ hanno un binomio fattore comune. Quale?

17 Il risultato della divisione $(x^2 - 3x - 4) : (x + 1)$ è una frazione algebrica? Perché?

Esegui le seguenti divisioni tra polinomi, determinando quoziente e resto.

18 $(2x^5 - 5x - x^3 - 4) : (x^2 - 2x + 1)$ $\qquad$ $[Q = 2x^3 + 4x^2 + 5x + 6; R = 2x - 10]$

19 $\left(\dfrac{2}{3}x^4 - \dfrac{1}{2}x^3 + 3x - 2\right) : (2x^2 - 1)$ $\qquad$ $\left[Q = \dfrac{1}{3}x^2 - \dfrac{1}{4}x + \dfrac{1}{6}; R = \dfrac{11}{4}x - \dfrac{11}{6}\right]$

Esegui le seguenti divisioni tra polinomi, determinando quoziente e resto mediante la regola di Ruffini.

20 $(x^2 - x + 3 - 2x^3) : (x - 1)$ $\qquad$ $[Q = -2x^2 - x - 2; R = 1]$

21 $(b^4 - 3b^2 + 2) : (b - 2)$ $\qquad$ $[Q = b^3 + 2b^2 + b + 2; R = 6]$

22 $\left(4a^3 - \dfrac{7}{3}a^2 + \dfrac{1}{3} - a\right) : \left(a - \dfrac{1}{2}\right)$ $\qquad$ $\left[Q = 4a^2 - \dfrac{1}{3}a - \dfrac{7}{6}; R = -\dfrac{1}{4}\right]$

23 $\left(2x^4 - x^3 - \dfrac{3}{2}x\right) : \left(x + \dfrac{1}{2}\right)$ $\qquad$ $[Q = 2x^3 - 2x^2 + x - 2; R = 1]$

24 $(x^4 - 2bx^3 + 3b^3x + 5b^4) : (x + b)$ $\qquad$ $[Q = x^3 - 3bx^2 + 3b^2x; R = 5b^4]$

Determina il resto senza eseguire la divisione.

25 $(2x^3 + 4x^2 + 3x - 1) : (x + 2)$ $\quad$ $[R = -7]$ $\qquad$ **27** $\left(x^3 + \dfrac{4}{3}x^2 - 2x + 1\right) : \left(x - \dfrac{2}{3}\right)$ $\quad$ $\left[R = \dfrac{5}{9}\right]$

26 $\left(\dfrac{1}{3}x^4 - \dfrac{2}{3}x^3 - 4x - 1\right) : (x + 1)$ $\quad$ $[R = 4]$ $\qquad$ **28** $(a^4 - 4a^3 - 2a^2 + 3a) : (a - 2)$ $\quad$ $[R = -18]$

Scomponi in fattori.

29 $2a^5x^4 - 32a;$ $\qquad$ $x^3 + x^2 - 17x + 15;$ $\qquad$ $x^3 - 4xy^2 + 3x^2 - 12y^2.$
$$[2a(ax - 2)(ax + 2)(a^2x^2 + 4); (x - 1)(x - 3)(x + 5); (x + 3)(x - 2y)(x + 2y)]$$

30 $2x^2y + 16xy + 32y;$ $\qquad$ $2x + 6y + ax + 3ay;$ $\qquad$ $x^3(x + 1) - y^3(x + 1).$
$$[2y(x + 4)^2; (2 + a)(x + 3y); (x + 1)(x - y)(x^2 + xy + y^2)]$$

45

ESERCIZI | **CAPITOLO 1. LA DIVISIONE FRA POLINOMI E LA SCOMPOSIZIONE IN FATTORI**

31 $8ax^2 + 2ay^2 + 8axy$; $3a^2b^4 - 12$; $2ax - 4ay + bx - 2by$.
$$[2a(2x + y)^2; 3(ab^2 - 2)(ab^2 + 2); (2a + b)(x - 2y)]$$

32 $2a^2b - 4ab + 8ab^2$; $(x + 2y)(2x - y) + (x + 2y)(2y - 3x)$; $3ax + 6bx + 2ay + 4by$.
$$[2ab(a - 2 + 4b); (x + 2y)(y - x); (a + 2b)(3x + 2y)]$$

33 $x^3 + 3x^2 - 4x - 12$; $2x^4 - 20x^2 - 2x^3 + 20x$; $5a^3 + 10a^2 - 25a + 10$.
$$[(x - 2)(x + 2)(x + 3); 2x(x - 1)(x^2 - 10); 5(a - 1)(a^2 + 3a - 2)]$$

34 $2x^4 + 54x$; $a^3 + 6a^2 - 7a$; $4a^3 + ax^2 + 4a^2 x$. $[2x(x + 3)(x^2 - 3x + 9); a(a - 1)(a + 7); a(2a + x)^2]$

Semplifica le seguenti frazioni algebriche dopo aver determinato le condizioni di esistenza.

35 $\dfrac{a^2 - a - 6}{a^2 - 2a - 8}$; $\dfrac{a^2 - 4ay + ax}{-4xy + x^2 + ax}$; $\dfrac{x^2 - 10x + 25}{x^2 - 8x + 15}$. $\left[\dfrac{a - 3}{a - 4}; \dfrac{a}{x}; \dfrac{x - 5}{x - 3}\right]$

36 $\dfrac{36x^2 - 4}{36x^3 - 24x^2 + 4x}$; $\dfrac{x^2 + a^2 + 1 + 2ax + 2x + 2a}{x^2 - a^2 - 2a - 1}$. $\left[\dfrac{3x + 1}{x(3x - 1)}; \dfrac{x + a + 1}{x - a - 1}\right]$

Semplifica le seguenti espressioni dopo aver determinato le condizioni di esistenza delle frazioni algebriche.

37 $(a + b)\left(\dfrac{a}{b} + \dfrac{b}{a} - 1\right) : \left(\dfrac{1}{a} - \dfrac{1}{b}\right) \cdot \dfrac{a^2 b^2}{a^3 + b^3}$ $\left[\dfrac{a^2 b^2}{b - a}; \text{C.E.: } a \neq 0 \wedge b \neq 0 \wedge a \neq \pm b\right]$

38 $\left(\dfrac{a - 1}{a + 1} - \dfrac{2a^2}{a^2 - 1} - \dfrac{a + 1}{1 - a}\right) \cdot \left(1 - \dfrac{1}{a^2}\right) : \left(1 + \dfrac{a}{2 - a}\right)$ $\left[\dfrac{2 - a}{a^2}\right]$

39 $\dfrac{1}{x^2 + 2xy + y^2} - \dfrac{1}{x^2 - y^2} + \dfrac{2y}{(x + y)^2 (x - y)}$ $[0]$

TEST YOUR SKILLS

40 Factor completely:
a) $x^2 - 11xy + 30y^2$.
b) $4x^5 - 12x^4 - 40x^3$.
c) $x^2 - 2x + 5x - 10$.

(Can *John Abbott College*, Final Exam, 2000)
$$[\text{a) } (x - 6y)(x - 5y); \text{ b) } 4x^3(x - 5)(x + 2);$$
$$\text{c) } (x + 5)(x - 2)]$$

41 Factor completely:
$$x^5 - 5x^4 + 12x^3 - 24x^2 + 32x - 16.$$

(USA *Southeast Missouri State University*:
Math Field Day, 2005)
$$[(x - 2)^2(x - 1)(x^2 + 4)]$$

42 **TEST** Which is a factor of $5x^4 - 135xy^3$?

A $x^2 + 6xy + 9y^2$ D $x^2 + 3xy + 9y^2$
B $x^2 - 6xy - 9y^2$ E $x^2 - 6xy + 9y^2$
C $x^2 - 3xy + 9y^2$

(USA *Tennessee Mathematics Teachers Association*:
39th Annual Mathematics Contest, 1995)

43 Simplify: $\left(\dfrac{25x^{-9}y^8 z^3}{5x^{-3}y^{-8}z^3}\right)^{-2}$.

(Write your answer without negative exponents.)

(USA *Southeast Missouri State University*: *Math Field Day*, 2005)
$$\left[\dfrac{x^{12}}{25y^{32}}\right]$$

46

CAPITOLO 2

[numerazione araba]

[numerazione devanagari]

[numerazione cinese]

LE EQUAZIONI DI SECONDO GRADO

HOME CINEMA I proiettori si usano comunemente nelle sale cinematografiche, ma, da quando la tecnologia lo permette, molte persone scelgono di godersi la visione dei film nella propria casa, disponendo di un apparecchio ottico per la proiezione e di uno schermo bianco…

…a quale distanza deve essere posto il proiettore affinché l'immagine che appare sullo schermo abbia la dimensione desiderata?

▶ La risposta a pag. 60

TEORIA | CAPITOLO 2. LE EQUAZIONI DI SECONDO GRADO

1. LE EQUAZIONI DI SECONDO GRADO

■ Che cosa sono le equazioni di secondo grado

● La forma
$ax^2 + bx + c = 0$
è detta **forma normale**.

Un'equazione è di secondo grado se si può scrivere nella forma:

$$ax^2 + bx + c = 0, \quad \text{con } a \neq 0.$$

Le lettere a, b e c rappresentano numeri reali o espressioni letterali e si chiamano **primo**, **secondo** e **terzo coefficiente** dell'equazione; c è anche detto **termine noto**.

■ ESEMPIO

L'equazione

$$4x^2 - 5x - 1 = 0$$

è di secondo grado in forma normale, e i tre coefficienti sono:

● -1 è il termine noto.

$$a = 4; \quad b = -5; \quad c = -1.$$

Se, oltre ad $a \neq 0$, si hanno anche $b \neq 0$ e $c \neq 0$, l'equazione si dice **completa**. Per esempio, l'equazione $2x^2 - 5x + 6 = 0$ è completa.

Se invece l'equazione è **incompleta**, abbiamo i seguenti casi particolari.

Equazioni incomplete			
Coefficienti	**Forma normale**	**Nome**	**Esempio**
$b \neq 0, c = 0$	$ax^2 + bx = 0$	equazione **spuria**	$2x^2 - 5x = 0$
$b = 0, c \neq 0$	$ax^2 + c = 0$	equazione **pura**	$2x^2 + 6 = 0$
$b = 0, c = 0$	$ax^2 = 0$	equazione **monomia**	$2x^2 = 0$

Una **soluzione** (o **radice**) dell'equazione è un valore che, sostituito all'incognita, rende vera l'uguaglianza fra i due membri.

■ ESEMPIO

L'equazione $x^2 - 6x + 8 = 0$ ha per soluzioni i numeri 2 e 4.

Infatti, sostituendo a x il numero 2, si ottiene

$$(2)^2 - 6(2) + 8 = 0$$

e sostituendo il numero 4,

$$(4)^2 - 6(4) + 8 = 0.$$

PARAGRAFO 1. LE EQUAZIONI DI SECONDO GRADO — **TEORIA**

Risolvere un'equazione di secondo grado significa cercarne le soluzioni. In genere, cercheremo le soluzioni nell'insieme $\mathbb{R}$ dei numeri reali.

Il metodo del completamento del quadrato

Applichiamo il metodo del **completamento del quadrato** per cercare le soluzioni di un'equazione di secondo grado nel caso generale

$$ax^2 + bx + c = 0 \qquad (a \neq 0,\, b \neq 0,\, c \neq 0).$$

- Portiamo a secondo membro il termine noto:

$$ax^2 + bx = -c.$$

- Dividiamo tutti i termini per a (che abbiamo supposto $\neq 0$):

$$x^2 + \frac{b}{a}x = -\frac{c}{a}.$$

- Scriviamo il termine $\dfrac{b}{a}x$ come doppio prodotto di due fattori, cioè nella forma $2 \cdot p \cdot q$:

$$x^2 + 2 \cdot x \cdot \frac{b}{2a} = -\frac{c}{a}.$$

- Aggiungiamo ai due membri il termine $\left(\dfrac{b}{2a}\right)^2$:

$$x^2 + 2 \cdot x \cdot \frac{b}{2a} + \left(\frac{b}{2a}\right)^2 = -\frac{c}{a} + \left(\frac{b}{2a}\right)^2.$$

- Il trinomio al primo membro è il quadrato del binomio $x + \dfrac{b}{2a}$, quindi:

$$\left(x + \frac{b}{2a}\right)^2 = -\frac{c}{a} + \frac{b^2}{4a^2} \;\rightarrow\; \left(x + \frac{b}{2a}\right)^2 = \frac{b^2 - 4ac}{4a^2}.$$

L'espressione al primo membro è un quadrato; quindi è sempre positiva o nulla. Affinché l'equazione ammetta soluzioni reali, anche la frazione al secondo membro deve essere non negativa.

Poiché il denominatore di tale frazione è sempre positivo, il numeratore deve essere non negativo, cioè $b^2 - 4ac \geq 0$.

Se $b^2 - 4ac \geq 0$, ci sono due valori di $x + \dfrac{b}{2a}$, uno opposto all'altro, che soddisfano l'equazione. Li otteniamo estraendo la radice quadrata:

$$x + \frac{b}{2a} = \pm \frac{\sqrt{b^2 - 4ac}}{2a}.$$

Isoliamo la x:

$$x = -\frac{b}{2a} \pm \frac{\sqrt{b^2 - 4ac}}{2a} = \frac{-b \pm \sqrt{b^2 - 4ac}}{2a}.$$

● Di fianco ai passaggi nel caso generale, scriviamo quelli di un esempio numerico.

$$2x^2 + x - 3 = 0$$

$$2x^2 + x = 3$$

$$x^2 + \frac{x}{2} = \frac{3}{2}$$

$$x^2 + 2 \cdot x \cdot \frac{1}{4} = \frac{3}{2}$$

$$x^2 + 2 \cdot x \cdot \frac{1}{4} + \frac{1}{16} = \\ = \frac{3}{2} + \frac{1}{16}$$

$$\left(x + \frac{1}{4}\right)^2 = \frac{24 + 1}{16}$$

$$x + \frac{1}{4} = \pm \frac{\sqrt{25}}{4}$$

$$x = -\frac{1}{4} \pm \frac{5}{4}$$

49

Le soluzioni sono:

$$x_1 = -\frac{1}{4} + \frac{5}{4} = 1$$

$$x_2 = -\frac{1}{4} - \frac{5}{4} = -\frac{3}{2}$$

Le soluzioni dell'equazione sono:

$$x_1 = \frac{-b + \sqrt{b^2 - 4ac}}{2a}; \qquad x_2 = \frac{-b - \sqrt{b^2 - 4ac}}{2a}.$$

L'espressione $\boxed{x = \dfrac{-b \pm \sqrt{b^2 - 4ac}}{2a}}$ viene detta **formula risolutiva** dell'equazione di secondo grado.

■ **ESEMPIO**

Calcoliamo le radici dell'equazione:

$$4x^2 - 6x - 4 = 0.$$

$$x = \frac{6 \pm \sqrt{6^2 - 4 \cdot 4 \cdot (-4)}}{2 \cdot 4} = \frac{6 \pm \sqrt{100}}{8} = \begin{cases} \dfrac{6 + 10}{8} = 2 \\[2mm] \dfrac{6 - 10}{8} = -\dfrac{1}{2} \end{cases}$$

- $a = 4$,
  $b = -6$,
  $c = -4$.

Le radici dell'equazione sono $x_1 = 2$ e $x_2 = -\dfrac{1}{2}$.

Il discriminante e le soluzioni

- **Discriminante** deriva dal latino *discrimen*, che significa «ciò che serve a distinguere». Con il discriminante possiamo distinguere se le soluzioni reali di un'equazione di secondo grado sono due, una o nessuna.

Chiamiamo **discriminante**, e indichiamo con la lettera greca Δ (delta), l'espressione che nella formula risolutiva è sotto radice, cioè:

$$\boxed{\Delta = b^2 - 4ac.}$$

Per sapere se esistono soluzioni reali di un'equazione di secondo grado è sufficiente calcolare il discriminante: se è negativo, non esistono soluzioni reali.

■ **ESEMPIO**

$$x^2 - 4x + 6 = 0 \qquad (a = 1, \quad b = -4, \quad c = 6);$$

$$\Delta = (-4)^2 - 4(1)(6) = 16 - 24 = -8.$$

Poiché $\Delta < 0$, non esistono soluzioni reali.

In generale, risolvendo l'equazione $ax^2 + bx + c = 0$, possono presentarsi tre casi, che dipendono dal valore del discriminante:

1. **$\Delta > 0$**: l'equazione ha **due soluzioni reali e distinte**:

$$x_1 = \frac{-b + \sqrt{\Delta}}{2a}, \qquad x_2 = \frac{-b - \sqrt{\Delta}}{2a}.$$

- Se $\Delta = 0$:

$$x_1 = x_2 = \frac{-b \pm \sqrt{0}}{2a}.$$

Si dice anche che la soluzione è **doppia**.

2. **$\Delta = 0$**: l'equazione ha **due soluzioni reali coincidenti**:

$$x_1 = x_2 = -\frac{b}{2a}.$$

3. **$\Delta < 0$**: l'equazione **non ha soluzioni reali**, cioè in $\mathbb{R}$ è impossibile.

PARAGRAFO 1. LE EQUAZIONI DI SECONDO GRADO | TEORIA

La formula ridotta

Quando nell'equazione $ax^2 + bx + c = 0$ il coefficiente **b è un numero pari**, è utile applicare una formula, detta **formula ridotta**, che ricaviamo da quella generale nel modo seguente.

Raccogliamo 4 sotto il segno di radice:

$$x = \frac{-b \pm \sqrt{4\left(\frac{b^2}{4} - ac\right)}}{2a} = \frac{-b \pm 2\sqrt{\frac{b^2}{4} - ac}}{2a}.$$

Dividiamo per 2 il numeratore e il denominatore:

$$x = \frac{-\frac{b}{2} \pm \sqrt{\left(\frac{b}{2}\right)^2 - ac}}{a}.$$

Per utilizzare questa formula, invece di $\Delta = b^2 - 4ac$ dobbiamo calcolare $\left(\frac{b}{2}\right)^2 - ac$, che si ottiene dividendo Δ per 4 e si indica con $\frac{\Delta}{4}$. Si ha:

$$\frac{\Delta}{4} = \left(\frac{b}{2}\right)^2 - ac.$$

● La formula ridotta semplifica notevolmente i calcoli. Prova, per esempio, a risolvere l'equazione $x^2 - 12x + 27 = 0$ senza formula ridotta e poi con la formula ridotta.

ESEMPIO

Risolviamo l'equazione $x^2 - 2x - 35 = 0$.

Poiché $b = -2$, applichiamo la formula ridotta.

Le soluzioni dell'equazione sono:

$$x = 1 \pm \sqrt{36} = 1 \pm 6 = \begin{cases} 7 \\ -5 \end{cases}$$

● $\frac{\Delta}{4} = 1 - 1(-35)$.

Le equazioni pure, spurie, monomie

Le equazioni pure: $ax^2 + c = 0$

● Qui e in seguito sottintendiamo che cerchiamo le soluzioni delle equazioni nell'insieme $\mathbb{R}$ dei numeri reali.

ESEMPIO

1. Risolviamo l'equazione $3x^2 - 27 = 0$.

Invece di applicare la formula generale, isoliamo il termine con l'incognita, portando al secondo membro il termine noto:

$$3x^2 = 27 \rightarrow x^2 = 9 \rightarrow x = \pm\sqrt{9} = \pm 3 \rightarrow x_1 = -3, \quad x_2 = 3.$$

51

TEORIA | **CAPITOLO 2. LE EQUAZIONI DI SECONDO GRADO**

2. Risolviamo l'equazione $2x^2 + 16 = 0$.

$$2x^2 + 16 = 0 \quad \rightarrow \quad 2x^2 = -16 \quad \rightarrow \quad x^2 = -8.$$

Poiché nessun numero reale ha quadrato negativo, l'equazione non ha soluzioni reali.

In generale, un'equazione di secondo grado **pura**, del tipo $ax^2 + c = 0$, con a e c numeri reali discordi, ha due soluzioni reali e opposte:

$$x_1 = +\sqrt{-\frac{c}{a}}; \quad x_2 = -\sqrt{-\frac{c}{a}}.$$

Se a e c sono concordi, l'equazione non ha soluzioni reali.

Le equazioni spurie: $ax^2 + bx = 0$

■ **ESEMPIO**

Risolviamo l'equazione $3x^2 - 7x = 0$.

Raccogliamo x:

$$x(3x - 7) = 0.$$

Per la legge di annullamento del prodotto:

$$x = 0 \quad \text{oppure} \quad 3x - 7 = 0 \quad \rightarrow \quad x = \frac{7}{3}.$$

L'equazione ha due soluzioni: $x_1 = 0$ e $x_2 = \frac{7}{3}$.

In generale, un'equazione di secondo grado **spuria**, del tipo $ax^2 + bx = 0$, ha sempre due soluzioni reali di cui una è nulla:

$$x_1 = 0, \quad x_2 = -\frac{b}{a}.$$

Le equazioni monomie: $ax^2 = 0$

■ **ESEMPIO**

Risolviamo l'equazione $2x^2 = 0$.

$$2x^2 = 0 \quad \rightarrow \quad x^2 = 0 \quad \rightarrow \quad x_1 = x_2 = 0.$$

● Negli esercizi affronteremo problemi risolvibili con equazioni di secondo grado, ossia **problemi di secondo grado**.

In generale, un'equazione di secondo grado **monomia**, del tipo $ax^2 = 0$, ha sempre due soluzioni reali coincidenti: $x_1 = x_2 = 0$.

PARAGRAFO 2. LE RELAZIONI FRA LE RADICI E I COEFFICIENTI — **TEORIA**

2. LE RELAZIONI FRA LE RADICI E I COEFFICIENTI

■ La somma delle radici

Data l'equazione $ax^2 + bx + c = 0$, con $\Delta \geq 0$, calcoliamo la somma delle due radici:

$$x_1 + x_2 = \frac{-b + \sqrt{b^2 - 4ac}}{2a} + \frac{-b - \sqrt{b^2 - 4ac}}{2a} = \frac{-2b}{2a} = -\frac{b}{a}.$$

● Le radici dell'equazione sono:
$$x = \frac{-b \pm \sqrt{b^2 - 4ac}}{2a}.$$

> La somma s delle radici di un'equazione di secondo grado a discriminante non negativo è uguale al rapporto, cambiato di segno, fra il coefficiente di x e quello di x^2.
>
> $$s = -\frac{b}{a}.$$

■ Il prodotto delle radici

Calcoliamo il prodotto delle due radici:

$$x_1 \cdot x_2 = \frac{-b + \sqrt{b^2 - 4ac}}{2a} \cdot \frac{-b - \sqrt{b^2 - 4ac}}{2a} =$$

$$= \frac{b^2 - (b^2 - 4ac)}{4a^2} = \frac{b^2 - b^2 + 4ac}{4a^2} = \frac{4ac}{4a^2} = \frac{c}{a}.$$

● Consideriamo ancora l'equazione $ax^2 + bx + c = 0$, con $\Delta \geq 0$.

● Applichiamo al numeratore la regola
$$(a + b)(a - b) = a^2 - b^2.$$

> Il prodotto p delle radici di un'equazione di secondo grado a discriminante non negativo è uguale al rapporto fra il termine noto e il coefficiente di x^2.
>
> $$p = \frac{c}{a}.$$

■ ESEMPIO

Data l'equazione $5x^2 - 9x - 2 = 0$, calcoliamo la somma e il prodotto delle radici:

$$x_1 + x_2 = -\frac{b}{a} = -\frac{-9}{5} = \frac{9}{5};$$

$$x_1 \cdot x_2 = \frac{c}{a} = \frac{-2}{5}.$$

● Per verifica, ricava le radici con la formula risolutiva e poi calcola la loro somma e il loro prodotto.

Le relazioni $x_1 + x_2 = -\frac{b}{a}$ e $x_1 \cdot x_2 = \frac{c}{a}$ servono a risolvere problemi inerenti alle radici di un'equazione senza risolvere l'equazione stessa.

53

TEORIA | **CAPITOLO 2. LE EQUAZIONI DI SECONDO GRADO**

ESEMPIO

Data l'equazione $2x^2 - 13x + 15 = 0$, sapendo che una radice è 5, calcoliamo l'altra senza risolvere l'equazione.

Calcoliamo la somma delle radici:

$$x_1 + x_2 = -\frac{b}{a} = -\frac{-13}{2} = \frac{13}{2}.$$

Poiché una radice è 5, l'altra sarà:

$$\frac{13}{2} - 5 = \frac{3}{2}.$$

● Esegui la verifica risolvendo l'equazione.

La somma e il prodotto delle radici e l'equazione in forma normale

Se scriviamo un'equazione di secondo grado in forma normale, è possibile mettere in relazione i coefficienti a, b e c con la somma s e il prodotto p delle radici.

Data l'equazione in forma normale

$$ax^2 + bx + c = 0,$$

possiamo dividere i due membri per a, poiché $a \neq 0$:

$$x^2 + \frac{b}{a}x + \frac{c}{a} = 0 \quad \rightarrow \quad x^2 - \left(-\frac{b}{a}\right)x + \frac{c}{a} = 0 \rightarrow x^2 - sx + p = 0.$$

● Scriviamo $\frac{b}{a}$ come
$-\left(-\frac{b}{a}\right)$.

$s = -\frac{b}{a}$, $p = \frac{c}{a}$.

In un'equazione di secondo grado ridotta a forma normale, in cui il primo coefficiente sia 1, il secondo coefficiente è la somma s delle radici cambiata di segno e il termine noto è il prodotto p delle radici.

$$x^2 - sx + p = 0, \text{ ovvero}$$

$$x^2 - (x_1 + x_2)x + x_1x_2 = 0.$$

● Per esempio, data l'equazione
$x^2 - 2x - 3 = 0$:
$x_1 + x_2 = 2$;
$x_1 \cdot x_2 = -3$.

Dalle soluzioni all'equazione

Dati due numeri qualunque, è possibile scrivere l'equazione di secondo grado che ha come radici quei due numeri.

ESEMPIO

Scriviamo l'equazione che ha come radici i numeri 3 e 7.

Poiché $s = 3 + 7 = 10$ e $p = 3 \cdot 7 = 21$, l'equazione richiesta è la seguente:

● Per fare la verifica, risolvi l'equazione.

$$x^2 - 10x + 21 = 0.$$

PARAGRAFO 3. LA SCOMPOSIZIONE DI UN TRINOMIO DI SECONDO GRADO   **TEORIA**

3. LA SCOMPOSIZIONE DI UN TRINOMIO DI SECONDO GRADO

È dato un trinomio di secondo grado $ax^2 + bx + c$.

Se $\Delta > 0$, l'equazione associata $ax^2 + bx + c = 0$ ha due soluzioni, x_1 e x_2; il trinomio può essere scomposto in fattori mediante la relazione:

$$ax^2 + bx + c = a(x - x_1)(x - x_2).$$

● x_1 e x_2 sono anche detti **zeri del trinomio**.

■ **DIMOSTRAZIONE**

Utilizzando le relazioni

$$-\frac{b}{a} = x_1 + x_2 \text{ e } \frac{c}{a} = x_1 \cdot x_2,$$

raccogliamo a e scriviamo:

$$ax^2 + bx + c = a\left(x^2 + \frac{b}{a}x + \frac{c}{a}\right) = a\left[x^2 - \left(-\frac{b}{a}\right)x + \frac{c}{a}\right] =$$

$$= a[x^2 - (x_1 + x_2)x + x_1x_2] = a[x^2 - x_1x - x_2x + x_1x_2] =$$

● $\dfrac{b}{a} = -\left(-\dfrac{b}{a}\right).$

All'interno della parentesi quadra, raccogliamo x fra i primi due termini e x_2 fra gli altri due termini, in modo da potere poi raccogliere $(x - x_1)$:

$$= a[x(x - x_1) - x_2(x - x_1)] = a(x - x_1)(x - x_2).$$

Se $\Delta = 0$, il trinomio ha solo uno zero, perché $x_1 = x_2$; quindi la scomposizione è la seguente:

$$ax^2 + bx + c = a(x - x_1)(x - x_1) = a(x - x_1)^2.$$

Se $\Delta < 0$, il trinomio non ha zeri reali e non si può scomporre in fattori reali, cioè è **irriducibile**.

Riassumendo:

$$ax^2 + bx + c \longleftarrow \begin{cases} a(x - x_1)(x - x_2) & \text{se } \Delta > 0 \\ a(x - x_1)^2 & \text{se } \Delta = 0 \\ \text{irriducibile} & \text{se } \Delta < 0 \end{cases}$$

■ **ESEMPIO** Esaminiamo la scomposizione dei trinomi $5x^2 - 5x - 30$, $4x^2 - 12x + 9$, $2x^2 + 3x + 4$ con la seguente tabella.

Scomposizione del trinomio di secondo grado				
Trinomio	Equazione associata	Δ	Radici	Scomposizione
$5x^2 - 5x - 30$	$5x^2 - 5x - 30 = 0$	$625 > 0$	$x_1 = 3, x_2 = -2$	$5(x - 3)(x + 2)$
$4x^2 - 12x + 9$	$4x^2 - 12x + 9 = 0$	0	$x_1 = x_2 = \dfrac{3}{2}$	$4\left(x - \dfrac{3}{2}\right)^2$
$2x^2 + 3x + 4$	$2x^2 + 3x + 4 = 0$	$-23 < 0$	$\nexists$ in $\mathbb{R}$	$\nexists$ in $\mathbb{R}$

55

TEORIA CAPITOLO 2. LE EQUAZIONI DI SECONDO GRADO

4. LE EQUAZIONI PARAMETRICHE

Quando in un'equazione letterale si richiede che il valore di una lettera (ovviamente non l'incognita) sia tale da rendere vera una condizione, allora la lettera prende il nome di **parametro** e l'equazione si chiama **parametrica**.

● Puoi trovare molti altri esempi negli esercizi guida.

■ **ESEMPIO**
Determiniamo i valori di k per cui l'equazione, parametrica di secondo grado in x,

$$x^2 + (2k - 1)x + k^2 - 1 = 0$$

ha due **soluzioni reali distinte**.
Deve essere:

$$\Delta = (2k - 1)^2 - 4(k^2 - 1) > 0.$$

Questa disuguaglianza è una disequazione nell'incognita k:

$$4k^2 - 4k + 1 - 4k^2 + 4 > 0 \quad \to \quad -4k + 5 > 0 \quad \to \quad k < \frac{5}{4}.$$

Essa è verificata per $k < \dfrac{5}{4}$.

● Analogamente, le radici sono reali e coincidenti se $\Delta = 0$, ossia per $k = \dfrac{5}{4}$.
Non ci sono invece radici reali se $\Delta < 0$, ossia per $k > \dfrac{5}{4}$.

5. LE EQUAZIONI DI GRADO SUPERIORE AL SECONDO

Come per le equazioni di secondo grado, esistono forme risolutive anche per le equazioni di terzo e di quarto grado ma non le esamineremo, perché troppo complesse. Non esistono invece procedimenti generali per risolvere equazioni di grado superiore al quarto. Noi forniremo soltanto i metodi per la risoluzione di alcuni tipi di equazione di grado superiore al secondo.

● Si può dimostrare che un'equazione di grado n ha in $\mathbb{R}$ un numero di radici minore o uguale a n.

■ Le equazioni risolubili con la scomposizione in fattori

Consideriamo la seguente equazione di terzo grado e raccogliamo x:

$$2x^3 - 3x^2 + x = 0 \quad \to \quad x(2x^2 - 3x + 1) = 0.$$

Applicando la **legge di annullamento del prodotto**, otteniamo due equazioni,

$$x = 0 \ \text{ e } \ 2x^2 - 3x + 1 = 0,$$

● **Legge di annullamento del prodotto**: affinché un prodotto sia 0 è necessario e sufficiente che sia 0 almeno uno dei suoi fattori.

una di primo grado, l'altra di secondo.
Abbiamo **abbassato di grado** l'equazione iniziale di terzo grado.

Le soluzioni dell'equazione $2x^3 - 3x^2 + x = 0$ sono date dall'unione delle soluzioni delle due equazioni.

● $2x^2 - 3x + 1 = 0$:
$\Delta = 9 - 8 = 1$

$$x = \frac{3 \pm 1}{4} = \begin{cases} 1 \\ \frac{1}{2} \end{cases}$$

La prima equazione ha per soluzione $x = 0$, la seconda $x = \dfrac{1}{2}$ e $x = 1$, quindi le soluzioni dell'equazione di terzo grado sono 0, $\dfrac{1}{2}$ e 1.

56

PARAGRAFO 5. LE EQUAZIONI DI GRADO SUPERIORE AL SECONDO | **TEORIA**

In generale, se un'equazione è scritta nella forma

$$P(x) = 0,$$

dove $P(x)$ è un polinomio di grado n, possiamo cercare di ottenere una o più soluzioni dell'equazione scomponendo il polinomio in un prodotto di polinomi di grado minore di n e applicando la legge di annullamento del prodotto.

L'uso della regola di Ruffini

Dato un polinomio $P(x)$ e uno zero x_1 del polinomio, la regola di Ruffini permette di calcolare il quoziente della divisione tra $P(x)$ e il binomio $x - x_1$. Indicando con $Q(x)$ il polinomio quoziente, si può scrivere:

$$P(x) = (x - x_1)Q(x),$$

dove $Q(x)$ è un polinomio che ha il grado di $P(x)$ diminuito di 1.

La regola è quindi utile in molti casi per ottenere l'abbassamento di grado di un'equazione, della quale, però, bisogna conoscere una radice x_1.

ESEMPIO

Risolviamo l'equazione:

$$6x^3 + 11x^2 - 3x - 2 = 0.$$

Una possibile radice dell'equazione è una frazione il cui numeratore è un divisore di -2 (termine noto) e il cui denominatore è un divisore di 6 (coefficiente di x^3).
L'insieme S delle **possibili** radici è allora:

$$S = \left\{1, -1, \frac{1}{2}, -\frac{1}{2}, 2, -2, \frac{1}{3}, -\frac{1}{3}, \frac{1}{6}, -\frac{1}{6}, \frac{2}{3}, -\frac{2}{3}\right\}.$$

Per sapere quali elementi dell'insieme sono effettivamente radici dell'equazione, cerchiamo per quali valori si annulla il polinomio $P(x) = 6x^3 + 11x^2 - 3x - 2$:

$$P(1) = 6(1)^3 + 11(1)^2 - 3(1) - 2 = 12 \neq 0;$$

$$P(-1) = 6(-1)^3 + 11(-1)^2 - 3(-1) - 2 = 6 \neq 0;$$

$$P\left(\frac{1}{2}\right) = 6\left(\frac{1}{2}\right)^3 + 11\left(\frac{1}{2}\right)^2 - 3\left(\frac{1}{2}\right) - 2 = 0.$$

Possiamo fermarci perché abbiamo trovato uno zero di $P(x)$: l'equazione di terzo grado ha come radice $x = \frac{1}{2}$.

Per trovare le altre radici dell'equazione $6x^3 + 11x^2 - 3x - 2 = 0$, abbassiamo di grado l'equazione con la regola di Ruffini.
Poiché il quoziente è $Q(x) = 6x^2 + 14x + 4$:

$$6x^3 + 11x^2 - 3x - 2 = 0 \quad \rightarrow \quad (6x^2 + 14x + 4)\left(x - \frac{1}{2}\right) = 0.$$

● Ricordiamo la seguente regola.
Tutti gli zeri razionali di un polinomio a coefficienti interi sono tra le frazioni $\pm\frac{m}{n}$, dove m è divisore del termine noto e n è divisore del coefficiente del termine di grado massimo.

	6	11	−3	−2
$\frac{1}{2}$		3	7	2
	6	14	4	0

57

TEORIA CAPITOLO 2. LE EQUAZIONI DI SECONDO GRADO

● $6x^2 + 14x + 4 = 0$:
$3x^2 + 7x + 2 = 0$
$\Delta = 49 - 24 = 25$

$$x = \frac{-7 \pm 5}{6} = \begin{cases} -\dfrac{1}{3} \\ -2 \end{cases}$$

Le soluzioni si determinano risolvendo separatamente le equazioni

$$6x^2 + 14x + 4 = 0 \quad \text{e} \quad x - \frac{1}{2} = 0.$$

L'insieme delle soluzioni dell'equazione data di terzo grado è:

$$S = \left\{ \frac{1}{2}, -\frac{1}{3}, -2 \right\}.$$

6. I SISTEMI DI SECONDO GRADO

Un sistema di equazioni è un insieme di due o più equazioni nelle stesse incognite; l'insieme delle soluzioni è l'intersezione degli insiemi delle soluzioni delle singole equazioni. Un sistema ha quindi soluzione se e solo se esiste almeno una soluzione comune a tutte le sue equazioni.

Poiché il **grado di un sistema** è dato dal **prodotto dei gradi** delle singole equazioni, un sistema di secondo grado può contenere una sola equazione di secondo grado e le altre devono essere di primo grado.

Per risolvere questi sistemi si utilizza, in generale, il metodo di sostituzione: si ricava un'incognita dall'equazione di primo grado e si sostituisce in quella di secondo grado.

● Il sistema

$$\begin{cases} 2x - y = 0 \\ x^2 + 6y^2 - 9 = 0 \end{cases}$$

è composto da un'equazione di primo grado e da una di secondo grado; quindi il grado del sistema è 2.

Il sistema

$$\begin{cases} x^2 + y^2 - 25 = 0 \\ x - y^2 - 3 = 0 \end{cases}$$

non è di secondo grado, perché contiene due equazioni di secondo grado e pertanto è di quarto grado.

■ **ESEMPIO**

Risolviamo il seguente sistema:

$$\begin{cases} 2x - y = 0 \\ x^2 + 6y^2 - 9 = 0 \end{cases}$$

Ricaviamo $y = 2x$ dalla prima equazione e sostituiamo l'incognita nella seconda equazione:

$$\begin{cases} y = 2x \\ x^2 + 6(2x)^2 - 9 = 0 \end{cases} \rightarrow \begin{cases} y = 2x \\ x^2 + 24x^2 - 9 = 0 \end{cases} \rightarrow$$

$$\rightarrow \begin{cases} y = 2x \\ 25x^2 = 9 \end{cases} \rightarrow \begin{cases} y = 2x \\ x = \pm\sqrt{\dfrac{9}{25}} \end{cases} \rightarrow x_1 = +\frac{3}{5} \quad \text{e} \quad x_2 = -\frac{3}{5}.$$

Sostituiamo questi valori nella prima equazione:

$$y_1 = 2 \cdot \frac{3}{5} = \frac{6}{5}; \qquad y_2 = 2\left(-\frac{3}{5}\right) = -\frac{6}{5}.$$

Il sistema ha per soluzioni le coppie ordinate $(x_1; y_1)$ e $(x_2; y_2)$, cioè le coppie $\left(\dfrac{3}{5}; \dfrac{6}{5}\right)$ e $\left(-\dfrac{3}{5}; -\dfrac{6}{5}\right)$.

● Un sistema è:
• **indeterminato** se ha infinite soluzioni;
• **determinato** se ha un numero finito di soluzioni;
• **impossibile** se non ammette soluzioni.

In generale, un sistema di secondo grado di due equazioni in due incognite, che non sia indeterminato, può avere due, una o nessuna soluzione; ogni soluzione è una coppia ordinata di numeri reali.

58

PARAGRAFO 6. I SISTEMI DI SECONDO GRADO | **TEORIA**

■ **ESEMPIO**

Il sistema

$$\begin{cases} x - y = 1 \\ -x^2 + 2xy + 1 = 0 \end{cases}$$

ha una sola soluzione formata dalla coppia (1; 0), mentre il sistema

$$\begin{cases} x^2 + y^2 + 1 = 0 \\ 2x + y = 3 \end{cases}$$

non ha soluzioni reali.

Il sistema

$$\begin{cases} x^2 - y^2 + 2y - 1 = 0 \\ x + y = 1 \end{cases}$$

è indeterminato. Tutte le coppie $(h; 1 - h)$, $h \in \mathbb{R}$, che soddisfano l'equazione di primo grado sono soluzioni del sistema.
Nota che il polinomio di secondo grado $x^2 - y^2 + 2y - 1$ può essere scomposto in $(x + y - 1) \cdot (x - y + 1)$.

● Prova a risolvere questi sistemi in modo analogo a quello dell'esempio precedente.

■ I sistemi simmetrici

Un sistema di due equazioni nelle incognite x e y si dice *simmetrico* quando, scambiando fra loro le incognite, il sistema non cambia.

■ **ESEMPIO**

$$\begin{cases} xy = 3 \\ x + y = 4 \end{cases}$$

è un sistema simmetrico perché, se mettiamo x al posto di y e viceversa, otteniamo lo stesso sistema:

$$\begin{cases} yx = 3 \\ y + x = 4 \end{cases}$$

In un sistema simmetrico, poiché la x si può scambiare con la y, se la coppia $(a; b)$ è soluzione del sistema, anche la coppia $(b; a)$ è soluzione dello stesso sistema. Le due soluzioni si dicono **simmetriche**.

Negli esercizi vedremo come è possibile risolvere **sistemi simmetrici di secondo grado** del tipo

$$\begin{cases} xy = p \\ x + y = s \end{cases}$$

o riconducibili a esso.

59

HOME CINEMA
…a quale distanza deve essere posto il proiettore affinché l'immagine che appare sullo schermo abbia la dimensione desiderata?

▶ Il quesito completo a pag. 47

Al cinema il proiettore si trova a una certa altezza in fondo alla sala, in una posizione ottimale per illuminare bene il grande schermo su cui scorrono le immagini dei film. A casa è possibile ricreare un effetto cinematografico avendo a disposizione un ambiente abbastanza ampio, un telo bianco e un apparecchio ottico per la videoproiezione. A seconda della distanza alla quale si colloca il proiettore, le dimensioni dell'immagine riprodotta sullo schermo cambiano. È facile notare che, allontanando lo strumento, l'immagine si ingrandisce, mentre avvicinandolo avviene il contrario.

Per semplicità, immaginiamo il proiettore come una sorgente luminosa puntiforme che illumina lo schermo attraverso un piccolo foro circolare e consideriamo il corrispondente cono di luce.
Indichiamo con x la distanza del proiettore dallo schermo e con A l'area della superficie circolare che vogliamo illuminare.
Considerata l'altezza del cono, se compiamo una qualunque sezione lungo tale direzione perpendicolare allo schermo, otteniamo un cerchio. Il suo raggio varia al variare della distanza della sezione dalla sorgente. Assumiamo che il raggio di luce l abbia una pendenza p rispetto all'altezza. Indicato con r il raggio del cerchio illuminato sullo schermo, per la definizione di pendenza di una retta vale:

$$\frac{r}{x} = p \rightarrow x = \frac{r}{p}.$$

Eleviamo al quadrato entrambi i membri della relazione:

$$x^2 = \frac{r^2}{p^2}.$$

Essendo $A = \pi r^2$, si ha $r^2 = \frac{A}{\pi}$,

e sostituendo possiamo scrivere:

$$x^2 = \frac{A}{\pi \cdot p^2}.$$

Poiché A e p sono costanti, si tratta di un'equazione di secondo grado pura in x. La sua soluzione positiva indicherà a quale distanza bisogna porre la sorgente di luce dallo schermo per illuminare un cerchio di area A.
Se, per esempio, abbiamo un proiettore con $p = 0,2$ e vogliamo illuminare sullo schermo un cerchio di area $A = 2$ m^2, risulta:

$$x^2 = \frac{2}{\pi \cdot 0,2^2} \rightarrow x^2 = \frac{50}{\pi}.$$

Risolvendo, accettiamo solo la soluzione positiva:

$$x = \sqrt{\frac{50}{\pi}} \simeq 3,99.$$

In conclusione, dovremmo disporre il proiettore a una distanza di circa 4 m dallo schermo.
In generale, ci sono altri fattori da considerare per scegliere la posizione di un proiettore rispetto a uno schermo. Infatti, se da un lato allontanando il proiettore dal piano si ottiene il vantaggio di immagini più grandi, dall'altro si ha lo svantaggio di immagini meno luminose.
La quantità di luce emessa è sempre la stessa: se questa si concentra in un'area piccola, lo schermo è più illuminato. Viceversa, man mano che ci si allontana, il fascio luminoso si distribuisce in superfici più ampie e la luce che raggiunge lo schermo è via via meno intensa.

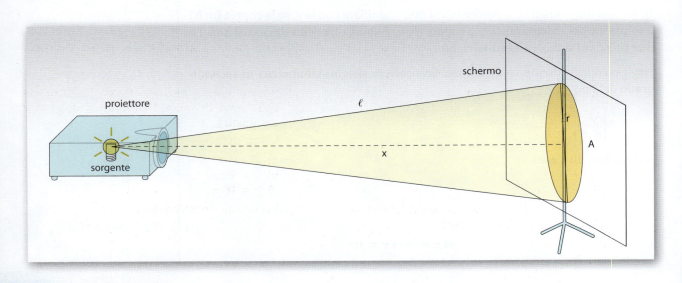

LABORATORIO DI MATEMATICA
LE EQUAZIONI DI SECONDO GRADO

ESERCITAZIONE GUIDATA

In un rettangolo la misura h dell'altezza è data dalla differenza fra un valore g e $\frac{1}{4}$ della misura della base. Costruiamo un foglio di Excel che permetta di inserire il valore g e l'area S del rettangolo e dia in uscita, se esistono, le lunghezze della base e dell'altezza.

Detta x la misura della base, abbiamo $h = g - \frac{1}{4}x$ e da $S = bh$ ricaviamo: $S = x\left(g - \frac{1}{4}x\right)$, da cui otteniamo l'equazione di secondo grado $\frac{1}{4}x^2 - gx + S = 0$.

Calcoliamo il discriminante: $\Delta = g^2 - S$.
Se $\Delta > 0$, otteniamo le due soluzioni $b_1 = 2g - 2\sqrt{\Delta}$ e $b_2 = 2g + 2\sqrt{\Delta}$ (se Δ e g sono positivi, b_1 e b_2 sono sempre positive); se $\Delta = 0$, troviamo la sola soluzione $b_0 = 2g$; se $\Delta < 0$, non abbiamo soluzioni.

- Attiviamo Excel e scriviamo le didascalie come in figura.
- Digitiamo quindi, basandoci sull'analisi svolta: = SE(E(C2>0; C3>0); "->"; "I dati d'ingresso devono essere positivi") in A4, = SE(A4="- >"; C2^2-C3; "") in C5, = SE(A4="- >"; SE(C5<0; "quindi non vi sono soluzioni."; SE(C5=0; "e vi è una soluzione:"; "e vi sono due soluzioni:")); "") in A6, = SE(A4="- >"; SE(C5>0; 2*C2-2*RADQ(C5); SE(C5=0; 2*C2; "=")); "") in A8, = SE(A4="- >"; SE(C5 > 0; 2*C2 + 2*RADQ(C5); "=")); "") in C8, = SE(A4="- >"; SE(A8 = "="; "="; C3/A8); "") in A10, = SE(A4="- >"; SE(C8="="; "="; C3/C8); "") in C10.
- Proviamo il foglio con i valori 50 di g in C2 e 1600 di S in C3.

	A	B	C
1	Un problema di secondo grado		
2	Dai la lunghezza g		50
3	inserisci l'area S		1600
4	->		
5	Il discriminante vale		900
6	e vi sono due soluzioni:		
7	la base risulta lunga metri		
8	40		160
9	l'altezza risulta lunga metri		
10	40		10

▲ Figura 1

Nel sito: ▶ Altre esercitazioni

Esercitazioni

Risolvi i seguenti problemi in modo analogo a quello dell'esercitazione guidata. Prova il foglio nei casi proposti.

1 In un triangolo isoscele ABC il perimetro $2p$ è di 100 m. Determina la misura x dell'altezza AH dopo aver assegnato la misura l del lato obliquo AC.
Casi proposti:

a) $l = 24$ m;
b) $l = 25$ m;
c) $l = 26$ m.

Fai variare x e calcola l, la misura b della base BC e l'ampiezza S dell'area di ABC.

[a) $\nexists x$; b) $x = 0$; c) $x = 10$]

2 In un rettangolo $ABCD$ l'area S è di 36 m^2, la misura x della base AB supera la misura h dell'altezza BC di g. Determina x dopo aver assegnato g.
Casi proposti:

a) $g = 0$ m;
b) $g = 9$ m;
c) $g = 16$ m.

Fai variare x e calcola h e g.

[a) $x = 6$; b) $x = 12$; c) $x = 18$]

61

ESERCIZI CAPITOLO 2. LE EQUAZIONI DI SECONDO GRADO

LA TEORIA IN SINTESI
LE EQUAZIONI DI SECONDO GRADO

1. LE EQUAZIONI DI SECONDO GRADO

■ Un'**equazione di secondo grado** è riconducibile alla forma normale:

$ax^2 + bx + c = 0$, con $a \neq 0$.

■ Sono presenti un termine di secondo grado (ax^2), uno di primo grado (bx) e un termine noto (c).
Se entrambi i coefficienti b e c sono diversi da 0, l'equazione è **completa**, altrimenti è **spuria** se $b \neq 0$ e $c = 0$, **pura** se $b = 0$ e $c \neq 0$, **monomia** se $b = 0$ e $c = 0$.

    ESEMPIO: $3x^2 + 2x - 7 = 0$ è un'equazione di secondo grado completa;

              $3x^2 = 0$ è monomia; $8x^2 - 4 = 0$ è pura; $6x^2 + x = 0$ è spuria.

■ Il **discriminante** dell'equazione completa $ax^2 + bx + c = 0$ è $\Delta = b^2 - 4ac$.

Soluzioni delle equazioni di secondo grado complete		
Segno del discriminante	**Soluzioni**	**Esempio**
$\Delta > 0$	due radici reali e distinte: $$x_1 = \frac{-b + \sqrt{\Delta}}{2a}$$ $$x_2 = \frac{-b - \sqrt{\Delta}}{2a}$$	$x^2 - x - 6 = 0$ $\Delta = 1 + 4 \cdot 1 \cdot 6 = 25$ $x_1 = \dfrac{1 + \sqrt{25}}{2} = \dfrac{1 + 5}{2} = 3$ $x_2 = \dfrac{1 - \sqrt{25}}{2} = \dfrac{1 - 5}{2} = -2$
$\Delta = 0$	due radici reali e coincidenti: $$x_1 = x_2 = -\frac{b}{2a}$$	$9x^2 - 6x + 1 = 0$ $\Delta = 36 - 4 \cdot 9 = 0$ $x_1 = x_2 = \dfrac{3}{9} = \dfrac{1}{3}$
$\Delta < 0$	non esistono soluzioni reali	$2x^2 + 4x + 5 = 0$ $\Delta = 16 - 4 \cdot 2 \cdot 5 = -24$

Soluzioni delle equazioni di secondo grado incomplete			
Tipo di equazione	**Equazione**	**Soluzioni**	**Esempio**
pura ($b = 0, c \neq 0$)	$ax^2 + c = 0$	$x_1 = \sqrt{\dfrac{-c}{a}}$; $x_2 = -\sqrt{\dfrac{-c}{a}}$ le radici sono reali solo se a e c sono discordi.	$7x^2 - 3 = 0$ $x_1 = \sqrt{\dfrac{3}{7}}$; $x_2 = -\sqrt{\dfrac{3}{7}}$
spuria ($c = 0, b \neq 0$)	$ax^2 + bx = 0$	$x_1 = 0$; $x_2 = -\dfrac{b}{a}$	$2x^2 + 5x = 0$ $x_1 = 0$; $x_2 = -\dfrac{5}{2}$
monomia ($b = c = 0$)	$ax^2 = 0$	$x_1 = x_2 = 0$	$52x^2 = 0$ $x_1 = x_2 = 0$

62

LA TEORIA IN SINTESI • ESERCIZI

2. LE RELAZIONI FRA LE RADICI E I COEFFICIENTI

■ Se l'equazione di secondo grado

$$ax^2 + bx + c = 0$$

ha come radici reali x_1 e x_2, posti $s = x_1 + x_2$ e $p = x_1 \cdot x_2$, si ha:

$$s = -\frac{b}{a};$$

$$p = \frac{c}{a}.$$

Pertanto l'equazione è equivalente a:

$$x^2 - sx + p = 0.$$

3. LA SCOMPOSIZIONE DI UN TRINOMIO DI SECONDO GRADO

■ Dato il trinomio $ax^2 + bx + c$, se l'equazione associata $ax^2 + bx + c = 0$ ha soluzioni reali, tali soluzioni (x_1 e x_2) sono anche **zeri** del trinomio.

Il trinomio è:

• scomponibile in fattori se

$$\Delta > 0: ax^2 + bx + c = a(x - x_1)(x - x_2),$$

$$\Delta = 0: ax^2 + bx + c = a(x - x_1)^2;$$

• irriducibile in $\mathbb{R}$ se $\Delta < 0$.

ESEMPIO: Il trinomio $4x^2 + 11x - 3$ ha l'equazione associata $4x^2 + 11x - 3 = 0$ con $\Delta = 169 > 0$.

Le radici dell'equazione sono $x_1 = \frac{1}{4}$ e $x_2 = -3$.

Questi valori sono anche gli zeri del trinomio che è scomponibile:

$$4x^2 + 11x - 3 = 4\left(x - \frac{1}{4}\right)(x + 3).$$

4. LE EQUAZIONI PARAMETRICHE

■ Un'**equazione parametrica** è un'equazione letterale in cui si richiede che il valore di una lettera, detta **parametro**, soddisfi una condizione.

5. LE EQUAZIONI DI GRADO SUPERIORE AL SECONDO

■ Le equazioni di grado superiore al secondo, ricondotte alla forma $P(x) = 0$, si possono risolvere mediante la legge di annullamento del prodotto se si riesce a scomporre in fattori il polinomio $P(x)$.

■ Se un polinomio $P(x)$, di grado $n > 2$, possiede uno zero reale x_1, allora è possibile **abbassare di grado** l'equazione associata $P(x) = 0$ mediante la regola di Ruffini.

Se

$$P(x) = (x - x_1)\, Q(x)$$

grado n grado $(n - 1)$

63

allora $P(x) = 0$ si spezza nelle due seguenti equazioni:

$$x - x_1 = 0 \quad \rightarrow \quad x = x_1$$
$$Q(x) = 0.$$

■ Se $P(x)$ è un polinomio a coefficienti interi, un possibile zero di $P(x)$ è una frazione $\dfrac{N}{D}$ tale che N è un divisore intero del termine noto e D è un divisore intero del termine di grado massimo.

ESEMPIO:

Data l'equazione $15x^3 - 14x^2 - 7x + 6 = 0$, un possibile zero di $15x^3 - 14x^2 - 7x + 6$ è

$\dfrac{3}{5}$ (3 è divisore di 6)
(5 è divisore di 15)

Dopo aver verificato che $P\left(\dfrac{3}{5}\right) = 0$, scomponiamo in fattori $P(x)$:

$$P(x) = 15x^3 - 14x^2 - 7x + 6 =$$

$$= \left(x - \dfrac{3}{5}\right)(15x^2 - 5x - 10),$$

quindi abbassiamo di grado l'equazione:

$$15x^3 - 14x^2 - 7x + 6 = 0 \quad \rightarrow \quad \left(x - \dfrac{3}{5}\right)(15x^2 - 5x - 10) = 0 \begin{cases} x - \dfrac{3}{5} = 0 \\ \\ 15x^2 - 5x - 10 = 0 \end{cases}$$

6. I SISTEMI DI SECONDO GRADO

■ Il **grado** di un sistema è dato dal prodotto dei gradi delle sue equazioni. I sistemi di secondo grado si risolvono di solito con il metodo di **sostituzione**.

■ Un sistema di secondo grado, che non sia indeterminato, può avere due, una o nessuna soluzione.

■ Un sistema di due equazioni in due incognite si dice **simmetrico** quando scambiando tra loro le incognite il sistema non cambia.

PARAGRAFO 1. LE EQUAZIONI DI SECONDO GRADO　　**ESERCIZI**

1.　LE EQUAZIONI DI SECONDO GRADO　▶ Teoria a pag. 48

Nelle seguenti equazioni di secondo grado, scritte in forma normale a meno dell'ordine, individua e scrivi il primo coefficiente a, il secondo coefficiente b e il termine noto c.

1　$1 - 5x^2 = 0;$　　　　$2 + 7x^2 - 3x = 0;$　　　　$4x^2 - 3x + 2 = 0.$

2　$-\dfrac{1}{2}x^2 - 2x = 0;$　　$\dfrac{x^2}{5} + 3x - \dfrac{1}{2} = 0;$　　　$-x^2 - \dfrac{x}{2} - \dfrac{5}{6} = 0.$

3　$\dfrac{2x^2 - 5}{4} = 0;$　　$(1 + \sqrt{2})x^2 - x + \sqrt{2} = 0;$　　$x + 2 + \sqrt{3}\,x^2 + \sqrt{3} = 0.$

Nelle seguenti equazioni di secondo grado nell'incognita x, scritte in forma normale a meno dell'ordine, i coefficienti sono letterali. Riconosci e scrivi i coefficienti.
Per evitare confusione, considera la forma normale con i coefficienti indicati da lettere maiuscole: $Ax^2 + Bx + C = 0$.
Per esempio, se l'equazione è $(a - b)x^2 - 3b + (a + b)x = 0$, si ha $A = a - b$, $B = a + b$, $C = -3b$.

4　$ax^2 - 2a^3 - 2a^2b = 0;$　　$ax^2 + 2ax - 1 = 0;$　　$bx^2 - \sqrt{2}\,ax + ab = 0.$

5　$(a^2 - b^2)x^2 - x(a - b) = 0;$　$3k^2x^2 - 4(2k - 1)x + 5k = 0;$　$2(3k + 1)x^2 - 2(k - 2)x + k^2 - 4 = 0.$

Riduci in forma normale le seguenti equazioni nell'incognita x; verifica quindi che siano di secondo grado e scrivine i coefficienti.

6　$x(x - 2) + x^2 - 2x + 6 = 3x^2$

7　$4x(1 - x) - 2(x - 1)(x + 1) = 2x$

8　$(\sqrt{3} + 1)(x - 3) = x(x - \sqrt{3})$

9　$ax^2 + 2ax - x^2 = x$

10　$2bx - x^2 + b = 1 - 4x^2$

11　$\sqrt{2}\,x^2 + ax - 2x^2 + 3 = x - a$

12　$\dfrac{x^2}{2} + \dfrac{x}{2} - 2ax^2 + ax + a^2x = 0$

13　$ax(x - 2a) - 3a(x^2 - 2) = x^2$

▮ Le soluzioni

14　Indica quali di questi valori sono soluzioni dell'equazione nell'incognita x scritta a fianco.

　　$2, -\dfrac{1}{3}, 0, \dfrac{1}{3}\,;$　　$9x^2 - 6x + 1 = 0;$　　$a, -a, 2a, 0;$　　$x^2 - 3ax + 2a^2 = 0.$

COMPLETA le seguenti equazioni che hanno per soluzioni i valori indicati a fianco, inserendo un numero al posto dei puntini.

15　$3x^2 + \dots x = 0,$　　$0 \text{ e} -3.$

16　$\dots x^2 - \dfrac{2}{3}x = 0,$　　$0 \text{ e} \dfrac{3}{4}.$

17　$9x^2 + \dots x - 4 = 0,$　　$\pm\dfrac{2}{3}.$

18　$\dots x^2 - 9 = 0,$　　$\pm\dfrac{3}{5}.$

19　$5x^2 - \dots = 0,$　　$\pm 2.$

20　$\dots x^2 - 1 = 0,$　　$\pm 2.$

65

ESERCIZI — CAPITOLO 2. LE EQUAZIONI DI SECONDO GRADO

Date le seguenti equazioni, calcola Δ e indica se le soluzioni sono reali.

21 $3x^2 - x + 1 = 0$ $\qquad$ [-11] $\qquad$ **23** $\dfrac{1}{4}x^2 + 2x - 12 = 0$ $\qquad$ [16]

22 $2x^2 + 3x - 2 = 0$ $\qquad$ [25] $\qquad$ **24** $4x^2 - 12x + 9 = 0$ $\qquad$ [0]

....

25 Senza calcolare le soluzioni, indica se le seguenti equazioni ammettono soluzioni reali e distinte, soluzioni reali coincidenti o non ammettono soluzioni reali.

$x^2 = 3 - 2x;$ $\qquad$ $3x^2 - 2x + 1 = 0;$ $\qquad$ $4x^2 + 25 - 20x = 0;$

$\dfrac{1}{2}x^2 + 9 + 3x = 0;$ $\qquad$ $2x^2 + 3x - 2 = 0;$ $\qquad$ $6x^2 + 2 = 3x.$

26 COMPLETA la seguente tabella.

Equazione	a	b	c	Δ
$2x^2 + 3x - 1 = 0$	…	…	…	…
$\ldots x^2 \ldots x \ldots = 0$	2	-2	1	…
$x^2 \ldots x \ldots = 0$	…	3	…	5
$\ldots x^2 \ldots x + 4 = 0$	…	1	…	17
$x^2 + 16 = 0$	…	…	…	…

Le equazioni numeriche intere

Le equazioni complete

27 **ESERCIZIO GUIDA**

Risolviamo le seguenti equazioni:

a) $6x^2 - 2 = x;$ $\qquad$ b) $19x^2 + 114x + 171 = 0;$ $\qquad$ c) $x^2 - 3x + 4 = 0.$

a) $6x^2 - 2 = x.$

Scriviamo l'equazione in forma normale:

$6x^2 - x - 2 = 0.$

Calcoliamo il discriminante $\Delta = b^2 - 4ac$:

$\Delta = (-1)^2 - 4 \cdot 6 \cdot (-2) = 1 + 48 = 49.$

Poiché $\Delta > 0$, l'equazione ha due soluzioni reali distinte.

Usiamo la formula risolutiva

$x = \dfrac{-b \pm \sqrt{\Delta}}{2a}:$

$x = \dfrac{-(-1) \pm \sqrt{49}}{2 \cdot (6)} = \begin{cases} \dfrac{1+7}{12} = \dfrac{2}{3} \\[2mm] \dfrac{1-7}{12} = -\dfrac{1}{2} \end{cases}$

$x_1 = \dfrac{2}{3}$ e $x_2 = -\dfrac{1}{2}.$

66

PARAGRAFO 1. LE EQUAZIONI DI SECONDO GRADO   **ESERCIZI**

b) $19x^2 + 114x + 171 = 0$.

L'equazione è già in forma normale.

$$\Delta = (114)^2 - 4 \cdot 19 \cdot 171 = 12996 - 12996 = 0.$$

Poiché $\Delta = 0$, l'equazione ha due soluzioni reali coincidenti.

Calcoliamo le soluzioni con la formula

$x = -\dfrac{b}{2a}$:

$$x = \frac{-114}{2 \cdot (19)} = -\frac{114}{38} = -3.$$

Le soluzioni coincidenti sono:

$$x_1 = x_2 = -3.$$

c) $x^2 - 3x + 4 = 0$.

Scriviamo i coefficienti:

$$a = 1; \quad b = -3; \; c = 4.$$

Calcoliamo il discriminante:

$$\Delta = (-3)^2 - 4 \cdot (1) \cdot (4) = -7.$$

Poiché $\Delta < 0$, l'equazione non ha radici reali.

Risolvi le seguenti equazioni.

28 $x^2 + 3x - 10 = 0;$ $12x^2 + x - 6 = 0.$ $\left[-5, 2; -\dfrac{3}{4}, \dfrac{2}{3} \right]$

29 $x^2 - 4x - 32 = 0;$ $x^2 + x + \dfrac{2}{9} = 0.$ $\left[-4, 8; -\dfrac{2}{3}, -\dfrac{1}{3} \right]$

30 $x^2 + 3x - 4 = 0;$ $x^2 - \dfrac{5}{3}x + \dfrac{25}{36} = 0.$ $\left[-4, 1; \dfrac{5}{6} \text{ doppia} \right]$

31 $x^2 - 3x + 2 = 0;$ $x^2 - 9x + 33 = 0.$ $[1, 2; \text{impossibile}]$

32 $x^2 - \sqrt{2}\,x - 4 = 0;$ $x^2 - 4\sqrt{3}\,x - 36 = 0.$ $[-\sqrt{2}, 2\sqrt{2}; -2\sqrt{3}, 6\sqrt{3}]$

33 $x^2 - 4\sqrt{2}\,x + 6 = 0;$ $x^2 - \sqrt{5}\,x + 2 = 0.$ $[\sqrt{2}, 3\sqrt{2}; \text{impossibile}]$

34 $\dfrac{1}{18} + \dfrac{3}{4}x + x^2 = 0;$ $x(x - 9) = \dfrac{19}{4}.$ $\left[-\dfrac{1}{12}, -\dfrac{2}{3}; -\dfrac{1}{2}, \dfrac{19}{2} \right]$

35 $2x^2 - 2\sqrt{2}\,x + 1 = 0;$ $\sqrt{3}\,x^2 - 3x + \sqrt{3} = 0.$ $\left[\dfrac{\sqrt{2}}{2} \text{ doppia; impossibile} \right]$

36 $21x^2 - 10x + 1 = 0;$ $x^2 - 6x - 16 = 0.$ $\left[\dfrac{1}{7}, \dfrac{1}{3}; -2, 8 \right]$

37 $18x^2 - 21x - 4 = 0;$ $2x^2 - 13x - 7 = 0.$ $\left[-\dfrac{1}{6}, \dfrac{4}{3}; -\dfrac{1}{2}, 7 \right]$

38 $3x^2 = 5 + 14x;$ $4x(3x + 1) = 5.$ $\left[-\dfrac{1}{3}, 5; -\dfrac{5}{6}, \dfrac{1}{2} \right]$

39 $x(2x + 13) = 24;$ $x^2 = 4(x + 3).$ $\left[-8, \dfrac{3}{2}; -2, 6 \right]$

La formula ridotta

40   **ESERCIZIO GUIDA**

Risolviamo l'equazione $x^2 + 6x - 7 = 0$.

ESERCIZI CAPITOLO 2. LE EQUAZIONI DI SECONDO GRADO

Scriviamo i coefficienti: $a = 1$, $b = 6$, $c = -7$.

Poiché b è **pari**, possiamo utilizzare la formula ridotta:

$$x = \frac{-\frac{b}{2} \pm \sqrt{\frac{\Delta}{4}}}{a}.$$

$$\frac{b}{2} = \frac{6}{2} = 3,$$

$$\frac{\Delta}{4} = \left(\frac{b}{2}\right)^2 - ac = 3^2 - (1) \cdot (-7) = 9 + 7 = 16.$$

Poiché $\frac{\Delta}{4} > 0$, l'equazione ha due soluzioni reali distinte.

Calcoliamo le due soluzioni con la formula ridotta:

$$x = \frac{-3 \pm \sqrt{16}}{1} = \begin{cases} -3 + 4 = +1 \\ -3 - 4 = -7 \end{cases}$$

Le soluzioni sono $x_1 = 1$ e $x_2 = -7$.

Risolvi le seguenti equazioni di secondo grado, applicando la formula ridotta.

41 $x^2 + 8x - 9 = 0$ $[-9; 1]$

42 $10y^2 + 8y + 5 = 0$ $[\text{impossibile}]$

43 $24t + 13 - 4t^2 = 0$ $\left[-\frac{1}{2}; \frac{13}{2}\right]$

44 $9 + 16x^2 + 24x = 0$ $\left[-\frac{3}{4} \text{ doppia}\right]$

45 $3x^2 + 2\sqrt{3}\,x - 3 = 0$ $\left[-\sqrt{3}; \frac{\sqrt{3}}{3}\right]$

46 $x^2 = \frac{1}{3}(2x + 1)$ $\left[-\frac{1}{3}; 1\right]$

47 $-16x^2 + 40x - 25 = 0$ $\left[\frac{5}{4} \text{ doppia}\right]$

48 $\frac{7}{4} - 3t - t^2 = 0$ $\left[-\frac{7}{2}; \frac{1}{2}\right]$

49 $\frac{2x}{3} - \left(\frac{5}{4} - x^2\right) = 0$ $\left[-\frac{3}{2}; \frac{5}{6}\right]$

50 $\frac{5}{2}x + 6 \cdot \frac{11}{25} - x^2 = 0$ $\left[-\frac{4}{5}; \frac{33}{10}\right]$

51 $x^2 - 14x + 24 = 0$ $[2; 12]$

52 $3x^2 + 4x - 4 = 0$ $\left[\frac{2}{3}; -2\right]$

Equazioni il cui discriminante è riconducibile a un quadrato di binomio

53 **ESERCIZIO GUIDA**

Risolviamo l'equazione:

$$3x^2 - 4\sqrt{3}\,x + 2x + 3 - 2\sqrt{3} = 0.$$

Riduciamo in forma normale:

$$3x^2 - (4\sqrt{3} - 2)x + 3 - 2\sqrt{3} = 0,$$

$$3x^2 - 2(2\sqrt{3} - 1)x + 3 - 2\sqrt{3} = 0.$$

Scriviamo i coefficienti:

$$a = 3; \qquad b = -2(2\sqrt{3} - 1); \qquad c = 3 - 2\sqrt{3}.$$

Poiché b è divisibile per 2, possiamo applicare la formula ridotta.

Calcoliamo $\frac{\Delta}{4} = \left(\frac{b}{2}\right)^2 - ac$:

$$\frac{\Delta}{4} = [-(2\sqrt{3} - 1)]^2 - 3 \cdot (3 - 2\sqrt{3}) = 12 + 1 - 4\sqrt{3} - 9 + 6\sqrt{3} = 4 + 2\sqrt{3}.$$

Possiamo considerare $2\sqrt{3}$ come doppio prodotto: $2\sqrt{3} = 2 \cdot (1 \cdot \sqrt{3})$.

68

Allora $4 + 2\sqrt{3}$ può derivare dal quadrato di $1 + \sqrt{3}$. Proviamo:

$$(1 + \sqrt{3})^2 = 1 + 2\sqrt{3} + 3 = 4 + 2\sqrt{3}, \text{ pertanto } \frac{\Delta}{4} = (1 + \sqrt{3})^2 > 0.$$

Calcoliamo le soluzioni dell'equazione di partenza con la formula ridotta:

$$x = \frac{2\sqrt{3} - 1 \pm \sqrt{(1 + \sqrt{3})^2}}{3} = \begin{cases} \dfrac{2\sqrt{3} - 1 + 1 + \sqrt{3}}{3} = \dfrac{3\sqrt{3}}{3} = \sqrt{3} \\[2mm] \dfrac{2\sqrt{3} - 1 - 1 - \sqrt{3}}{3} = \dfrac{\sqrt{3} - 2}{3} \end{cases}$$

Le soluzioni sono:

$$x_1 = \sqrt{3}; \quad x_2 = \frac{\sqrt{3} - 2}{3}.$$

Risolvi le seguenti equazioni.

54 $\quad x^2 + 2x - 2\sqrt{2} - 2 = 0$ $\qquad\qquad\qquad\qquad\qquad\qquad\qquad [-2 - \sqrt{2}; \sqrt{2}]$

55 $\quad 2x^2 - 4x - 1 + 2\sqrt{2} = 0$ $\qquad\qquad\qquad\qquad\qquad\qquad \left[\dfrac{\sqrt{2}}{2}; \dfrac{4 - \sqrt{2}}{2}\right]$

56 $\quad x^2 - x = \sqrt{3} \cdot (x - 1)$ $\qquad\qquad\qquad\qquad\qquad\qquad\qquad\qquad [1; \sqrt{3}]$

57 $\quad x^2 - 2\sqrt{3}\,x - 2 - 2\sqrt{6} = 0$ $\qquad\qquad\qquad\qquad\qquad\qquad [-\sqrt{2}; 2\sqrt{3} + \sqrt{2}]$

58 $\quad x(x - 2) = 4\sqrt{3}\,(2 - x)$ $\qquad\qquad\qquad\qquad\qquad\qquad\qquad [-4\sqrt{3}; 2]$

59 $\quad x^2 - \dfrac{\sqrt{3}}{2}(x + 3) - \dfrac{5}{2} = 0$ $\qquad\qquad\qquad\qquad\qquad \left[\sqrt{3} + 1; -\dfrac{\sqrt{3} + 2}{2}\right]$

60 $\quad 2x(2x + 3) + \sqrt{7}\left(x - \dfrac{3}{2}\right) - \dfrac{7}{2} = 0$ $\qquad\qquad\qquad \left[-\dfrac{\sqrt{7} + 3}{2}; \dfrac{\sqrt{7}}{4}\right]$

61 $\quad x\left(5x + \dfrac{7}{3}\right) - \dfrac{\sqrt{6}}{3}(8x + 1) + \dfrac{4}{3} = 0$ $\qquad\qquad\qquad \left[\dfrac{\sqrt{6} - 2}{3}; \dfrac{\sqrt{6} + 1}{5}\right]$

62 $\quad \sqrt{2}\,x^2 + (\sqrt{2} - 2)x - 2 = 0$ $\qquad [\sqrt{2}; -1]$ $\qquad$ **65** $\quad \sqrt{5}\,x^2 + \sqrt{3} = -(1 + \sqrt{15})x$ $\quad \left[-\sqrt{3}; -\dfrac{\sqrt{5}}{5}\right]$

63 $\quad x^2 - x - \sqrt{5}\,(1 - x) = 0$ $\qquad [1; -\sqrt{5}]$ $\qquad$ **66** $\quad \sqrt{3}\,x^2 + (1 - 2\sqrt{3})x - 2 = 0$ $\quad \left[2; -\dfrac{\sqrt{3}}{3}\right]$

64 $\quad 3x(x - 1) + \sqrt{6}\,x = \sqrt{6}$ $\qquad \left[-\dfrac{\sqrt{6}}{3}; 1\right]$ $\qquad$ **67** $\quad x^2 - (2\sqrt{2} + \sqrt{3})x + 2\sqrt{6} = 0$ $\quad [2\sqrt{2}; \sqrt{3}]$

Le equazioni incomplete

68 **ESERCIZIO GUIDA**

Risolviamo le seguenti equazioni:

a) $3x^2 - 1 = 0$; $\qquad$ c) $9x^2 - 5x = 0$;

b) $x^2 + 9 = 0$; $\qquad$ d) $32x^2 = 0$.

ESERCIZI | **CAPITOLO 2. LE EQUAZIONI DI SECONDO GRADO**

---

a) Equazione **pura**:

$$3x^2 - 1 = 0 \quad \rightarrow \quad 3x^2 = 1 \quad \rightarrow \quad x^2 = \frac{1}{3}.$$

Estraiamo la radice quadrata:

$$x = \pm \sqrt{\frac{1}{3}} = \pm \frac{1}{\sqrt{3}} = \pm \frac{\sqrt{3}}{3}.$$

Le soluzioni sono: $x_1 = \dfrac{\sqrt{3}}{3}$, $x_2 = -\dfrac{\sqrt{3}}{3}$.

b) Equazione **pura**:

$$x^2 + 9 = 0 \quad \rightarrow \quad x^2 = -9.$$

Non esiste un numero reale che, elevato al quadrato, dia un numero negativo, quindi l'equazione non ha radici reali.

c) Equazione **spuria**:

$$9x^2 - 5x = 0.$$

Raccogliamo x:

$$x(9x - 5) = 0.$$

Per la legge di annullamento del prodotto:

$$x = 0 \quad \text{oppure} \quad 9x - 5 = 0 \quad \rightarrow \quad x = \frac{5}{9}.$$

Le soluzioni dell'equazione sono $x_1 = 0$ e $x_2 = \dfrac{5}{9}$.

d) Equazione **monomia**:

$$32x^2 = 0 \quad \rightarrow \quad x^2 = 0 \quad \rightarrow \quad x_1 = x_2 = 0.$$

Risolvi le seguenti equazioni.

69 $\quad 9x - 4x^2 = 0;$ $\qquad 8 + x^2 = 0;$ $\qquad 81 = 25x^2.$ $\qquad \left[0, \dfrac{9}{4}; \text{impossibile}; \pm \dfrac{9}{5} \right]$

70 $\quad -7x^2 = -28;$ $\qquad \dfrac{1}{2}x^2 = \dfrac{1}{3}x;$ $\qquad \dfrac{1}{2}x^2 - 16 = 0.$ $\qquad \left[\pm 2; 0, \dfrac{2}{3}; \pm 4\sqrt{2} \right]$

71 $\quad -9x^2 = 72;$ $\qquad 2x^2 - \dfrac{14}{5}x = 0;$ $\qquad 16 - x^2 = 0.$ $\qquad \left[\text{impossibile}; 0, \dfrac{7}{5}; \pm 4 \right]$

72 $\quad 2x^2 = 0;$ $\qquad 36x^2 = 1;$ $\qquad -5x^2 + 25x = 0.$ $\qquad \left[0 \text{ doppia}; \pm \dfrac{1}{6}; 0,5 \right]$

73 $\quad x^2 - \sqrt{7}\,x + \sqrt{3}\,x = 0$ $\qquad\qquad\qquad\qquad\qquad\qquad\qquad [0, \sqrt{7} - \sqrt{3}]$

74 $\quad (x + 6)^2 + (x - 6)^2 = 72$ $\qquad\qquad\qquad\qquad\qquad\qquad [0 \text{ doppia}]$

75 $\quad (x + 6)^2 + 1 = 9x$ $\qquad\qquad\qquad\qquad\qquad\qquad\qquad [\text{impossibile}]$

76 $\quad (x - 1)^2 - x(3x - 2) = 0$ $\qquad\qquad\qquad\qquad\qquad \left[\pm \dfrac{\sqrt{2}}{2} \right]$

77 $\quad \dfrac{3}{2}x + \dfrac{5 - x}{12} = \dfrac{(2x - 1)5}{6} - \dfrac{x(x + 1)}{4}$ $\qquad\qquad\qquad [\text{impossibile}]$

78 $\quad \dfrac{5}{3}(2x - 3)(x + 1) = 10x - 5$ $\qquad\qquad\qquad\qquad \left[0, \dfrac{7}{2} \right]$

79 $\quad 3x^2 + \dfrac{3}{2} - \dfrac{x + 2}{2} = \dfrac{3 - x}{2} - (1 + x^2)$ $\qquad\qquad [0 \text{ doppia}]$

80 $\quad \sqrt{5}\,(x^2 - 1) + 1 = x^2$ $\qquad\qquad\qquad\qquad\qquad\qquad [\pm 1]$

81 $\quad 11x + (x - 2)^2 + (2x + 1)(x - 3) = (x + 1)^2 - 14$ $\qquad [\text{impossibile}]$

82 $\quad (x - 3)(x + 3) = 3x(x - 1) + 3x - 9$ $\qquad\qquad\qquad [0 \text{ doppia}]$

83 $\quad x(x + 3) + 1 = (1 + x)^2 - 2x\left(1 + \dfrac{1}{2}x\right)$ $\qquad\qquad [-3, 0]$

84 $\quad 3x + (4x - 1)^2 = (x - 4)^2 - 3(5 - x)$ $\qquad\qquad\qquad [0 \text{ doppia}]$

70

RIEPILOGO LE EQUAZIONI NUMERICHE INTERE   **ESERCIZI**

RIEPILOGO   Le equazioni numeriche intere

TEST

85 L'equazione $5x^2 - 2x + 1 = 0$:

  A ha come soluzioni $x = -\dfrac{1}{5}$, $x = \dfrac{3}{5}$.

  B ha come soluzioni $x = -\dfrac{3}{5}$, $x = \dfrac{1}{5}$.

  C non ha soluzioni reali.

  D è un'equazione incompleta

  E ha due soluzioni reali e coincidenti.

86 Esamina le tre equazioni:

  1. $2x^2 + 5x = 0$;   **2.** $7x^2 = 0$;   **3.** $\sqrt{3}\, x^2 = 0$.

Quali di esse sono fra loro equivalenti?

  A Tutte e tre.

  B 1 e 2.

  C 1 e 3.

  D 2 e 3.

  E Nessuna è equivalente alle altre.

87 Le due equazioni $3x^2 - 9 = 0$ e $3x^2 + 9 = 0$ hanno:

  A una sola soluzione uguale.

  B le stesse soluzioni.

  C soluzioni non reali.

  D la prima due soluzioni, la seconda nessuna reale.

  E soluzioni reciproche.

88 Le affermazioni che seguono si riferiscono all'equazione $2x^2 + 3x = 0$. Qual è *falsa*?

  A È un'equazione incompleta.

  B Ha discriminante positivo.

  C Ha una soluzione negativa.

  D Ha due soluzioni reali e distinte.

  E Ha come soluzioni $x = 0$, $x = \dfrac{3}{2}$.

89 Quale delle seguenti equazioni ha come radici 2 e 3?

  A $x^2 + 5x + 6 = 0$

  B $x^2 - 5x - 6 = 0$

  C $x^2 - 5x + 6 = 0$

  D $x^2 - 5x = 0$

  E $x^2 - 6 = 0$

90 **CACCIA ALL'ERRORE** Trova gli errori commessi nel risolvere le seguenti equazioni.

  a) $x^2 + 16 = 0 \rightarrow x^2 = -16 \rightarrow x = \pm 4$.

  b) $4x(x - 1) = 0 \rightarrow x = -4, x = 1$.

  c) $(x - 6)(x - 3) = 1 \rightarrow$

    $\rightarrow x - 6 = 1 \ \lor \ x - 3 = 1 \rightarrow x = 7 \ \lor \ x = 4$.

  d) $-9x^2 = 0 \rightarrow x^2 = 9 \rightarrow x = \pm 3$.

Risolvi le seguenti equazioni.

91 $2x^2 - 6x - \dfrac{7}{2} = 0$ $\left[-\dfrac{1}{2}; \dfrac{7}{2}\right]$

92 $4x^2 - 8x + 4 = 0$ [1 doppia]

93 $3x^2 - 2x + 4 = 0$ [impossibile]

94 $x^2 - 2\sqrt{3}\, x - 9 = 0$ $[3\sqrt{3}; -\sqrt{3}]$

95 $x^2 - \dfrac{3}{4}x + \dfrac{1}{8} = 0$ $\left[\dfrac{1}{4}; \dfrac{1}{2}\right]$

96 $3x^2 - 2\sqrt{5}\, x - 5 = 0$ $\left[-\dfrac{\sqrt{5}}{3}; \sqrt{5}\right]$

---

97 $2x^2 = 8(x - 1)$ [2 doppia]

98 $4(2x - 1)^2 - 6x(3x + 1) = 4 - 6x$ $[0; -8]$

99 $(4 - x)^2 - (3x + 2)^2 = 4(2 - 5x)$ $\left[\pm \dfrac{\sqrt{2}}{2}\right]$

100 $\left(x + \dfrac{3}{2}\right)\left(x - \dfrac{3}{2}\right) - 8x(x + 1) = 4\left(2x - \dfrac{3}{2}\right)$ $\left[-\dfrac{5}{2}; \dfrac{3}{14}\right]$

101 $3(x^2 + 2) - 3(x + 2)(x - 2) - 6 = 5x^2 - (2x + 3)^2 + 32$ [1; 11]

71

ESERCIZI   **CAPITOLO 2. LE EQUAZIONI DI SECONDO GRADO**

102 $x(x+2)(x-2) - (x+5)(x^2-1) - 3(x-1) = 0$ $\left[\dfrac{4}{5}; -2\right]$

103 $x(5-x) - (6-x)(6+5) = x(x+1)$ [impossibile]

104 $(x+1)^3 - (x-1)^3 = 1 + (3x+1)(3x-1)$ $\left[\pm\dfrac{\sqrt{6}}{3}\right]$

105 $\dfrac{x}{3}(3x-\sqrt{2}) - x\sqrt{2} + \dfrac{8}{9} = 0$ $\left[\dfrac{2}{3}\sqrt{2}\ \text{doppia}\right]$

106 $3(x-1) - \dfrac{7}{4}x = \dfrac{3-7x}{4} - 3\left(\dfrac{1}{2}x-1\right)^2$ $[\pm 1]$

107 $\dfrac{2x-\sqrt{3}}{\sqrt{3}} + 2x = (2x-1)(1+\sqrt{3}x) - \dfrac{6}{\sqrt{3}}$ $\left[\dfrac{3}{2}; -\dfrac{2}{3}\right]$

108 $\dfrac{6-3x}{5} + \dfrac{x^2+2}{15} - x = \dfrac{4-x^2}{3}$ $[0; 4]$

109 $\dfrac{(x-2)(x+2)}{3} + \dfrac{11}{9} = -\dfrac{4-2x}{9}$ [impossibile]

110 $(2x-1)^3 = 2x^2(4x-1) - (x+1)(x-3) - 9$ $\left[1; -\dfrac{5}{9}\right]$

111 $(x+1)[2(3x-1) - (4+5x)] = 2(x-1)(x+2) + 4$ $[-6; -1]$

112 $\dfrac{1}{2}(x-4)^2 + \dfrac{1}{3}(x-6) = \dfrac{2}{3}$ $\left[2; \dfrac{16}{3}\right]$

113 $(x-2)(x^2+2x+4) + (x-5)^2 = x^2(x-1)$ [impossibile]

114 $(x^2-x)(x^2+x) = (x^2-3)^2 + 2x + 42$ $\left[-3; \dfrac{17}{5}\right]$

115 $3x(x-2) - 2x(2x-3) = (3-x)(x-1) - 6 - (2x-3)^2 + 18$ $[0; 4]$

116 $(3x+1)(x+3) = \dfrac{1}{3}(1-x)(7x+9)$ $[-2; 0]$

117 $2\left(x-\dfrac{1}{2}\right)(x-1) = 3(x+1)\left(x-\dfrac{1}{3}\right) + 2$ $[-5; 0]$

118 $\dfrac{2x}{15} + \dfrac{x^2+x}{6} = \dfrac{(x+2)(x+1)}{10}$ $[\pm\sqrt{3}]$

119 $(4-3x)^2 - (x+2)(2x+3) - 6 = 1 - x(1+x) - 18x - 12x$ [impossibile]

120 $\left(\dfrac{2x-3}{4} + \dfrac{x-5}{2}\right)\left(x - \dfrac{3-x}{2}\right) = x^2 - \dfrac{x+4}{2} + \dfrac{55-3x}{8}$ $[0; 11]$

121 $\dfrac{2}{3}\left(\dfrac{6+x}{2} - \dfrac{x-3}{4}\right) = \dfrac{(x-2)^2}{12} - \dfrac{x}{3} + \dfrac{1}{6}$ $[-2; 12]$

122 $\dfrac{1}{3}(5x-3)(2+x) - x\left(\dfrac{x}{3}-1\right) = \dfrac{1}{2}(x+3)(2-3x)$ $\left[-3; \dfrac{10}{17}\right]$

123 $\dfrac{(2-x)(3x-1)}{6} - \dfrac{x}{4} + \left(\dfrac{2x+1}{2}\right)^2 = \dfrac{2(3-x)x}{3} + \dfrac{1}{3}x - \dfrac{5x-13}{12}$ $[\pm 1]$

124 $(x-2)(x+3) + \dfrac{(x+1)^3 - (x-2)^3}{4} = \dfrac{x^2-4}{2} - \dfrac{x+7-3x^2}{4}$ $\left[0; \dfrac{1}{2}\right]$

125 $\dfrac{x+\sqrt{2}}{2} - \dfrac{x^2-2+\sqrt{2}}{2} = \dfrac{\sqrt{2}-x}{\sqrt{2}}$ $[0; \sqrt{2}+1]$

72

PARAGRAFO 1. LE EQUAZIONI DI SECONDO GRADO **ESERCIZI**

Le equazioni numeriche fratte

126 **ESERCIZIO GUIDA**

Risolviamo l'equazione:

$$\frac{3x-2}{x-1} = \frac{x}{x+1} - 3 - \frac{2x}{1-x^2}.$$

Scriviamo le condizioni di esistenza:

$x - 1 \neq 0 \quad \rightarrow \quad x \neq 1;$

$x + 1 \neq 0 \quad \rightarrow \quad x \neq -1;$

$1 - x^2 \neq 0 \quad \rightarrow \quad (1-x)(1+x) \neq 0 \quad \rightarrow \quad x \neq 1 \land x \neq -1.$

C.E.: $x \neq 1 \land x \neq -1$.

Riduciamo i due membri allo stesso denominatore:

$$\frac{(3x-2)(x+1)}{(x-1)(x+1)} = \frac{x(x-1) - 3(x^2-1) + 2x}{(x-1)(x+1)}.$$

Moltiplichiamo entrambi i membri per il denominatore comune e riduciamo a forma normale:

$(3x-2)(x+1) = x(x-1) - 3(x^2-1) + 2x,$

$3x^2 + 3x - 2x - 2 = x^2 - x - 3x^2 + 3 + 2x \quad \rightarrow \quad 5x^2 - 5 = 0.$

Risolviamo l'equazione di secondo grado incompleta:

$x^2 - 1 = 0 \quad \rightarrow \quad x^2 = 1 \quad \rightarrow \quad x = \pm\sqrt{1} = \pm 1.$

Le soluzioni sono $x_1 = -1$ e $x_2 = +1$.
Esse non sono compatibili con le condizioni di esistenza, pertanto l'equazione data è impossibile.

Risolvi le seguenti equazioni.

127 $\dfrac{1}{x} + 1 = \dfrac{4}{x+1}$ [1 doppia]

128 $\dfrac{3x}{x+2} = \dfrac{3}{x}$ $[2; -1]$

129 $\dfrac{3x+1}{x} + \dfrac{2}{x+1} = \dfrac{4}{x^2+x}$

$[-1-\sqrt{2}; -1+\sqrt{2}]$

130 $\dfrac{1}{x} - 3 = \dfrac{1+x}{x-2}$ $\left[\dfrac{1}{2}; 1\right]$

131 $\dfrac{x}{5} = \dfrac{x+2}{x-2} - \dfrac{4}{5}$ $[-3; 6]$

132 $\dfrac{1}{x} - \dfrac{1}{10} = \dfrac{1}{x+5}$ $[-10; 5]$

133 $\dfrac{6}{x-1} - \dfrac{2}{x} = \dfrac{1}{2} + \dfrac{3}{x}$ $[5; -2]$

134 $\dfrac{1}{x} - 2 = 3x$ $\left[-1; \dfrac{1}{3}\right]$

135 $\dfrac{1}{x} = 2 - x$ [1 doppia]

136 $\dfrac{x^2-x+1}{x-1} = \dfrac{1}{x-1}$ [0; 1 non accettabile]

137 $-\dfrac{4x^2}{x+2} + \dfrac{2}{x-2} = \dfrac{5-4x^3}{x^2-4}$ $\left[-\dfrac{1}{2}; \dfrac{1}{4}\right]$

138 $\dfrac{3x^2+5}{x} + x - 1 = \dfrac{5}{x}$ $\left[0 \text{ non accettabile}; \dfrac{1}{4}\right]$

139 $\dfrac{8}{x-1} - 3 = \dfrac{6}{x+1} - \dfrac{x^2+x-3}{x^2-1}$ $\left[\dfrac{7}{2}; -2\right]$

140 $\dfrac{20}{x^2-4} = \dfrac{5-x}{x+2} + \dfrac{2x-3}{2-x}$ [impossibile]

141 $\dfrac{2x+1}{x+1} = \dfrac{3-x}{x(x+1)} + \dfrac{2x^2}{(x+1)^2}$ $\left[-\dfrac{3}{4}; 1\right]$

73

ESERCIZI
CAPITOLO 2. LE EQUAZIONI DI SECONDO GRADO

142 $\dfrac{x}{x-5} - \dfrac{3}{2x} = \dfrac{15+7x}{2x^2-10x}$ [impossibile]

143 $\dfrac{3}{x^2-9} + \dfrac{x}{x-3} + \dfrac{2}{3+x} = \dfrac{12-11x}{9-x^2}$ [impossibile]

144 $\dfrac{9}{x^2+6x} - \dfrac{x-2}{2x+12} = \dfrac{1}{2x}$ [−3; 4]

145 $\dfrac{3}{2x+4} - \dfrac{1}{1-2x} + \dfrac{1}{x} = \dfrac{2}{x^2+2x}$ $\left[\dfrac{1}{12};\ 0\ \text{non accettabile}\right]$

146 $\dfrac{2}{3(x+2)} + \dfrac{2}{x+2} = \dfrac{2}{3x} + \dfrac{1}{3}$ [2 doppia]

147 $\dfrac{x}{x-2} - \dfrac{4}{x+2} = \dfrac{8}{x^2-4}$ [0; 2 non accettabile]

148 $\dfrac{x-5}{x+3} + \dfrac{80}{x^2-9} = \dfrac{1}{2} + \dfrac{x-8}{3-x}$ [impossibile]

149 $\dfrac{2x}{2x-1} - \dfrac{8x^2+3}{4x^2-1} = \dfrac{3}{2x+1}$ [0; −1]

150 $\dfrac{x}{x-1} + \dfrac{1}{x} + \dfrac{1}{x-x^2} = \dfrac{x}{x^2-x}$ [±√2]

151 $2x + \sqrt{2} = \dfrac{2-\sqrt{2}-2x}{2x+\sqrt{2}}$ $\left[\dfrac{1-\sqrt{2}}{2};\ \dfrac{-2-\sqrt{2}}{2}\right]$

152 $\dfrac{3x-1}{2x+8} - \dfrac{2x-3}{4(x+1)} = \dfrac{13}{40}$ $\left[\dfrac{16}{9};\ 1\right]$

153 $\dfrac{5(x-1)}{x} = \dfrac{3}{x-2} - \dfrac{x-13}{4x-2x^2}$ $\left[\dfrac{11}{5};\ \dfrac{3}{2}\right]$

154 $3\left(1 - \dfrac{1}{1+x}\right) = 1 - \dfrac{1}{1-x^2}$ $\left[0;\ \dfrac{3}{2}\right]$

155 $\dfrac{x^2\sqrt{3}+1}{x-1} = \dfrac{2(\sqrt{3}+3)}{\sqrt{3}}$ [impossibile]

156 $\dfrac{4(x-2)}{5x-26} = \dfrac{x+2}{x-4}$ [−14; 6]

157 $\dfrac{x}{x+3} = \dfrac{6}{x-3} - \dfrac{27-x^2}{9-x^2}$ $\left[-3\ \text{non accettabile};\ \dfrac{15}{2}\right]$

158 $\dfrac{7x}{x+1} + \dfrac{2}{x^2-1} + \dfrac{3}{2x-2} = \dfrac{5x(x-1)+6}{2x^2-2}$ $\left[\dfrac{1}{3}\ \text{doppia}\right]$

159 $\dfrac{2}{x^2-4} + \dfrac{x+7}{x-2} - \dfrac{12x+1}{4x+8} = \dfrac{58x-14x^2+67}{4x^2-16}$ $\left[-\dfrac{1}{2};\ \dfrac{1}{3}\right]$

160 $\dfrac{3+x}{x+1}(x-2) = \dfrac{x^2}{x-3} - \dfrac{3x-2(x+3)}{3-x}$ [−3; 2]

74

RIEPILOGO LE EQUAZIONI DI SECONDO GRADO NUMERICHE — ESERCIZI

RIEPILOGO	**Le equazioni di secondo grado numeriche**	

Risolvi in $\mathbb{R}$ le seguenti equazioni di secondo grado.

161 $\quad 4x + (x-5)(x+4) + 15 = (3-x)(x+3) + (x+6)(x-3)$ $\hfill$ [impossibile]

162 $\quad \dfrac{(2-x)(x+2)}{2} + \dfrac{2}{3}x = \dfrac{7}{3} - \dfrac{2}{15}x - \dfrac{(2x-1)^2}{5}$ $\hfill \left[\pm\dfrac{2}{3}\right]$

163 $\quad \sqrt{3}\,x^2 + 5x\left(-\dfrac{\sqrt{6}}{6}\right) + \dfrac{1}{\sqrt{3}} = 0$ $\hfill \left[\dfrac{\sqrt{2}}{3}; \dfrac{\sqrt{2}}{2}\right]$

164 $\quad \left(2x - \dfrac{1}{3}\right)\left(2x + \dfrac{1}{3}\right) - \left(2x + \dfrac{1}{3}\right)^2 + 4x\left(x + \dfrac{1}{3}\right) = 0$ $\hfill \left[\pm\dfrac{\sqrt{2}}{6}\right]$

165 $\quad \left(x + \dfrac{2}{3}\right)\left(x - \dfrac{3}{2}\right) - \dfrac{x^2 - 4}{6} = \dfrac{1}{3} + \dfrac{2x - 1}{6} - \dfrac{1}{2}(x + 1)$ $\hfill \left[0; \dfrac{4}{5}\right]$

166 $\quad \dfrac{x}{x+3} + \dfrac{6}{x-3} + \dfrac{72}{9 - x^2} = 0$ $\hfill [6; -9]$

167 $\quad 3(x^2 - 4\sqrt{3}) - 8x(\sqrt{3} - 1) + 19 = 0$ $\hfill \left[\dfrac{5\sqrt{3} - 2}{3}; \sqrt{3} - 2\right]$

168 $\quad 2x\left(3x - \dfrac{1}{3}\right) - \dfrac{\sqrt{7}}{3}(8x - 1) - \dfrac{7}{6} = 0$ $\hfill \left[\dfrac{\sqrt{7}}{2}; \dfrac{2 - \sqrt{7}}{18}\right]$

169 $\quad x(x+1) + 2(x^2 - 1) = x(x-1) - 3(x^2 - 1) + 2x$ $\hfill [\pm 1]$

170 $\quad \left(\dfrac{x}{2} + \dfrac{2}{3}\right)^2 - \dfrac{1}{3}\left(\dfrac{x^2}{2} + 2\right) = \left(\dfrac{x}{2} - \dfrac{2}{3}\right)\left(\dfrac{x}{2} + \dfrac{2}{3}\right) + \dfrac{2}{9}$ $\hfill [0; 4]$

171 $\quad \dfrac{3x(x+2)}{x^2 - 1} + \dfrac{1}{2}x = \dfrac{9 + \dfrac{x^3}{2}}{x^2 - 1} - \dfrac{1}{2(x^2 - 1)}$ $\hfill \left[-\dfrac{17}{6}; 1 \text{ non accettabile}\right]$

172 $\quad \sqrt{2}\,x^2 + x^2 = x$ $\hfill [0; \sqrt{2} - 1]$

173 $\quad \dfrac{(y+1)(y-1)}{3} = \dfrac{2y - 3}{12} + \dfrac{y - 1}{6}$ $\hfill \left[\dfrac{1}{2} \text{ doppia}\right]$

174 $\quad x^2 - \left(x + \dfrac{2}{3}\right)\left(x - \dfrac{2}{3}\right) - 1 = \dfrac{4}{9} + 3\left(x + \dfrac{1}{3}\right)^2 - \dfrac{4}{3}$ $\hfill \left[-\dfrac{2}{3}; 0\right]$

175 $\quad \dfrac{x(2x - 3)}{8} = x - 3 + \dfrac{(2x - 3)^2}{8}$ $\hfill \left[-\dfrac{5}{2}; 3\right]$

176 $\quad \dfrac{3}{8}x + \dfrac{1}{2}\left(x^2 + \dfrac{5}{4}x\right) = \dfrac{(2x + 1)(x + 3)}{4} + \dfrac{x^2}{8}$ $\hfill [-3 \pm \sqrt{3}]$

177 $\quad \dfrac{10 - 2x}{x^2 - 9} + \dfrac{1 - x}{3 - x} = \dfrac{3}{2x + 6} + \dfrac{23}{2x^2 - 18}$ $\hfill \left[0; \dfrac{3}{2}\right]$

178 $\quad (\sqrt{3}x + \sqrt{2})(\sqrt{3} - \sqrt{2}x) - (1 - \sqrt{6})x^2 + 2(x + 1)^2 = \sqrt{6} - 2$ $\hfill [-4; -1]$

179 $\quad \dfrac{x + 2}{2 - x} + \dfrac{15x^2 + \sqrt{3}x - 6}{x^2 - 4} = \dfrac{x - 2}{x + 2} - \dfrac{6 + x^2 + \sqrt{3}x}{4 - x^2}$ $\hfill \left[\pm\sqrt{\dfrac{5}{3}}\right]$

180 $\quad (x + \sqrt{3})(x - \sqrt{3}) + 3 = (\sqrt{5}x + 1)(\sqrt{5}x - 1) + 2\sqrt{2}x(1 - \sqrt{2}x) - x^2$ $\hfill [\sqrt{2} \pm 1]$

181 $\quad (x + \sqrt{3})^2 + (x - \sqrt{3})^2 = \dfrac{10(x + \sqrt{3})(x - \sqrt{3})}{3}$ $\hfill [\pm 2\sqrt{3}]$

75

ESERCIZI   CAPITOLO 2. LE EQUAZIONI DI SECONDO GRADO

182 $\sqrt{3}\,(x^2 - 1) = \sqrt{2}\,x^2$ $[\pm\sqrt{3 + \sqrt{6}}]$

183 $\dfrac{(x - \sqrt{3})(x + \sqrt{3})}{\sqrt{6}} - \dfrac{x - 6}{\sqrt{3}} = \dfrac{x + \sqrt{3}\,(2\sqrt{2} - 1)}{\sqrt{2}}$ $[0;\ \sqrt{2} + \sqrt{3}]$

184 $\dfrac{(\sqrt{2} - 1)^2}{x + 2(\sqrt{2} - 1)} + x = 0$ $[1 - \sqrt{2}\ \text{doppia}]$

185 $\dfrac{\dfrac{6x}{9 - x^2}\left(1 - \dfrac{x}{3}\right)}{\dfrac{3 + x}{3 - x} - \dfrac{3 - x}{3 + x} - 1} = \dfrac{3}{8}\left(1 + \dfrac{1}{3}\right)$ $\left[\pm\dfrac{3\sqrt{5}}{5}\right]$

186 $\dfrac{x}{5x + \sqrt{5}} + \dfrac{1}{5} = \dfrac{x^2 + 5}{5\sqrt{5}\,x + 5}$ $[\sqrt{5} + 1;\ \sqrt{5} - 1]$

187 $\dfrac{3x + 2}{3x + \dfrac{1}{3}} - \dfrac{x - 1}{x - \dfrac{1}{3}} = 1 - \dfrac{8x^2}{(9x + 1)(3x - 1)}$ $\left[\dfrac{1}{19};\ 2\right]$

188 $\dfrac{3 - \dfrac{3}{x + 1}}{3 + \dfrac{6}{x - 1}} - \dfrac{x - 1}{x + 1} - \dfrac{10}{x - 1} = 0$ $[\text{impossibile}]$

189 $\dfrac{y^2}{\sqrt{3}} + \dfrac{1}{1 + \sqrt{3}} - y = \dfrac{y - y^2}{3}$ $\left[\dfrac{\sqrt{3} - 1}{2};\ \dfrac{3(\sqrt{3} - 1)}{2}\right]$

190 $x\left(3 + \dfrac{x}{5}\right) - \dfrac{4x - 5}{10} = 2\left(x + \dfrac{1}{4}\right) + \dfrac{3}{5}x$ $[0\ \text{doppia}]$

191 $2x(x - 3) + \dfrac{1}{2}\left(\dfrac{1}{3}x^2 - 1\right) + \dfrac{2x - x^2}{6} = -\dfrac{1}{3}\left(17x + \dfrac{21}{2}\right)$ $[\text{impossibile}]$

192 $\dfrac{\dfrac{2x}{x + 2} - \dfrac{1}{x^2 - 4}}{\dfrac{2x}{x + 2} - \dfrac{2x + 1}{x - 2}} + x = 0$ $\left[\dfrac{-3 \pm \sqrt{2}}{7}\right]$

193 $\dfrac{x - 4\sqrt{3}}{\sqrt{3} - x} - \dfrac{x^2 - 6}{(\sqrt{3} - x)(3\sqrt{3} - x)} = \dfrac{\sqrt{3}\,(\sqrt{3}\,x - 10)}{3\sqrt{3} - x}$ $[0;\ 6\sqrt{3}]$

194 $3 + \dfrac{1 - 12x}{4x + 6} + \dfrac{10x^2 - 25x - 15}{4x^3 - 9x} = \dfrac{3}{9 - 4x^2}$ $\left[-\dfrac{15}{58};\ 2\right]$

195 $\dfrac{\dfrac{1}{2 + x} + \dfrac{1}{2 - x}}{\dfrac{2}{2 - x} - \dfrac{2}{2 + x}} - \dfrac{2x}{1 + 2x} = \dfrac{1 - 2x}{2x^2 + x}$ $[\text{impossibile}]$

196 $\dfrac{8}{x - 1} + \dfrac{2(11x - 16)}{x^3 - 4x^2 + 5x - 2} = \dfrac{6x + 10}{x^2 - 3x + 2} - \dfrac{6}{x^2 - 2x + 1}$ $[3;\ -3]$

197 $2x + \dfrac{(x - 3)^2}{2} - 6 + \dfrac{2}{3}(4x - 5) = \dfrac{(1 - x)(x + 2)}{3} - \dfrac{1}{6} + 2(x - 1)$ $[\pm 2]$

198 $x + \dfrac{19}{25} + 6\left(2 + \dfrac{x}{5}\right)\left(\dfrac{1}{5}x - 2\right) = 4 + 2\left(\dfrac{x}{5} - 6\right) - \dfrac{6}{25} + 3\left(\dfrac{x}{5} - 4\right)$ $\left[\pm\dfrac{5\sqrt{2}}{2}\right]$

199 $\dfrac{(4 - x)(x + 5)}{6} - \dfrac{(2 - x)(x + 1)}{4} = \dfrac{(3 - x)(x + 2)}{8} - \dfrac{(x + 1)(x + 2)}{6} + \dfrac{83 - x}{24}$ $\left[\pm\dfrac{5}{3}\right]$

76

PARAGRAFO 1. LE EQUAZIONI DI SECONDO GRADO — **ESERCIZI**

Le equazioni letterali

200 È data l'equazione $3x^2 - (5a - 1)x + a^2 - 4 = 0$ nell'incognita x. Determina per quali valori di a l'equazione è:

a) pura;

b) monomia;

c) equivalente all'equazione $x^2 - 3x = 0$.

$$\left[\text{a)}\ a = \frac{1}{5}\ ;\ \text{b)}\ \nexists\ a \in \mathbb{R};\ \text{c)}\ a = 2\right]$$

201 Considera l'equazione $ax^2 + 3 = 0$ nell'incognita x. Determina per quali valori di a:

a) l'equazione ammette soluzioni reali;

b) le soluzioni sono $\pm \dfrac{1}{5}$;

c) le soluzioni sono $-3, 0$.

$$[\text{a)}\ a < 0;\ \text{b)}\ a = -75;\ \text{c)}\ \nexists\ a \in \mathbb{R}]$$

TEST

202 Sulle due equazioni, nell'incognita x,

1. $ax^2 + bx = 0$,   **2.** $ax^2 + b = 0$,

con $a \neq 0 \wedge b \neq 0$, puoi affermare che:

A 1 è pura e 2 spuria.

B se $a \cdot b < 0$, l'insieme delle soluzioni di 2 è

$$S = \left\{ -\sqrt{-\frac{b}{a}},\ \sqrt{-\frac{b}{a}} \right\}.$$

C 1 è determinata solo se a e b sono discordi.

D entrambe hanno come insieme delle soluzioni

$$S = \left\{ -\frac{b}{a},\ 0 \right\}.$$

E 1 e 2 sono equivalenti.

203 L'equazione letterale $x^2 + ax - 2a^2 = 0$:

A ha due soluzioni reali e distinte per ogni $a \in \mathbb{R}$.

B è un'equazione spuria se $a = 0$.

C ha due soluzioni reali e coincidenti se $a = 0$.

D ha come soluzioni $x = -a$, $x = 2a$.

E è un'equazione di primo grado se $a = 0$.

204 Date le equazioni, nell'incognita x,

1. $x^2 - 3a^2 = 0$,   **2.** $x^2 + 3a^2 = 0$,

con $a \neq 0$, quale delle seguenti affermazioni è *corretta*?

A 1 ha due soluzioni reali e opposte.

B 1 e 2 sono spurie.

C L'insieme delle soluzioni di 2 è $S = \{\pm \sqrt{3}\, a\}$.

D 1 e 2 sono equivalenti.

E 2 ha due soluzioni reali e coincidenti.

205 Sull'equazione $ax^2 + ax - 6a = 0$ nell'incognita x, puoi affermare che:

A è indeterminata se $a = 0$.

B le soluzioni sono $+3a$, $-2a$.

C è equivalente all'equazione $x^2 + x - 6 = 0$, per ogni $a \in \mathbb{R}$.

D è impossibile se $a \neq 0$.

E ammette due soluzione reali e coincidenti solo se $a > 0$.

---

206 **ESERCIZIO GUIDA**

Risolviamo le equazioni, nell'incognita x, eseguendo la discussione quando necessario:

a) $2x^2 - ax - 3a^2 = 0$;   **b)** $kx^2 - 2x(k + 1) + 4 = 0$.

a) Scriviamo i coefficienti, indicandoli con le lettere maiuscole per non fare confusione:

$$A = 2; \quad B = -a; \quad C = -3a^2.$$

Calcoliamo $\Delta = B^2 - 4AC$:

$$\Delta = (-a)^2 - 4 \cdot 2 \cdot (-3a^2) = a^2 + 24a^2 = 25a^2.$$

Poiché $\Delta \geq 0$, l'equazione ha due soluzioni reali, che calcoliamo con la formula risolutiva:

$$x = \frac{a \pm \sqrt{25a^2}}{2 \cdot 2} = \frac{a \pm 5a}{4} = \begin{cases} \dfrac{6a}{4} = \dfrac{3}{2}a \\[2mm] -\dfrac{4a}{4} = -a \end{cases}$$

77

ESERCIZI   **CAPITOLO 2. LE EQUAZIONI DI SECONDO GRADO**

Le soluzioni dell'equazione sono $x_1 = \dfrac{3}{2}a$ e $x_2 = -a$. Esse sono distinte se $a \neq 0$, mentre sono coincidenti se $a = 0 \, (x_1 = x_2 = 0)$. Infatti, per $a = 0$, il discriminante si annulla.

b) Poiché il coefficiente di x^2 è letterale, esaminiamo due casi.

- Se $k = 0$, sostituendo nell'equazione otteniamo:

$$0 \cdot x^2 - 2x(0 + 1) + 4 = 0, \quad -2x + 4 = 0, \qquad x = 2.$$

- Se $k \neq 0$, calcoliamo il $\dfrac{\Delta}{4}$:

$$\frac{\Delta}{4} = (k+1)^2 - 4k = k^2 + 2k + 1 - 4k = k^2 - 2k + 1 = (k-1)^2.$$

Discutiamo i due casi: $\dfrac{\Delta}{4} \neq 0$, $\dfrac{\Delta}{4} = 0$.

– Se $\dfrac{\Delta}{4} \neq 0$, ossia $k \neq 1$, l'equazione ha due soluzioni distinte:

$$x = \frac{k + 1 \pm (k-1)}{k} = \begin{cases} \dfrac{k + \cancel{1} + k - \cancel{1}}{k} = 2 \\[2mm] \dfrac{\cancel{k} + 1 - \cancel{k} + 1}{k} = \dfrac{2}{k} \end{cases}$$

– Se $\dfrac{\Delta}{4} = 0$, ossia $k = 1$, l'equazione ha due soluzioni coincidenti.

$$x_1 = x_2 = \frac{k+1}{k} = \frac{1+1}{1} = 2.$$

In sintesi:

- se $k = 0$, l'equazione ha una sola soluzione: $x = 2$;
- se $k = 1$, l'equazione ha due soluzioni coincidenti: $x_1 = x_2 = 2$;
- se $k \neq 0 \wedge k \neq 1$, l'equazione ha due soluzioni distinte: $x_1 = 2$ e $x_2 = \dfrac{2}{k}$.

---

207   Considera l'equazione, nell'incognita x, $ax^2 + (1 - a)x = 1$. Discuti e trova le soluzioni quando a assume i seguenti valori: $a = 0$, $a = -1$, $a = \sqrt{3} - 1$, $a = 2$, $a = \sqrt{2}$.

$$\left[1; 1 \text{ doppia}; -\frac{1}{2}(\sqrt{3} + 1), 1; -\frac{1}{2}, 1; -\frac{\sqrt{2}}{2}, 1 \right]$$

Risolvi le seguenti equazioni nell'incognita x eseguendo la discussione quando è necessaria.

208 $x^2 + xb - 6b^2 = 0$ $[-3b; 2b]$

209 $x^2 - kx - 20k^2 = 0$ $[-4k; 5k]$

210 $x^2 + kx + k^2 = 0$ $[k = 0: \ 0 \text{ doppia}; \ k \neq 0: \text{ impossibile}]$

211 $5a^2x^2 - 20a^3x = 0$ $[a = 0: \text{ indet.}; \ a \neq 0: 0, 4a]$

212 $2x^2 - 11ax + 14a^2 = 0$ $\left[2a; \dfrac{7}{2}a \right]$

213 $5mx^2 = 0$ $[m = 0: \text{ indet.}; \ m \neq 0: 0 \text{ doppia}]$

214 $x^2 - 2ax - 2x = 0$ $[0; 2(a + 1)]$

215 $x^2 - 10ax + 25a^2 = 0$ $[5a \text{ doppia}]$

PARAGRAFO 1. LE EQUAZIONI DI SECONDO GRADO · **ESERCIZI**

216 $2kx^2 + kx - x = 0$ · $\left[k = 0: 0; \, k \neq 0: 0, \dfrac{1-k}{2k}\right]$

217 $x^2 - 2kx - 3k^2 = 0$ · $[-k; 3k]$

218 $4ax^2 - a^3 = 0$ · $\left[a = 0: \text{indet.}; \, a \neq 0: \pm \dfrac{a}{2}\right]$

219 $(a - 2)x^2 = 0$ · $[a = 2: \text{indet.}; \, a \neq 2: 0 \text{ doppia}]$

220 $2x^2 - 4bx + 3b^2 = 0$ · $[b \neq 0: \text{impossibile}; \, b = 0: 0 \text{ doppia}]$

221 $3x^2 - 8ax + 4a^2 = 0$ · $\left[\dfrac{2}{3}a; 2a\right]$

222 $2a^2 - ax - x^2 = 0$ · $[a; -2a]$

223 $k^2 - x^2 - 6k + 9 = 0$ · $[\pm(k-3)]$

224 $5k^2x^2 - 125k^3 = 0$ · $[k = 0: \text{indet.}; \, k > 0: \pm 5\sqrt{k}; \, k < 0: \text{impossibile}]$

225 $4ax^2 = 0$ · $[a = 0: \text{indet.}; \, a \neq 0: 0 \text{ doppia}]$

226 $k^2x^2 - kx - 6 = 0$ · $\left[k = 0: \text{impossibile}; \, k \neq 0: -\dfrac{2}{k}, \dfrac{3}{k}\right]$

227 $3ax^2 - 12a^3x = 0$ · $[a = 0: \text{indet.}; \, a \neq 0: 0, 4a^2]$

228 $bx^2 - b^3 = 0$ · $[b = 0: \text{indet.}; \, b \neq 0: \pm b]$

229 $x^2 - 6a(x - 4) + 8(2 - x) + 9a^2 = 0$ · $[3a + 4 \text{ doppia}]$

230 $a^2x(x - 1) = 9x - 9$ · $\left[a = 0: 1; \, a \neq 0: 1, \dfrac{9}{a^2}\right]$

231 $ax(x + 1) - x(x + a) = 4a - 4$ · $[a = 1: \text{indet.}; \, a \neq 1: \pm 2]$

232 $4(x^2 - 2) = a - x^2(a + 4)$ · $[a = -8: \text{indet.}; \, a \neq -8: \pm 1]$

233 $ax(x + a) = -2x(x - 2)$ · $[a = -2: \text{indet.}; \, a \neq -2: 0, -a + 2]$

234 $ax^2 + (a - 1)(a + 1)(x + 2) = x(a^2 - 1) - 2 + 2a^2$ · $[a = 0: \text{indet.}; \, a \neq 0: 0 \text{ doppia}]$

235 $(2a + 3)x^2 - x = 0$ · $\left[a = -\dfrac{3}{2}: 0; \, a \neq -\dfrac{3}{2}: 0, \dfrac{1}{2a+3}\right]$

236 $(1 + x)(1 - bx) + (1 - x)(1 + bx) = 2x^2(1 + b + b^2)$ · $\left[b \neq -1: \pm \dfrac{1}{1+b}; \, b = -1: \text{imp.}\right]$

237 $\dfrac{x - a}{x - 1} + \dfrac{x - 1}{x - a} = \dfrac{1 + a^2}{a}$ · $[a = 0: \text{priva di signif.}; \, a \neq 0 \wedge a \neq 1: 0, a + 1; \, a = 1: \text{indet.}]$

238 $\dfrac{x}{k} - \dfrac{2}{x} = \dfrac{k(k - 2)}{kx}$ · $[k = 0: \text{priva di signif.}; \, k \neq 0: \pm k]$

239 $\dfrac{x - a}{x + a} + \dfrac{x + a}{x - a} = \dfrac{ax + 3a^2}{x^2 - a^2}$ · $\left[a = 0: \text{impossibile}; \, a \neq 0: -\dfrac{a}{2}\right]$

240 $\left[\left(\dfrac{b - x}{b + 2x} - \dfrac{3b + x}{x - b}\right) : \dfrac{3x^2 + 4b^2 + 5bx}{2x + b}\right](x + 2b) + \dfrac{2b^2}{x^2 - b^2} = \dfrac{2x^2}{b^2 - x^2}$ · $[0; 3b]$

ESERCIZI CAPITOLO 2. LE EQUAZIONI DI SECONDO GRADO

I PROBLEMI DI SECONDO GRADO

Problemi di geometria

241 **ESERCIZIO GUIDA**

Vogliamo piantare 21 bulbi di tulipano in un'aiuola rettangolare. Per disporli in file uguali e con la condizione che il numero dei bulbi in ogni fila superi di 4 il numero delle file, quante file di bulbi dobbiamo piantare?

1. **I risultati**
   È richiesto il numero di file.

2. **L'incognita**
   Poniamo x = numero di file.

3. **Le relazioni**
   Il numero totale di bulbi è 21; i bulbi su ogni fila sono $x + 4$.
   Pertanto il numero totale di bulbi è $x(x + 4)$.

4. **L'equazione risolvente**
   $$x(x + 4) = 21.$$
   Le **condizioni** sono: $x \geq 0$, poiché non è pensabile un numero negativo di file.

5. **La risoluzione**
   $$x(x + 4) = 21; \qquad x^2 + 4x - 21 = 0;$$

   $$\frac{\Delta}{4} = 4 + 21 = 25; \qquad x = -2 \pm \sqrt{25} = \begin{cases} -2 + 5 = 3 \\ -2 - 5 = -7 \text{ non accettabile} \end{cases}$$

6. **La risposta**
   Dobbiamo piantare i bulbi su 3 file.

---

242 Determina le lunghezze dei due lati di un rettangolo di area 15 cm² e perimetro 16 cm.
[3 cm; 5 cm]

243 Dato un segmento AB di lunghezza 9 cm, determina su di esso un punto P, tale che AP sia medio proporzionale tra l'intero segmento e la parte restante aumentata di 1 cm.
$[AP = 6 \text{ cm}]$

244 Un quadrato ha perimetro 24 cm. Un rettangolo ha lo stesso perimetro, mentre l'area è pari ai $\frac{3}{4}$ di quella del quadrato. Determina le dimensioni del rettangolo.
[3 cm; 9 cm]

245 Un rettangolo di area 20 cm² ha l'altezza minore della base di 1 cm. Calcola il perimetro del rettangolo.
[18 cm]

246 Un rettangolo ha le dimensioni di 5 cm e 2 cm. Vogliamo incrementare la base e l'altezza di una stessa quantità in modo da ottenere un secondo rettangolo che abbia l'area di 70 cm². Determina tale quantità.
[5 cm]

247 In un triangolo isoscele base e altezza stanno tra loro come 3 sta a 2, e il perimetro è 16 cm. Determina l'area.
[12 cm²]

248 In un triangolo rettangolo, un cateto misura 7 cm in più dell'altro cateto e l'ipotenusa 14 cm in meno della somma dei due cateti. Determina il perimetro del triangolo.
[84 cm]

249 In un rettangolo il lato maggiore aumentato di 10 cm è uguale al doppio del minore e la differenza dei quadrati dei due lati è 52 cm². Determina l'area del rettangolo.
[168 cm²]

80

250 L'area di un triangolo rettangolo è di 80 cm². Determina l'ipotenusa, sapendo che un cateto diminuito di 4 cm è pari al doppio dell'altro cateto. [$4\sqrt{29}$ cm]

251 L'area di un triangolo rettangolo è di 120 cm². Determina l'ipotenusa, sapendo che un cateto è pari alla metà dell'altro cateto aumentata di 2 cm. [$4\sqrt{34}$ cm]

252 Un rettangolo è equivalente a un quadrato di lato 8 cm. Determina il perimetro del rettangolo, sapendo che la differenza fra il doppio della base e la metà dell'altezza è 16 cm. [$8(5\sqrt{2}-3)$ cm]

253 Un rettangolo ha area di 40 cm² e i suoi lati sono lunghi uno 3 cm in più dell'altro. Se si allungano entrambi i lati della stessa misura, si ottiene un rettangolo la cui area è 30 cm² in più dell'area del rettangolo iniziale. Determina il perimetro del nuovo rettangolo. [34 cm]

254 In un triangolo rettangolo, delle due proiezioni dei cateti sull'ipotenusa, la maggiore è pari al doppio della minore diminuito di 4 cm, mentre l'altezza relativa all'ipotenusa supera di 10 cm la differenza delle due proiezioni. Determina l'area del triangolo. [600 cm²]

255 Determina il perimetro di un triangolo rettangolo avente l'ipotenusa di 25 cm e l'area di 150 cm². [60 cm]

256 In un trapezio rettangolo la base minore è lunga 4 cm in meno della maggiore e 1 cm in meno dell'altezza. Determina il perimetro del trapezio, sapendo che la sua area è di 12 cm². [16 cm]

257 Considera un quadrato $ABCD$ di area 144 cm² e determina sul lato CD un punto P tale che $\overline{PA}^2 + \overline{PB}^2 = 378$. [$PC = 3$ cm, oppure $PC = 9$ cm]

258 In un triangolo rettangolo un cateto è lungo 9 cm in meno dell'ipotenusa e l'altro cateto è i $\frac{3}{4}$ del primo. Determina l'area del triangolo. [486 cm²]

259 Un'antenna di 9 m è posta perpendicolarmente al pavimento di un terrazzo. Un forte vento la spezza in modo tale che la cima dell'antenna tocca il pavimento a 3 m dalla base della stessa. A quale altezza si è prodotta la rottura? [4 m]

260 Per abbellire una coperta rettangolare che ha la superficie di 5,72 m² viene cucito sui quattro lati un pizzo lungo 9,6 m. Quali sono le dimensioni della coperta? [2,2 m; 2,6 m]

261 La differenza tra i cateti di un triangolo rettangolo è 14 cm. L'ipotenusa è lunga 26 cm. Trova le lunghezze dei cateti. [24 cm; 10 cm]

262 Dato un segmento AB di lunghezza 17 cm, determina su di esso un punto P che lo divida in parti tali che il rettangolo avente per dimensioni le loro lunghezze abbia area 72 cm². [$AP = 9$ cm; $PB = 8$ cm]

263 L'area di un rombo è di 24 cm² e una diagonale è più lunga dell'altra di 2 cm. Determina il perimetro del rombo. [20 cm]

264 Calcola l'area di un quadrato avente lo stesso perimetro di un rettangolo, sapendo che l'area di questo misura 225 cm² e la base è uguale al triplo dell'altezza diminuito di 2 cm. [289 cm²]

265 In un triangolo rettangolo la differenza delle misure dei cateti è 8 cm e l'ipotenusa supera di 16 cm il cateto minore. Calcola il perimetro del triangolo. [96 cm]

266 In un triangolo isoscele la base supera di 3 cm il lato obliquo e l'altezza è 12 cm. Determina il perimetro. [48 cm]

267 In un rettangolo la base supera di 4 cm il triplo dell'altezza e l'area è di 480 cm². Trova le dimensioni del rettangolo. [40 cm; 12 cm]

268 **TEST** Un foglio di carta rettangolare di misura 6 cm × 12 cm è piegato lungo la diagonale. Le due parti non sovrapposte vengono tagliate via e poi si riapre il foglio ottenendo così un rombo. Qual è la lunghezza del lato del rombo?

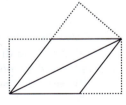

A $3,5\sqrt{5}$ cm   C 7,5 cm   E 8,1 cm
B 7,35 cm   D 7,85 cm

(Gara Kangourou di matematica, Categoria Junior, 2003)

269 Disegna il triangolo ABC rettangolo in A, prolunga AC di un segmento CD tale che $\overline{AD} = 32a$. Prolunga l'ipotenusa BC di un segmento CE tale che CED sia un triangolo rettangolo in D e che $\overline{ED} = 45a$. Sapendo che $\overline{AB}$ supera $\overline{AC}$ di $7a$, determina il perimetro dei due triangoli. [$40a$; $120a$]

ESERCIZI — CAPITOLO 2. LE EQUAZIONI DI SECONDO GRADO

270 Nel quadrato $ABCD$ di lato 12 cm trova su AD il punto P tale che:
$$2\overline{PC}^2 + \overline{PB}^2 = 528.$$
[$PD = 4$ cm]

271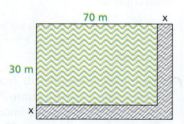
Il proprietario di un terreno deve cederne una parte (vedi figura) uguale a 416 m² per la costruzione di una strada. Calcola la larghezza x della strada sapendo che il terreno rimasto ha i lati lunghi 30 m e 70 m. [$x = 4$ m]

272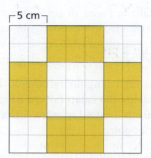
L'area colorata in giallo vale 156 cm². Qual è la lunghezza del lato del quadrato grande?
Risolvi il problema in due modi, ponendo dapprima x uguale alla misura del lato del quadrato centrale e poi x uguale a quella del lato del quadrato grande. [17,8 cm]

273 Su una tavoletta babilonese, scritta a caratteri cuneiformi, si legge:
«Larghezza e lunghezza. Io ho moltiplicato la lunghezza e la larghezza e ho ottenuto un'area. Inoltre ho aggiunto all'area l'eccesso della lunghezza sulla larghezza, essendo il risultato 82. Infine la somma della lunghezza e della larghezza è 18».
Calcola la lunghezza, la larghezza e l'area.
[10; 8; 80]

274 Nel triangolo ABC si sa che
$\widehat{BAC} = 30°$, $AB = \dfrac{3}{5} AC$ e $\overline{AB} + \overline{AC} = 32a$.
Preso un punto P su AB, traccia l'altezza BD e da P la parallela a BD che incontri AC in H. Trova P in modo che:
$$\overline{PD}^2 + 2\overline{AH}^2 = 124a^2.$$
[$PH = 4a$]

275 Dato il triangolo ABC rettangolo in A, traccia l'altezza AH e disegna le proiezioni di H sui cateti AC e AB, chiamandole rispettivamente D ed E.
Sapendo che $AE = \dfrac{4}{3} HE$ e che l'area di ABC è $\dfrac{625}{6}$, trova $\overline{AH}$. [10]

276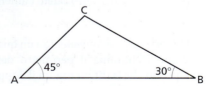
Con riferimento alla figura, sapendo che $\overline{AB}^2 + \overline{CB}^2 = 128 + 32\sqrt{3}$, trova il perimetro di ABC.
[$4(3 + \sqrt{2} + \sqrt{3})$]

277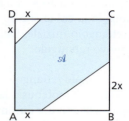
Nel quadrato $ABCD$ il lato misura 60.
a) Trova per quale valore di x la zona $\mathcal{A}$ colorata ha area in rapporto $\dfrac{149}{51}$ con la parte rimanente.
b) Quale valore assume $\mathcal{A}$ quando x ha il suo massimo valore? [a) 18; b) 2250]

278 Dato il quadrato $ABCD$ di lato 16, considera un punto P sul lato CB e traccia la perpendicolare PH alla diagonale AC. Determina P in modo che la somma dei quadrati dei lati del triangolo APH sia 544. [$\overline{PB} = 4$]

Problemi con i triangoli simili

279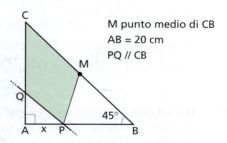
M punto medio di CB
AB = 20 cm
PQ // CB

Determina per quale valore di $\overline{AP}$ l'area della parte colorata è di 88 cm². [12]

I PROBLEMI DI SECONDO GRADO ESERCIZI

280 In un triangolo rettangolo ABC le misure dei cateti sono $\overline{AB} = 12$ e $\overline{CA} = 16$. Sul cateto AC considera un punto P e traccia la parallela ad AB che intersechi CB in Q. Trova $\overline{AP}$ in modo che:

$$\text{Area}_{PQC} = \frac{25}{11}\,\text{Area}_{ABQP}. \qquad \left[\frac{8}{3}\right]$$

281 Nel triangolo isoscele ABC, di base AB, D ed E sono i punti medi rispettivamente di AC e CB. Sapendo che $AB = 48$ cm e $CB = 40$ cm, determina P su AB in modo che:

$$\overline{PD}^{\,2} + \frac{3}{61}\overline{PE}^{\,2} = 560. \qquad [PB = 19 \text{ cm}]$$

282 Il perimetro del parallelogramma $ABCD$ misura 96. La diagonale DB è perpendicolare al lato AD.

Il rapporto tra il lato AB e DB è $\dfrac{5}{4}$.

a) Determina i lati del parallelogramma e la misura di AC.
b) Preso P su DB e chiamata H la sua proiezione su AB, trova per quale posizione di P si ha $\overline{PH}^{\,2} + \overline{PC}^{\,2} = 358$.

[a) $\overline{AB} = 30$, $\overline{AD} = 18$, $\overline{AC} = 12\sqrt{13}$; b) $\overline{PB} = 5$]

283 Dato il triangolo ABC rettangolo in A e isoscele, con $\overline{BC} = 18\sqrt{2}$, considera su AB un punto P. Congiungi P con C e da A traccia la parallela a PC fino a incontrare in D il prolungamento del lato BC. Determina $\overline{AP}$ in modo che:

$$\frac{\sqrt{2}}{2}\overline{DC} + \frac{1}{3}\overline{AP} = 95. \qquad [15]$$

Problemi vari

284 Il doppio del quadrato di un numero intero è uguale a 50. Qual è il numero? $\quad [+5 \text{ o} -5]$

285 Il doppio aumentato di 9 del prodotto di un numero naturale con un altro, che lo supera di 4, è uguale a 3 volte il quadrato del primo. Determina i due numeri. $\quad [9; 13]$

286 Ho depositato in banca € 20 000 in un conto corrente e ritiro oggi, dopo due anni, € 21 632. Quale tasso di interesse annuo costante è stato praticato? $\quad [4\%]$

287 In una frazione il denominatore supera di 5 il numeratore. Trova la frazione sapendo che sommandola con la sua reciproca si ottiene $\dfrac{53}{14}$.
$$\left[\frac{2}{7}\right]$$

288 ⚬⚬⚬ **TEST** Quale numero diverso da 0 è tale che la sua decima parte eguagli dieci volte il quadrato del numero stesso?

$\boxed{\text{A}}\ \dfrac{1}{100}$ $\quad\boxed{\text{B}}\ \dfrac{1}{10}$ $\quad\boxed{\text{D}}\ 1$ $\quad\boxed{\text{C}}\ \dfrac{1}{2}$ $\quad\boxed{\text{E}}\ 10$

(*Olimpiadi di Matematica, Giochi di Archimede,* 1999)

289 La differenza delle età di due fratelli è 6. Tra 3 anni il prodotto delle loro età sarà 952. Quanti anni hanno ora i due fratelli? $\quad [25; 31]$

290 La divisione intera tra due numeri naturali dà quoziente 5 e resto 2, mentre la divisione intera tra i loro quadrati dà quoziente 29 e resto 4. Determina i due numeri. $\quad [27; 5]$

291 In un numero di due cifre la cifra delle decine supera di 4 quella delle unità. Il triplo prodotto delle due cifre risulta pari al numero diminuito di 10. Determina il numero. $\quad [73]$

292 Determina l'età di un ragazzo sapendo che il rapporto tra l'età che egli avrà tra 24 anni e quella che aveva un anno fa è uguale al rapporto tra il triplo della sua età di 6 anni fa e quella che egli avrà tra 4 anni. $\quad [26 \text{ anni}]$

293 Un numero è tale che la somma delle sue due cifre è uguale a 7 e sottraendo al quadrato del numero quello ottenuto da esso invertendo le cifre si ottiene 573. Trova il numero. $\quad [25]$

Problemi di geometria analitica

294 **ESERCIZIO GUIDA**

Dato il segmento AB, sappiamo che $\overline{AB} = \dfrac{\sqrt{34}}{2}$ e le coordinate di A sono $A(1; 2)$. Calcoliamo l'ordinata di B, sapendo che la sua ascissa è $\dfrac{5}{2}$.

83

Applichiamo la formula della distanza tra due punti $d = \sqrt{(x_2 - x_1)^2 + (y_2 - y_1)^2}$, imponendo che la distanza fra $A(1; 2)$ e $B\left(\dfrac{5}{2}; y\right)$ sia uguale a $\dfrac{\sqrt{34}}{2}$:

$$\overline{AB} = \sqrt{\left(1 - \dfrac{5}{2}\right)^2 + (2 - y)^2} = \dfrac{\sqrt{34}}{2}.$$

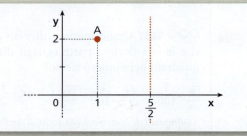

Eleviamo al quadrato e svolgiamo i calcoli:

$$\left(\dfrac{-3}{2}\right)^2 + 4 + y^2 - 4y = \dfrac{34}{4},$$

$$y^2 - 4y + \dfrac{9}{4} + 4 - \dfrac{34}{4} = 0,$$

$$4y^2 - 16y - 9 = 0.$$

Utilizziamo la formula ridotta:

$$\dfrac{\Delta}{4} = 64 + 36 = 100$$

$$y = \dfrac{8 \pm \sqrt{100}}{4} = \dfrac{8 \pm 10}{4} = \begin{cases} \dfrac{9}{2} \\ -\dfrac{1}{2} \end{cases}$$

I punti che soddisfano il problema sono due:

$$B_1\left(\dfrac{5}{2}; -\dfrac{1}{2}\right), B_2\left(\dfrac{5}{2}; \dfrac{9}{2}\right).$$

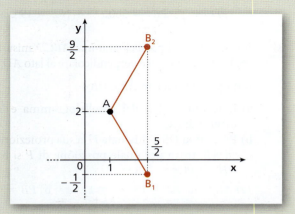

In ognuno dei seguenti esercizi sono date: la misura della lunghezza del segmento AB, le coordinate di A, una delle coordinate di B. Calcola la coordinata mancante.

295 $\overline{AB} = \sqrt{5}$ $\quad A(2; 3),$ $\quad B(0; ?).$ $\quad [y_1 = 2, y_2 = 4]$

296 $\overline{AB} = 2\sqrt{10}$ $\quad A\left(\dfrac{1}{2}; -1\right),$ $\quad B\left(-\dfrac{3}{2}; ?\right).$ $\quad [y_1 = -7, y_2 = 5]$

297 $\overline{AB} = \dfrac{\sqrt{10}}{3}$ $\quad A\left(-\dfrac{2}{3}; -1\right),$ $\quad B(?; 0).$ $\quad \left[x_1 = -1, x_2 = -\dfrac{1}{3}\right]$

298 $\overline{AB} = \sqrt{30}$ $\quad A(\sqrt{2}; -\sqrt{3}),$ $\quad B(?; \sqrt{3}).$ $\quad [x_1 = 4\sqrt{2}, x_2 = -2\sqrt{2}]$

299 Calcola per quali valori del parametro a la distanza del punto $P(2a; 12)$ dall'origine è uguale a 13. $\quad \left[a = \pm \dfrac{5}{2}\right]$

300 Calcola per quali valori del parametro k la distanza del punto $P(k; -1)$ dal punto $Q(-3; 3)$ è uguale a $2\sqrt{5}$. $\quad [k = -5, k = -1]$

301 Calcola per quali valori del parametro a la distanza del punto $P(-2; a)$ dal punto $Q(1; 4)$ è $\overline{PQ} = 5$. $\quad [a = 0, a = 8]$

302 Determina i punti $P(k; 2 - k)$ del piano cartesiano di origine $O(0; 0)$, con $k \in \mathbb{R}$, per i quali $\overline{PO} = 2$. $\quad [P'(0; 2), P''(2; 0)]$

303 Per quali valori del parametro a le rette di equazioni
$$r: (a - 1)x - (a + 3)y + 1 = 0,$$
$$s: (a + 1)x - (2a - 3)y + 9a = 0$$
risultano parallele? $\quad [a = 0, a = 9]$

304 Trova il punto C sull'asse delle ordinate equidistante dai punti $A(3; 1)$ e $B(-2; -1)$.
$$\left[C\left(0; \dfrac{5}{4}\right)\right]$$

305 Dati i punti $A(-1; 3), B(2; k), C(5; 11)$, trova k in modo che il triangolo ABC sia rettangolo in B. $\quad [k_1 = 2, k_2 = 12]$

PARAGRAFO 2. **LE RELAZIONI FRA LE RADICI E I COEFFICIENTI** **ESERCIZI**

2. LE RELAZIONI FRA LE RADICI E I COEFFICIENTI

▶ Teoria a pag. 53

306 **ESERCIZIO GUIDA**

Senza risolvere le equazioni, calcoliamo per ognuna la somma e il prodotto delle radici, specificando se le radici sono reali oppure non lo sono:
a) $3x^2 - 2x - 8 = 0$;
b) $x^2 - x + 1 = 0$.

a) Applichiamo le due formule $s = -\dfrac{b}{a}$ e $p = \dfrac{c}{a}$, tenendo presente che $a = 3$, $b = -2$, $c = -8$:

$$s = -\frac{-2}{3} = +\frac{2}{3}; \quad p = \frac{-8}{3} = -\frac{8}{3}.$$

Controlliamo se le radici sono reali, ossia se $\Delta \geq 0$. In questo caso, poiché b è un numero pari, calcoliamo

$\dfrac{\Delta}{4} = \left(\dfrac{b}{2}\right)^2 - ac$:

$$\frac{\Delta}{4} = (-1)^2 - 3 \cdot (-8) = 1 + 24 > 0.$$

Le radici sono reali; la loro somma è $\dfrac{2}{3}$, il loro prodotto è $-\dfrac{8}{3}$.

b) Calcoliamo: $s = -\dfrac{-1}{1} = +1$, $p = \dfrac{1}{1} = 1$, $\Delta = (-1)^2 - 4 = -3 < 0$.

Le radici non sono reali; la loro somma e il loro prodotto sono entrambi uguali a 1.

Senza risolvere le equazioni seguenti nell'incognita x, calcola per ognuna la somma e il prodotto delle radici, specificando se le radici sono reali.

307 $x^2 + 3x + 2 = 0$; $\qquad 1 - 3x - 4x^2 = 0$. $\qquad \left[s = -3, \ p = 2; \ s = -\dfrac{3}{4}, \ p = -\dfrac{1}{4}\right]$

308 $x^2 + 2x - 15 = 0$; $\qquad 7x^2 - 10x + 3 = 0$ $\qquad \left[s = -2, \ p = -15; \ s = \dfrac{10}{7}, \ p = \dfrac{3}{7}\right]$

309 $-x^2 + 5x - 6 = 0$; $\qquad 2x^2 - \dfrac{11}{2}x + 3 = 0$. $\qquad \left[s = 5, \ p = 6; \ s = \dfrac{11}{4}, \ p = \dfrac{3}{2}\right]$

310 $4x^2 + 8x + 3 = 0$; $\qquad -2x^2 - 7x - 5 = 0$. $\qquad \left[s = -2, \ p = \dfrac{3}{4}; \ s = -\dfrac{7}{2}, \ p = \dfrac{5}{2}\right]$

311 $3x^2 - 5x + 3 = 0$; $\qquad 7x^2 + 48x - 7 = 0$. $\qquad \left[s = \dfrac{5}{3}, \ p = 1, \text{ radici non reali}; \ s = -\dfrac{48}{7}, \ p = -1\right]$

312 $x^2 + 3ax + 2a^2 = 0$ $\qquad [s = -3a, \ p = 2a^2]$

313 $8x^2 - 3kx + k^2 = 0$ $\qquad \left[s = \dfrac{3k}{8}, \ p = \dfrac{k^2}{8}, \text{ radici non reali se } k \neq 0\right]$

314 $12x^2 + 7x = 1 - \sqrt{2}\,x$ $\qquad \left[s = -\dfrac{7 + \sqrt{2}}{12}, \ p = -\dfrac{1}{12}\right]$

315 $18x^2 + 3\sqrt{3}\,x + 9\sqrt{2}\,x = 1$ $\qquad \left[s = -\dfrac{\sqrt{3} + 3\sqrt{2}}{6}, \ p = -\dfrac{1}{18}\right]$

316 $x^2 + 2a^2 - 3a(b - x) = b(2x - b)$ $\qquad [s = 2b - 3a, \ p = 2a^2 + b^2 - 3ab]$

85

ESERCIZI **CAPITOLO 2. LE EQUAZIONI DI SECONDO GRADO**

317 $-2x^2 + \dfrac{11}{4}x - 3 = 0$ $\left[s = \dfrac{11}{8}, p = \dfrac{3}{2}, \text{radici non reali}\right]$

318 $\sqrt{6}\,x^2 - 2\sqrt{2}\,x + \sqrt{3} = 0$ $\left[s = \dfrac{2\sqrt{3}}{3}, p = \dfrac{\sqrt{2}}{2}, \text{radici non reali}\right]$

Senza risolvere le seguenti equazioni, calcola la somma e il prodotto delle radici, indicando se sono reali, e determina il loro segno.

319 $2x^2 - 3x - 7 = 0$ $\left[s = \dfrac{3}{2}, p = -\dfrac{7}{2}, \text{radici reali discordi}\right]$

320 $x^2 - 9x + 2 = 0$ $[s = 9, p = 2, \text{radici reali positive}]$

321 $6x^2 + 12x + 1 = 0$ $\left[s = -2, p = \dfrac{1}{6}, \text{radici reali negative}\right]$

322 $\dfrac{1}{2}x^2 + 7x - 1 = 0$ $[s = -14, p = -2, \text{radici reali discordi}]$

323 **ASSOCIA** a ogni equazione la somma s e il prodotto p delle soluzioni.

1) $x^2 - 6x + 4 = 0$ **2)** $2x^2 - 12x + 1 = 0$ **3)** $x^2 + 6x + 4 = 0$ **4)** $\dfrac{1}{2}x^2 - 3x + 1 = 0$

a) $s = 6, p = 2$.   **b)** $s = 6, p = \dfrac{1}{2}$.   **c)** $s = 6, p = 4$.   **d)** $s = -6, p = 4$.

....

Determina quanto richiesto, note le seguenti informazioni per l'equazione $ax^2 + bx + c = 0$.

324 $c = 4$ e $x_1 \cdot x_2 = 20$. $a = ?$ **326** $a = -\dfrac{1}{3}$ e $x_1 + x_2 = 21$. $b = ?$

325 $a = 3$ e $x_1 \cdot x_2 = 12$. $c = ?$ **327** $b = 2$ e $x_1 + x_2 = \dfrac{1}{2}$. $a = ?$

....

Dalle radici all'equazione

328 **ESERCIZIO GUIDA**

Scriviamo l'equazione di secondo grado in forma normale che ha come radici:

$x_1 = -2$ e $x_2 = \dfrac{1}{3}$.

Calcoliamo la somma s e il prodotto p delle radici:

$s = -2 + \dfrac{1}{3} = -\dfrac{5}{3}$; $p = -2 \cdot \dfrac{1}{3} = -\dfrac{2}{3}$.

L'equazione di secondo grado avente come somma delle soluzioni s e come prodotto p è $x^2 - sx + p = 0$; quindi:

$x^2 + \dfrac{5}{3}x - \dfrac{2}{3} = 0 \;\rightarrow\; 3x^2 + 5x - 2 = 0$.

Per ogni coppia di valori scrivi l'equazione di secondo grado in forma normale che ha tali valori come radici.

329 $1; 2$. $-3; -1$. $2; -5$. $1; 1$.

330 $3; -\dfrac{1}{3}$. $\dfrac{1}{2}; -6$. $-\dfrac{2}{3}; -\dfrac{2}{3}$. $\dfrac{3}{2}; -1$.

86

PARAGRAFO 2. LE RELAZIONI FRA LE RADICI E I COEFFICIENTI — ESERCIZI

331 $a; 2a$. $-a; -a$. $\dfrac{3}{2}a; -\dfrac{1}{5}a$. $2; \sqrt{3}$.

332 $\sqrt{2}; -\dfrac{1}{\sqrt{2}}$. $-\sqrt{2}; -\sqrt{3}$. $\sqrt{5}; \sqrt{5}$. $a+b; a-b$.

333 $2a-b; 2a-b$. $\sqrt{2}+1; \sqrt{2}-1$. $\sqrt{5}-2; \sqrt{5}-2$. $\dfrac{1}{\sqrt{3}-1}; \sqrt{3}$.

La somma e il prodotto di due numeri

334   **ESERCIZIO GUIDA**

Determiniamo i due numeri che hanno come somma $s = 6\sqrt{2}$ e come prodotto $p = 16$.

Scriviamo l'equazione $x^2 - sx + p = 0$:
$$x^2 - 6\sqrt{2}\,x + 16 = 0.$$

$$x = 3\sqrt{2} \pm \sqrt{2} = \begin{cases} 3\sqrt{2} + \sqrt{2} = 4\sqrt{2} \\ 3\sqrt{2} - \sqrt{2} = 2\sqrt{2} \end{cases}$$

Risolviamo l'equazione (infatti le radici sono i numeri richiesti):

I numeri richiesti sono $2\sqrt{2}$ e $4\sqrt{2}$.

$$\frac{\Delta}{4} = (-3\sqrt{2})^2 - 1 \cdot 16 = 18 - 16 = 2.$$

Determina, se possibile, due numeri reali, conoscendo la loro somma s e il loro prodotto p.

335 $s = 0$, $p = -16$. $[\pm 4]$ **340** $s = 6$, $p = 13$.   [impossibile]

336 $s = 3$, $p = \dfrac{5}{4}$. $\left[\dfrac{1}{2}; \dfrac{5}{2}\right]$ **341** $s = 2a$, $p = a^2 - 1$. $[a-1; a+1]$

337 $s = 0$, $p = -2a^2$. $[\pm a\sqrt{2}]$ **342** $s = 1$, $p = \dfrac{2}{9}$. $\left[\dfrac{1}{3}; \dfrac{2}{3}\right]$

338 $s = 2\sqrt{3}+2$, $p = 3 + 2\sqrt{3}$. $[\sqrt{3}+2; \sqrt{3}]$ **343** $s = 2a+2$, $p = a^2 + 2a + 1$. $[a+1; a+1]$

339 $s = \dfrac{1}{3}$, $p = 0$. $\left[0; \dfrac{1}{3}\right]$ **344** $s = 1$, $p = \sqrt{2} - 2$. $[\sqrt{2}; 1 - \sqrt{2}]$

. . . .

345 $s = 4\sqrt{7} - 2$, $p = 21 - 6\sqrt{7}$. $[\sqrt{7} - 2; 3\sqrt{7}]$

346 $s = \sqrt{3}$, $p = -2 - \sqrt{6}$. $[\sqrt{3} + \sqrt{2}; -\sqrt{2}]$

347 $s = 3a + 2$, $p = 2a^2 + 5a - 3$. $[a + 3; 2a - 1]$

348 $s = \dfrac{1 - 3a^2}{a}$, $p = -3$, con $a \neq 0$. $\left[-3a; \dfrac{1}{a}\right]$

Da una soluzione all'altra

349   **ESERCIZIO GUIDA**

Data l'equazione $2x^2 + 3x - 20 = 0$, calcoliamo una radice sapendo che l'altra vale -4, senza utilizzare la formula risolutiva.

87

ESERCIZI   **CAPITOLO 2. LE EQUAZIONI DI SECONDO GRADO**

Calcoliamo il prodotto delle radici: $p = -\dfrac{20}{2} = -10$.

Se $x_1 \cdot x_2 = -10$ e $x_1 = -4$, allora:

$$-4 \cdot x_2 = -10 \rightarrow x_2 = \frac{-10}{-4} = \frac{5}{2}.$$

La radice cercata è $\dfrac{5}{2}$.

Osservazione. Possiamo arrivare allo stesso risultato applicando la regola della somma invece di quella del prodotto.

Per ognuna delle seguenti equazioni in x è indicata una soluzione: calcola l'altra, senza applicare la formula risolutiva.

350 $\quad x^2 + x - 6 = 0; \qquad x = -3.$ [2]

351 $\quad x^2 - 8x + 15 = 0; \qquad x = 5.$ [3]

352 $\quad 2x^2 + 3x + 1 = 0; \qquad x = -\dfrac{1}{2}.$ [-1]

353 $\quad x^2 + 2ax - 3a^2 = 0; \qquad x = -3a.$ [a]

354 $\quad 4 - 3x - x^2 = 0; \qquad x = -4.$ [1]

355 $\quad -2x^2 - \dfrac{5}{2}x = \dfrac{3}{4}; \qquad x = -\dfrac{1}{2}.$ $\left[-\dfrac{3}{4}\right]$

356 $\quad 16x - 4x^2 - 15 = 0; \qquad x = \dfrac{5}{2}.$ $\left[\dfrac{3}{2}\right]$

357 $\quad 2x^2 + bx - b^2 = 0; \qquad x = \dfrac{1}{2}b.$ [$-b$]

....

358   **COMPLETA** la seguente tabella.

Equazione	Somma delle radici	Prodotto delle radici	x_1	x_2
...	...	...	-2	-9
$x^2 - 2x - 35 = 0$	...	...	...	...
$3x^2 - x - 2 = 0$	...	...	...	...
$...x^2 + x - 1 = 0$	$-\dfrac{1}{6}$	...	...	...
...	-2	-24	...	...
$...x^2 - 7x + 2 = 0$	...	$\dfrac{1}{3}$	...	...
...	0	-2	...	...

359   **VERO O FALSO?**

a)   L'equazione $2x^2 - 3x - 3 = 0$ ha la somma delle soluzioni uguale al loro prodotto.   V   F

b)   Nelle equazioni spurie il prodotto delle soluzioni è sempre uguale a 0.   V   F

c)   Se la somma delle soluzioni è zero, un'equazione di secondo grado è pura.   V   F

d)   Se la somma delle soluzioni vale 4, nell'equazione $ax^2 + bx + c = 0$ si ha $b = -4$.   V   F

88

PARAGRAFO 3. LA SCOMPOSIZIONE DI UN TRINOMIO DI SECONDO GRADO   **ESERCIZI**

360 **TEST** Una sola delle seguenti affermazioni, relative all'equazione $5x^2 - 8x - 4 = 0$, è *falsa*. Quale?

A Il discriminante è il quadrato di 12.

B La somma delle radici è $\dfrac{8}{5}$.

C Le radici sono discordi.

D Una soluzione è -2.

E Il prodotto delle radici è negativo.

361 **TEST** Solo una delle seguenti affermazioni, relative all'equazione $(\sqrt{7}+3)x^2 - 2\sqrt{7}\,x + \sqrt{7} - 3 = 0$, è *falsa*. Quale?

A $\dfrac{\Delta}{4} = 9$

B Ha due radici concordi.

C Il prodotto delle radici è $3\sqrt{7} - 8$.

D 1 è una radice dell'equazione.

E La somma delle radici è $3\sqrt{7} - 7$.

---

3. LA SCOMPOSIZIONE DI UN TRINOMIO DI SECONDO GRADO

▶ Teoria a pag. 55

La scomposizione di un trinomio

362 **ESERCIZIO GUIDA**

Scomponiamo in fattori, se è possibile, i seguenti trinomi di secondo grado:

a) $3x^2 + 14x - 5$; **b)** $4x^2 - 12ax + 9a^2$; **c)** $2x^2 - 6x + 15$.

Il polinomio di secondo grado $ax^2 + bx + c$ è scomponibile in $a(x - x_1)(x - x_2)$, dove x_1 e x_2 sono le eventuali soluzioni reali dell'equazione associata al polinomio, cioè di $ax^2 + bx + c = 0$.

a) L'equazione associata è:

$$3x^2 + 14x - 5 = 0.$$

Risolviamo l'equazione; poiché $b = 14$ è pari, applichiamo la formula ridotta:

$$\frac{\Delta}{4} = 7^2 - 3 \cdot (-5) = 49 + 15 = 64 > 0;$$

l'equazione ha due radici reali distinte.

$$x = \frac{-7 \pm \sqrt{64}}{3} = \begin{cases} \dfrac{-7+8}{3} = \dfrac{1}{3} \\[2mm] \dfrac{-7-8}{3} = -5 \end{cases}$$

Il trinomio dato si può scomporre così:

$$3x^2 + 14x - 5 = 3(x + 5)\left(x - \frac{1}{3}\right) = (x + 5)(3x - 1).$$

b) L'equazione associata è:

$$4x^2 - 12ax + 9a^2 = 0.$$

Risolviamo l'equazione; poiché il secondo coefficiente $b = -12a$ è pari, applichiamo la formula ridotta:

$$\frac{\Delta}{4} = (-6a)^2 - 4 \cdot 9a^2 = 36a^2 - 36a^2 = 0;$$

l'equazione ha due radici reali coincidenti.

$$x = \frac{6a}{4} = \frac{3}{2}a.$$

▶▶

89

ESERCIZI | **CAPITOLO 2. LE EQUAZIONI DI SECONDO GRADO**

Nel caso di radici coincidenti, la formula di scomposizione diventa:

$$Ax^2 + Bx + C = A(x - x_1)(x - x_1) = A(x - x_1)^2.$$

Il trinomio dato, pertanto, si può scomporre così:

$$4x^2 - 12ax + 9a^2 = 4\left(x - \frac{3}{2}a\right)^2 = 4\left(\frac{2x - 3a}{2}\right)^2 = (2x - 3a)^2.$$

c) L'equazione associata al trinomio è:

$$2x^2 - 6x + 15 = 0.$$

Risolviamo l'equazione:

$$\frac{\Delta}{4} = (-3)^2 - 2 \cdot 15 = 9 - 30 = -21 < 0.$$

Poiché $\frac{\Delta}{4} < 0$, l'equazione non ha radici reali; pertanto il trinomio dato è irriducibile.

Scomponi in fattori, quando è possibile, i seguenti trinomi di secondo grado.

363 $x^2 + 6x + 5$ $[(x + 1)(x + 5)]$

364 $2x^2 - 4x + 5$ [irriducibile in $\mathbb{R}$]

365 $x^2 - ax - 2a^2$ $[(x + a)(x - 2a)]$

366 $4x^2 + 9k^2$ [irriducibile in $\mathbb{R}$]

367 $2x^2 - 3ax + a^2$ $[(x - a)(2x - a)]$

368 $6x^2 + x - 1$ $[(2x + 1)(3x - 1)]$

369 $5x^2 + 4x + \dfrac{4}{5}$ $\left[5\left(x + \dfrac{2}{5}\right)^2\right]$

370 $4a^2 - 4a - 3$ $[(2a - 3)(2a + 1)]$

371 $3b^2 - 5b - 2$ $[(b - 2)(3b + 1)]$

372 $2a^2 + 9a - 5$ $[(a + 5)(2a - 1)]$

373 $3x^2 - 2x - 8$ $[(3x + 4)(x - 2)]$

374 $9x^2 - 24ax + 16a^2$ $[(3x - 4a)^2]$

375 $2x^2 + (1 - 2\sqrt{3})x - \sqrt{3}$ $[(x - \sqrt{3})(2x + 1)]$

376 $ax^2 + (1 - 2a)x - 2x$ $[(x - 2)(ax + 1)]$

377 $3 - x^2 - \dfrac{5x\sqrt{2}}{2}$ $\left[(x + 3\sqrt{2})\left(\dfrac{\sqrt{2}}{2} - x\right)\right]$

378 $x^2 - \dfrac{7}{4}\sqrt{3}\,x - \dfrac{3}{2}$ $\left[(x - 2\sqrt{3})\left(\dfrac{\sqrt{3}}{4} + x\right)\right]$

90

PARAGRAFO 3. LA SCOMPOSIZIONE DI UN TRINOMIO DI SECONDO GRADO **ESERCIZI**

La semplificazione di frazioni algebriche

379 **ESERCIZIO GUIDA**

Semplifichiamo $\dfrac{3x-9}{2x^2-5x-3}$.

Scomponiamo il trinomio al denominatore, risolvendo l'equazione corrispondente:

$$2x^2-5x-3=0$$

$$x=\frac{5\pm\sqrt{25+24}}{4}=\frac{5\pm7}{4}=\begin{cases}3\\[4pt]-\dfrac{1}{2}\end{cases}$$

$$2x^2-5x-3=2\left(x+\frac{1}{2}\right)(x-3)=(2x+1)(x-3).$$

Le condizioni di esistenza della frazione algebrica sono:

$$\text{C.E.: } x\neq-\frac{1}{2}\wedge x\neq3.$$

Semplifichiamo la frazione algebrica:

$$\frac{3(x-3)}{(2x+1)(x-3)}=\frac{3}{2x+1}.$$

Semplifica le seguenti frazioni algebriche, esplicitando le condizioni di esistenza.

380 $\dfrac{6x^2+2x}{2+6x}$ $\left[x,\,x\neq-\dfrac{1}{3}\right]$

381 $\dfrac{24x-18}{8x^2-6x}$ $\left[\dfrac{3}{x},\,x\neq0\wedge x\neq\dfrac{3}{4}\right]$

382 $\dfrac{4x-12}{2x^2-12x+18}$ $\left[\dfrac{2}{x-3},\,x\neq3\right]$

383 $\dfrac{2x^2+3x-9}{4x^2-9}$ $\left[\dfrac{x+3}{2x+3},\,x\neq\pm\dfrac{3}{2}\right]$

384 $\dfrac{8b^2-8bx}{4b-4x}$ $[2b,\,x\neq b]$

385 $\dfrac{8x^2-2a^2}{2a^2+8x^2-8ax}$ $\left[\dfrac{2x+a}{2x-a},\,x\neq\dfrac{a}{2}\right]$

386 $\dfrac{30+3x-6x^2}{6x^2-9x-15}$ $\left[-\dfrac{x+2}{x+1},\,x\neq-1\wedge x\neq\dfrac{5}{2}\right]$

387 $\dfrac{a^2-3a-4}{2a^2-11a+12}$ $\left[\dfrac{a+1}{2a-3},\,a\neq4\wedge a\neq\dfrac{3}{2}\right]$

388 $\dfrac{6x-12}{6x^2-11x-2}$ $\left[\dfrac{6}{6x+1},\,x\neq2\wedge x\neq-\dfrac{1}{6}\right]$

389 $\dfrac{4x^2+4x+1}{4x^2+2x}$ $\left[\dfrac{2x+1}{2x},\,x\neq0\wedge x\neq-\dfrac{1}{2}\right]$

390 $\dfrac{x^3-6x^2+9x}{2x^2-5x-3}$ $\left[\dfrac{x(x-3)}{2x+1},\,x\neq3\wedge x\neq-\dfrac{1}{2}\right]$

391 $\dfrac{8x^2-6ax+a^2}{2x^2+ax-a^2}$ $\left[\dfrac{4x-a}{x+a},\,x\neq-a\wedge x\neq\dfrac{a}{2}\right]$

392 $\dfrac{6-2x^2}{8x^2-16x\sqrt{3}+24}$ $\left[\dfrac{x+\sqrt{3}}{4(\sqrt{3}-x)},\,x\neq\sqrt{3}\right]$

393 $\dfrac{4x^2+4x-2\sqrt{3}\,x-2\sqrt{3}}{6x^2+6x-3\sqrt{3}\,x-3\sqrt{3}}$

$\left[\dfrac{2}{3},\,x\neq-1\wedge x\neq\dfrac{\sqrt{3}}{2}\right]$

394 $\dfrac{(3x^2+5x-2)(x^2-4x)}{3x^4-13x^3+4x^2}$

$\left[\dfrac{x+2}{x},\,x\neq\dfrac{1}{3}\wedge x\neq0\wedge x\neq4\right]$

395 $\dfrac{(x^2+2x)(2x^2-5x-3)}{(x^3-9x)(x+2)}$

$\left[\dfrac{2x+1}{x+3},\,x\neq0\wedge x\neq\pm3\wedge x\neq-2\right]$

91

ESERCIZI   CAPITOLO 2. LE EQUAZIONI DI SECONDO GRADO

396   Considera la frazione algebrica $\dfrac{5x^2 - 6x + 1}{ax^2 - 1}$. Determina per quali valori di a:

a) la C.E. è $\forall x \in \mathbb{R}$;

b) il risultato della semplificazione è $\dfrac{x - 1}{5x + 1}$;

c) la frazione non è semplificabile.

[a) $a \leq 0$; b) $a = 25$; c) $a \neq 1 \wedge a \neq 25$]

■ Un'applicazione: le equazioni fratte di secondo grado

397   **ESERCIZIO GUIDA**

Risolviamo l'equazione $\dfrac{x + 7}{3x^2 - 7x + 2} + 2 = \dfrac{3 - x}{x - 2}$.

Per calcolare il denominatore comune, scomponiamo $3x^2 - 7x + 2$ in fattori. Determiniamo gli zeri del polinomio:

$$3x^2 - 7x + 2 = 0 \quad \rightarrow \quad x = \frac{7 \pm \sqrt{49 - 24}}{6} = \frac{7 \pm 5}{6} = \begin{cases} 2 \\ \dfrac{1}{3} \end{cases}$$

Quindi:

$$3x^2 - 7x + 2 = 3\left(x - \frac{1}{3}\right)(x - 2) = (3x - 1)(x - 2).$$

Ritornando all'equazione di partenza abbiamo:

C.E.: $x - \dfrac{1}{3} \neq 0 \quad \rightarrow \quad \boldsymbol{x \neq \dfrac{1}{3}}$; $x - 2 \neq 0 \quad \rightarrow \quad \boldsymbol{x \neq 2}$.

Il denominatore comune è il m.c.m. dei denominatori e l'equazione diventa:

$$\frac{x + 7}{(3x - 1)(x - 2)} + \frac{2(3x - 1)(x - 2)}{(3x - 1)(x - 2)} = \frac{(3 - x)(3x - 1)}{(3x - 1)(x - 2)}.$$

Eliminando il denominatore comune e svolgendo i calcoli nei numeratori, otteniamo:

$$x + 7 + 6x^2 - 14x + 4 = 9x - 3 - 3x^2 + x$$

$$9x^2 - 23x + 14 = 0$$

$$x = \frac{23 \pm \sqrt{529 - 504}}{18} = \frac{23 \pm \sqrt{25}}{18} = \frac{23 \pm 5}{18} = \begin{cases} \dfrac{28}{18} = \dfrac{14}{9} \\ \dfrac{18}{18} = 1 \end{cases}$$

Viste le C.E., le radici dell'equazione sono entrambe accettabili:

$$x_1 = 1; \quad x_2 = \frac{14}{9}.$$

Risolvi in $\mathbb{R}$ le seguenti equazioni nell'incognita x.

398 $\dfrac{x - 3}{x - 1} + 2 = \dfrac{x - 3}{x + 2} + \dfrac{x - 13}{x^2 + x - 2}$ [0; −2 non accettabile]

399 $\dfrac{x^2 - 2x + 5}{x^2 - 5x + 6} + \dfrac{x + 3}{x - 2} = \dfrac{x + 2}{x - 3}$ [0; 2 non accettabile]

92

PARAGRAFO 4. LE EQUAZIONI PARAMETRICHE — **ESERCIZI**

400 $\dfrac{2}{x-3} + \dfrac{1}{x+2} = \dfrac{5-x^2}{x^2-x-6}$ $\qquad\qquad [1;-4]$

401 $\dfrac{2+x}{x^2-2x-3} + \dfrac{3x}{(x-2)(x^2-2x-3)} = \dfrac{1+2x}{x^2-5x+6}$ $\qquad\qquad$ [impossibile]

402 $\dfrac{2x}{x-4} + \dfrac{3}{x-3} + 4 = \dfrac{30+5x^2-36x}{x^2-7x+12}$ $\qquad\qquad [-2;-3]$

403 $\dfrac{2}{6x-15} + \dfrac{1}{3x} - \dfrac{10+2x}{4x^2-20x+25} = \dfrac{25}{12x^3-60x^2+75x}$ $\qquad\qquad$ [0 non accettabile; 30]

404 $\dfrac{3x}{x-\sqrt{2}} - \dfrac{\sqrt{2}}{x-2\sqrt{2}} = \dfrac{2(x^2-1-2\sqrt{2}\,x)}{x^2-3\sqrt{2}\,x+4}$ $\qquad\qquad$ [impossibile]

405 $\dfrac{3y-1}{3y-2} - \dfrac{3y-2}{3y-1} = \dfrac{1}{3} + \dfrac{21y-8}{27y^2-27y+6}$ $\qquad\qquad$ [impossibile]

406 $\dfrac{10-2x}{3-3x} + \dfrac{4-3x}{1-2x} = \dfrac{1}{3} + \dfrac{x^2-40x+31}{3(2x^2-3x+1)}$ $\qquad\qquad$ [$-1;+1$ non accettabile]

407 $\dfrac{x-3a}{2x-a} - \dfrac{2x+4a}{x-3a} = \dfrac{x^2+a^2-12ax}{2x^2-7ax+3a^2}$ $\qquad\qquad$ [$\pm a\sqrt{3}, a \neq 0$]

408 $\dfrac{x-2a}{x+a} = \dfrac{x-a}{x-2a} + 1 + \dfrac{17a^2-2x^2}{x^2-ax-2a^2}$ $\qquad\qquad$ [$5a; -2a, a \neq 0$]

409 $\dfrac{3x-1}{12x-36} - \dfrac{4x}{3x+3} + \dfrac{4x-2}{4x^2-8x-12} = \dfrac{1}{3} + \dfrac{25x-2x^2+5}{12(x^2-2x-3)}$ $\qquad\qquad$ [0; 3 non accettabile]

410 $\dfrac{x}{x-2b} + \dfrac{x}{x-b} = \dfrac{x^2-5bx+3b^2}{x^2-3bx+2b^2}$ $\qquad\qquad$ [b non accettabile; $-3b$]

411 $\dfrac{5}{4} - \dfrac{x+3b}{x+2b} = \dfrac{2b-x}{x+4b} + \dfrac{bx}{2(x^2+6bx+8b^2)}$ $\qquad\qquad \left[\dfrac{\pm 2b\sqrt{30}}{5}\right]$

412 $\dfrac{x+9a}{x-3a} - \dfrac{9ax+72a^2}{4ax-3a^2-x^2} = \dfrac{2a-8x}{x-a} + \dfrac{69a^2}{x^2-4ax+3a^2}$ $\qquad\qquad$ [0, se $a \neq 0$; a non accettabile]

··

4. LE EQUAZIONI PARAMETRICHE

▶ Teoria a pag. 56

413 **ESERCIZIO GUIDA**

Data l'equazione di secondo grado, nell'incognita x, $(k-1)x^2 + (2k-5)x + k + 1 = 0$, determiniamo per quali valori del parametro k sono soddisfatte le condizioni:

a) le soluzioni sono reali distinte;
b) le soluzioni sono reali coincidenti;
c) non esistono soluzioni reali;
d) una radice è nulla.

ESERCIZI CAPITOLO 2. LE EQUAZIONI DI SECONDO GRADO

Affinché l'equazione sia di secondo grado, deve essere $k - 1 \neq 0 \quad \rightarrow \quad k \neq 1$.

a) La condizione da imporre è $\Delta > 0$.

Calcoliamo Δ:

$$\Delta = (2k - 5)^2 - 4(k - 1)(k + 1) = 4k^2 - 20k + 25 - 4(k^2 - 1) =$$

$$= 4k^2 - 20k + 25 - 4k^2 + 4 = -20k + 29.$$

Imponiamo la condizione $\Delta > 0$:

$$-20k + 29 > 0 \quad \rightarrow \quad -20k > -29 \quad \rightarrow \quad 20k < 29 \quad \rightarrow \quad k < \frac{29}{20}.$$

b) Dobbiamo imporre la condizione $\Delta = 0$:

$$-20k + 29 = 0 \quad \rightarrow \quad k = \frac{29}{20}.$$

c) Dobbiamo imporre la condizione $\Delta < 0$:

$$-20k + 29 < 0 \quad \rightarrow \quad 20k > 29 \quad \rightarrow \quad k > \frac{29}{20}.$$

d) Sostituiamo a x il valore 0:

$$(k - 1) \cdot 0^2 + (2k - 5) \cdot 0 + k + 1 = 0$$

$$k + 1 = 0 \quad \rightarrow \quad k = -1.$$

Per ogni equazione di secondo grado nell'incognita x determina per quali valori del parametro k sono soddisfatte le condizioni indicate a fianco.

414 $x^2 - 2kx + 5k - 6 = 0$; soluzioni reali coincidenti. $[k = 2 \vee k = 3]$

415 $6x^2 + (2k - 3)x - k = 0$; soluzioni reali. $[\forall k \in \mathbb{R}]$

416 $(k - 2)x^2 + 2(2k - 3)x + 4k + 2 = 0$, con $k \neq 2$; $x_1 = 0$. $\left[k = -\frac{1}{2}\right]$

417 $(2k - 1)x^2 + (k - 3)x + 3k - 1 = 0$, con $k \neq \frac{1}{2}$; $x_1 = -2$. $\left[k = -\frac{1}{9}\right]$

418 $kx^2 + (4k - 1)x + 4k = 0$, con $k \neq 0$; soluzioni reali distinte. $\left[k < \frac{1}{8}\right]$

419 $6kx^2 - (5k + 2)x + 9 - k^2 = 0$, con $k \neq 0$; $x_1 = 0$. $[k = \pm 3]$

420 $(8k - 2)x^2 - (1 - 2k)x + 2 - 5k = 0$, con $k \neq \frac{1}{4}$; $x_1 = -1$. $[k = -1]$

421 $9x^2 - 2(3k + 1)x - 1 + k^2 = 0$; soluzioni reali. $\left[k \geq -\frac{5}{3}\right]$

422 $(1 + k^2)x^2 + (k + 1)x + 10k - 3k^2 - 5 = 0$; $x_1 = -3$. $\left[k = -\frac{1}{6} \vee k = -1\right]$

423 $x^2 - 2(k + 1)x + 4k = 0$; non esistono soluzioni reali. $[\nexists k \in \mathbb{R}]$

PARAGRAFO 5. LE EQUAZIONI DI GRADO SUPERIORE AL SECONDO   ESERCIZI

5. LE EQUAZIONI DI GRADO SUPERIORE AL SECONDO

▶ Teoria a pag. 56

424 ESERCIZIO GUIDA

Risolviamo l'equazione $12x^3 - 4x^2 - 27x + 9 = 0$.

Scomponiamo in fattori il polinomio al primo membro con il raccoglimento parziale:

$$12x^3 - 4x^2 - 27x + 9 = 4x^2(3x - 1) - 9(3x - 1) = (4x^2 - 9)(3x - 1).$$

L'equazione diventa $(4x^2 - 9)(3x - 1) = 0$.

Per la legge di annullamento del prodotto otteniamo due equazioni:

$$4x^2 - 9 = 0 \quad \rightarrow \quad x = \pm \frac{3}{2}; \qquad\qquad 3x - 1 = 0 \quad \rightarrow \quad x = \frac{1}{3}.$$

L'equazione data ha tre soluzioni: $x_1 = \frac{3}{2}$, $x_2 = -\frac{3}{2}$, $x_3 = \frac{1}{3}$.

Risolvi le seguenti equazioni.

425 $x^4 - 4x^2 = 0$ $[0; \pm 2]$

426 $3x^3 - \frac{3}{4}x = 0$ $\left[0; \pm \frac{1}{2}\right]$

427 $2x^5 - 32x = 0$ $[0; \pm 2]$

428 $3x^2 - \frac{1}{27}x^6 = 0$ $[0; \pm 3]$

429 $(x^3 - 1)(x^2 + 6x) = 0$ $[-6; 0; 1]$

430 $4x^3 + 4x^2 - x = 1$ $\left[-1; \pm \frac{1}{2}\right]$

431 $6x^3 + 5x^2 - 4x = 0$ $\left[0; \frac{1}{2}; -\frac{4}{3}\right]$

432 $20x^3 + 48x^2 + 16x = 0$ $\left[0; -2; -\frac{2}{5}\right]$

433 $27x^2 - 6x^3 - 12x = 0$ $\left[0; 4; \frac{1}{2}\right]$

434 $2x - 10x^2 + 16x^3 - 8x^2 + 20x^3 = 0$ $\left[0; \frac{1}{6}; \frac{1}{3}\right]$

435 $27x^3 + 27x^2 + 9x + 1 = 0$ $\left[-\frac{1}{3}\right]$

436 $3x^2 - 18x + 2x^3 - 27 = 0$ $\left[-\frac{3}{2}; \pm 3\right]$

437 $x^2(x - 6) = 4(2 - 3x)$ $[2]$

438 $2x^2(x + 2) = 5(x^2 + 10x - 5)$ $\left[\frac{1}{2}; \pm 5\right]$

439 $4x^4 + 12x^3 = x(x + 3)$ $\left[0; -3; \pm \frac{1}{2}\right]$

440 $x^2(2x - 3) = 4(2x - 3)$ $\left[\pm 2; \frac{3}{2}\right]$

441 $\dfrac{x^3 + x^2 - 9x - 9}{x + 3} = 0$ $[-1; 3]$

442 $x^3 + x^2 - x - 1 = 0$ $[\pm 1]$

Dalle soluzioni all'equazione

Scrivi le equazioni che ammettono le seguenti soluzioni.

443 $-3;$ $2;$ $0.$

444 $-1;$ $-2;$ $3;$ $\frac{1}{2}.$

445 $0;$ $1;$ $6;$ $-5.$

446 $\pm 1;$ $\pm 2;$ $-\frac{3}{2}.$

95

ESERCIZI | **CAPITOLO 2. LE EQUAZIONI DI SECONDO GRADO**

L'uso della regola di Ruffini

447 ESERCIZIO GUIDA

Risolviamo l'equazione $2x^3 - 5x^2 - 4x + 3 = 0$.

Proviamo a scomporre in fattori il primo membro con la regola di Ruffini. Cerchiamo quindi uno zero del polinomio:

$$P(x) = 2x^3 - 5x^2 - 4x + 3.$$

I possibili zeri razionali $\dfrac{N}{D}$ sono frazioni il cui numeratore è un divisore intero del termine noto 3 e il cui denominatore è un divisore intero del coefficiente 2 di x^3:

divisori interi di 3	1	-1	3	-3
divisori interi di 2	1	-1	2	-2

Pertanto l'insieme S delle possibili radici razionali di $P(x)$ è:

$$S = \left\{ \pm 1, \pm \frac{1}{2}, \pm 3, \pm \frac{3}{2} \right\}.$$

Proviamo a sostituire a x i valori di S:

$$P(1) = 2 - 5 - 4 + 3 = -4 \quad \text{NO}$$

$$P(-1) = 2(-1)^3 - 5(-1)^2 - 4(-1) + 3 =$$
$$= -2 - 5 + 4 + 3 = 0 \quad \text{SÌ}$$

$x_1 = -1$ è una radice di $P(x)$.

Per abbassare di grado, possiamo scrivere $P(x) = (x - x_1)Q(x)$, ossia:

$$2x^3 - 5x^2 - 4x + 3 = (x + 1)Q(x).$$

Calcoliamo $Q(x)$ con la regola di Ruffini:

	2	-5	-4	3
-1		-2	7	-3
	2	-7	3	0

$$P(x) = (x + 1)(2x^2 - 7x + 3).$$

L'equazione data ha come soluzione l'unione delle soluzioni delle due equazioni:

$$x + 1 = 0 \rightarrow x_1 = -1$$

$$2x^2 - 7x + 3 = 0 \quad \Delta = 49 - 24 = 25$$

$$\rightarrow x = \frac{7 \pm 5}{4} = \begin{cases} 3 \\ \dfrac{1}{2} \end{cases}$$

Le soluzioni dell'equazione di terzo grado sono:

$$x_1 = -1, \quad x_2 = \frac{1}{2}, \quad x_3 = 3.$$

Risolvi le seguenti equazioni.

448 $x^3 - 7x + 6 = 0$ $\qquad [-3; 1; 2]$

449 $x^3 - 7x^2 + 15x - 9 = 0$ $\qquad [1; 3]$

450 $x^3 + 2x^2 - 5x - 6 = 0$ $\qquad [-3; -1; 2]$

451 $6x^3 - 7x^2 - x + 2 = 0$ $\qquad \left[-\dfrac{1}{2}; \dfrac{2}{3}; 1\right]$

452 $10x^3 - 7x^2 - 14x + 3 = 0$ $\qquad \left[-1; \dfrac{1}{5}; \dfrac{3}{2}\right]$

453 $x^3 + 8 + 6x(x + 2) = 0$ $\qquad [-2]$

454 $x(9x + 7) = 2(3 - x^3)$ $\qquad \left[-3; -2; \dfrac{1}{2}\right]$

455 $2x^3 - 5x - 6 = 0$ $\qquad [2]$

456 $x^4 + 3x^3 + 9x^2 - 3x - 10 = 0$ $\qquad [\pm 1]$

457 $3x^3 + 2x^2 - 7x + 2 = 0$ $\qquad \left[-2; \dfrac{1}{3}; 1\right]$

458 $x^3 - 3x^2 - 6x + 8 = 0$ $\qquad [-2; 1; 4]$

459 $2x^4 - 5x^3 - 5x^2 + 5x + 3 = 0$ $\qquad \left[\pm 1; -\dfrac{1}{2}; 3\right]$

460 $x^5 - 13x^3 + 12x^2 = 0$ $\qquad [-4; 0; 1; 3]$

461 $9x^3 - 91x^2 + 91x - 9 = 0$ $\qquad \left[1; 9; \dfrac{1}{9}\right]$

462 $x^3 - 2x^2 - x + 2 = 0$ $\qquad [-1; 1; 2]$

463 $4x^3 + 8x^2 - x - 2 = 0$ $\qquad \left[\pm\dfrac{1}{2}; -2\right]$

464 $6x^3 + 43x^2 + 43x + 6 = 0$ $\qquad \left[-1; -6; -\dfrac{1}{6}\right]$

465 $\dfrac{x^2 + 3}{x + 1} - \dfrac{10x(1 - x)}{3x^2 + x - 2} = \dfrac{2 - x}{2 - 3x}$ $\qquad [-2]$

96

PARAGRAFO 6. I SISTEMI DI SECONDO GRADO   **ESERCIZI**

466 $x^3(6x - 37) + (37x - 6) = 0$ $\left[\dfrac{1}{6}; 6; \pm 1\right]$

467 $\dfrac{6x^2 + 1}{x - 2} + \dfrac{x - 2}{x + 2} = \dfrac{20x^2 + 4x}{x^2 - 4}$ $\left[-1; \dfrac{2}{3}; \dfrac{3}{2}\right]$

468 $x^3 + 9{,}1x^2 - 9{,}1x - 1 = 0$ $\left[1; -10; -\dfrac{1}{10}\right]$

469 $2x^3 - 3x^2 - 23x + 12 = 0$ $\left[\dfrac{1}{2}; -3; 4\right]$

470 $x^3 - \dfrac{73}{8}x^2 + \dfrac{73}{8}x - 1 = 0$ $\left[1; 8; \dfrac{1}{8}\right]$

471 $82x(x^2 - 1) = 9(1 - x^2)(1 + x^2)$

$\left[-\dfrac{1}{9}; -9; \pm 1\right]$

472 $(1 - x^2)(2x + 3)^2 = 5(x - 1)^2(x + 1)$

$\left[\pm 1; -4; -\dfrac{1}{4}\right]$

473 $\dfrac{(x^2 - 1)^2}{5} - \dfrac{x^2}{30} = \dfrac{x(x^2 + 5x + 1)}{6}$

$\left[-2; -\dfrac{1}{2}; \dfrac{1}{3}; 3\right]$

474 $12x^4 + 25x^3 - 25x - 12 = 0$ $\left[-\dfrac{3}{4}; -\dfrac{4}{3}; \pm 1\right]$

475 $\dfrac{(x - 1)^4}{x^4} - 5\dfrac{(x - 1)^2}{x^2} + 4 = 0$ $\left[-1; \dfrac{1}{2}; \dfrac{1}{3}\right]$

476 $6x^4 - 49x^3 + 86x^2 - 49x + 6 = 0$ $\left[1; 6; \dfrac{1}{6}\right]$

477 $4x^4 - 9x^3 - 26x^2 - 9x + 4 = 0$ $\left[-1; 4; \dfrac{1}{4}\right]$

478 $12x^4 + 56x^3 + 89x^2 + 56x + 12 = 0$

$\left[-\dfrac{2}{3}; -\dfrac{3}{2}; -2; -\dfrac{1}{2}\right]$

479 $2\sqrt{3}\,x^3 + 7x(x - 1) = 2\sqrt{3}\,x(x - 1) + 2\sqrt{3}$

$\left[1; -\dfrac{\sqrt{3}}{2}; -\dfrac{2}{3}\sqrt{3}\right]$

480 $\dfrac{3x^3 - 1}{x - 2} - \dfrac{7x^2 + 2}{2x} = \dfrac{7x - 26x^2 - 2}{4x - 2x^2}$

$\left[-1; \dfrac{1}{2}; -\dfrac{1}{3}\right]$

---

6. I SISTEMI DI SECONDO GRADO

▶ **Teoria a pag. 58**

I sistemi di due equazioni in due incognite

I sistemi a coefficienti numerici

481   **ESERCIZIO GUIDA**

Risolviamo il seguente sistema:

$$\begin{cases} 3x + y = 2 \\ 24x^2 - y^2 - 2x = 1 \end{cases}$$

Ricaviamo y dalla prima equazione e sostituiamo nella seconda:

$$\begin{cases} y = 2 - 3x \\ 24x^2 - (2 - 3x)^2 - 2x = 1 \end{cases}$$

Svolgiamo i calcoli nella seconda equazione:

$$24x^2 - 4 - 9x^2 + 12x - 2x - 1 = 0 \quad \rightarrow \quad 15x^2 + 10x - 5 = 0 \quad \rightarrow \quad 3x^2 + 2x - 1 = 0$$

$$\dfrac{\Delta}{4} = 4 \qquad x = \dfrac{-1 \pm 2}{3} = \begin{cases} \dfrac{1}{3} \\ -1 \end{cases}$$

Le soluzioni del sistema sono allora quelle dei seguenti due sistemi:

$$\begin{cases} x = \dfrac{1}{3} \\ y = 2 - 3x \end{cases} \lor \begin{cases} x = -1 \\ y = 2 - 3x \end{cases} \rightarrow \begin{cases} x = \dfrac{1}{3} \\ y = 2 - 3\left(\dfrac{1}{3}\right) = 1 \end{cases} \lor \begin{cases} x = -1 \\ y = 2 - 3(-1) = 5 \end{cases}$$

Il sistema dato ha le due soluzioni: $\left(\dfrac{1}{3}; 1\right)$ e $(-1; 5)$.

97

ESERCIZI   **CAPITOLO 2. LE EQUAZIONI DI SECONDO GRADO**

Risolvi i seguenti sistemi di secondo grado.

482 $\begin{cases} y = 3 \\ x^2 + 3 = 19 \end{cases}$ $[(4; 3), (-4; 3)]$

483 $\begin{cases} x = 2 \\ y^2 - x = 8 \end{cases}$ $[(2; \sqrt{10}), (2; -\sqrt{10})]$

484 $\begin{cases} x^2 + y = -8 \\ 2x + y = -7 \end{cases}$ $[(1; -9)]$

485 $\begin{cases} 2y + 3x = 6 \\ xy - 3y = 4 \end{cases}$ [impossibile]

486 $\begin{cases} 3x - y^2 = 2 \\ x + y = 2 \end{cases}$ $[(1; 1), (6; -4)]$

487 $\begin{cases} y^2 - 2x^2 + xy - 4x - 5y + 6 = 0 \\ 2x + 3y = 4 \end{cases}$ $\left[(-1; 2), \left(\frac{1}{2}; 1\right)\right]$

488 $\begin{cases} 3x - y = 0 \\ 19 - xy = (x + y)^2 \end{cases}$ $[(-1; -3), (1; 3)]$

489 $\begin{cases} x + y = 4 \\ x^2 - xy - 4x = 42 \end{cases}$ $[(7; -3), (-3; 7)]$

490 $\begin{cases} x - y + 2 = 0 \\ x^2 - y^2 + xy + 4 = 0 \end{cases}$ $[(0; 2), (2; 4)]$

491 $\begin{cases} \dfrac{x}{6} - \dfrac{y}{3} = \dfrac{1}{2} \\ y^2 - xy = \dfrac{5}{4} \end{cases}$ $\left[\left(2; -\frac{1}{2}\right), \left(-2; -\frac{5}{2}\right)\right]$

....

492 $\begin{cases} x + 2y - 3 = 0 \\ \dfrac{4}{3} + 2y^2 - 7y + 6 = 2x + \dfrac{1}{3} - xy + 1 \end{cases}$ [indeterminato]

493 $\begin{cases} 3x + 3y - 2 = 2(x + 2y) - 3 \\ x(y - 2) = y \end{cases}$ $[(1 + \sqrt{2}; 2 + \sqrt{2}), (1 - \sqrt{2}; 2 - \sqrt{2})]$

494 $\begin{cases} x - y = 2 \\ 4(x + 2)^2 + 3\left(y - \dfrac{16}{3}x^2\right) = 0 \end{cases}$ $\left[(2; 0), \left(-\frac{5}{12}; -\frac{29}{12}\right)\right]$

495 $\begin{cases} 2(y + 1) + y(x + 1) = 2y - 1 + x(y - 2) \\ 2(x + 1)^3 + \dfrac{1}{2}x(1 - 2x)(1 + 2x) = \dfrac{y^2 - 5 - 10x}{4} \end{cases}$ $\left[\left(-\frac{1}{5}; -\frac{13}{5}\right), (-1; -1)\right]$

496 $\begin{cases} (x - 2)^2 - 4xy + 11 = 0 \\ \dfrac{x - 2}{3} + \dfrac{y - 1}{2} = y \end{cases}$ $\left[(5; 1), \left(-\frac{9}{5}; -\frac{53}{15}\right)\right]$

497 $\begin{cases} (4 - x)(4 + x) + y^2 - 3 = 4(y + 3) \\ 3x = \dfrac{1}{3}(5 + y) \end{cases}$ $\left[(1; 4), \left(\frac{23}{40}; \frac{7}{40}\right)\right]$

498 $\begin{cases} y(x - 2) - 2x(y + x) + 10 = 0 \\ (x - 3)^2 - y = x^2 + 4(y - 4) \end{cases}$ $\left[(0; 5), \left(-\frac{13}{4}; \frac{89}{10}\right)\right]$

499 $\begin{cases} x^2 - 3xy = 3x \\ \dfrac{y}{4} - \dfrac{x}{2} = 1 \end{cases}$ $[(-3; -2), (0; 4)]$

500 $\begin{cases} 2y(x - 6) + 3(y - 2) = y \\ (y - 1)(y + 2) + 2 + x = y(y + 3) \end{cases}$ $\left[(6; 3), \left(-1; -\frac{1}{2}\right)\right]$

501 $\begin{cases} 5y + 3x - 6 = x + 4y - 8 \\ (x - y)^2 + 3xy - x + y = 2(y - x) \end{cases}$ $[(-1; 0), (-2; 2)]$

502 $\begin{cases} x^2 + (y + 4)^2 - 100 = -16 + 8x \\ x - y = 10 \end{cases}$ $[(12; 2), (-2; -12)]$

98

PARAGRAFO 6. I SISTEMI DI SECONDO GRADO **ESERCIZI**

503
$$\begin{cases} 3x - 3y = 12 \\ 2x(x + 4y) - 12(1 + 3y) - x + y = -12y^2 - 8x \end{cases}$$
[impossibile]

504
$$\begin{cases} y^2 - 18 = \dfrac{18 - 3xy}{2} \\ 3x - 6 = 2y \end{cases}$$
$\left[\left(-1; -\dfrac{9}{2}\right), (4; 3)\right]$

505
$$\begin{cases} xy = y + 2x - 2(x - \sqrt{3}) - (2 + x) \\ y = x - 2\sqrt{3} \end{cases}$$
$[(\sqrt{3} + 1; 1 - \sqrt{3}), (\sqrt{3} - 1; -1 - \sqrt{3})]$

506
$$\begin{cases} x^2 + y^2 - 4x - 4y + 6 = 0 \\ (y - 1)^2 = y^2 + 3\left(x + \dfrac{1}{3}\right) - 3y \end{cases}$$
$\left[(1; 3), \left(\dfrac{3}{5}; \dfrac{9}{5}\right)\right]$

507
$$\begin{cases} (x - 3)^2 - 2y - \sqrt{3}\,x + \sqrt{6} = -3(2x - 3) + y^2 - y(y + 1) \\ y - \sqrt{2}\,x = 0 \end{cases}$$
$[(\sqrt{2}; 2), (\sqrt{3}; \sqrt{6})]$

I sistemi con equazioni fratte

508 **ESERCIZIO GUIDA**

Risolviamo il seguente sistema:
$$\begin{cases} \dfrac{x}{2 - y} = \dfrac{2}{2y - 1} \\ 2x + y - 2 = 0 \end{cases}$$

C.E.: $2 - y \neq 0 \,\wedge\, 2y - 1 \neq 0 \;\to\; $ C.E.: $y \neq 2 \,\wedge\, y \neq \dfrac{1}{2}$.

Eliminiamo i denominatori nella prima equazione, moltiplicando per $(2 - y)(2y - 1)$:

$$x(2y - 1) = 2(2 - y) \;\to\; 2xy - x = 4 - 2y.$$

Otteniamo il sistema:

$$\begin{cases} 2xy - x + 2y - 4 = 0 \\ 2x + y - 2 = 0 \end{cases}$$

Ricaviamo y dalla seconda equazione e sostituiamo nella prima:

$$\begin{cases} 2xy - x + 2y - 4 = 0 \\ y = -2x + 2 \end{cases} \to \begin{cases} 2x(-2x + 2) - x + 2(-2x + 2) - 4 = 0 \\ y = -2x + 2 \end{cases}$$

Risolviamo la prima equazione:

$$-4x^2 + 4x - x - 4x + 4 - 4 = 0 \;\to\; -4x^2 - x = 0 \;\to\; 4x^2 + x = 0 \;\to$$

$$\to\; x(4x + 1) = 0 \;\to\; x_1 = 0, \; x_2 = -\dfrac{1}{4}.$$

Il sistema dato ha come soluzioni quelle dei due sistemi:

$$\begin{cases} x = 0 \\ y = -2x + 2 \end{cases} \quad \vee \quad \begin{cases} x = -\dfrac{1}{4} \\ y = -2x + 2 \end{cases}$$

$$\begin{cases} x = 0 \\ y = 2 \text{ non accettabile} \end{cases} \quad \vee \quad \begin{cases} x = -\dfrac{1}{4} \\ y = -2 \cdot \left(-\dfrac{1}{4}\right) + 2 = \dfrac{1}{2} + 2 = \dfrac{5}{2} \end{cases}$$

Il sistema ha come unica soluzione la coppia $\left(-\dfrac{1}{4}; \dfrac{5}{2}\right)$.

99

ESERCIZI   CAPITOLO 2. LE EQUAZIONI DI SECONDO GRADO

Risolvi i seguenti sistemi.

509
$$\begin{cases} \dfrac{4}{x} + \dfrac{6}{y} = 4 \\ \dfrac{2}{5} + \dfrac{2}{5}x - \dfrac{2}{10}y = \dfrac{3}{5} \end{cases}$$
$$\left[\left(\dfrac{1}{4}; -\dfrac{1}{2}\right), (2; 3)\right]$$

510
$$\begin{cases} \dfrac{x^2}{y} - \dfrac{x}{y} = \dfrac{6}{y} + 1 \\ 3 = x - y \end{cases}$$
$$[(-1; -4)]$$

511
$$\begin{cases} 3x + x^2 + 2 + y^2 = (x+2)^2 + y(y-1) \\ \dfrac{y}{x+1} = \dfrac{x-2}{1-x} - \dfrac{4}{x-1} \end{cases}$$
$$[(-2; 0), (0; 2)]$$

512
$$\begin{cases} \dfrac{1}{2} - y = 3x \\ \dfrac{x}{2x-2} - \dfrac{3x+1}{x} = \dfrac{xy}{x^2-x} \end{cases}$$
$$\left[\left(-2; \dfrac{13}{2}\right), \left(-1; \dfrac{7}{2}\right)\right]$$

513
$$\begin{cases} 4x - y = 6 \\ \dfrac{2}{x+y} + \dfrac{1}{x-y} = \dfrac{x^2}{x^2-y^2} \end{cases}$$
$$[(-3; -18)]$$

514
$$\begin{cases} \dfrac{y+1}{x^2} + \dfrac{1}{x} = 3 \\ \dfrac{1}{x} - \dfrac{3}{y} = \dfrac{3}{xy} \end{cases}$$
$$\left[\left(-\dfrac{2}{3}; 1\right), (2; 9)\right]$$

515
$$\begin{cases} (x-2)(x+2) - y^2 - x(y-1) = (3-y)(3+y) - 3 \\ \dfrac{y}{2-3x} = \dfrac{1}{2} \end{cases}$$
$$[(2; -2), (-2; 4)]$$

516
$$\begin{cases} \dfrac{2}{y} - \dfrac{3}{2x+1} = \dfrac{4x^2+5}{y(2x+1)} \\ y = \dfrac{2x-1}{3} + \dfrac{2}{3}y \end{cases}$$
$$[(0; -1)]$$

517
$$\begin{cases} y - 3 = -x \\ \dfrac{2x}{x+3} - \dfrac{6}{x^2+x-6} = \dfrac{y}{2-x} \end{cases}$$
$$[(1; 2), (3; 0)]$$

518
$$\begin{cases} \dfrac{x^2+1}{y(x+3)} - \dfrac{11(x+1)}{6y} = -\dfrac{3x-1}{2(x+3)} \\ 3x + 12 = 2x + y + 5 \end{cases}$$
$$[(-6; 1), (2; 9)]$$

519
$$\begin{cases} 3 + 2y = 4(x - 2y) \\ \dfrac{x+1}{x-1} - 2 = 2 - \dfrac{4y}{2y+1} \end{cases}$$
$$\left[\left(-2; -\dfrac{11}{10}\right), \left(2; \dfrac{1}{2}\right)\right]$$

520
$$\begin{cases} \dfrac{2+y}{y} - \dfrac{1}{x-1} = \dfrac{8}{y(x-1)} \\ (x+1)^2 - y(1-x) = x(x+2+y) - x \end{cases}$$
$$[(3; 4), (-4; -3)]$$

521
$$\begin{cases} x^2 - 4 + y(x-3) = y(x-2) + x(x-1) - 2 \\ \dfrac{27}{x+3} + \dfrac{8}{y} = \dfrac{10x^2+5x}{y(x+3)} - \dfrac{5}{y} \end{cases}$$
$$\left[\left(\dfrac{1}{2}; -\dfrac{3}{2}\right), (3; 1)\right]$$

100

PARAGRAFO 6. I SISTEMI DI SECONDO GRADO **ESERCIZI**

■ I sistemi simmetrici di secondo grado

522 **ESERCIZIO GUIDA**

Risolviamo i seguenti sistemi:

a) $\begin{cases} xy = 8 \\ x + y = 6 \end{cases}$ b) $\begin{cases} x^2 + y^2 = 53 \\ x + y = -5 \end{cases}$

a) Utilizziamo l'incognita ausiliaria t e risolviamo l'equazione $t^2 - 6t + 8 = 0$, che è del tipo $t^2 - st + p = 0$. Le soluzioni dell'equazione formano le coppie ordinate che sono soluzioni del sistema dato:

$$t^2 - 6t + 8 = 0 \qquad \frac{\Delta}{4} = 9 - 8 = 1 \qquad t = 3 \pm 1 = \begin{cases} 4 \\ 2 \end{cases}$$

Il sistema ha due soluzioni: $(2; 4)$ e $(4; 2)$.

b) Poiché $x^2 + y^2 = (x + y)^2 - 2xy$, sostituiamo nella prima equazione:

$$\begin{cases} (x + y)^2 - 2xy = 53 \\ x + y = -5 \end{cases} \rightarrow \begin{cases} (-5)^2 - 2xy = 53 \\ x + y = -5 \end{cases} \rightarrow \begin{cases} xy = -14 \\ x + y = -5 \end{cases}$$

Ci siamo riportati nel caso dell'esercizio a). Risolviamo allora l'equazione ausiliaria in t:

$$t^2 + 5t - 14 = 0 \qquad \Delta = 25 + 56 = 81 \qquad t = \frac{-5 \pm 9}{2} = \begin{cases} 2 \\ -7 \end{cases}$$

Il sistema ha come soluzioni $(-7; 2)$ e $(2; -7)$.

Risolvi i seguenti sistemi simmetrici di secondo grado.

523 $\begin{cases} xy = -2 \\ x + y = 1 \end{cases}$ $[(2; -1), (-1; 2)]$

524 $\begin{cases} xy = 48 \\ x + y = -14 \end{cases}$ $[(-6; -8), (-8; -6)]$

525 $\begin{cases} xy = \dfrac{3}{4} \\ x + y = 2 \end{cases}$ $\left[\left(\dfrac{1}{2}; \dfrac{3}{2}\right), \left(\dfrac{3}{2}; \dfrac{1}{2}\right)\right]$

526 $\begin{cases} x^2 + y^2 = 5 \\ x + y = -1 \end{cases}$ $[(-2; 1), (1; -2)]$

527 $\begin{cases} x^2 + y^2 - 5xy = 1 \\ x + y = 1 \end{cases}$ $[(0; 1), (1; 0)]$

528 $\begin{cases} 4x^2 + 4y^2 = 65 \\ 2x + 2y - 7 = 0 \end{cases}$ $\left[\left(4; -\dfrac{1}{2}\right), \left(-\dfrac{1}{2}; 4\right)\right]$

529 $\begin{cases} 4x^2 + 4y^2 - 37 = 0 \\ 2(x + y) = 5 \end{cases}$ $\left[\left(-\dfrac{1}{2}; 3\right), \left(3; -\dfrac{1}{2}\right)\right]$

530 $\begin{cases} 9x^2 + 9y^2 + 20xy = 248 \\ 3x + 3y - 16 = 0 \end{cases}$ $\left[\left(6; -\dfrac{2}{3}\right), \left(-\dfrac{2}{3}; 6\right)\right]$

531 $\begin{cases} 4x^2 + 4y^2 = 101 \\ 2x + 2y = 11 \end{cases}$ $\left[\left(5; \dfrac{1}{2}\right), \left(\dfrac{1}{2}; 5\right)\right]$

532 $\begin{cases} 16x^2 + 16y^2 = 1625 \\ 4x + 4y = 35 \end{cases}$ $\left[\left(10; -\dfrac{5}{4}\right), \left(-\dfrac{5}{4}; 10\right)\right]$

533 $\begin{cases} x^2 + y^2 = 10 \\ x + y = 3\sqrt{2} \end{cases}$ $[(\sqrt{2}; 2\sqrt{2}), (2\sqrt{2}; \sqrt{2})]$

534 $\begin{cases} x^2 + y^2 = 39 \\ x + y = -\sqrt{3} \end{cases}$ $[(2\sqrt{3}; -3\sqrt{3}), (-3\sqrt{3}; 2\sqrt{3})]$

101

ESERCIZI CAPITOLO 2. LE EQUAZIONI DI SECONDO GRADO

RIEPILOGO · I sistemi di secondo grado

535 Osserva la seguente tabella. Utilizzando opportunamente un'equazione della prima colonna e una della seconda colonna, scrivi, e poi risolvi, un sistema simmetrico e due sistemi di secondo grado.

Prima equazione	Seconda equazione
$x + 2y = 0$	$xy = \dfrac{1}{2}$
$2x + 2y = 3$	$x + 2 = 3y$
$\dfrac{1}{x} + y = 0$	$x^2 - 2x = 0$

536 **TEST** In quale punto, fra i seguenti, si incontrano la parabola e la retta di equazioni

$$y = x^2 - 4x + 4 \text{ e } y = -4x + 4?$$

A $O(0; 0)$

B $A(-1; 1)$

C $B(0; 4)$

D $V(4; 0)$

E $C(-2; -2)$

Risolvi i seguenti sistemi nelle incognite x, y e z (dove compare).

537 $\begin{cases} (5x)^2 + (5y)^2 = 148 \\ x + y = -2 \end{cases}$ $\left[\left(\dfrac{2}{5}; -\dfrac{12}{5} \right), \left(-\dfrac{12}{5}; \dfrac{2}{5} \right) \right]$

538 $\begin{cases} x^2 + y^2 - 4x - 4y + 6 = 0 \\ (y - 1)^2 = y^2 + 3\left(x + \dfrac{1}{3}\right) - 3y \end{cases}$ $\left[(1; 3), \left(\dfrac{3}{5}; \dfrac{9}{5} \right) \right]$

539 $\begin{cases} x^2 + y^2 = 29 \\ x(x - 2) + y = 3(1 - x) + x^2 \end{cases}$ $[(5; -2), (-2; 5)]$

540 $\begin{cases} \dfrac{2 + y}{y} - \dfrac{1}{x - 1} = \dfrac{8}{y(x - 1)} \\ (x + 1)^2 - y(1 - x) = x(x + 2 + y) - x \end{cases}$ $[(3; 4), (-4; -3)]$

541 $\begin{cases} x + z = 4 \\ y^2 + 2xy - 8 = 0 \\ y + x = 3 \end{cases}$ $[(-1; 4; 5), (1; 2; 3)]$

542 $\begin{cases} 4(x^2 + y^2) = 51 \\ 2x + 2y = -3\sqrt{3} \end{cases}$ $\left[\left(\dfrac{1}{2}\sqrt{3}; -2\sqrt{3} \right), \left(-2\sqrt{3}; \dfrac{1}{2}\sqrt{3} \right) \right]$

543 $\begin{cases} 4(y - x) = -8\sqrt{2} \\ xy = x - \sqrt{2} \end{cases}$ $[(\sqrt{2} + 2; 2 - \sqrt{2}), (\sqrt{2} - 1; -1 - \sqrt{2})]$

544 $\begin{cases} 32(x^2 + y^2) = 29 \\ 4x + 4y = 5 \end{cases}$ $\left[\left(\dfrac{7}{8}; \dfrac{3}{8} \right), \left(\dfrac{3}{8}; \dfrac{7}{8} \right) \right]$

545 $\begin{cases} \left(x + \dfrac{1}{3}\right)\left(y - \dfrac{1}{2}\right) = -4 \\ x - \dfrac{1}{2} - \left(y - \dfrac{3}{5}\right) = 1 \end{cases}$ $[\text{impossibile}]$

546 $\begin{cases} x^2 + y^2 = 26 \\ 2x + 4y = 6 \end{cases}$ $\left[\left(-\dfrac{19}{5}; \dfrac{17}{5} \right), (5; -1) \right]$

547 $\begin{cases} x^2 + y^2 = 35 \\ x + 2\sqrt{2} = 3\sqrt{3} - y \end{cases}$ $[(-2\sqrt{2}; 3\sqrt{3}), (3\sqrt{3}; -2\sqrt{2})]$

548 $\begin{cases} 3x^2 + xy + y^2 = 15 \\ 2x + y = 5 \end{cases}$ $[(2; 1), (1; 3)]$

102

549 $\begin{cases} x^2 + y^2 - 3xy = 7 + 3\sqrt{10} \\ x + y = \sqrt{2} - \sqrt{5} \end{cases}$

$[(\sqrt{2}\,;-\sqrt{5}),(-\sqrt{5}\,;\sqrt{2}\,)]$

550 $\begin{cases} \dfrac{3 - 2x}{5} + y = \dfrac{6}{5}y \\[2mm] \dfrac{x}{x - 1} + \dfrac{y}{(x - 1)(x - 2)} = -\dfrac{1}{x - 2} \end{cases}$

[impossibile]

Sistemi e problemi

Problemi di aritmetica e algebra

551 **ESERCIZIO GUIDA**

Determiniamo due frazioni la cui somma è $\dfrac{29}{10}$ e il cui prodotto è 1.

Indichiamo con x e y le due frazioni e impostiamo il sistema:

$$\begin{cases} x + y = \dfrac{29}{10} \\[2mm] xy = 1 \end{cases}$$

Tale sistema è simmetrico di secondo grado; l'equazione risolvente è:

$t^2 - \dfrac{29}{10}t + 1 = 0$

$10t^2 - 29t + 10 = 0$

$\Delta = 841 - 400 = 441$

$t = \dfrac{29 \pm \sqrt{441}}{20} = \begin{cases} \dfrac{29 + 21}{20} = \dfrac{50}{20} = \dfrac{5}{2} \\[2mm] \dfrac{29 - 21}{20} = \dfrac{8}{20} = \dfrac{2}{5} \end{cases}$

Le soluzioni dell'equazione sono $t_1 = \dfrac{5}{2}$ e $t_2 = \dfrac{2}{5}$. Le frazioni richieste dal problema sono $\dfrac{5}{2}$ e $\dfrac{2}{5}$.

Osservazione. Se il problema richiedesse di determinare due monomi o polinomi o frazioni algebriche, si procederebbe allo stesso modo, indicando sempre con x e y le incognite.

552 Stabilisci due numeri la cui somma è 20 e il cui prodotto è 96. $[8; 12]$

553 Determina due frazioni la cui somma è $\dfrac{5}{6}$ e il cui prodotto è $\dfrac{1}{6}$. $\left[\dfrac{1}{2}; \dfrac{1}{3}\right]$

554 Trova due numeri il cui rapporto è $\dfrac{3}{2}$ e la cui differenza dei quadrati è 20. $[(6; 4), (-6; -4)]$

555 Determina due frazioni il cui rapporto è 2 e la cui differenza dei quadrati è $\dfrac{27}{16}$. $\left[\left(\dfrac{3}{2}; \dfrac{3}{4}\right), \left(-\dfrac{3}{2}; -\dfrac{3}{4}\right)\right]$

556 La somma di due numeri è 16 e la somma dei loro quadrati è 130. Quali sono i due numeri? $[7; 9]$

557 Individua due frazioni la cui somma è $\dfrac{1}{2}$ e tali che la somma dei loro quadrati sia $\dfrac{17}{36}$. $\left[-\dfrac{1}{6}; \dfrac{2}{3}\right]$

558 Determina due numeri la cui somma è 8 e tali che il prodotto di uno dei due per l'altro aumentato di 4 sia uguale al quadrato di 6. $[2; 6]$

559 Trova due monomi la cui somma è $11a$ e il cui prodotto è $18a^2$. $[2a; 9a]$

ESERCIZI

CAPITOLO 2. LE EQUAZIONI DI SECONDO GRADO

560 Determina due monomi il cui rapporto è $\frac{3}{2}$ e la cui differenza dei quadrati è $5a^2b^2$.

$$[a \neq 0 \wedge b \neq 0, (3ab; 2ab), (-3ab; -2ab)]$$

561 Scrivi due frazioni algebriche la cui somma è $-\frac{1}{a}$ e il cui prodotto è $-\frac{2}{a^2}$. $\left[\frac{1}{a}; -\frac{2}{a}\right]$

562 Trova due frazioni algebriche il cui rapporto è $-\frac{3}{2}$ e la cui differenza dei quadrati è $\frac{5a^2}{b^2}$.

$$\left[\left(-2\frac{a}{b}; 3\frac{a}{b}\right), \left(2\frac{a}{b}; -3\frac{a}{b}\right)\right]$$

563 Individua due numeri la cui somma è 15 e tali che, se si aumenta il primo di $\frac{1}{2}$ e il secondo di $\frac{1}{3}$, il prodotto è $\frac{125}{2}$. $\left[(7; 8), \left(\frac{47}{6}; \frac{43}{6}\right)\right]$

564 Suddividi il numero 18 in modo che il doppio prodotto delle due parti, aggiunto alla somma dei loro quadrati, sia uguale a 324.   [indeterminato]

Problemi di geometria

565 ESERCIZIO GUIDA

Il perimetro di un triangolo rettangolo è 12 cm. Sapendo che l'ipotenusa è uguale ai $\frac{5}{7}$ della somma dei cateti, calcoliamo l'area del triangolo.

Il perimetro misura 12 cm, ossia:

$$\overline{AB} + \overline{AC} + \overline{BC} = 12.$$

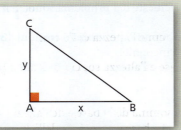

L'ipotenusa è i $\frac{5}{7}$ della somma dei cateti:

$$\overline{BC} = \frac{5}{7}(\overline{AB} + \overline{AC}).$$

Poniamo $\overline{AB} = x$, $\overline{AC} = y$.

Poiché $x + y + \overline{BC} = 12$ e $\overline{BC} = \frac{5}{7}(x + y)$, scriviamo l'equazione:

$$x + y + \frac{5}{7}(x + y) = 12.$$

Il problema non fornisce altre relazioni, quindi per ottenere una seconda equazione dobbiamo utilizzare una proprietà geometrica della figura.

Possiamo applicare il teorema di Pitagora al triangolo rettangolo ABC:

$$\overline{AB}^2 + \overline{AC}^2 = \overline{BC}^2.$$

La seconda equazione è:

$$x^2 + y^2 = \left[\frac{5}{7}(x + y)\right]^2.$$

Il sistema risolvente è:

$$\begin{cases} x + y + \frac{5}{7}(x + y) = 12 \\ x^2 + y^2 = \frac{25}{49}(x^2 + y^2 + 2xy) \end{cases}$$

Portiamo le due equazioni a forma intera:

$$\begin{cases} 7x + 7y + 5x + 5y = 84 \\ 49x^2 + 49y^2 = 25x^2 + 25y^2 + 50xy \end{cases}$$

$$\begin{cases} 12x + 12y = 84 \quad \text{dividiamo per 12} \\ 24x^2 + 24y^2 - 50xy = 0 \quad \text{dividiamo per 2} \end{cases}$$

$$\begin{cases} x + y = 7 \\ 12(x^2 + y^2) - 25xy = 0 \end{cases}$$

$$\begin{cases} x + y = 7 \\ 12(x + y)^2 - 24xy - 25xy = 0 \end{cases}$$

PARAGRAFO 6. I SISTEMI DI SECONDO GRADO — ESERCIZI

Sostituiamo a $(x+y)^2$ il valore 7^2:

$$\begin{cases} x+y=7 \\ 12 \cdot 49 - 49xy = 0 \end{cases}$$

$$\begin{cases} x+y=7 \\ xy=12 \end{cases} \quad \text{sistema simmetrico}$$

$t^2 - 7t + 12 = 0$

$\Delta = 49 - 48 = 1$

$t = \dfrac{7 \pm 1}{2} = \begin{cases} \dfrac{8}{2} = 4 \\ \dfrac{6}{2} = 3 \end{cases}$

I due cateti hanno lunghezza 3 cm e 4 cm.

Risposta

L'area del triangolo è $S = \dfrac{1}{2} \cdot 3 \cdot 4$ cm^2, ossia $S = 6$ cm^2.

566 In un triangolo rettangolo l'area è 96 cm² e la somma dei cateti è 28 cm. Determina l'altezza relativa all'ipotenusa. [9,6 cm]

567 In un triangolo rettangolo la differenza fra i due cateti è 5 cm e l'area è 150 cm². Determina l'area del triangolo. [60 cm²]

568 In un triangolo rettangolo la somma dei cateti ha lunghezza 17 cm e l'ipotenusa 13 cm. Calcola l'area del triangolo. [30 cm²]

569 In un cerchio di raggio 25 cm è inscritto un rettangolo il cui perimetro è di 140 cm. Calcola l'area del rettangolo. [1200 cm²]

570 La somma dei lati di due quadrati è uguale a 50 cm. Il rettangolo formato dalle diagonali dei due quadrati ha l'area di 1200 cm². Calcola l'area dei due quadrati. [400 cm²; 900 cm²]

571 Un triangolo isoscele di area 1200 cm² è tale che la somma dell'altezza con la metà della base è uguale a 70 cm. Calcola il perimetro del triangolo. [160 cm, 180 cm]

572 Determina l'area di un triangolo isoscele che ha il perimetro di 250 cm e l'altezza di 75 cm. [3000 cm²]

573 In un triangolo isoscele l'area è di 9000 cm². La differenza fra la base e l'altezza supera di 5 cm il perimetro di un quadrato di lato 87,5 cm. Calcola il perimetro del triangolo. [810 cm]

574 Un triangolo isoscele è equivalente a tre quadrati di lato 40 cm. La somma della base e dell'altezza del triangolo è uguale al perimetro di un pentagono regolare di lato 44 cm. La base è maggiore dell'altezza. Calcola il perimetro del triangolo. [360 cm]

575 **ESERCIZIO GUIDA**

In un triangolo rettangolo un cateto misura $32a$ ($a > 0$) e il doppio dell'altro cateto supera l'ipotenusa di $8a$. Determiniamo le misure dell'area e del perimetro del triangolo.

Un cateto misura $32a$, ossia:

$\overline{AC} = 32a$.

Il doppio dell'altro cateto supera l'ipotenusa di $8a$:

$2\overline{AB} = \overline{BC} + 8a$.

Poniamo $\overline{AB} = x$,

$\overline{BC} = y$.

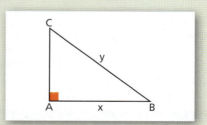

ESERCIZI — CAPITOLO 2. LE EQUAZIONI DI SECONDO GRADO

La seconda relazione diventa:

$$2x = y + 8a.$$

Per utilizzare la prima relazione, $\overline{AC} = 32a$, applichiamo il teorema di Pitagora al triangolo rettangolo ABC:

$$\overline{AB}^2 + \overline{AC}^2 = \overline{BC}^2.$$

La seconda equazione è: $x^2 + (32a)^2 = y^2$.

Il sistema risolvente è il seguente:

$$\begin{cases} 2x = y + 8a \\ x^2 + (32a)^2 = y^2 \end{cases} \rightarrow \begin{cases} y = -8a + 2x \\ x^2 + 1024a^2 = y^2 \end{cases} \rightarrow \begin{cases} y = -8a + 2x \\ x^2 + 1024a^2 = (-8a + 2x)^2 \end{cases}$$

Sviluppiamo i calcoli nella seconda equazione:

$$x^2 + 1024a^2 = 4x^2 + 64a^2 - 32ax$$

$$0 = 4x^2 + 64a^2 - 32ax - x^2 - 1024a^2$$

$$3x^2 - 32ax - 960a^2 = 0$$

$$\frac{\Delta}{4} = 256a^2 + 2880a^2 = 3136a^2 = (56a)^2$$

$$x = \frac{16a \pm 56a}{3} = \begin{cases} \dfrac{16a + 56a}{3} = \dfrac{72}{3}a = 24a \\[2mm] \dfrac{16a - 56a}{3} = -\dfrac{40}{3}a \quad \text{soluzione non accettabile perché negativa } (\overline{AB} > 0) \end{cases}$$

Il sistema risolvente, dopo aver eliminato la soluzione negativa, è il seguente:

$$\begin{cases} y = 2x - 8a \\ x = 24a \end{cases} \rightarrow \begin{cases} y = 48a - 8a = 40a \\ x = 24a \end{cases}$$

Il cateto che cerchiamo, AB, misura $24a$ e l'ipotenusa BC misura $40a$.

L'area del triangolo misura $\frac{1}{2} \cdot (32a \cdot 24a)$, ossia $S = 384a^2$.

Il perimetro misura $2p = 24a + 32a + 40a = 96a$.

Risposta

L'area del triangolo vale $384a^2$ e il perimetro $96a$.

---

576 In un triangolo rettangolo la differenza fra il cateto maggiore e quello minore è $5b$ e l'area $150b^2$. Determina il perimetro del triangolo.
[$60b$]

577 La somma dei lati di due quadrati vale $8a$; l'area del rettangolo avente per dimensioni le loro diagonali misura $30a^2$. Calcola il perimetro dei due quadrati.
[$12a$; $20a$]

578 L'area di un triangolo rettangolo misura $6b^2$. Determina la misura dei cateti, sapendo che l'ipotenusa misura $5b$.
[$3b$; $4b$]

579 In un rombo l'area misura $96l^2$ e la somma delle due diagonali è $28l$. Trova il perimetro del rombo e quello del rettangolo avente per dimensioni le diagonali del rombo.
[$40l$; $56l$]

580 Un rettangolo, di area $36a^2$, ha un lato che supera l'altro di $5a$. Calcola il perimetro $2p$ del rettangolo e l'area S del quadrato costruito sulla diagonale del rettangolo.
[$26a$; $97a^2$]

581 Un rettangolo ha il perimetro che misura $28r$. Calcola l'area, sapendo che il raggio della circonferenza circoscritta misura $5r$.
[$48r^2$]

106

PARAGRAFO 6. I SISTEMI DI SECONDO GRADO **ESERCIZI**

582 Calcola il perimetro di un triangolo isoscele, di area $256b^2$, la cui base è la metà dell'altezza. $[16b(1 + \sqrt{17})]$

583 La diagonale di un rettangolo è lunga $5a$ e l'area $10a^2$. Calcola il perimetro e l'area del quadrato costruito sulla dimensione minore del rettangolo. $[4a\sqrt{5} ; 5a^2]$

584 Determina il perimetro del quadrato avente il lato congruente all'ipotenusa di un triangolo rettangolo di area $24a^2\sqrt{7}$. La somma dei cateti del triangolo vale $4a(3 + \sqrt{7})$. $[64a]$

Problemi vari

585 Determina due numeri positivi, sapendo che il loro prodotto è 28 e la somma dei loro quadrati è 65. $[4; 7]$

586 Calcola il perimetro di un rettangolo di area 50 cm², sapendo che il rapporto fra i lati è uguale a $\frac{1}{2}$. $[30 \text{ cm}]$

587 Determina due frazioni positive, sapendo che il loro prodotto vale $\frac{1}{6}$ e che, aggiungendo 1 alla somma dei loro quadrati, si ottiene $\frac{217}{144}$. $\left[\frac{1}{4}; \frac{2}{3}\right]$

588 Un rettangolo ha l'area di 50 cm² e il perimetro di 30 cm. Calcola l'area del quadrato costruito sulla diagonale del rettangolo. $[125 \text{ cm}^2]$

589 Un triangolo rettangolo di area 96 cm² è inscritto in una semicirconferenza. Determina la lunghezza del raggio, sapendo che la somma dei cateti vale 28 cm. $[10 \text{ cm}]$

590 Un rettangolo di area 594 cm² ha una dimensione di 5 cm più lunga dell'altra. Calcola il perimetro del rettangolo e la lunghezza della diagonale. $[98 \text{ cm}; 34,82 \text{ cm}]$

591 Calcola l'area di un triangolo rettangolo la cui ipotenusa è lunga 26 cm e la somma dei cateti vale 34 cm. $[120 \text{ cm}^2]$

592 In un rombo la somma delle diagonali è 14 cm e l'area vale 24 cm². Calcola il perimetro del rombo. $[20 \text{ cm}]$

593 Determina due numeri positivi, sapendo che la somma dei loro quadrati è 145 e che il prodotto fra la metà del primo numero e il triplo del secondo è uguale a 18. $[1; 12]$

594 Il prodotto di un intero positivo per una frazione vale $\frac{18}{5}$ e la somma dei quadrati delle loro terze parti equivale a $\frac{181}{225}$. Individua l'intero e la frazione. $\left[2; \frac{9}{5}\right]$

595 Il prodotto di due numeri interi negativi è uguale a 22. La somma fra il quadrato della metà del minore e il quadrato del maggiore vale $\frac{137}{4}$. Determina i due numeri. $[-11; -2]$

596 Scrivi due numeri positivi, sapendo che il loro prodotto è uguale a 15 e che la somma dei quadrati dei loro reciproci equivale a $\frac{34}{225}$. $[3; 5]$

597 La somma dei reciproci dei quadrati di due numeri è uguale a $\frac{41}{400}$. Determina due numeri, sapendo che il prodotto del primo per i $\frac{3}{5}$ del secondo è uguale a 12. $[4, 5; -4, -5]$

107

ESERCIZI CAPITOLO 2. LE EQUAZIONI DI SECONDO GRADO

598 Determina due numeri, sapendo che se si sottrae $\frac{1}{3}$ al doppio del loro prodotto si ottiene $\frac{25}{6}$ e se si aggiunge $\frac{1}{4}$ alla somma dei loro reciproci si ottiene $\frac{23}{12}$. $\left[\frac{3}{4}; 3\right]$

599 Aggiungendo 1 alla quarta parte del prodotto di due numeri, si ottiene $\frac{3}{2}$ e sottraendo 2 dalla somma dei loro reciproci si ottiene $\frac{17}{8}$. Determina i due numeri. $\left[\frac{1}{4}; 8\right]$

600 Trova l'area di un triangolo isoscele, sapendo che l'altezza relativa alla base è lunga $12b$ e il perimetro misura $36b$. $[60b^2]$

601 L'area di un rombo vale $96k^2$ e il lato obliquo è lungo $10k$. Calcola il perimetro e l'area del quadrato costruito sulla diagonale minore del rombo. $[48k; 144k^2]$

602 Un quadrato di lato $\sqrt{42}$ cm è equivalente a un rombo di lato $\sqrt{58}$ cm. Calcola il perimetro di un parallelogramma con i lati congruenti alle due diagonali del rombo. $[40 \text{ cm}]$

603 Considera un numero di due cifre, superiore a 70. La somma delle cifre vale 12 e la somma dei loro cubi vale 468. Qual è il numero? $[75]$

604 È dato un rettangolo di cui l'area e il perimetro sono rispettivamente 12 m^2 e 14 m. Determina la lunghezza della diagonale del rettangolo. $[5 \text{ m}]$

605 Determina l'insieme dei punti $P(x; y)$ del piano per i quali valgono contemporaneamente le seguenti relazioni fra le coordinate x e y: $2x + 3y = 7$ e $4x^2 + 9y^2 = 25$. $\left[(2; 1), \left(\frac{3}{2}; \frac{4}{3}\right)\right]$

606 Una stanza rettangolare contiene un tappeto quadrato di area uguale alla metà dell'area della stanza e con i lati paralleli alle pareti. Sapendo che tre dei lati del tappeto distano p dalle pareti e il quarto lato dista $2p$, calcola le dimensioni della stanza. $[8p \text{ e } 9p]$

607 Le età di due sorelle sono tali che la somma dei loro quadrati supera di 9 il loro doppio prodotto e i $\frac{3}{4}$ del loro prodotto è uguale a 21. Quanti anni hanno le due sorelle? $[4 \text{ e } 7]$

608 Filippo va a trovare un amico con il suo motorino, percorrendo una strada rettilinea con moto uniformemente accelerato. Partendo da fermo, dopo 65 m, acquista la velocità di 14 m/s. Trascurando gli effetti degli attriti, calcola l'accelerazione del motorino e il tempo impiegato da Filippo per raggiungere tale velocità. $[1{,}5 \text{ m/s}^2; 9{,}3 \text{ s}]$

609 Matteo è più grande di Monica. La somma delle loro età vale 5, il loro prodotto 4. Quanti anni hanno i due bambini? [Matteo 4 anni, Monica 1 anno]

610 Due amici, Emanuela e Davide, abitano nella stessa via, in numeri civici diversi. La somma dei due numeri è uguale a 42. Il numero di Davide, maggiore di quello dell'amica, è uguale al numero di Emanuela elevato al quadrato. In quali numeri civici abitano i due amici? $[6 \text{ e } 36]$

611 Le schede di ricarica di due cellulari stanno per esaurirsi. Aggiungendo € 4 all'importo della prima scheda, si ottiene il doppio di quello della seconda e, raddoppiando il quadrato dell'importo della prima scheda, si ottengono € 72. Quanti euro contengono le due schede? $[€ 6; € 5]$

612 La distanza minima che un'automobile deve tenere dal veicolo che la precede, per frenare senza bloccare le ruote, è di 48 m quando viaggia ai 100 km/h. Calcola la decelerazione dell'auto in caso di frenata e il tempo che essa impiega per fermarsi completamente. $[8 \text{ m/s}^2; 3{,}5 \text{ s}]$

108

REALTÀ E MODELLI

NEL SITO ▶ Scheda di risoluzione guidata

1 Il vivaio

In un vivaio si piantano 60 alberelli in file parallele di 10 piante ciascuna; ogni albero dista 2 m da quelli a fianco. Intorno alla zona rettangolare formata dagli alberi è prevista una striscia di prato con la stessa larghezza su ciascuno dei quattro lati e con un'area complessiva pari al rettangolo occupato dagli alberi.

▶ Trova la larghezza della striscia di prato.

2 Il tiro con l'arco

Una freccia è scagliata verticalmente verso l'alto con una velocità iniziale di 75 m/s da un'altezza di 1,10 m. L'altezza (in metri) raggiunta dalla freccia in funzione del tempo t (in secondi) è data dalla funzione:

$s(t) = -4,9t^2 + 75t + 1,1$.

▶ Dopo quanti secondi la freccia tocca terra?

3 La barca

Una barca si muove in acqua ferma alla velocità $v_b = 12$ km/h. La stessa barca percorre lungo un fiume 42 km verso monte e 42 km verso valle in un tempo totale di 10 ore.

▶ Qual è la velocità v_c della corrente del fiume (che supponiamo costante)?

4 Il fuoristrada

La massa media delle automobili fuoristrada, al variare degli anni di produzione, può essere descritta mediante l'equazione $M = 1,5t^2 - 25t + 2500$, dove M è la massa espressa in kg, t è il tempo espresso in anni e $t = 10$ corrisponde all'anno 1985.

▶ In quale anno la massa media di un veicolo fuoristrada è stata di 2596 kg?

▶ Secondo questo modello, in quale anno (approssimativamente) la massa media di un fuoristrada potrà raggiungere i 3500 kg?

5 Le viti

Due macchine automatiche producono viti. La macchina A, più vecchia, per produrre una vite impiega un minuto in più della macchina B. Lavorando contemporaneamente producono 600 viti in due ore e mezza.

▶ Quanto tempo impiegherebbe da sola ogni macchina per avere la stessa produzione?

ESERCIZI — CAPITOLO 2. LE EQUAZIONI DI SECONDO GRADO

VERIFICHE DI FINE CAPITOLO

TEST

Questi e altri test interattivi nel sito: zte.zanichelli.it

1 L'equazione di secondo grado, nell'incognita x,
$$\frac{2ax^2}{3b} - \frac{5bx}{a} + 3 = 0 \quad \text{è:}$$

- A completa letterale.
- B intera pura.
- C pura letterale.
- D fratta numerica.
- E spuria letterale.

2 È data l'equazione di secondo grado in x:
$$5x^2 - bx - c = 0.$$
Quale fra le seguenti affermazioni è *vera*?
Le soluzioni:

- A sono reali $\forall\, b, c \in \mathbb{R}$.
- B sono reali se $b > 0$.
- C sono reali se $b < 0$ e $c < 0$.
- D non sono reali $\forall b, c \in \mathbb{R}$.
- E sono reali se $c > 0$.

3 È data l'equazione di secondo grado in x:
$$ax^2 + c = 0.$$
Quale fra le seguenti affermazioni è *vera*?
L'equazione:

- A non ha soluzioni reali.
- B ha due soluzioni reali coincidenti se $c < 0$.
- C ha due soluzioni reali opposte se $c < 0$.
- D ha due soluzioni reali opposte se a e c sono discordi.
- E ha soluzioni reali coincidenti se a e c sono discordi.

4 Quale fra le seguenti affermazioni è *vera*?
L'equazione $3x^2 - 2x + 3 = 0$ non ha soluzioni reali perché:

- A a e c sono concordi.
- B b è negativo.
- C $b^2 - 4ac < 0$.
- D il discriminante è nullo.
- E $b^2 > 4ac$.

5 L'equazione $4x^2 - bx + 9 = 0$ ha due soluzioni reali coincidenti se:

- A $b = 0$.
- B $\Delta < 0$.
- C $b = \pm 12$.
- D $b < 0$.
- E $b = \pm 6$.

6 L'equazione $5x^2 + bx - 9 = 0$ ha due soluzioni reali opposte se:

- A $b = 0$.
- B $\Delta < 0$.
- C $b < 0$.
- D $b^2 = 180$.
- E $b > 0$.

7 Considera l'equazione:
$$x^2 - (\sqrt{2} + 1)x + \sqrt{2} = 0.$$
Soltanto una delle seguenti affermazioni è *vera*. Quale?

- A Il prodotto delle radici è uguale alla loro somma.
- B L'equazione ha due radici negative.
- C L'equazione non ha radici reali.
- D L'equazione ha per radici due numeri irrazionali.
- E L'equazione ha due radici positive.

8 Il discriminante di un'equazione di secondo grado è positivo; allora le soluzioni sono:

- A discordi se ci sono due permanenze.
- B positive se ci sono due permanenze.
- C negative se ci sono due variazioni.
- D discordi se ci sono una permanenza e una variazione.
- E coincidenti se ci sono due variazioni.

110

VERIFICHE DI FINE CAPITOLO | ESERCIZI

QUESITI ED ESERCIZI

9 Perché l'equazione, nell'incognita x, $x^2 - ax + a^2 = 0$, con $a \neq 0$, non ammette soluzioni reali?

10 Perché l'equazione $\dfrac{x^2}{x(x+1)} = \dfrac{-1}{x+1}$ è palesemente impossibile?

11 L'equazione di secondo grado del tipo $(ax + b)^2 = 0$ ha il discriminante necessariamente nullo? Perché?

Risolvi le seguenti equazioni.

12 $\dfrac{20x - 1}{2} + (18x + 9) = 3x(1 - x) - (4x - 1)^2$ $\qquad$ [impossibile]

13 $4(2 - x)(x + 2) + 20 = 36(x + 1) - x(2x + 7)$ $\qquad \left[0; -\dfrac{29}{2}\right]$

14 $\dfrac{(x + 1)(x - 1)}{5} - \dfrac{(x + 2)^2}{15} = \dfrac{x^2 - 3x - 4}{10}$ $\qquad [2; -4]$

15 $\dfrac{1}{4}(x - 6) - x\left(1 - \dfrac{x}{2}\right) = \dfrac{(x - 3)(x + 3)}{4} - \dfrac{9}{8}$ $\qquad$ [impossibile]

16 $[(x + 1)^2 - x^2](2x - 1) - x(x - 1) = 2(x^2 - x) - (1 - x)$ $\qquad [-2; 0]$

17 $\dfrac{1}{3}(x + 2)^2 - \dfrac{1}{2} - \dfrac{4 - x^2}{6} = \dfrac{3}{2}\left(x + \dfrac{1}{3}\right)^2$ $\qquad \left[0; \dfrac{1}{3}\right]$

18 $(x - 1)(x + 1) = 2(x - 5)(x + 5)$ $\qquad [\pm 7]$

19 $27x^3 - 3375 = 0$ $\qquad [5]$

20 $2x^3 + 7x^2 + 8x + 3 = 0$ $\qquad \left[-\dfrac{3}{2}; -1\right]$

21 $32x^{10} + 275x^5 + 243 = 0$ $\qquad \left[-\dfrac{3}{2}; -1\right]$

22 $3x^3 + x^2 - 12x - 4 = 0$ $\qquad \left[-2; -\dfrac{1}{3}; 2\right]$

23 $4x^4 + 45 - 29x^2 = 0$ $\qquad \left[\pm\dfrac{3}{2}; \pm\sqrt{5}\right]$

24 $x^2(2x - 3)(2x + 3) + 2 = 0$ $\qquad \left[\pm\dfrac{1}{2}; \pm\sqrt{2}\right]$

25 $6x^3 + 1 - 7x^2 = 0$ $\qquad \left[-\dfrac{1}{3}; \dfrac{1}{2}; 1\right]$

26 $625x^8 - 609x^4 - 16 = 0$ $\qquad [\pm 1]$

27 $(2x^2 - 3)(4x + 1) + 2x^2 = (2x - 1)(2x - 5) - 9$ $\qquad \left[-\dfrac{1}{2}\right]$

28 $12x^4 - 49x^3 + 74x^2 - 49x + 12 = 0$ $\qquad \left[1; \dfrac{3}{4}; \dfrac{4}{3}\right]$

Risolvi i seguenti sistemi nelle incognite x, y e z (dove compare).

29 $\begin{cases} x = 4 \\ y^2 + 2x = 12 \end{cases}$ $\qquad [(4; 2), (4; -2)]$

30 $\begin{cases} y = 3 \\ x^2 - 2y = 2 \end{cases}$ $\qquad [(2\sqrt{2}; 3), (-2\sqrt{2}; 3)]$

31 $\begin{cases} 2x - y = 4 \\ x^2 + y^2 = 2x - 2y \end{cases}$ $\qquad \left[(2; 0), \left(\dfrac{4}{5}; -\dfrac{12}{5}\right)\right]$

32 $\begin{cases} x - y = 2 \\ \dfrac{2}{y} + \dfrac{3}{x} = 3 \end{cases}$ $\qquad \left[(3; 1), \left(\dfrac{2}{3}; -\dfrac{4}{3}\right)\right]$

33 $\begin{cases} x + y = 1 \\ \dfrac{1 - x}{y} - \dfrac{y}{x - 1} = \dfrac{5}{2} \end{cases}$ $\qquad [(1; 0) \text{ non accettabile}]$

111

ESERCIZI | **CAPITOLO 2. LE EQUAZIONI DI SECONDO GRADO**

34 Piegando un foglio di carta rettangolare, è possibile dividerlo in due parti rettangolari uguali fra loro e simili al foglio originario?
Calcola, se è possibile, il rapporto fra i lati del foglio di carta. $\left[\text{detti } x \text{ e } l \text{ i lati, } \dfrac{x}{l} = \dfrac{\sqrt{2}}{2}\right]$

35 Calcola il perimetro del rettangolo avente area uguale ad a e diagonale uguale a d. $\left[2\sqrt{d^2 + 2a}\right]$

36 La somma delle aree di due quadrati è 250 cm^2 e il semiprodotto delle due diagonali è 117 cm^2. Determina l'area dei due quadrati costruiti sulle diagonali. $[162 \text{ cm}^2; 338 \text{ cm}^2]$

37 La diagonale di un rettangolo è lunga $5a$ e l'area misura $10a^2$. Calcola il perimetro e l'area del quadrato costruito sulla dimensione minore del rettangolo. $[4a\sqrt{5}; 5a^2]$

38 Determina quali numeri razionali hanno le seguenti caratteristiche: la somma del numeratore con il denominatore è 7, la somma del numero stesso con il suo inverso dà per risultato $\dfrac{25}{12}$. $\left[\dfrac{3}{4}; \dfrac{4}{3}\right]$

39 Anna e Luca possiedono delle biglie. Anna ne possiede più di Luca. Sapendo che la differenza tra i numeri di biglie possedute dai due bambini è 2 e il prodotto è 80, trova il numero di biglie di Anna. $[10]$

40 La somma delle radici quadrate di due numeri è 3; il rapporto fra la somma dei due numeri e la radice quadrata del loro prodotto è 2. Quali sono i due numeri? $\left[\dfrac{9}{4}; \dfrac{9}{4}\right]$

41 Calcola il perimetro di un rettangolo di area 50 cm^2, sapendo che il rapporto fra i lati è uguale a $\dfrac{1}{2}$. $[30 \text{ cm}]$

42 Il prodotto di due numeri è 54 e la somma dei reciproci è $\dfrac{5}{18}$. Individua i due numeri. $[6; 9]$

TEST YOUR SKILLS

43 A water rocket is launched upward with an initial velocity of 48 ft/s. Its height h, in feet, after t seconds, is given by $h = 48t - 16t^2$. When will the rocket be exactly 32 feet above the ground?
(USA *Tacoma Community College, Review for Test*, 2002)
$[t = 1 \text{ s}; t = 2 \text{ s}]$

44 Two students attempted to solve the quadratic equation $x^2 + bx + c = 0$. Although both students did the work correctly, one miscopied the middle term and obtained the solution set $\{2, 3\}$, while the other miscopied the constant term and obtained the solution set $\{2, 5\}$. What is the correct solution set?
(USA *Lehigh University: High School Math Contest*, 2005)
$[\{1, 6\}]$

45 **TEST** Let a and b be distinct real numbers for which: $\dfrac{a}{b} + \dfrac{a + 10b}{b + 10a} = 2$. Find $\dfrac{a}{b}$.

A 0.6   B 0.7   C 0.8   D 0.9   E 1

(USA *American Mathematics Contest 10*, 2002)
Le gare *American Mathematics Contest 10* (AMC 10) sono rivolte a studenti americani del primo biennio superiore.

46 **TEST** For how many integer values of n does the equation $x^2 + nx - 16 = 0$ have integer solutions?
(Hint. Remember the relation between the solutions and the coefficients of the equation.)

A 2   B 3   C 4   D 5   E 6

(UK *Senior Mathematical Challenge*, 2002)

GLOSSARY

although: benché
to attempt: tentare
distinct: distinto, diverso
ground: suolo

height: altezza
hint: suggerimento
integer: intero (numero)
to launch: lanciare

middle: medio, centrale
quadratic: quadratico, di 2° grado
upward: verso l'alto
water rocket: razzo ad acqua

CAPITOLO **3**

[numerazione araba]

[numerazione devanagari]

[numerazione cinese]

LE DISEQUAZIONI DI SECONDO GRADO

BODY MASS INDEX Nella pratica medica una prima indicazione sullo stato del peso forma di una persona è data dal cosiddetto BMI (dall'inglese *Body Mass Index*). Recentemente l'Organizzazione Mondiale della Sanità ha fissato nuovi criteri per classificare lo stato di sottopeso, normopeso, sovrappeso e obesità di una persona a seconda dell'indice di massa corporea…

…considerato un peso di 70 kilogrammi, per quali fasce di altezza possiamo ritenere una persona sottopeso, normale, sovrappeso o obesa?

▶ La risposta a pag. 127

1. LE DISEQUAZIONI

Chiamiamo **disequazione** una disuguaglianza in cui compaiono espressioni letterali per le quali cerchiamo i valori di una o più lettere che rendono la disuguaglianza vera.

Le lettere per le quali si cercano i valori sono le **incognite**.
Ci occuperemo per il momento soltanto di disequazioni con un'unica incognita.

I valori che soddisfano una disequazione costituiscono l'insieme delle **soluzioni**, che può essere rappresentato in diversi modi. Per esempio, l'insieme delle soluzioni della disequazione $x - 4 > 0$ è quello della figura 1.

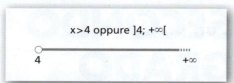

◀ **Figura 1** Nella rappresentazione mediante intervallo, $]4; +\infty[$, la parentesi aperta] significa che il valore 4 è escluso. Graficamente ciò si realizza disegnando un pallino vuoto.

Due disequazioni che hanno lo stesso insieme di soluzioni si dicono **equivalenti**. Valgono i seguenti **princìpi di equivalenza**:

- **primo principio di equivalenza**:
  data una disequazione, si ottiene una disequazione a essa equivalente aggiungendo a entrambi i membri uno stesso numero (o espressione);

- **secondo principio di equivalenza**:
  per trasformare una disequazione in una equivalente è possibile moltiplicare o dividere entrambi i membri per uno stesso numero (o espressione) positivo. In alternativa, si possono moltiplicare o dividere entrambi i membri per uno stesso numero (o espressione) negativo e cambiare il verso della disequazione.

● Per esempio, per il primo principio di equivalenza,

$4x > -3$

è equivalente a:

$4x + 2 > -3 + 2.$

Per il secondo principio di equivalenza,

$2x > -5$

è equivalente a:

$\dfrac{2x}{2} > \dfrac{-5}{2}$

e a:

$\dfrac{2x}{-2} < \dfrac{-5}{-2}.$

Per il primo principio **un termine può essere trasportato da un membro all'altro di una disequazione, cambiando il suo segno**.
Per il secondo principio **se si cambia il segno di tutti i termini di una disequazione e si inverte il suo verso, si ottiene una disequazione equivalente**.

■ Le disequazioni lineari numeriche intere

Una disequazione è:
- **lineare** se l'incognita è di primo grado;
- **numerica** se non compaiono altre lettere oltre all'incognita;
- **intera** se l'incognita compare soltanto nei numeratori delle eventuali frazioni presenti.

Per risolvere una disequazione lineare numerica intera passiamo dalla disequazione a disequazioni equivalenti sempre più semplici applicando i princìpi di equivalenza.

▮ **ESEMPIO**

Risolviamo la disequazione $3x - \dfrac{5}{2} < x$.

Applichiamo il secondo principio di equivalenza moltiplicando entrambi i membri per 2:

$6x - 5 < 2x$.

Applichiamo il primo principio trasportando i termini in cui è presente l'incognita al primo membro e gli altri al secondo:

$6x - 2x < 5 \rightarrow 4x < 5$.

Applichiamo il secondo principio dividendo i due membri per 4, cioè per il coefficiente dell'incognita:

$x < \dfrac{5}{4}$.

● Possiamo scrivere la soluzione anche così:

$\left]-\infty; \dfrac{5}{4}\right[$.

Lo studio del segno di un prodotto

Consideriamo una disequazione costituita da un prodotto di binomi:

$(x - 4)(3x + 2) > 0$.

Per risolverla bisogna **studiare il segno** del prodotto al variare dell'incognita x. Studiamo il segno dei due fattori singolarmente e rappresentiamo i risultati in uno schema grafico:

$x - 4 > 0 \rightarrow x > 4$,

$3x + 2 > 0 \rightarrow x > -\dfrac{2}{3}$.

▼ Figura 2

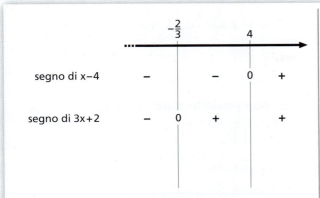

a. Rappresentiamo i valori $-\dfrac{2}{3}$ e 4 sulla retta orientata e, per indicare il segno di $x-4$ e di $3x+2$, mettiamo il segno + negli intervalli con segno positivo e segno − negli intervalli con segno negativo. Scriviamo 0 dove i binomi si annullano.

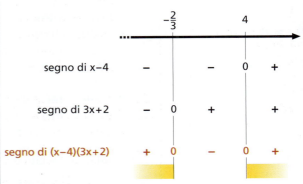

b. Applichiamo la regola dei segni in ognuno degli intervalli. Per esempio, per $x<-\dfrac{2}{3}$, si ha $-\cdot-=+$. Per $x=-\dfrac{2}{3}$ e $x=4$ il prodotto è 0.

La disequazione richiede che il prodotto sia positivo, quindi l'insieme delle soluzioni è dato da

$x < -\dfrac{2}{3} \vee x > 4$.

Possiamo rappresentare le soluzioni anche in altri due modi (figura 3), mediante:

- *rappresentazione grafica*: un cerchietto pieno indica che il valore corrispondente è una soluzione, uno vuoto che non è soluzione;

- *rappresentazione con intervalli*: la parentesi è rivolta verso l'interno se il valore estremo dell'intervallo è soluzione, verso l'esterno se non lo è.

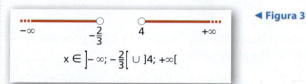

◀ Figura 3

2. IL SEGNO DI UN TRINOMIO DI SECONDO GRADO

Consideriamo il trinomio di secondo grado $ax^2 + bx + c$, con $a \neq 0$, e studiamo il suo segno.

Per farlo, consideriamo l'equazione associata $ax^2 + bx + c = 0$ e distinguiamo tre casi.

L'equazione associata ha $\Delta > 0$

■ ESEMPIO

Studiamo il segno del trinomio:

$$3x^2 + 5x - 2.$$

L'equazione associata è $3x^2 + 5x - 2 = 0$, con $\Delta = 49 > 0$.
Le radici dell'equazione sono:

$$x_1 = -2, \quad x_2 = \frac{1}{3}.$$

- $\Delta = 25 - 4 \cdot 3 \cdot (-2) = 49$,

$x = \dfrac{-5 \pm \sqrt{49}}{6}$.

Possiamo scrivere il trinomio come prodotto di tre fattori:

$$3x^2 + 5x - 2 = 3(x + 2)\left(x - \frac{1}{3}\right).$$

Studiamo il segno del prodotto (figura 4).

◀ Figura 4

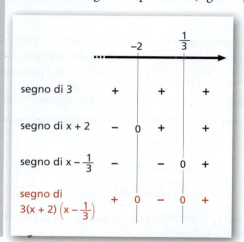

PARAGRAFO 2. IL SEGNO DI UN TRINOMIO DI SECONDO GRADO — TEORIA

In generale, se $\Delta > 0$, l'equazione associata al trinomio ha due radici distinte x_1 e x_2 e possiamo scrivere:

$$ax^2 + bx + c = a(x - x_1)(x - x_2).$$

Supponiamo $x_1 < x_2$ e studiamo il segno del prodotto a seconda del segno di a (figura 5).

▼ Figura 5

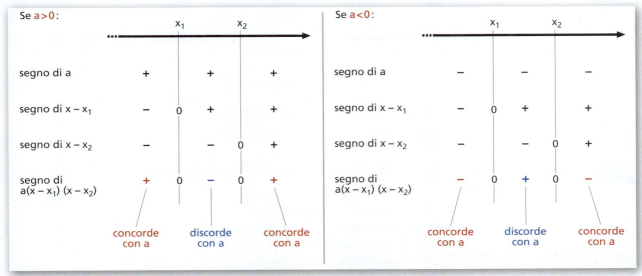

Se si guarda se il segno del trinomio è concorde o discorde con a, si ottiene un'unica regola, qualsiasi sia il segno di a.

REGOLA

Se il trinomio $ax^2 + bx + c$ (con $a \neq 0$) ha equazione associata avente $\Delta > 0$, esso ha segno:

- concorde con a per valori esterni all'intervallo individuato dalle radici dell'equazione associata;
- discorde con a per valori interni all'intervallo delle radici.

L'equazione associata ha $\Delta = 0$

ESEMPIO

Studiamo il segno del trinomio: $4x^2 + 20x + 25$.
L'equazione associata è $4x^2 + 20x + 25 = 0$, con $\Delta = 0$.
La radice doppia dell'equazione è:

$$x_1 = x_2 = -\frac{10}{4} = -\frac{5}{2}.$$

Scomponiamo in fattori il trinomio:

$$4x^2 + 20x + 25 = 4\left(x + \frac{5}{2}\right)^2.$$

Studiamo il segno del prodotto (figura 6).

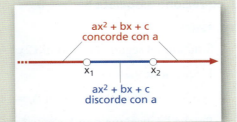

◀ Figura 6
4 è sempre positivo;
$\left(x + \frac{5}{2}\right)^2$ è il quadrato di un binomio, quindi è positivo per ogni x diverso da $-\frac{5}{2}$, valore per cui si annulla. Quindi il trinomio $4x^2 + 20x + 25$ è concorde con il coefficiente 4 per $x \neq -\frac{5}{2}$.

In generale, se $\Delta = 0$, l'equazione associata al trinomio $ax^2 + bx + c$ ha una radice doppia $x_1 = x_2$ e possiamo scrivere:

$$ax^2 + bx + c = a(x - x_1)^2.$$

Studiamo il segno del prodotto a seconda del segno di a (figura 7).

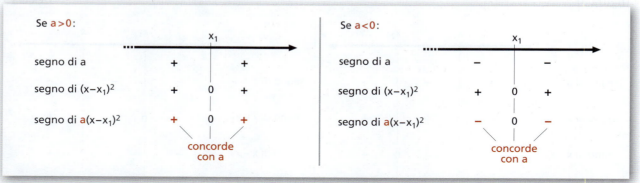

▲ Figura 7

REGOLA

Se il trinomio $ax^2 + bx + c$ (con $a \neq 0$) ha equazione associata avente $\Delta = 0$, esso ha segno concorde con a per tutti i valori diversi dalla radice dell'equazione associata.

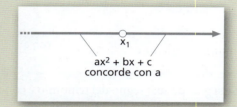

L'equazione associata ha $\Delta < 0$

ESEMPIO

Studiamo il segno del trinomio $2x^2 - 12x + 19$.

L'equazione associata è:

$$2x^2 - 12x + 19 = 0, \text{ con } \Delta = 144 - 152 = -8 < 0.$$

Poiché l'equazione non ha radici reali, non possiamo scomporre il trinomio in fattori. Utilizziamo allora il *metodo del completamento del quadrato* per trasformare il trinomio.

Raccogliamo 2, in modo che il coefficiente di x^2 sia 1:

$$2\left(x^2 - 6x + \frac{19}{2}\right).$$

Il termine $6x$ può essere scritto come prodotto $2 \cdot x \cdot 3$, cioè come doppio prodotto di x e di 3. Pertanto aggiungiamo e togliamo all'interno delle parentesi il quadrato di 3:

$$2\left(x^2 - 6x + \frac{19}{2} + 9 - 9\right).$$

Il trinomio $x^2 - 6x + 9$ è il quadrato del binomio $x - 3$, quindi:

$$2\left[(x-3)^2 + \frac{19}{2} - 9\right] = 2\left[(x-3)^2 + \frac{1}{2}\right].$$

PARAGRAFO 3. LA RISOLUZIONE DELLE DISEQUAZIONI DI SECONDO GRADO INTERE | **TEORIA**

La somma fra parentesi quadre risulta positiva per ogni valore reale di x, perché è la somma di un addendo positivo o nullo e di un addendo positivo.

Quindi il trinomio $2x^2 - 12x + 19$, che è equivalente all'espressione ottenuta, è sempre positivo, ossia concorde con il coefficiente 2.

● L'addendo $(x - 3)^2$ può anche essere nullo, ma la somma è comunque positiva.

In generale, considerato il trinomio $ax^2 + bx + c$, raccogliamo a ($a \neq 0$):

$$a\left(x^2 + \frac{b}{a}x + \frac{c}{a}\right).$$

Il termine $\frac{b}{a}x$ può essere visto come il doppio prodotto $2 \cdot x \cdot \frac{b}{2a}$; aggiungiamo e togliamo all'interno delle parentesi il quadrato di $\frac{b}{2a}$:

$$a\left[x^2 + \frac{b}{a}x + \frac{c}{a} + \left(\frac{b}{2a}\right)^2 - \left(\frac{b}{2a}\right)^2\right].$$

Il trinomio $x^2 + \frac{b}{a}x + \left(\frac{b}{2a}\right)^2$ è il quadrato del binomio $x + \frac{b}{2a}$:

$$a\left[\left(x + \frac{b}{2a}\right)^2 + \left(\frac{c}{a} - \frac{b^2}{4a^2}\right)\right].$$

Sommiamo le due frazioni $+\frac{c}{a} - \frac{b^2}{4a^2}$:

$$\frac{c}{a} - \frac{b^2}{4a^2} = \frac{4ac - b^2}{4a^2} = \frac{-(b^2 - 4ac)}{4a^2} = \frac{-\Delta}{4a^2}.$$

Abbiamo trasformato il trinomio $ax^2 + bx + c$ nel seguente:

$$a\left[\left(x + \frac{b}{2a}\right)^2 + \frac{-\Delta}{4a^2}\right].$$

Essendo $\Delta < 0$, l'espressione $\frac{-\Delta}{4a^2}$ è positiva. Anche la somma dentro le parentesi quadre è allora positiva per ogni valore di x.

Pertanto il trinomio assume sempre lo stesso segno del coefficiente a.

■ REGOLA

Se il trinomio $ax^2 + bx + c$ (con $a \neq 0$) ha equazione associata con $\Delta < 0$, esso ha segno concorde con a per ogni valore reale.

3. LA RISOLUZIONE DELLE DISEQUAZIONI DI SECONDO GRADO INTERE

Ogni disequazione di secondo grado intera nell'incognita x può essere ricondotta alla forma normale:

$$ax^2 + bx + c > 0 \text{ oppure } ax^2 + bx + c < 0, \text{ con } a \neq 0.$$

● Può anche essere $\geq$ oppure $\leq$.

TEORIA
CAPITOLO 3. LE DISEQUAZIONI DI SECONDO GRADO

● La disequazione
$-x^2 + 5x - 6 < 0$,
avente il primo coefficiente negativo, diventa
$x^2 - 5x + 6 > 0$
se moltiplichiamo entrambi i membri per -1.

Possiamo sempre fare riferimento ai casi in cui il coefficiente a di x^2 è positivo. In caso contrario, basta moltiplicare i due membri della disequazione per -1 e cambiare il verso della disequazione applicando il secondo principio di equivalenza. Per risolvere una disequazione di 2° grado ridotta in forma normale si può utilizzare:
- un procedimento grafico che verrà proposto nel capitolo 5, paragrafo 5;
- un procedimento algebrico per il quale si studia il segno del trinomio associato.

ESEMPIO

1. Risolviamo la disequazione $\frac{1}{2}x^2 - 3x + 4 > 0$.

Il trinomio $\frac{1}{2}x^2 - 3x + 4$ ha equazione associata:

$$\frac{1}{2}x^2 - 3x + 4 = 0 \rightarrow x^2 - 6x + 8 = 0 \rightarrow x = \begin{cases} 2 \\ 4 \end{cases}$$

● $\frac{\Delta}{4} = 1$,

$x = 3 \pm 1 = \begin{cases} 2 \\ 4 \end{cases}$

Poiché cerchiamo i valori di x per cui il trinomio è positivo, cioè concorde con $\frac{1}{2}$, per la regola vista nel paragrafo precedente, dobbiamo considerare valori esterni all'intervallo delle radici trovate.

Quindi la disequazione è verificata per:

$x < 2 \vee x > 4$.

valori esterni

2. Se invece dobbiamo risolvere la disequazione $\frac{1}{2}x^2 - 3x + 4 < 0$, cerchiamo i valori di x per cui il trinomio è negativo, cioè discorde con $\frac{1}{2}$. Dobbiamo allora considerare valori interni all'intervallo delle radici. Quindi la disequazione è verificata per $2 < x < 4$.

valori interni

In generale, tenendo conto delle regole dello studio del segno, abbiamo lo schema seguente.

▶ Figura 8

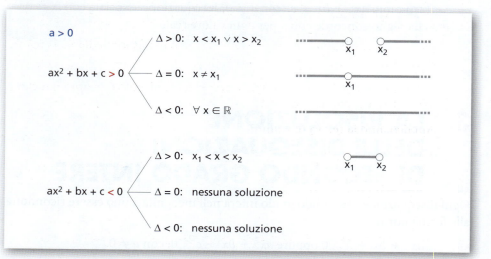

● Considereremo esempi dei vari casi negli esercizi guida.

120

Le disequazioni con ≥ o ≤

Le disequazioni in cui compaiono i segni ≥ o ≤ si risolvono analogamente a quelle in cui compaiono i segni > o <, tenendo conto che:

1. $ax^2 + bx + c \geq 0$ è equivalente a $ax^2 + bx + c > 0 \lor ax^2 + bx + c = 0$; quindi, l'insieme delle soluzioni della disequazione $ax^2 + bx + c \geq 0$ è l'unione delle soluzioni della disequazione $ax^2 + bx + c > 0$ e delle soluzioni dell'equazione associata.

   Per esempio, $\frac{1}{2}x^2 - 3x + 4 \geq 0$ ha come soluzioni:

   $x \leq 2 \lor x \geq 4$.

2. $ax^2 + bx + c \leq 0$ equivale a: $ax^2 + bx + c < 0 \lor ax^2 + bx + c = 0$.

   Per esempio, $\frac{1}{2}x^2 - 3x + 4 \leq 0$ ha come soluzioni:

   $2 \leq x \leq 4$.

valori esterni

valori interni

4. LE DISEQUAZIONI DI GRADO SUPERIORE AL SECONDO

Dato un polinomio $P(x)$ di grado maggiore di 2, le disequazioni del tipo $P(x) < 0$ o $P(x) > 0$ sono di grado superiore al secondo e possono essere risolte scomponendo in fattori di primo e secondo grado il polinomio $P(x)$ e studiando il segno del prodotto di polinomi che si ottiene.
In particolari casi di disequazioni, possiamo utilizzare metodi specifici, che esaminiamo negli esempi 2, 3 e 4.

■ **ESEMPIO**

1. Risolviamo la disequazione:

   $x^3 - 2x^2 - 5x + 6 > 0$.

   Scomponiamo il polinomio $x^3 - 2x^2 - 5x + 6$ in fattori mediante la regola di Ruffini.

   Se sostituiamo nel polinomio i divisori del termine noto 6, scopriamo che 1 è uno zero del polinomio.

   Applichiamo la regola di Ruffini:

   $$\begin{array}{c|ccc|c} & 1 & -2 & -5 & 6 \\ 1 & & 1 & -1 & -6 \\ \hline & 1 & -1 & -6 & 0 \end{array}$$

   $x^3 - 2x^2 - 5x + 6 = (x - 1)(x^2 - x - 6)$.

● Ricorda che se un polinomio ha zeri in $\mathbb{Z}$, questi devono essere divisori del termine noto. Perciò i possibili zeri interi del polinomio sono $\pm 1, \pm 2, \pm 3, \pm 6$.

• La disequazione $x^2 - x - 6 > 0$ è verificata per valori di x esterni all'intervallo delle radici $x_1 = -2$ e $x_2 = 3$ dell'equazione associata.

La disequazione iniziale è equivalente a:

$$(x - 1)(x^2 - x - 6) > 0.$$

Studiamo il segno del polinomio iniziale esaminando il segno dei due polinomi fattori:

$x - 1 > 0$ \qquad per \qquad $x > 1$;

$x^2 - x - 6 > 0$ \qquad per \qquad $x < -2 \lor x > 3$.

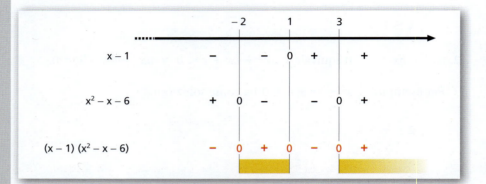

▶ Figura 9 Il quadro dei segni.

Dal quadro della figura 9 ricaviamo che la disequazione è verificata per

$$-2 < x < 1 \lor x > 3, \quad \text{ossia} \quad]-2; 1[\cup]3; +\infty[.$$

2. Risolviamo la **disequazione biquadratica**:

$$x^4 - 13x^2 + 36 \geq 0.$$

L'equazione associata

$$x^4 - 13x^2 + 36 = 0$$

è un'*equazione biquadratica*. Per risolverla, introduciamo l'incognita ausiliaria z e poniamo $x^2 = z$:

$z^2 - 13z + 36 = 0$ \quad per \quad $z_1 = 4, z_2 = 9$.

• In generale, un'**equazione biquadratica** nell'incognita x è riconducibile alla forma:
$$ax^4 + bx^2 + c = 0,$$
con $a \neq 0$.

La disequazione di quarto grado, nell'incognita x, è equivalente alla disequazione di secondo grado, nell'incognita ausiliaria z. Otteniamo

$z^2 - 13z + 36 \geq 0$ \quad per \quad $z \leq 4 \lor z \geq 9$,

da cui

$x^4 - 13x^2 + 36 \geq 0$ \quad per \quad $x^2 \leq 4 \lor x^2 \geq 9$,

• Essendo $x^2 = z$, sostituiamo a z i due valori trovati e otteniamo:
$x^2 = 4, x^2 = 9$.

ossia:

$$-2 \leq x \leq 2 \lor (x \leq -3 \lor x \geq 3).$$

PARAGRAFO 4. LE DISEQUAZIONI DI GRADO SUPERIORE AL SECONDO | **TEORIA**

3. Risolviamo la **disequazione binomia**:

$$x^3 - 8 \leq 0.$$

L'equazione associata

$$x^3 - 8 = 0$$

è un'*equazione binomia*, con esponente $n = 3$ dispari. La sua soluzione è:

$$x^3 = 8, \quad \text{da cui} \quad x = \sqrt[3]{8} = 2.$$

La disequazione è verificata per:

$$x \leq 2, \quad \text{ossia} \quad]-\infty; 2].$$

Osservazione. Per giustificare il risultato precedente, ricordiamo che $a^3 - b^3 = (a - b)(a^2 + ab + b^2)$. Quindi $x^3 - 8 = (x - 2)(x^2 + 2x + 4)$. Inoltre il trinomio $x^2 + 2x + 4$, che ha $\dfrac{\Delta}{4} = 1 - 4 < 0$, assume sempre segno positivo, e questo spiega perché il segno di $x^3 - 8$ dipende solo dal segno del fattore $(x - 2)$.

● In generale, un'**equazione binomia** è riconducibile alla forma:
$$ax^n + b = 0,$$
con $a \neq 0$ e n intero positivo.

4. Risolviamo la **disequazione trinomia**:

$$x^6 - 3x^3 + 2 > 0.$$

L'equazione associata $x^6 - 3x^3 + 2 = 0$

è un'*equazione trinomia*. Per risolverla, introduciamo l'incognita ausiliaria z e poniamo $x^3 = z$:

$$z^2 - 3z + 2 = 0 \quad \text{per} \quad z_1 = 1, z_2 = 2.$$

Procediamo in maniera analoga all'esempio 2.

La disequazione di sesto grado, nell'incognita x, è equivalente alla disequazione di secondo grado, nell'incognita ausiliaria z.

Ricaviamo

$$z^2 - 3z + 2 > 0 \quad \text{per} \quad z < 1 \lor z > 2,$$

da cui

$$x^6 - 3x^3 + 2 > 0 \quad \text{per} \quad x^3 < 1 \lor x^3 > 2,$$

vale a dire:

$$x < 1 \lor x > \sqrt[3]{2}.$$

● In generale, un'**equazione trinomia** nell'incognita x è riconducibile alla forma:
$$ax^{2n} + bx^n + c = 0,$$
con $a \neq 0$ e n intero positivo.

● Osserva che le equazioni biquadratiche sono particolari equazioni trinomie: quelle nelle quali $n = 2$.

123

5. LE DISEQUAZIONI FRATTE

Nelle disequazioni fratte compare l'incognita anche al denominatore. Possono essere sempre trasformate in disequazioni del tipo

$$\frac{A(x)}{B(x)} > 0 \quad \text{oppure} \quad \frac{A(x)}{B(x)} < 0,$$

o in quelle analoghe con i segni $\geq$ e $\leq$.

Per risolvere una disequazione fratta, come per il prodotto di fattori, è necessario **studiare il segno** della frazione al variare di x.

ESEMPIO

Risolviamo la disequazione fratta:

$$\frac{x^2 - 2x - 3}{4x - x^2} < 0.$$

C.E.: $4x - x^2 \neq 0 \rightarrow x(4 - x) \neq 0 \rightarrow x \neq 0 \land x \neq 4$.

Studiamo il segno del numeratore, ponendo $N = x^2 - 2x - 3 > 0$:

$$x^2 - 2x - 3 > 0 \rightarrow x < -1 \lor x > 3.$$

Studiamo il segno del denominatore, ponendo $D = 4x - x^2 > 0$:

$$4x - x^2 > 0 \rightarrow x^2 - 4x < 0 \rightarrow 0 < x < 4.$$

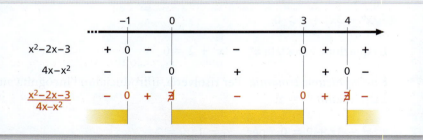

● Le radici dell'equazione $x^2 - 2x - 3 = 0$ sono:

$$x = 1 \pm 2 = \begin{cases} -1 \\ 3 \end{cases}$$

● Le radici dell'equazione $4x - x^2 = 0$ sono $x_1 = 0$ e $x_2 = 4$.

▶ **Figura 10** Il segno della frazione

$$\frac{x^2 - 2x - 3}{4x - x^2}$$

viene stabilito mediante le regole di segno della divisione (o moltiplicazione) fra numeratore e denominatore. Per $x = 0$ o per $x = 4$ la frazione non esiste, perché si annulla il denominatore.

La disequazione

$$\frac{x^2 - 2x - 3}{4x - x^2} < 0$$

richiede che la frazione sia negativa; quindi, osservando il quadro dei segni, deduciamo che la disequazione è verificata per:

$$x < -1 \quad \lor \quad 0 < x < 3 \quad \lor \quad x > 4.$$

6. I SISTEMI DI DISEQUAZIONI

Un sistema di disequazioni è un insieme di più disequazioni nella stessa incognita. Le **soluzioni** del sistema sono quei valori reali che soddisfano **contemporaneamente** tutte le disequazioni.

PARAGRAFO 7. LE EQUAZIONI E LE DISEQUAZIONI DI SECONDO GRADO CON VALORI ASSOLUTI — TEORIA

■ **ESEMPIO**

Risolviamo il seguente sistema di disequazioni:

$$\begin{cases} 2x - 24 < 0 \\ x^2 - 12x + 11 > 0 \end{cases} \rightarrow \begin{cases} x < 12 \\ x < 1 \ \vee \ x > 11 \end{cases}$$

Rappresentiamo gli intervalli delle soluzioni (figura 11). Coloriamo le parti che rappresentano le soluzioni comuni alle due disequazioni.

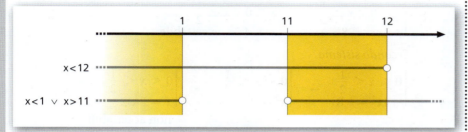

Il sistema è soddisfatto per $x < 1 \vee 11 < x < 12$.

● Le soluzioni dell'equazione $x^2 - 12x + 11 = 0$ sono:

$$x = 6 \pm \sqrt{25} =$$
$$= 6 \pm 5 = \begin{cases} 1 \\ 11 \end{cases}$$

◀ **Figura 11** Nella rappresentazione dei valori sulla retta non è necessario rispettare le distanze fra i numeri, ma solo il loro ordine. Il sistema delle due disequazioni ha per soluzioni gli intervalli corrispondenti alle parti colorate in figura, ossia

$$x < 1 \ \vee \ 11 < x < 12.$$

7. LE EQUAZIONI E LE DISEQUAZIONI DI SECONDO GRADO CON VALORI ASSOLUTI

Nella trattazione delle equazioni e delle disequazioni in cui compaiono i valori assoluti abbiamo fornito esempi in cui le equazioni e le disequazioni erano riconducibili al primo grado. Ora forniremo due esempi in cui le equazioni e le disequazioni associate sono di secondo grado.

■ **ESEMPIO**

1. Un'equazione di secondo grado con un valore assoluto

Risolviamo l'equazione $|2x^2 - x| = 2x^2 + x - 8$.

Studiamo il segno all'interno del valore assoluto, ponendolo positivo:

$2x^2 - x > 0$.

La disequazione è soddisfatta per i valori di x esterni all'intervallo delle radici: $x < 0 \vee x > \dfrac{1}{2}$.

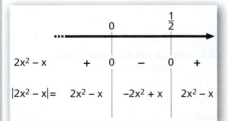

◀ **Figura 12** Quadro dei segni. Il valore assoluto coincide con $2x^2 - x$ quando $2x^2 - x$ è positivo; è l'opposto di $2x^2 - x$, ossia $-(2x^2 - x)$, quando $2x^2 - x$ è negativo.

125

L'equazione data equivale quindi ai due sistemi misti:

$$\begin{cases} x \leq 0 \vee x \geq \dfrac{1}{2} \\ 2x^2 - x = 2x^2 + x - 8 \end{cases} \quad \vee \quad \begin{cases} 0 < x < \dfrac{1}{2} \\ -2x^2 + x = 2x^2 + x - 8 \end{cases}$$

Risolviamo i due sistemi.

Primo sistema

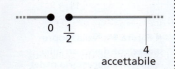

accettabile

$$\begin{cases} x \leq 0 \vee x \geq \dfrac{1}{2} \\ -2x = -8 \end{cases} \rightarrow \begin{cases} x \leq 0 \vee x \geq \dfrac{1}{2} \\ x = 4 \end{cases} \quad \text{accettabile}$$

Secondo sistema

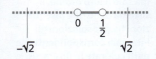

non accettabili

$$\begin{cases} 0 < x < \dfrac{1}{2} \\ -4x^2 = -8 \end{cases} \rightarrow \begin{cases} 0 < x < \dfrac{1}{2} \\ x^2 = 2 \end{cases} \rightarrow \begin{cases} 0 < x < \dfrac{1}{2} \\ x = \pm\sqrt{2} \end{cases}$$

non accettabili

L'equazione ha come soluzione $x = 4$.

2. Una disequazione di secondo grado con un valore assoluto

Risolviamo la disequazione $|1 - x^2| - x < x - 2$.

Studiamo il segno all'interno del valore assoluto:

$1 - x^2 > 0$.

La disequazione è verificata per $-1 < x < 1$.

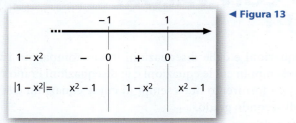

◀ Figura 13

La disequazione data è equivalente ai due sistemi di disequazioni:

$$\begin{cases} -1 \leq x \leq 1 \\ 1 - x^2 - x < x - 2 \end{cases} \quad \vee \quad \begin{cases} x < -1 \vee x > 1 \\ x^2 - 1 - x < x - 2 \end{cases}$$

Risolviamo separatamente i due sistemi.

Primo sistema

$$\begin{cases} -1 \leq x \leq 1 \\ -x^2 - 2x + 3 < 0 \end{cases} \rightarrow \begin{cases} -1 \leq x \leq 1 \\ x^2 + 2x - 3 > 0 \end{cases} \rightarrow \begin{cases} -1 \leq x \leq 1 \\ x < -3 \vee x > 1 \end{cases}$$

Il primo sistema non ha soluzioni.

Secondo sistema

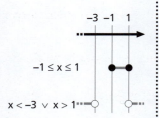

$$\begin{cases} x < -1 \vee x > 1 \\ x^2 - 2x + 1 < 0 \end{cases} \rightarrow \begin{cases} x < -1 \vee x > 1 \\ (x-1)^2 < 0 \end{cases} \quad \text{(mai verificata)}$$

Il secondo sistema non ha soluzioni.

La disequazione data non ha soluzioni.

BODY MASS INDEX

…considerato un peso di 70 kilogrammi, per quali fasce di altezza possiamo ritenere una persona sottopeso, normale, sovrappeso o obesa?

▶ Il quesito completo a pag. 113

In campo medico, la valutazione della forma fisica di una persona viene compiuta tenendo conto di diversi parametri, quali il sesso, l'età, l'altezza, la massa, la muscolatura, la costituzione ossea e soprattutto la percentuale di massa grassa, costituita dai tessuti adiposi.
L'indice di massa corporea (BMI, dall'inglese *Body Mass Index*) tiene conto del peso e della statura e costituisce una prima stima, seppur grossolana e semplicistica, della forma fisica di un individuo.
Indicate con m la massa in kilogrammi e con h l'altezza in metri, si definisce:

$$\text{BMI} = \frac{m}{h^2}.$$

A seconda del valore di BMI, è stata prodotta la classificazione che appare in tabella.

Valore BMI	Stato	Individuo
≥ 40	sovrappeso di 3° grado	obeso grave
30-39,9	sovrappeso di 2° grado	obeso
25-29,9	sovrappeso di 1° grado	sovrappeso
18,5-24,9	normopeso	normale
< 18,5	sottopeso	magro

Ora si supponga che una persona pesi 70 kilogrammi. È chiaro che l'ago della bilancia, da solo, dà poche informazioni sulla forma: fa molta differenza se si tratta di un giocatore di basket, alto più di un metro e ottanta, o di un bambino sotto il metro e cinquanta.
Considerando la classificazione dei valori di BMI, ci si chiede per quali fasce d'altezza si può considerare una persona di 70 kilogrammi magra, normale, sovrappeso, obesa o gravemente obesa.

- Prendiamo come primo caso lo stato di **sottopeso**:

    BMI < 18,5.

    Utilizziamo la definizione $\text{BMI} = \frac{m}{h^2}$ e consideriamo $m = 70$:

    $$\frac{70}{h^2} < 18{,}5 \rightarrow h^2 > \frac{70}{18{,}5}.$$

    Si tratta di una disequazione di secondo grado in h. Risolviamola tenendo conto della condizione $h > 0$. Risulta:

    $$h > \sqrt{\frac{70}{18{,}5}} \simeq 1{,}95.$$

Pertanto un individuo di 70 kilogrammi più alto di un metro e 95 centimetri è sottopeso o magro.
Con lo stesso procedimento si ottengono le disequazioni per gli altri stati di forma fisica, tenendo conto che $h > 0$.

- Per lo stato di **normopeso**:

    $$18{,}5 \leq \frac{70}{h^2} \leq 24{,}9 \rightarrow h^2 \leq \frac{70}{18{,}5} \wedge h^2 \geq \frac{70}{24{,}9}.$$

    Le due disequazioni hanno soluzioni accettabili,

    $$0 < h \leq \sqrt{\frac{70}{18{,}5}} \simeq 1{,}95 \wedge h \geq \sqrt{\frac{70}{24{,}9}} \simeq 1{,}68,$$

    cioè:

    $$1{,}68 \leq h \leq 1{,}95.$$

    Pertanto, un individuo che ha una massa di 70 kilogrammi è normale se ha un'altezza compresa tra 1,68 e 1,95 metri.

- Per lo stato di **sovrappeso di 1° grado**:

    $$25 \leq \frac{70}{h^2} \leq 29{,}9 \rightarrow h^2 \leq \frac{70}{25} \wedge h^2 \geq \frac{70}{29{,}9}.$$

    Le disequazioni hanno le seguenti soluzioni accettabili,

    $$0 < h \leq \sqrt{\frac{70}{25}} \simeq 1{,}67 \wedge h \geq \sqrt{\frac{70}{29{,}9}} \simeq 1{,}53,$$

    cioè:

    $$1{,}53 \leq h \leq 1{,}67.$$

    Si conclude che una persona di 70 kilogrammi è sovrappeso se ha un'altezza compresa tra 1,53 e 1,67 metri.

- Per lo stato di **sovrappeso di 2° grado**, si ottiene invece:

    $$1{,}33 \leq h \leq 1{,}52.$$

    Una persona di 70 kilogrammi è obesa se ha un'altezza compresa tra 1,33 e 1,52 metri.

- Per lo stato di **sovrappeso di 3° grado**:

    $$\frac{70}{h^2} \geq 40 \rightarrow h^2 \leq \frac{70}{40}, \text{ cioè:}$$

    $$0 < h \leq \sqrt{\frac{70}{40}} \simeq 1{,}32.$$

    Un individuo di 70 kilogrammi è gravemente obeso se è più basso di 1,32 metri.

LABORATORIO DI MATEMATICA

LE DISEQUAZIONI DI SECONDO GRADO CON WIRIS

ESERCITAZIONE GUIDATA

Con Wiris determiniamo per quali valori di k la disequazione nell'incognita x

$$(2-k)x^2 - 2(k+1)x + 3k + 1 > 0$$

ammette soluzioni esterne all'intervallo delle radici dell'equazione associata. Svolgiamo una verifica per uno di tali valori di k.

Per determinare i valori di k ai quali corrispondano disequazioni con soluzioni esterne all'intervallo delle radici, dobbiamo imporre al coefficiente di x^2 e al discriminante della disequazione di essere maggiori di 0.

- Attiviamo, allora, Wiris e assegniamo alla variabile d l'equazione associata, la inseriamo nel comando per risolvere le equazioni e con *Calcola* troviamo le sue radici in funzione di k (figura 1).

$$d = (2-k)\cdot x^2 - 2\cdot(k+1)\cdot x + 3\cdot k + 1;$$

$$\text{risolvere}(d, x) \rightarrow \left\{\left\{x = -\frac{\sqrt{4\cdot k^2-3\cdot k-1}}{k-2} + \frac{-k-1}{k-2}\right\}, \left\{x = \frac{\sqrt{4\cdot k^2-3\cdot k-1}}{k-2} + \frac{-k-1}{k-2}\right\}\right\}$$

$$\text{risolvere_disequazione}(2-k>0 \ \& \ 4\cdot k^2-3\cdot k-1>0, k) \rightarrow k>1 \ \& \ k<2 \ | \ k<-\frac{1}{4}$$

$$\text{risolvere_disequazione}(\text{sostituire}(d, k, -2)>0, x) \rightarrow x>\frac{\sqrt{21}}{4}-\frac{1}{4} \ | \ x<-\frac{\sqrt{21}}{4}-\frac{1}{4}$$

◀ Figura 1

- Scriviamo, poi, all'interno del comando per risolvere le disequazioni, il sistema formato dal coefficiente di x^2 posto maggiore di 0 e dal discriminante della disequazione (estratto da una delle soluzioni trovate precedentemente con *ctrl-C* e incollato con *ctrl-V*), a sua volta posto maggiore di 0, desiderando ottenere radici reali e distinte. Diamo *Calcola* e otteniamo gli intervalli di k richiesti dal problema.
- Infine impostiamo e con *Calcola* risolviamo la disequazione ottenuta sostituendo a k il valore -2, uno dei valori accettabili, e Wiris dà soluzioni esterne all'intervallo delle radici.

Nel sito: ▶ Altre esercitazioni

Esercitazioni

Con l'aiuto del computer, per ogni disequazione parametrica nell'incognita x, determina i valori del parametro k affinché siano soddisfatte le condizioni indicate. Verifica per alcuni valori di k.

1 $5(k+3)x^2 - 10(2k-1)x + 9(k-1) > 0$.

a) Le soluzioni sono esterne all'intervallo delle radici.

b) Ammette come soluzioni tutte le x reali, tranne un solo valore.

$\left[\text{a)}\ -3 < k < \frac{16}{11} \vee k > 2;\ \text{b)}\ k = \frac{16}{11}, k = 2\right]$

2 $(1-k^2)x^2 - 2kx - 1 > 0$.

a) Le soluzioni sono esterne all'intervallo delle radici.

b) Una radice è uguale a 2.

$\left[\text{a)}\ -1 < k < 1;\ \text{b)}\ k = -\frac{3}{2}, k = \frac{1}{2}\right]$

3 $kx^2 - 2x + 1 > 0$.

a) Le soluzioni sono esterne all'intervallo delle radici.

b) Le soluzioni sono interne all'intervallo delle radici.

c) Ammette come soluzioni tutte le x reali, tranne un solo valore.

d) Una radice è uguale a 3.

$\left[\text{a)}\ 0 < k < 1;\ \text{b)}\ k < 0;\ \text{c)}\ k = 1;\ \text{d)}\ k = \frac{5}{9}\right]$

LA TEORIA IN SINTESI
LE DISEQUAZIONI DI SECONDO GRADO

1. LE DISEQUAZIONI

- Una **disequazione** è una disuguaglianza tra espressioni letterali per la quale cerchiamo i valori delle lettere che la rendono vera.
  I valori che soddisfano una disequazione costituiscono l'insieme delle **soluzioni**; due disequazioni che hanno lo stesso insieme di soluzioni si dicono **equivalenti**.

- **Primo principio di equivalenza**: da una disequazione si ottiene una disequazione equivalente aggiungendo a entrambi i membri uno stesso numero (o espressione).

- **Secondo principio di equivalenza**: se in una disequazione si moltiplicano o si dividono entrambi i membri per uno stesso numero (o espressione)
  - positivo,
  - negativo e si cambia il verso della disequazione

  si ottiene una disequazione equivalente.

- Per **studiare il segno** di un prodotto di polinomi, si studia il segno di ogni polinomio fattore, poi si determina il segno del prodotto mediante la regola dei segni della moltiplicazione.

2. IL SEGNO DI UN TRINOMIO DI SECONDO GRADO

- Se il trinomio $ax^2 + bx + c$ (con $a > 0$) ha equazione associata avente $\Delta > 0$, esso ha segno:
  - concorde con a, per valori esterni all'intervallo individuato dalle radici dell'equazione associata;
  - discorde con a, per valori interni all'intervallo delle radici.

- Se il trinomio $ax^2 + bx + c$ (con $a \neq 0$) ha equazione associata avente $\Delta = 0$, esso ha segno concorde con a per tutti i valori diversi dalla radice dell'equazione associata.

- Se il trinomio $ax^2 + bx + c$ (con $a \neq 0$) ha equazione associata avente $\Delta < 0$, esso ha segno concorde con a per ogni valore reale.

3. LA RISOLUZIONE DELLE DISEQUAZIONI DI SECONDO GRADO INTERE

- Per risolvere le disequazioni
  $$ax^2 + bx + c > 0, \quad ax^2 + bx + c < 0, \quad ax^2 + bx + c \geq 0, \quad ax^2 + bx + c \leq 0,$$
  si considera l'equazione associata $ax^2 + bx + c = 0$.

- In generale, con $a > 0$ (se $a < 0$ si moltiplicano entrambi i membri per -1 e si inverte il verso della disequazione):

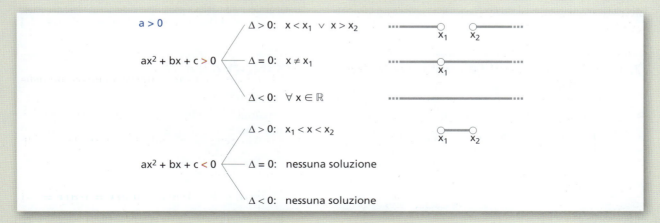

4. LE DISEQUAZIONI DI GRADO SUPERIORE AL SECONDO

- La risoluzione delle **disequazioni di grado superiore al secondo** è a volte possibile se si riesce a scomporre in fattori il polinomio associato. In tal caso si studia il segno dei diversi fattori e si compila un quadro dei segni complessivo da cui si determina il segno del polinomio iniziale mediante la regola dei segni della moltiplicazione.

5. LE DISEQUAZIONI FRATTE

- Per risolvere una **disequazione fratta**, $\frac{A(x)}{B(x)} > 0$, si studiano i segni del numeratore e del denominatore, poi si determina il segno della frazione mediante la regola dei segni. La frazione si annulla se e solo se il numeratore è 0; non esiste se il denominatore è nullo.

ESEMPIO: Supponiamo che x_1 e x_2 siano gli zeri di $A(x)$, essendo $A(x)$ di secondo grado, e che x_3 sia l'unico zero di $B(x)$, essendo $B(x)$ di primo grado.

Sia $x_1 < x_3 < x_2$. Le soluzioni di $\frac{A(x)}{B(x)} > 0$ sono

$x_1 < x < x_3 \vee x > x_2$.

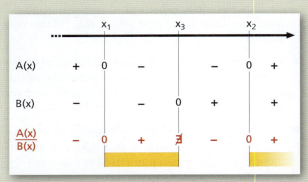

6. I SISTEMI DI DISEQUAZIONI

- Per risolvere un **sistema di disequazioni** si risolvono le singole disequazioni; quindi si determina in quali intervalli sono verificate contemporaneamente tutte le disequazioni.

ESEMPIO:

Risolviamo il sistema: $\begin{cases} A(x) > 0 \\ B(x) < 0 \\ C(x) > 0 \end{cases}$

Supponiamo che le disequazioni siano verificate negli intervalli indicati in figura. Il sistema è allora verificato soltanto per $x > x_2$.

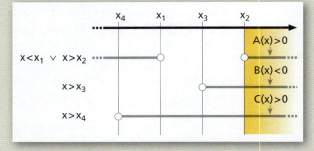

7. LE EQUAZIONI E LE DISEQUAZIONI DI SECONDO GRADO CON VALORI ASSOLUTI

- Quando in un'equazione o disequazione di secondo grado compaiono dei **valori assoluti**, bisogna esaminare separatamente i casi per cui l'espressione interna al valore assoluto è maggiore o uguale a 0, oppure minore di 0.

ESEMPIO:

$|x+2| = x^2 \begin{cases} \text{se } x \geq -2 \Rightarrow x+2 = x^2 \\ \text{se } x < -2 \Rightarrow -x-2 = x^2 \end{cases}$

PARAGRAFO 1. LE DISEQUAZIONI   **ESERCIZI**

1. LE DISEQUAZIONI

▶ Teoria a pag. 114

Le disequazioni lineari numeriche intere

Risolvi le seguenti disequazioni lineari numeriche.

1 $3x - 2 + 7x < 12x + 6$ $[x > -4]$

2 $2(1 - 4x) \geq 3 - 5(x - 4)$ $[x \leq -7]$

3 $2x - 4 \geq 3(1 - 2x)$ $\left[x \geq \dfrac{7}{8}\right]$

4 $6 - (2x - 3) < 6x + 2(9 - 4x)$ $[\forall\, x \in \mathbb{R}]$

5 $\dfrac{1}{2}x - \dfrac{1}{3}(2 - x) > \dfrac{x - 1}{6}$ $\left[x > \dfrac{3}{4}\right]$

6 $\dfrac{x - 2}{3} + \dfrac{1}{2} \geq 3(x - 1) - \dfrac{1}{3}$ $\left[x \leq \dfrac{19}{16}\right]$

7 $2\left[x + \dfrac{1}{2}(1 - 2x)\right] \leq -x + \dfrac{6 - x}{2}$ $\left[x \leq \dfrac{4}{3}\right]$

8 $\dfrac{x - 1}{3} + \dfrac{2 - x}{2} > \dfrac{4 + x}{6} + x$ $[x < 0]$

9 $\dfrac{1}{4}(x + 2) + \dfrac{1}{3} < x - \dfrac{x + 3}{6}$ $\left[x > \dfrac{16}{7}\right]$

10 $\dfrac{1}{2}\left[2(x + 1) - \dfrac{2 - x}{2}\right] \leq 6(x + 1) - \dfrac{x}{4}$ $\left[x \geq -\dfrac{11}{9}\right]$

11 $(x + 1)(x - 1) < \dfrac{1}{2} + x(x - 2) - 4$ $\left[x < -\dfrac{5}{4}\right]$

12 $1 + [4 - (2x - 1)(x + 3)] \geq 6 + x(5 - 2x) - 9$ $\left[x \leq \dfrac{11}{10}\right]$

13 $(1 - 3x)^2 - 2x(x - 1) < 7(x + 1)^2 + 12$ $[x > -1]$

14 $-2 + x + 2\left(x - \dfrac{1}{2}\right)\left(x + \dfrac{1}{2}\right) > x(x - 6) + $ $+ x^2 + 1$ $\left[x > \dfrac{1}{2}\right]$

15 $(3x - 1)^2 - (3x + 1)^2 \geq 2 + 3(x - 2)$ $\left[x \leq \dfrac{4}{15}\right]$

16 $\dfrac{x}{4}(8x - 3) - 2(x + 2)^2 > \dfrac{3}{4}$ $[x < -1]$

17 $1 - (x - 2)(x + 3) + x + (5 + x)(x - 3) \geq -2x$ $[x \geq 2]$

18 $(3x + 5)^2 - 9x(x + 4) \leq 3(3x + 2) - 5x + 1$ $\left[x \geq \dfrac{9}{5}\right]$

La rappresentazione degli intervalli

19 **ESERCIZIO GUIDA**

Scriviamo i seguenti intervalli (o unioni di intervalli) utilizzando le parentesi quadre e rappresentiamoli graficamente.

a) $x > 5$;   b) $-4 < x < -1$;   c) $-7 \leq x \leq 7$;   d) $x \leq -2 \lor x \geq 10$.

a) $]5; +\infty[$

L'estremo 5 è **escluso**: abbiamo scritto $]5; +\infty[$; graficamente, 5 è un circoletto vuoto.
Poiché $+\infty$ non è un numero reale, ma un simbolo che rappresenta una quantità «più grande» di qualsiasi numero reale, abbiamo scritto $]5; +\infty[$.

b) $]-4; -1[$

I due estremi sono **esclusi**: abbiamo scritto $]-4; -1[$ e i due circoletti sono vuoti.

c) $[-7; 7]$

Gli estremi -7 e 7 sono **inclusi**: abbiamo scritto $[-7; 7]$ e i due circoletti sono pieni.

d) $x \leq -2 \lor x \geq 10$ è l'unione dei due intervalli $x \leq -2$ e $x \geq 10$:

$]-\infty; -2] \cup [10; +\infty[$

ESERCIZI — CAPITOLO 3. LE DISEQUAZIONI DI SECONDO GRADO

Rappresenta i seguenti intervalli sia mediante le parentesi quadre sia graficamente.

20 $-3 < x < 6;$ $x \geq 2;$ $x \leq 4.$

21 $1 < x < 4;$ $x > -1;$ $x < \dfrac{1}{3}.$

22 $\dfrac{2}{3} \leq x < 1;$ $-\dfrac{1}{8} < x \leq 2.$

23 $-3 \leq x \leq 3;$ $-2 \leq x \leq -1.$

24 $x < 4 \lor x \geq \dfrac{16}{3};$ $x \leq -\dfrac{1}{2} \lor x \geq \dfrac{1}{2}.$

25 $x < -\dfrac{1}{5} \lor x > 1;$ $x \leq -3 \lor x > 3.$

Correggi la notazione dei seguenti intervalli, scritti mediante parentesi quadre, in modo che siano corrispondenti alle disuguaglianze poste a fianco.

26 $[-4; +\infty[,\ x > -4;$ $[0; 9[,\ 0 < x \leq 9.$

27 $]-1; +\infty],\ x > -1;$ $]-\infty; 3[,\ x \leq 3.$

28 $]2; +\infty[\ \cup\ ]\dfrac{5}{2}; +\infty[,\ x < 2 \lor x > \dfrac{5}{2}.$

29 $]\dfrac{8}{3}; \dfrac{1}{4}],\ \dfrac{1}{4} \leq x < \dfrac{8}{3}.$

Per ogni rappresentazione grafica scrivi il corrispondente intervallo sia mediante le parentesi quadre sia mediante le disuguaglianze.

30

a) 2 ○─── $\dfrac{7}{2}$ ○   b) -2 ○───● 3   c) 3 ●─── 8   d) -7 ●───● -4

31

a) 1 ○   b) -1 ●───● $-\dfrac{1}{2}$ ○   c) 0 ○   d) -5 ○ $\dfrac{1}{4}$ ●

Lo studio del segno di un prodotto

32 ESERCIZIO GUIDA

Studiamo il segno del prodotto $(x + 7)(3 - x)$.
Dal risultato ottenuto, deduciamo il segno del polinomio quando la variabile x assume i valori:
$-8, -7, 0, 6.$

Studiamo il segno dei due fattori:

$x + 7 > 0 \ \rightarrow\ x > -7.$
$3 - x > 0 \ \rightarrow\ -x > -3 \ \rightarrow\ x < 3.$

Compiliamo il quadro applicando la regola dei segni.
Detto p il prodotto:

- per $x < -7 \lor x > 3,\quad p < 0;$
- per $-7 < x < 3,\quad p > 0;$
- per $x = -7 \lor x = 3,\quad p = 0.$

Quindi, in particolare, per $x = -8$ e $x = 6,\ p < 0;$
per $x = -7,\ p = 0;$ per $x = 0,\ p > 0.$

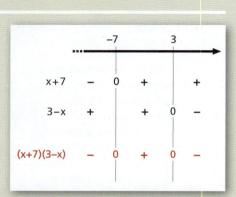

PARAGRAFO 1. LE DISEQUAZIONI — **ESERCIZI**

Studia il segno dei seguenti prodotti. Dai risultati ottenuti deduci il segno per i valori indicati a fianco. Verifica l'esattezza della deduzione, almeno in qualche caso.

33 $x(x-1)$, $\quad x = -2, 0, 2.$

34 $(x+5)(2x+3)$, $\quad x = -3, 0, 3.$

35 $\left(x + \dfrac{1}{2}\right)(3x-1)$ $\quad x = -4, 0, 4.$

36 $(5x+1)(x-4)$, $\quad x = -6, 1, 3.$

37 $8(x-1)(3x+1)$, $\quad x = -1, 0, 1.$

38 $-4(3-2x)(2-x)$, $\quad x = -\dfrac{3}{2}, \dfrac{1}{2}, \dfrac{5}{2}.$

39 $(x-1)(x+2)(x-4)$, $\quad x = 0, 4, 8.$

40 $(5-3x)(5x-1)(3x+2)$, $\quad x = 0, 2, 4.$

---

41 **ESERCIZIO GUIDA**

Risolviamo la disequazione $(x+2)(5-x) \leq 0$.

Studiamo il segno di ognuno dei fattori, cercando i valori di x per i quali ciascun fattore è positivo:

$x + 2 > 0 \rightarrow x > -2$,

$5 - x > 0 \rightarrow -x > -5 \rightarrow x < 5$.

Compiliamo il quadro dei segni (figura a lato).
Poiché si richiede che il prodotto sia negativo o nullo, le soluzioni della disequazione sono le seguenti: $x \leq -2 \vee x \geq 5$.

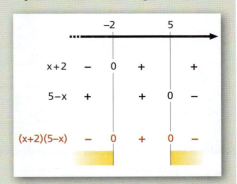

Risolvi le seguenti disequazioni.

42 $(x+2)(x+4) < 0$ $\quad [-4 < x < -2]$

43 $(x+3)(x-5) > 0$ $\quad [x < -3 \vee x > 5]$

44 $-x(3x+1) \leq 0$ $\quad \left[x \leq -\dfrac{1}{3} \vee x \geq 0\right]$

45 $(2x+3)(x+1) > 0$ $\quad \left[x < -\dfrac{3}{2} \vee x > -1\right]$

46 $(4x-16)(9x-3) \geq 0$ $\quad \left[x \leq \dfrac{1}{3} \vee x \geq 4\right]$

47 $-9x(3x+18) > 0$ $\quad [-6 < x < 0]$

48 $x(x+2)(x-5) < 0$ $\quad [x < -2 \vee 0 < x < 5]$

49 $(3x-1)(4x+5)(1-x) > 0$ $\quad \left[x < -\dfrac{5}{4} \vee \dfrac{1}{3} < x < 1\right]$

50 $-\dfrac{3}{4}(x-1)(3x+4)(3-x)x \leq 0$ $\quad \left[-\dfrac{4}{3} \leq x \leq 0 \vee 1 \leq x \leq 3\right]$

51 $2x(3x+1)(x+5)(2-x) > 0$ $\quad \left[-5 < x < -\dfrac{1}{3} \vee 0 < x < 2\right]$

133

2. IL SEGNO DI UN TRINOMIO DI SECONDO GRADO

▶ Teoria a pag. 116

52 **ESERCIZIO GUIDA**

Studiamo il segno dei seguenti trinomi:

a) $6x^2 - 11x + 3$;   b) $x^2 - 4\sqrt{3}\,x + 12$;   c) $-5x^2 + 6x - 5$.

a) Consideriamo l'equazione associata:

$$6x^2 - 11x + 3 = 0,$$

$$\Delta = 121 - 72 = 49 > 0,$$

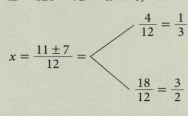

Il trinomio è concorde con 6 (coefficiente di x^2), ossia è positivo, per valori esterni all'intervallo delle radici, cioè per $x < \dfrac{1}{3} \vee x > \dfrac{3}{2}$; è discorde con 6, cioè è negativo, per valori interni ossia per $\dfrac{1}{3} < x < \dfrac{3}{2}$.

b) L'equazione associata è:

$$x^2 - 4\sqrt{3}\,x + 12 = 0,$$

$$\dfrac{\Delta}{4} = 12 - 12 = 0,$$

$$x = 2\sqrt{3}.$$

Il trinomio è concorde con 1 (coefficiente di x^2), cioè è positivo, per $x \neq 2\sqrt{3}$.

c) L'equazione associata

$$-5x^2 + 6x - 5 = 0 \rightarrow 5x^2 - 6x + 5 = 0$$

ha $\dfrac{\Delta}{4} = -16 < 0$.

Il trinomio è concorde con -5, cioè è negativo, per ogni x reale.

Studia il segno dei seguenti trinomi di secondo grado.

53 $-x^2 + 12x - 36$ [mai positivo; negativo per $x \neq 6$]

54 $x^2 - 2\sqrt{3}\,x + 3$ [positivo per $x \neq \sqrt{3}$; mai negativo]

55 $-x^2 + 9$ [positivo per $-3 < x < 3$; negativo per $x < -3 \vee x > 3$]

56 $2x^2 + 2x + 1$ [positivo $\forall x \in \mathbb{R}$]

57 $7x - x^2$ [positivo per $0 < x < 7$; negativo per $x < 0 \vee x > 7$]

58 $x^2 - 4x + 5$ [positivo $\forall x \in \mathbb{R}$]

59 $2x^2 - 15x + 7$ $\left[\text{positivo per } x < \dfrac{1}{2} \vee x > 7; \text{ negativo per } \dfrac{1}{2} < x < 7\right]$

60 $-8x^2 - 4$ [mai positivo]

61 $-3x^2 - 3x - 3$ [mai positivo]

PARAGRAFO 3. LA RISOLUZIONE DELLE DISEQUAZIONI DI SECONDO GRADO INTERE — **ESERCIZI**

62 $-x^2 + x + 2$ [positivo per $-1 < x < 2$; negativo per $x < -1 \lor x > 2$]

63 $x^2 - (3 - \sqrt{3})x - 3\sqrt{3}$ [positivo per $x < -\sqrt{3} \lor x > 3$; negativo per $-\sqrt{3} < x < 3$]

64 $2x^2 - (6 + \sqrt{2})x + 3\sqrt{2}$ $\left[\text{positivo per } x < \frac{\sqrt{2}}{2} \lor x > 3; \text{ negativo per } \frac{\sqrt{2}}{2} < x < 3\right]$

3. LA RISOLUZIONE DELLE DISEQUAZIONI DI SECONDO GRADO INTERE

▶ Teoria a pag. 119

65 ESERCIZIO GUIDA

Risolviamo le seguenti disequazioni:

a) $-10x - 8x^2 - 3 > 0$; b) $4x^2 - 12x + 9 \geq 0$; c) $3x^2 - 2x + 1 < 0$.

a) Riscriviamo la disequazione ordinando il polinomio al primo membro:

$$-8x^2 - 10x - 3 > 0.$$

Essendo il coefficiente del termine di secondo grado negativo, moltiplichiamo i due membri per -1 e *cambiamo il verso della disequazione*:

$$8x^2 + 10x + 3 < 0.$$

Risolviamo l'equazione associata:

$$8x^2 + 10x + 3 = 0$$

$$\frac{\Delta}{4} = (+5)^2 - 8 \cdot 3 = 25 - 24 = 1$$

$$x = \frac{-5 \pm 1}{8} = \begin{cases} -\frac{3}{4} \\ -\frac{1}{2} \end{cases}$$

Il trinomio $8x^2 + 10x + 3$ assume valore negativo, ossia discorde con il coefficiente 8, per valori interni all'intervallo.

L'intervallo delle soluzioni della disequazione $8x^2 + 10x + 3 < 0$ è quindi:

$$-\frac{3}{4} < x < -\frac{1}{2}, \text{ ossia } \left]-\frac{3}{4}; -\frac{1}{2}\right[.$$

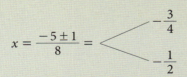

b) Calcoliamo il discriminante dell'equazione associata:

$$\frac{\Delta}{4} = 6^2 - 4 \cdot 9 = 36 - 36 = 0.$$

L'equazione ha una radice reale doppia:

$$x = \frac{3}{2}.$$

Il trinomio $4x^2 - 12x + 9$ assume segno positivo, cioè concorde con il coefficiente 4, per $x \neq \frac{3}{2}$.

Per $x = \frac{3}{2}$ il trinomio è nullo.

Quindi la disequazione è verificata per ogni valore di x:

$$\forall x \in \mathbb{R} \quad \text{ossia} \quad]-\infty; +\infty[.$$

Avremmo potuto dedurre la soluzione senza fare calcoli, riconoscendo che $4x^2 - 12x + 9$ è il quadrato del binomio $2x - 3$ e ricordando che un quadrato non può essere negativo.

c) Calcoliamo il discriminante dell'equazione associata:

$$3x^2 - 2x + 1 = 0, \frac{\Delta}{4} = 1 - 3 = -2 < 0.$$

Poiché il coefficiente di x^2, $a = 3$, è positivo e $\Delta < 0$, il trinomio $3x^2 - 2x + 1$ è sempre positivo e la disequazione non è mai verificata. Scriviamo pertanto:

$$\nexists x \in \mathbb{R}.$$

135

ESERCIZI CAPITOLO 3. LE DISEQUAZIONI DI SECONDO GRADO

Risolvi le seguenti disequazioni.

66 $x^2 + 3x + 2 > 0$ $[x < -2 \lor x > -1]$

67 $x^2 + x - 6 > 0$ $[x < -3 \lor x > 2]$

68 $x^2 - 2x + 10 > 0$ $[\forall x \in \mathbb{R}]$

69 $x^2 - 2x - 8 > 0$ $[x < -2 \lor x > 4]$

70 $x^2 + 4x + 5 < 0$ $[\nexists x \in \mathbb{R}]$

71 $16x^2 - 24x + 9 < 0$ $[\nexists x \in \mathbb{R}]$

72 $-x^2 + 3x - 2 > 0$ $[1 < x < 2]$

73 $x(x + 3) \leq -2x$ $[-5 \leq x \leq 0]$

74 $-x^2 + 9 \leq 0$ $[x \leq -3 \lor x \geq 3]$

75 $x^2 + 10x + 34 < 0$ $[\nexists x \in \mathbb{R}]$

76 $-x(x - 4) < 3$ $[x < 1 \lor x > 3]$

77 $9x^2 + 4 > 0$ $[\forall x \in \mathbb{R}]$

78 $81x^2 + 18x + 1 \leq 0$ $\left[x = -\dfrac{1}{9}\right]$

79 $-x^2 - 6x - 8 \geq 0$ $[-4 \leq x \leq -2]$

80 $6x^2 + x - 1 < 0$ $\left[-\dfrac{1}{2} < x < \dfrac{1}{3}\right]$

81 $x^2 - 8x + 20 > 0$ $[\forall x \in \mathbb{R}]$

82 $\dfrac{1}{2}(x - 1) \leq x^2 - x$ $\left[x \leq \dfrac{1}{2} \lor x \geq 1\right]$

83 $9x^2 - 30x + 25 > 0$ $\left[\forall x \in \mathbb{R} - \left\{\dfrac{5}{3}\right\}\right]$

84 $-x^2 - 3 \geq 0$ $[\nexists x \in \mathbb{R}]$

85 $x^2 - \dfrac{7}{4}x - \dfrac{15}{8} > 0$ $\left[x < -\dfrac{3}{4} \lor x > \dfrac{5}{2}\right]$

86 $x^2 - \dfrac{13}{6}x + 1 < 0$ $\left[\dfrac{2}{3} < x < \dfrac{3}{2}\right]$

87 $x^2 + \dfrac{3}{4}x - \dfrac{5}{8} \geq 0$ $\left[x \leq -\dfrac{5}{4} \lor x \geq \dfrac{1}{2}\right]$

88 $3x^2 + 4x + \dfrac{4}{3} > 0$ $\left[\forall x \in \mathbb{R} - \left\{-\dfrac{2}{3}\right\}\right]$

89 $-x^2 - \dfrac{5}{2}x - \dfrac{3}{2} < 0$ $\left[x < -\dfrac{3}{2} \lor x > -1\right]$

90 $4x^2 - 48x + 145 > 0$ $[\forall x \in \mathbb{R}]$

91 $2x^2 - 4x - \dfrac{21}{2} \leq 0$ $\left[-\dfrac{3}{2} \leq x \leq \dfrac{7}{2}\right]$

92 $x^2 + \dfrac{8}{5}x + \dfrac{16}{25} < 0$ $[\nexists x \in \mathbb{R}]$

93 $2x^2 - 9x + \dfrac{81}{8} > 0$ $\left[\forall x \in \mathbb{R} - \left\{\dfrac{9}{4}\right\}\right]$

94 $-x^2 + \dfrac{5}{2}x - 1 \leq 0$ $\left[x \leq \dfrac{1}{2} \lor x \geq 2\right]$

95 $-4x^2 - 3x - \dfrac{9}{16} > 0$ $[\nexists x \in \mathbb{R}]$

96 $x^2 - 36 > 0$ $[x < -6 \lor x > 6]$

97 $9x^2 + 25 < 0$ $[\nexists x \in \mathbb{R}]$

98 $x^2 + 9x \leq 0$ $[-9 \leq x \leq 0]$

99 $9x^2 < 25$ $\left[-\dfrac{5}{3} < x < \dfrac{5}{3}\right]$

....

100 **ASSOCIA** a ogni disequazione l'insieme delle sue soluzioni.

1) $x^2 \geq 4$ **2)** $4 \geq x^2$ **3)** $x^2 < 4$ **4)** $-x^2 \leq 4$

a) $\forall x \in \mathbb{R}$ **b)** $x \leq -2 \lor x \geq 2$ **c)** $-2 < x < 2$ **d)** $-2 \leq x \leq 2$

101 Risolvi la disequazione $6\left(x^2 - \dfrac{1}{3}\right) \geq -x$.

Senza eseguire ulteriori calcoli scrivi l'intervallo delle soluzioni delle seguenti disequazioni:

a) $6x^2 + x - 2 < 0$;
b) $-(6x^2 + x - 2) < 0$;
c) $6x^2 + x - 2 > 0$.

$$\left[x \leq -\frac{2}{3} \lor x \geq \frac{1}{2}; \text{a)} -\frac{2}{3} < x < \frac{1}{2}; \text{b)} x < -\frac{2}{3} \lor x > \frac{1}{2}; \text{c)} x < -\frac{2}{3} \lor x > \frac{1}{2}\right]$$

136

102 **COMPLETA** la seguente tabella.

Disequazione	Soluzione	
	Rappresentazione grafica	**Rappresentazione algebrica**
....	●——————● $\quad$ 1 $\qquad$ 7	....
....	....	$x < -3 \vee x > 4$
$-x^2 + 2x \geq 0$	....	....
....	....	$\forall x \neq \dfrac{1}{2}$
....	···——● $\quad$ ●—— ··· $\quad$ -1 $\qquad$ $\frac{1}{3}$	....

COMPLETA

103 $x^2 - 4x \ldots > 0 \qquad \forall\, x \neq 2.$

104 $x^2 \ldots 9 < 0 \qquad$ è impossibile.

105 $x^2 + x + 1 \ldots 0 \qquad \forall\, x \in \mathbb{R}.$

106 $x^2 \ldots 36 > 0 \qquad \forall\, x \in \mathbb{R}.$

107 $x^2 \ldots 49 > 0 \qquad$ per $x < -7 \vee x > 7.$

108 $x^2 - 6x \ldots > 0 \qquad$ per $x \neq 3.$

109 $x^2 \ldots x \ldots < 0 \qquad$ per $2 < x < 4.$

110 $x^2 \ldots \leq 0 \qquad$ per $-4 \leq x \leq 4.$

111 $x^2 \ldots x \ldots > 0 \qquad$ per $x < -2 \vee x > 5.$

112 $\ldots -x^2 \geq 0 \qquad$ per $0 \leq x \leq 5.$

RIEPILOGO $\quad$ Le disequazioni di secondo grado intere

113 **CACCIA ALL'ERRORE** Trova l'errore e correggilo.

a) $-\dfrac{1}{4}x^2 \geq 0 \ \rightarrow\ x^2 \leq -4$

b) $x^2 \leq 0 \ \rightarrow\ x \leq 0$

c) $-4x^2 \geq -4 \ \rightarrow\ x^2 \geq 1 \ \rightarrow\ x \leq -1 \vee x \geq 1$

d) $x^2 \leq 16 \ \rightarrow\ x \leq 4$

e) $x^2 + 4 \leq 0 \ \rightarrow\ -2 \leq x \leq 2$

Risolvi le seguenti disequazioni.

114 $x^2 + 5x \leq 0 \qquad\qquad [-5 \leq x \leq 0]$

115 $-x^2 + 4x - 3 < 0 \qquad [x < 1 \vee x > 3]$

116 $-x^2 + \dfrac{3}{2}x - \dfrac{1}{2} \leq 0 \qquad \left[x \leq \dfrac{1}{2} \vee x \geq 1\right]$

117 $x^2 - 4x + 4 > 0 \qquad [\forall\, x \in \mathbb{R} - \{2\}]$

118 $8x - x^2 > 0 \qquad [0 < x < 8]$

119 $-4x^2 + 12x - 9 \geq 0 \qquad \left[x = \dfrac{3}{2}\right]$

120 $2x^2 - \dfrac{1}{8} < 0 \qquad \left[-\dfrac{1}{4} < x < \dfrac{1}{4}\right]$

121 $-\dfrac{1}{9}x^2 > 0 \qquad [\nexists\, x \in \mathbb{R}]$

ESERCIZI   **CAPITOLO 3. LE DISEQUAZIONI DI SECONDO GRADO**

122 $\dfrac{1}{5}x^2 - 4x < 0$ $[0 < x < 20]$

123 $9x - x^2 - 20 \geq 0$ $[4 \leq x \leq 5]$

124 $7 - x^2 \leq 0$ $[x \leq -\sqrt{7} \vee x \geq \sqrt{7}]$

125 $-4(x+1)^2 < 0$ $[\forall x \in \mathbb{R} - \{-1\}]$

126 $2x^2 + x \geq 1$ $\left[x \leq -1 \vee x \geq \dfrac{1}{2}\right]$

127 $(x-3)^2 \leq 4$ $[1 \leq x \leq 5]$

128 $x^2 - 10x + 21 \leq 0$ $[3 \leq x \leq 7]$

129 $x^2 - 7x + 10 > 0$ $[x < 2 \vee x > 5]$

130 $9x^2 + 30x + 25 \leq 0$ $\left[x = -\dfrac{5}{3}\right]$

131 $6x^2 - 5x + 1 < 0$ $\left[\dfrac{1}{3} < x < \dfrac{1}{2}\right]$

132 $x^2 + 2x + 5 < 0$ $[\nexists\, x \in \mathbb{R}]$

133 $2x^2 - x + \dfrac{17}{8} \leq 0$ $[\nexists\, x \in \mathbb{R}]$

134 $-9x^2 + 12x - 4 < 0$ $\left[\forall x \in \mathbb{R} - \left\{\dfrac{2}{3}\right\}\right]$

135 $-x^2 + 4x + 12 > 0$ $[-2 < x < 6]$

136 $x^2 - x - \dfrac{40}{9} \geq 0$ $\left[x \leq -\dfrac{5}{3} \vee x \geq \dfrac{8}{3}\right]$

137 $25x(1-x) - 6 < 0$ $\left[x < \dfrac{2}{5} \vee x > \dfrac{3}{5}\right]$

138 $4 \geq 9x(x+1)$ $\left[-\dfrac{4}{3} \leq x \leq \dfrac{1}{3}\right]$

139 $x^2 > \dfrac{1}{2}(x+1)$ $\left[x < -\dfrac{1}{2} \vee x > 1\right]$

. . . .

140 $2 + x(1-x) < 2(4x+7)$ $[x < -4 \vee x > -3]$

141 $-x^2 + 4\sqrt{3}\,x + 13 \leq 0$ $[x \leq 2\sqrt{3} - 5 \vee x \geq 2\sqrt{3} + 5]$

142 $\sqrt{3}\,x^2 - 2x - \sqrt{3} < 0$ $\left[-\dfrac{\sqrt{3}}{3} < x < \sqrt{3}\right]$

143 $x^2 + \dfrac{6x}{\sqrt{6}} + \dfrac{3}{2} > 0$ $\left[\forall x \in \mathbb{R} - \left\{-\dfrac{\sqrt{6}}{2}\right\}\right]$

144 $1 - x^2 \geq 2\left(x + \dfrac{1}{2}\right)$ $[-2 \leq x \leq 0]$

145 $2x(x-1) + x(8+3x) - (x^2+8) > 4x + 6x(x-1)$ $[\nexists\, x \in \mathbb{R}]$

146 $6(x-\sqrt{3})^2 + \dfrac{x}{2}(2-x) \geq 12(1-\sqrt{3}\,x) + \dfrac{(4+x)(4-x)}{2}$ $\left[x \leq -\dfrac{2}{3} \vee x > \dfrac{1}{2}\right]$

147 $\dfrac{2}{3}(3x+3) + \dfrac{1}{9}[9x^2 + (-3)^2] + \dfrac{1}{4}[8x + (-2)^2] \leq 0$ $[x = -2]$

148 $\left(\dfrac{1}{3}\right)^2 + \dfrac{1}{3}(2x+1) + x(x+1) + \left(\dfrac{1}{2}\right)^2 \geq 0$ $[\forall x \in \mathbb{R}]$

149 $-x^2 + \dfrac{5}{\sqrt{2}}x - 2 > 0$ $\left[\dfrac{\sqrt{2}}{2} < x < 2\sqrt{2}\right]$

150 $\dfrac{x^2}{\sqrt{2}} + \dfrac{4x}{3} + \dfrac{8}{\sqrt{162}} > 0$ $\left[\forall x \in \mathbb{R} - \left\{-\dfrac{2}{3}\sqrt{2}\right\}\right]$

151 $\dfrac{\sqrt{2}\,x^2 - 1}{\sqrt{2}} < -\dfrac{14x + 23}{2}$ $\left[-\dfrac{\sqrt{2}}{2} - 4 < x < \dfrac{\sqrt{2}}{2} - 3\right]$

152 $\dfrac{1}{2}x\left(x - \dfrac{1}{3}\right) - \dfrac{1}{3}\left(1 - \dfrac{3}{2}x^2\right) + x - \dfrac{1}{6} < \dfrac{5}{6}x$ $\left[-\dfrac{\sqrt{2}}{2} < x < \dfrac{\sqrt{2}}{2}\right]$

153 $\dfrac{13 + 9x^2}{9} - \dfrac{2x-1}{2} - \dfrac{1}{3}(4x+1) > 0$ $[\forall x \in \mathbb{R}]$

PARAGRAFO 3. LA RISOLUZIONE DELLE DISEQUAZIONI DI SECONDO GRADO INTERE   **ESERCIZI**

154 $\dfrac{1}{3}(3x^2 - 2) - 2(x - 1) - \dfrac{4}{3}\left(x - \dfrac{13}{12}\right) < 0$ $[\nexists\, x \in \mathbb{R}]$

155 $-6x + \left(\dfrac{1}{2} - x\right)\left(\dfrac{1}{2} + x\right) - 9(-1)^2 < 0$ $\left[x < -\dfrac{7}{2} \vee x > -\dfrac{5}{2}\right]$

156 $\dfrac{1}{5}\left(\dfrac{x - 2}{2}\right) + \dfrac{4x^2 + x}{4} - \dfrac{1}{8}\left(1 + \dfrac{13}{5}\right) > 0$ $\left[x < -1 \vee x > \dfrac{13}{20}\right]$

157 $\dfrac{5}{4} + \dfrac{x}{3}(3x - 8) - \dfrac{5}{3}\left(\dfrac{1}{4} - 2x\right) \le \dfrac{2}{3}\left(x + \dfrac{65}{12}\right)$ $\left[-\dfrac{5}{3} \le x \le \dfrac{5}{3}\right]$

158 $2\left[\left(-\dfrac{1}{4}\right)^2 - 4x\right] - \dfrac{1}{4}(x + 1) - (15 + x^2) > 0$ $\left[-\dfrac{11}{2} < x < -\dfrac{11}{4}\right]$

159 $\sqrt{3}\,x^2 - x + \dfrac{1}{2} \ge \sqrt{3}\,x - \dfrac{1}{2}$ $\left[x \le \dfrac{\sqrt{3}}{3} \vee x \ge 1\right]$

160 $\dfrac{1 - x + x^2}{2} + \dfrac{x(3x + 16)}{8} - \dfrac{3x^2 + 2}{4} \le x^2 + \dfrac{5x - 4}{3}$ $\left[x \le -\dfrac{4}{3} \vee x \ge \dfrac{8}{7}\right]$

161 $\dfrac{8}{5}\left(\dfrac{15}{2}x + 90\right) - \dfrac{6}{5}\left[20x + \dfrac{6}{5}(-10)^2\right] - x^2 < 0$ $[x < -12 \vee x > 0]$

162 $\left(-\dfrac{1}{2}\right)^2[2 - (-2x)^2] - \dfrac{2 + 9x}{9} - \dfrac{1}{2}(x + 1) > 0$ $\left[-\dfrac{4}{3} < x < -\dfrac{1}{6}\right]$

163 $(1 - x)^2 + x(x - 3) > 1 - 2x\left(1 - \dfrac{x}{2}\right)$ $[x < 0 \vee x > 3]$

164 $2(x + 5)^2 - (x - 3)(x + 3) > 2(6x + 5) + 22x$ $[\forall\, x \in \mathbb{R} - \{7\}]$

165 $(2x + 1)^2 - (3 - x)(x + 2) \ge 2 + 5x + (1 - x)^2$ $[x \le -\sqrt{2} \vee x \ge \sqrt{2}]$

166 $\dfrac{(3 - 2x)^2}{12} + \dfrac{2(1 - x)(1 + x)}{3} < \dfrac{-x^2 - 3x + 6}{4}$ $\left[x < \dfrac{-3 - \sqrt{5}}{2} \vee x > \dfrac{-3 + \sqrt{5}}{2}\right]$

167 $\dfrac{2(x - 1)(x + 1)}{3} + \dfrac{x(x + 2)}{6} \le \dfrac{x^2 + x(1 + x)}{3}$ $[-2 \le x \le 2]$

168 $(x + 5)^2 - 8(-x - 5) + (-4)^2 \le 0$ $[x = -9]$

169 $\left(x + \dfrac{1}{3}\right)^2 - \dfrac{1}{3} \ge x - \dfrac{1}{4}$ $[\forall\, x \in \mathbb{R}]$

170 $\left(x + \dfrac{1}{2}\right)^2 \ge \dfrac{1}{2}\left(x + \dfrac{3}{2}\right)$ $\left[x \le -1 \vee x \ge \dfrac{1}{2}\right]$

171 $2\left(5 - \dfrac{13}{8}x\right) > (x + 2)^2$ $\left[-8 < x < \dfrac{3}{4}\right]$

172 $\left(x - \dfrac{2}{5}\right)^2 - \dfrac{2}{5} \le \dfrac{3}{10}\left(\dfrac{1}{5} - \dfrac{7}{3}x\right)$ $\left[-\dfrac{1}{2} \le x \le \dfrac{3}{5}\right]$

173 $\left(x - \dfrac{1}{3}\right)^2 + \dfrac{1}{3} \le x - \dfrac{1}{4}$ $\left[x = \dfrac{5}{6}\right]$

174 $(x + 1)^2 + \left(-\dfrac{1}{4}\right)^2 - \dfrac{1}{2}(x + 1) \le 0$ $\left[x = -\dfrac{3}{4}\right]$

175 $\left(x - \dfrac{1}{3}\right)^2 + 2\left(2x + \dfrac{1}{2}\right)^2 + (x - 1)^2 + 1 > 0$ $[\forall\, x \in \mathbb{R}]$

176 $\left(x - \dfrac{1}{2}\right)\left(x + \dfrac{1}{2}\right) > \dfrac{x}{12}(\sqrt{6} - 1)(\sqrt{6} + 1)$ $\left[x < -\dfrac{1}{3} \vee x > \dfrac{3}{4}\right]$

177 $\left(x - \dfrac{1}{5}\right)^2 + \dfrac{3}{2}\left(x - \dfrac{1}{5}\right) + \dfrac{9}{16} > 0$ $\left[\forall\, x \in \mathbb{R} - \left\{\dfrac{11}{20}\right\}\right]$

ESERCIZI — CAPITOLO 3. LE DISEQUAZIONI DI SECONDO GRADO

178 $\dfrac{2-4x}{\sqrt{2}} - \left(x+\dfrac{3}{2}\right)^2 + 4x < 0$ $\qquad\left[\forall x \in \mathbb{R} - \left\{\dfrac{1}{2} - \sqrt{2}\right\}\right]$

179 $\left(\dfrac{2}{3}x^2 - \dfrac{5}{3}x + 1\right)\dfrac{4}{5} + \dfrac{x^2-2x}{3} + \dfrac{2}{3}\left(1+\dfrac{x^2}{5}\right) - \dfrac{2}{3} > \dfrac{4}{5}$ $\qquad [x < 0 \lor x > 2]$

180 $\dfrac{1}{2}(x-1) + \left(x^2 - \dfrac{1}{5}\right) + \dfrac{1}{10}\left(x - \dfrac{13}{2}\right) < 0$ $\qquad\left[-\dfrac{3}{2} < x < \dfrac{9}{10}\right]$

Le disequazioni intere letterali

181 **ESERCIZIO GUIDA**

Risolviamo la disequazione nell'incognita x: $4x^2 + 4ax - 3a^2 > 0$, con $a > 0$.

Calcoliamo il discriminante dell'equazione associata $4x^2 + 4ax - 3a^2 = 0$:

$$\dfrac{\Delta}{4} = 4a^2 - 4(-3a^2) = 4a^2 + 12a^2 = 16a^2.$$

Calcoliamo le radici:

$x = \dfrac{-2a \pm 4a}{4} = \begin{cases} -\dfrac{3}{2}a \\ \dfrac{1}{2}a \end{cases}$

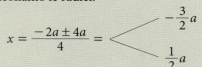

$a > 0$

Poiché $a > 0$, $-\dfrac{3}{2}a$ è negativo, mentre $\dfrac{1}{2}a$ è positivo; allora:

$$-\dfrac{3}{2}a < \dfrac{1}{2}a.$$

Poiché il coefficiente di x^2 è $4 > 0$ e $\Delta > 0$, il trinomio $4x^2 + 4ax - 3a^2$ è positivo per valori esterni all'intervallo delle radici.

La disequazione è verificata per:

$$x < -\dfrac{3}{2}a \lor x > \dfrac{1}{2}a.$$

E se non ci fosse stata l'ipotesi $a > 0$? Avremmo dovuto fare la **discussione**.

Essendo $\dfrac{\Delta}{4} = 16a^2$, si ha:

$\Delta > 0$ per $a \neq 0$, $\qquad \Delta = 0$ per $a = 0$.

Distinguiamo tre casi.

- Se $a > 0$, abbiamo già ottenuto: $x < -\dfrac{3}{2}a \lor x > \dfrac{1}{2}a$.

- Se $a = 0$, si ha $4x^2 > 0$ verificata per qualsiasi valore di x tranne che per $x = 0$ (soluzione doppia dell'equazione associata).
  Le soluzioni quindi si hanno per $x \in \mathbb{R} - \{0\}$.

- Se $a < 0$, risulta $-\dfrac{3}{2}a > 0$ e $\dfrac{1}{2}a < 0$,

  quindi $\dfrac{1}{2}a < -\dfrac{3}{2}a \quad (a < 0)$.

  Le soluzioni si hanno per $x < \dfrac{1}{2}a \lor x > -\dfrac{3}{2}a$.

PARAGRAFO 4. LE DISEQUAZIONI DI GRADO SUPERIORE AL SECONDO — ESERCIZI

Risolvi le seguenti disequazioni nell'incognita x.

182 $x^2 - 4bx + 4b^2 \geq 0$ $\quad [\forall x \in \mathbb{R}]$

183 $x^2 - 4a^2 > 0 \quad (a > 0)$ $\quad [x < -2a \lor x > 2a]$

184 $9x^2 + 6kx + k^2 > 0$ $\quad \left[\forall x \in \mathbb{R} - \left\{\dfrac{k}{3}\right\}\right]$

185 $(3x-a)\left(x - \dfrac{2a}{3}\right) < 0 \quad (a > 0)$ $\quad \left[\dfrac{a}{3} < x < \dfrac{2a}{3}\right]$

186 $3ax \geq a^2 + 2x^2 \quad (a > 0)$ $\quad \left[\dfrac{a}{2} \leq x \leq a\right]$

187 $\left(\dfrac{2a}{5} - x\right)^2 > 0$ $\quad \left[\forall x \in \mathbb{R} - \left\{\dfrac{2a}{5}\right\}\right]$

4. LE DISEQUAZIONI DI GRADO SUPERIORE AL SECONDO

▶ Teoria a pag. 121

Le disequazioni binomie

188 ESERCIZIO GUIDA

Risolviamo le seguenti disequazioni:

a) $x^3 + 125 < 0$;   b) $x^5 + 32 > 0$;   c) $x^6 - 64 \geq 0$.

a) Per scomporre il binomio $x^3 + 125$, ricordiamo il prodotto notevole

$$a^3 + b^3 = (a+b)(a^2 - ab + b^2), \quad a, b \in \mathbb{R},$$

dove $a^2 - ab + b^2$ è un trinomio con $\Delta < 0$.
Nel nostro caso è:

$$x^3 + 125 = (x+5)(x^2 - 5x + 25),$$

da cui:

$$x^3 + 125 < 0 \quad \text{per} \quad x + 5 < 0.$$

La disequazione è verificata per $x < -5$.

b) Risolviamo l'equazione binomia associata:

$$x^5 + 32 = 0 \rightarrow x^5 = -32 \rightarrow x = \sqrt[5]{-32} = -2.$$

Il segno del binomio $x^5 + 32$ coincide con il segno del binomio $x + 2$.
La disequazione è verificata per $x > -2$.

c) Scomponiamo il binomio $x^6 - 64$, ricordando il prodotto notevole:

$$a^2 - b^2 = (a+b)(a-b), \quad a, b \in \mathbb{R}.$$

Nel nostro caso è:

$$x^6 - 64 = (x^3 + 8)(x^3 - 8).$$

Studiamo il segno di ciascun fattore binomio:

$x^3 + 8 > 0 \quad$ per $x > -2$;
$x^3 - 8 > 0 \quad$ per $x > 2$.

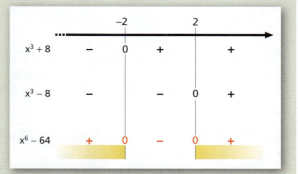

La disequazione è verificata per $x \leq -2 \lor x \geq 2$.

Risolvi le seguenti disequazioni binomie.

189 $x^4 + 3 \geq 0$ $\quad [\forall x \in \mathbb{R}]$

190 $x^3 + 1 \leq 0$ $\quad [x \leq -1]$

191 $5x^5 - 1 > 0$ $\quad \left[x > \dfrac{1}{\sqrt[5]{5}}\right]$

192 $x^4 - 81 < 0$ $\quad [-3 < x < 3]$

193 $4x^8 + 1 \geq 0$ $\quad [\forall x \in \mathbb{R}]$

194 $4x^6 + 5 \leq 0$ $\quad [\nexists x \in \mathbb{R}]$

141

ESERCIZI — CAPITOLO 3. LE DISEQUAZIONI DI SECONDO GRADO

Le disequazioni trinomie

195 ESERCIZIO GUIDA

Risolviamo la disequazione $x^8 - 15x^4 - 16 \geq 0$.

Consideriamo l'equazione associata:
$x^8 - 15x^4 - 16 = 0$.

Si tratta di un'equazione trinomia e la risolviamo ponendo:
$x^4 = z$
$z^2 - 15z - 16 = 0 \rightarrow z_1 = -1, z_2 = 16$.

La disequazione di ottavo grado, nella variabile x, è equivalente alla disequazione di secondo grado, nella variabile ausiliaria z, ricavata ponendo $x^4 = z$. Otteniamo:
$z^2 - 15z - 16 \geq 0$ per $z \leq -1 \lor z \geq 16$,

vale a dire:
$x^8 - 16x^4 - 16 \geq 0$ per $x^4 \leq -1 \lor x^4 \geq 16$.

Essendo:
$x^4 + 1 \leq 0$ impossibile,
$x^4 - 16 \geq 0$ per $x \leq -2 \lor x \geq 2$,

la disequazione $x^8 - 15x^4 - 16 \geq 0$ ha per soluzioni:
$x \leq -2 \lor x \geq 2$.

Risolvi le seguenti disequazioni trinomie.

196 $x^6 + x^3 + 1 < 0$ $[\nexists x \in \mathbb{R}]$

197 $x^4 + x^2 + 1 > 0$ $[\forall x \in \mathbb{R}]$

198 $x^4 + 2x^2 - 15 > 0$ $[x < -\sqrt{3} \lor x > \sqrt{3}]$

199 $2x^8 + x^4 - 3 > 0$ $[x < -1 \lor x > 1]$

200 $16x^4 - 24x^2 + 9 \leq 0$ $\left[x = \pm \frac{\sqrt{3}}{2}\right]$

201 $x^6 + 2x^3 - 15 < 0$ $[-\sqrt[3]{5} < x < \sqrt[3]{3}]$

Le disequazioni risolubili con scomposizioni in fattori

202 ESERCIZIO GUIDA

Risolviamo la disequazione di terzo grado:
$x^3 - 5x^2 - 4x + 20 > 0$.

Cerchiamo di scomporre il polinomio
$x^3 - 5x^2 - 4x + 20$
tentando un raccoglimento parziale. Selezioniamo, per esempio, il primo e il secondo termine, il terzo e il quarto. Si ha:
$x^2(x - 5) - 4(x - 5) > 0$.

Mediante il successivo raccoglimento si arriva a:
$(x^2 - 4)(x - 5) > 0$.

Consideriamo separatamente i due fattori e li poniamo maggiori di 0, per studiarne il segno.

- Primo fattore: $x^2 - 4 > 0$.

  Consideriamo l'equazione associata:
  $x^2 - 4 = 0$.
  Le soluzioni sono:
  $x = \pm 2$.

L'insieme delle soluzioni di $x^2 - 4 > 0$ è:
$x < -2 \lor x > 2$.

- Secondo fattore: $x - 5 > 0$ per $x > 5$.

Compiliamo il quadro dei segni e determiniamo il segno di $x^3 - 5x^2 - 4x + 20$ con la regola del prodotto dei segni.

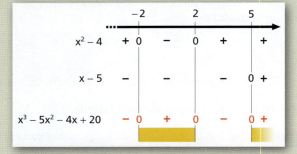

La disequazione è verificata per:
$-2 < x < 2 \lor x > 5$.

PARAGRAFO 5. LE DISEQUAZIONI FRATTE — ESERCIZI

Risolvi le seguenti disequazioni di grado superiore al secondo, scomponendo in fattori.

203 $x^3 - 7x + 6 \geq 0$ $\qquad [-3 \leq x \leq 1 \vee x \geq 2]$

204 $x^3 + 4x^2 + x < 6$ $\qquad [x < -3 \vee -2 < x < 1]$

205 $5x^2 + 7x^4 \leq 0$ $\qquad [x = 0]$

206 $x^6 - 8 \leq 0$ $\qquad [-\sqrt{2} \leq x \leq \sqrt{2}]$

207 $27x^6 - 1 \geq 0$ $\qquad \left[x \leq -\dfrac{\sqrt{3}}{3} \vee x \geq \dfrac{\sqrt{3}}{3}\right]$

208 $x^4 - 5x^2 \geq 0$ $\qquad [x \leq -\sqrt{5} \vee x \geq \sqrt{5} \vee x = 0]$

209 $x^6 + 8x^3 \geq 0$ $\qquad [x \leq -2 \vee x \geq 0]$

210 $8x^3 \geq x^2 + 7$ $\qquad [x \geq 1]$

211 $x^2(x^2 + 2) - 2x^2 - (x-1)(1+x) \geq 0$ $\qquad [\forall x \in \mathbb{R}]$

212 $x^3 + 2x^2 - 9x - 18 < 0$ $\qquad [x < -3 \vee -2 < x < 3]$

213 $3(x^3 + x^2 - 1) + x(x^2 + 9x - 1) \leq 0$ $\qquad \left[x \leq -3 \vee -\dfrac{1}{2} \leq x \leq \dfrac{1}{2}\right]$

214 $x^3(1+x) < 2x^2(x^2 - 2x - 3)$ $\qquad [x < -1 \vee x > 6]$

215 $2x(2x^2 + 3) + 4x^2 - 3(2x^2 + 1) > 0$ $\qquad \left[x > \dfrac{1}{2}\right]$

216 $x^4 - 5x^3 - x + 5 < 0$ $\qquad [1 < x < 5]$

217 $x(x^2 - 11) < 7x(1-x)$ $\qquad [x < -9 \vee 0 < x < 2]$

218 $x^3(x^2 - 1) - 2x(x^2 + 14) < 0$ $\qquad [x < -\sqrt{7} \vee 0 < x < \sqrt{7}]$

219 $16x^2\left(x - \dfrac{5}{4}\right)\left(x + \dfrac{5}{4}\right) + 25(x-5)(x+5) > 0$ $\qquad \left[x < -\dfrac{5}{2} \vee x > \dfrac{5}{2}\right]$

220 $7\left(\dfrac{1}{3}x^4 + x^2 + 1\right) - \dfrac{1}{3}x^4 - 2(x^2 + 2) > 0$ $\qquad [\forall x \in \mathbb{R}]$

221 $[x(x+1) - 3x]x(x+2) < 4 - x^2$ $\qquad [-2 < x < 2]$

222 $2x(x^2 + 1) + x^3(x-1) - (3x+1) > 0$ $\qquad [x < -1 \vee x > 1]$

223 $x^5 + \dfrac{1}{2}x(3x^3 - 1) - \dfrac{1}{2}x(x^3 + 1) > x^4$ $\qquad [-1 < x < 0 \vee x > 1]$

5. LE DISEQUAZIONI FRATTE

▶ Teoria a pag. 124

224 ESERCIZIO GUIDA

Risolviamo la disequazione fratta $\dfrac{9x^2 + 2}{x^2 - 5x + 6} < 0$.

Studiamo il segno del numeratore e del denominatore:

- $9x^2 + 2 > 0$ è verificata $\forall x \in \mathbb{R}$;
- $x^2 - 5x + 6 > 0$.

  Equazione associata: $x^2 - 5x + 6 = 0$,

  $\Delta = 1 \rightarrow x = \dfrac{5 \pm 1}{2} = \begin{array}{c} 2 \\ 3 \end{array}$

La disequazione è verificata per valori esterni alle radici: $x < 2 \vee x > 3$.

La disequazione fratta è soddisfatta per $2 < x < 3$, ossia nell'intervallo $]2; 3[$.

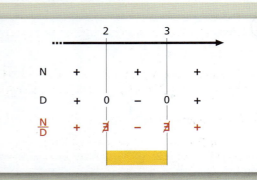

143

CAPITOLO 3. LE DISEQUAZIONI DI SECONDO GRADO

Risolvi le seguenti disequazioni fratte nell'incognita x.

225 $\dfrac{x-1}{x} > 0$ $\qquad [x < 0 \vee x > 1]$

226 $\dfrac{x+1}{x} > 0$ $\qquad [x < -1 \vee x > 0]$

227 $\dfrac{x}{9x^2 - 6x} > 0$ $\qquad \left[x > \dfrac{2}{3}\right]$

228 $\dfrac{x^2 + 4x - 5}{2x - 3} < 0$ $\qquad \left[x < -5 \vee 1 < x < \dfrac{3}{2}\right]$

229 $\dfrac{x^2 - 2x + 1}{6x} > 0$ $\qquad [x > 0, x \neq 1]$

230 $\dfrac{2x - 8}{(2x-1)\left(x + \dfrac{1}{2}\right)} \geq 0$ $\qquad \left[-\dfrac{1}{2} < x < \dfrac{1}{2} \vee x \geq 4\right]$

231 $\dfrac{3}{x-2} + x + 2 \geq 0$ $\qquad [-1 \leq x \leq 1 \vee x > 2]$

232 $-\dfrac{2}{x-3} - x < 0$ $\qquad [1 < x < 2 \vee x > 3]$

233 $\dfrac{x^2 + 1}{2x^2} > 0$ $\qquad [\forall x \in \mathbb{R} - \{0\}]$

234 $\dfrac{9x^2 - 12x + 4}{5x^2} \geq 0$ $\qquad [\forall x \in \mathbb{R} - \{0\}]$

235 $\dfrac{3x^2 + 2}{3x^2 + 2x} \geq 0$ $\qquad \left[x < -\dfrac{2}{3} \vee x > 0\right]$

236 $\dfrac{5 - x^2}{5x + x^2} \leq 0$ $\qquad [x < -5 \vee -\sqrt{5} \leq x < 0 \vee x \geq \sqrt{5}]$

237 $\dfrac{x^2 - 3x + 2}{x^2 + 2x - 8} < 0$ $\qquad [-4 < x < 1]$

238 $\dfrac{x^2 - 3x - 4}{x^2 - 7x + 6} \geq 0$ $\qquad [x \leq -1 \vee 1 < x \leq 4 \vee x > 6]$

239 $\dfrac{x^2 + 3x + 7}{4x - 4 - x^2} < 0$ $\qquad [\forall x \in \mathbb{R} - \{2\}]$

240 $-\dfrac{x^2 + 2 - x}{x - 1} + 4 > 0$ $\qquad [x < 1 \vee 2 < x < 3]$

241 $\dfrac{6}{5 - x} \geq x$ $\qquad [x \leq 2 \vee 3 \leq x < 5]$

242 $x \leq \dfrac{6}{x - 1}$ $\qquad [x \leq -2 \vee 1 < x \leq 3]$

---

243 $\dfrac{1}{3x - x^2} - \dfrac{4}{x^2 - 6x + 9} \leq \dfrac{1}{x - 3}$ $\qquad [-3 \leq x < 0 \vee 1 \leq x < 3 \vee x > 3]$

244 $\dfrac{12}{2x - 7} + x + \dfrac{3}{2} > 0$ $\qquad \left[\dfrac{1}{2} < x < \dfrac{3}{2} \vee x > \dfrac{7}{2}\right]$

245 $3 - x \geq \dfrac{4}{x + 2}$ $\qquad [x < -2 \vee -1 \leq x \leq 2]$

246 $4 - x > \dfrac{10}{x + 3}$ $\qquad [x < -3 \vee -1 < x < 2]$

247 $\dfrac{35}{4(x - 3)} + x + 3 > 0$ $\qquad \left[-\dfrac{1}{2} < x < \dfrac{1}{2} \vee x > 3\right]$

248 $x + 3 \leq \dfrac{5}{3 - x}$ $\qquad [x \leq -2 \vee 2 \leq x < 3]$

249 $\dfrac{7 + 12x}{12} > \dfrac{25}{12(4x - 1)}$ $\qquad \left[-1 < x < \dfrac{1}{4} \vee x > \dfrac{2}{3}\right]$

250 $\dfrac{4(x - 4)(x + 6) + 99}{4x - 16} < 0$ $\qquad \left[x < -\dfrac{3}{2} \vee -\dfrac{1}{2} < x < 4\right]$

251 $\dfrac{6 + x}{x} < \dfrac{2}{x + 1}$ $\qquad [-3 < x < -2 \vee -1 < x < 0]$

252 $-\dfrac{5}{6x - 9} \leq x + \dfrac{1}{3}$ $\qquad \left[\dfrac{1}{2} \leq x \leq \dfrac{2}{3} \vee x > \dfrac{3}{2}\right]$

253 $x + \dfrac{1}{5} \leq \dfrac{3}{25x - 5}$ $\qquad \left[x \leq -\dfrac{2}{5} \vee \dfrac{1}{5} < x \leq \dfrac{2}{5}\right]$

254 $1 \leq \dfrac{14}{3(x + 2)} + \dfrac{4}{3x - 3}$ $\qquad [-2 < x \leq 0 \vee 1 < x \leq 5]$

255 $\dfrac{x + 2}{x - 3} < \dfrac{1}{x + 2}$ $\qquad [-2 < x < 3]$

256 $\dfrac{3}{x^2 - 2x + 1} + \dfrac{3 + x}{x - 1} > 0$ $\qquad [x < -2 \vee (x > 0 \wedge x \neq 1)]$

257 $\dfrac{6}{x - 1} - \dfrac{6}{x} < 1$ $\qquad [x < -2 \vee 0 < x < 1 \vee x > 3]$

PARAGRAFO 5. LE DISEQUAZIONI FRATTE — ESERCIZI

258 $\dfrac{8}{5(x-3)}+1>\dfrac{3}{5(x+2)}$
$[x<-2 \lor -1<x<1 \lor x>3]$

259 $x \geq \dfrac{4x^2-13x}{x^2-9}$
$[-3<x\leq 0 \lor x>3 \lor x=2]$

260 $\dfrac{8-2x}{x-1}\leq 2x$
$[-2\leq x<1 \lor x\geq 2]$

261 $x-\dfrac{8}{x}>-2$
$[-4<x<0 \lor x>2]$

262 $-\dfrac{4x+7}{4x^2+7}\leq 0$
$\left[x\geq -\dfrac{7}{4}\right]$

263 $\dfrac{x^2-4}{x^2-1}\geq 1$
$[-1<x<1]$

264 $\dfrac{2x^2}{(3x-5)^2}\geq 0$
$\left[\forall x \in \mathbb{R}-\left\{\dfrac{5}{3}\right\}\right]$

265 $\dfrac{6-x}{x-3}-\dfrac{3}{2x-6}<-2$
$\left[\dfrac{3}{2}<x<3\right]$

266 $\dfrac{1+2x}{x-2}-\dfrac{5}{2x+4}>\dfrac{1}{2}$
$[x<-2 \lor x>2]$

267 $\dfrac{2x}{x^2-4}\geq \dfrac{x+3}{x+2}-3$
$\left[x<-2 \lor -2<x\leq \dfrac{3}{2} \lor x>2\right]$

268 $\dfrac{2x}{x^2-9}>\dfrac{1}{x-3}-\dfrac{x-2}{x^2+6x+9}$
$\left[-\dfrac{1}{2}<x<3 \lor x>3\right]$

269 $\dfrac{1}{x-1}\left(1-\dfrac{4}{x+1}\right)\geq 2-\dfrac{2}{x^2-1}$
$\left[-1<x\leq -\dfrac{1}{2}\right]$

270 $\dfrac{1}{x}<\dfrac{1}{x-3}+\dfrac{x^2-1}{x^2-3x}$
$[x<0 \lor x>3]$

271 $\dfrac{81-x^4}{x^2-3x}\geq 0$
$[-3\leq x<0]$

272 $\dfrac{(x-3)^2(x^2+16)}{(x-2)^2}>0$
$[\forall x \in \mathbb{R}-\{2,3\}]$

273 $x^2+\dfrac{1}{4x^2}<\dfrac{5}{4}$
$\left[-1<x<-\dfrac{1}{2} \lor \dfrac{1}{2}<x<1\right]$

274 $\dfrac{\dfrac{x-5}{2-x}(x-4)}{x-1}>0$
$[1<x<2 \lor 4<x<5]$

275 $\dfrac{5x+2}{2x+5}\leq x^3$
$\left[-\dfrac{5}{2}<x\leq -2 \lor -1\leq x\leq -\dfrac{1}{2} \lor x\geq 1\right]$

276 $\dfrac{x^2}{9}+\dfrac{1}{4x^2}\leq \dfrac{13}{36}$
$\left[-\dfrac{3}{2}<x\leq -1 \lor 1\leq x\leq \dfrac{3}{2}\right]$

277 $\dfrac{\dfrac{1-x}{6}-(2+x^2)-3\left(x+\dfrac{2}{9}\right)}{6x^2-x}\geq 0$
$\left[-\dfrac{5}{3}\leq x\leq -\dfrac{3}{2} \lor 0<x<\dfrac{1}{6}\right]$

278 $\dfrac{(x-8)(16-x^2)}{x^2-10x+25}\geq 0$
$[x\leq -4 \lor 4\leq x<5 \lor 5<x\leq 8]$

279 $\dfrac{x^2-17}{x^2-10x+25}-\dfrac{4}{x-5}>0$
$[x<1 \lor 3<x<5 \lor x>5]$

145

6. I SISTEMI DI DISEQUAZIONI

▶ Teoria a pag. 124

280 ASSOCIA a ogni disequazione o sistema di disequazioni la propria soluzione.

1) $\begin{cases} x - 3 \leq 0 \\ x + 1 > 0 \end{cases}$ 2) $\dfrac{x+1}{x-3} \leq 0$ 3) $\dfrac{x-3}{x+1} \geq 0$ 4) $\dfrac{x+1}{x-3} < 0$ 5) $\begin{cases} x - 3 \geq 0 \\ x + 1 > 0 \end{cases}$

a) $x \geq 3$ b) $-1 \leq x < 3$ c) $-1 < x \leq 3$ d) $x < -1 \vee x \geq 3$ e) $-1 < x < 3$

281 **ESERCIZIO GUIDA**

Risolviamo il seguente sistema di disequazioni:
$$\begin{cases} 2x - x^2 < 0 \\ x^2 - 3x - 4 < 0 \\ x + 6 - x^2 > 0 \end{cases}$$

Ordiniamo i polinomi rispetto a x e moltiplichiamo per -1 quando il coefficiente di x^2 è negativo:
$$\begin{cases} x^2 - 2x > 0 \\ x^2 - 3x - 4 < 0 \\ x^2 - x - 6 < 0 \end{cases}$$

Risolviamo le disequazioni separatamente considerando le equazioni associate.

- Prima disequazione:

$$x^2 - 2x = 0 \rightarrow x(x-2) = 0 \begin{cases} x_1 = 0 \\ x_2 = 2 \end{cases}$$

È verificata per $x < 0 \vee x > 2$.

- Seconda disequazione:

$$x^2 - 3x - 4 = 0; \quad \Delta = 9 + 16 = 25; \quad x = \dfrac{3 \pm 5}{2} = \begin{cases} -1 \\ 4 \end{cases}$$

È verificata per $-1 < x < 4$.

- Terza disequazione:

$$x^2 - x - 6 = 0; \quad \Delta = 1 + 24 = 25; \quad x = \dfrac{1 \pm 5}{2} = \begin{cases} -2 \\ 3 \end{cases}$$

È verificata per $-2 < x < 3$.

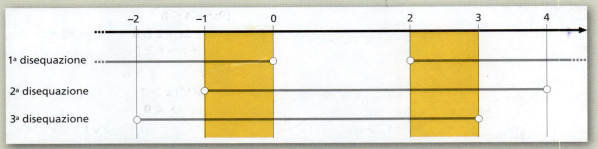

Il sistema è verificato negli intervalli in cui sono verificate contemporaneamente tutte le disequazioni:
$$-1 < x < 0 \vee 2 < x < 3.$$

PARAGRAFO 6. I SISTEMI DI DISEQUAZIONI — **ESERCIZI**

Risolvi i seguenti sistemi di disequazioni.

282 $\begin{cases} x^2 + 2 > 0 \\ x + 1 > 0 \end{cases}$ $\qquad [x > -1]$

283 $\begin{cases} x^2 + 2x > 0 \\ x + 3 > 0 \end{cases}$ $\qquad [-3 < x < -2 \lor x > 0]$

284 $\begin{cases} 3x - 2 \geq 0 \\ 8x^2 - 30x + 27 > 0 \end{cases}$ $\left[\dfrac{2}{3} \leq x < \dfrac{3}{2} \lor x > \dfrac{9}{4}\right]$

285 $\begin{cases} x^2 + 3 > 0 \\ x^2 - 7x + 12 < 0 \end{cases}$ $\qquad [3 < x < 4]$

286 $\begin{cases} x^2 - 5x - 7 > 0 \\ -4 - x^2 \geq 0 \end{cases}$ $\qquad [\nexists\, x \in \mathbb{R}]$

287 $\begin{cases} \dfrac{x}{\sqrt{3}} - 1 > 0 \\ x^2 - 2 < 0 \end{cases}$ $\qquad [\nexists\, x \in \mathbb{R}]$

288 $\begin{cases} x - 2 < 0 \\ -4x^2 + 12x + 7 > 0 \end{cases}$ $\left[-\dfrac{1}{2} < x < 2\right]$

289 $\begin{cases} 16x^2 - 8x + 1 > 0 \\ x^2 - 8x - 9 \leq 0 \end{cases}$ $\left[-1 \leq x \leq 9 \land x \neq \dfrac{1}{4}\right]$

290 $\begin{cases} 8x^2 + 6x - 9 > 0 \\ x^2 + 8x \leq 0 \end{cases}$ $\left[-8 \leq x < -\dfrac{3}{2}\right]$

291 $\begin{cases} 25 - x^2 \leq 0 \\ x^2 + x - 12 \leq 0 \end{cases}$ $\qquad [\nexists\, x \in \mathbb{R}]$

292 $\begin{cases} x^2 - 8x - 9 \leq 0 \\ x^2 - 8x + 12 > 0 \end{cases}$ $[-1 \leq x < 2 \lor 6 < x \leq 9]$

293 $\begin{cases} \dfrac{x}{x^2 - 3x} \geq 0 \\ x - 2 \geq 0 \end{cases}$ $\qquad [x > 3]$

294 $\begin{cases} x - 5 < 0 \\ \dfrac{x - 3}{x + 2} \geq 0 \end{cases}$ $\qquad [x < -2 \lor 3 \leq x < 5]$

295 $\begin{cases} \dfrac{x - 2}{x} \leq 0 \\ x^2 + 3x - 10 \geq 0 \end{cases}$ $\qquad [x = 2]$

296 $\begin{cases} \dfrac{x^2 - 4x - 12}{x + 3} \geq 0 \\ x(x - 6) \leq 7 \end{cases}$ $\qquad [6 \leq x \leq 7]$

297 $\begin{cases} \dfrac{1}{x^2 - 1} \geq 0 \\ \dfrac{x + 4}{x - 3} \leq 0 \end{cases}$ $[-4 \leq x < -1 \lor 1 < x < 3]$

298 $\begin{cases} (x - 1)^2 - 2(x + 6) + 14 < 0 \\ (x + 2)(5x - 4) > 0 \end{cases}$ $\qquad [1 < x < 3]$

299 $\begin{cases} (2x - 1)^2 \geq 2x + 1 \\ x(x - 1) > x - 1 \end{cases}$ $\left[x \leq 0 \lor x \geq \dfrac{3}{2}\right]$

300 $\begin{cases} \dfrac{x - 2}{3} - \dfrac{6x + 1}{2} > \dfrac{2x}{3} \\ -4x^2 \geq 3x \end{cases}$ $\left[-\dfrac{3}{4} \leq x < -\dfrac{7}{20}\right]$

301 $\begin{cases} 3x + 1 \leq \dfrac{6x + 5}{4} \\ x(2x - 1) + 1 < 4x + 13 \end{cases}$ $\left[-\dfrac{3}{2} < x \leq \dfrac{1}{6}\right]$

302 $\begin{cases} (2 - x)^2 > 8 - x \\ \dfrac{x^2 - 4}{4} + x \leq -2 \end{cases}$ $\qquad [x = -2]$

303 $\begin{cases} 2x + 1 > 0 \\ 7x - 3x^2 > 0 \\ 2x - 3 > 0 \end{cases}$ $\left[\dfrac{3}{2} < x < \dfrac{7}{3}\right]$

304 $\begin{cases} 4x - 7 < 0 \\ 1 - x < 0 \\ 9 - 16x^2 < 0 \end{cases}$ $\left[1 < x < \dfrac{7}{4}\right]$

305 $\begin{cases} 2x - 3 > 0 \\ 3x + 1 > 0 \\ 6x^2 - x - 1 < 0 \end{cases}$ $\qquad [\nexists\, x \in \mathbb{R}]$

306 $\begin{cases} -x^2 + x + 2 < 0 \\ \dfrac{x + 2}{2} \geq 1 \\ x^2 - 5x - 14 > 0 \end{cases}$ $\qquad [x > 7]$

307 $\begin{cases} 2x^2 + 5x - 3 > 0 \\ x(x + 2) < 8 \\ 2x^2 - 7x > 0 \end{cases}$ $\qquad [-4 < x < -3]$

308 $\begin{cases} 6x^2 + 7x - 5 > 0 \\ 7x + 2 - 4x^2 > 0 \\ x^2 > 2x \end{cases}$ $\qquad [\nexists\, x \in \mathbb{R}]$

309 $\begin{cases} 2x^2 > 9(x + 2) \\ 2x^2 - 13x > 7 \\ 4x^2 - 39x + 27 < 0 \end{cases}$ $\qquad [7 < x < 9]$

310 $\begin{cases} 3 - x^2 \geq 0 \\ 2x^2 - 5x - 3 > 0 \\ x + 4x^2 - 3 < 0 \end{cases}$ $\left[-1 < x < -\dfrac{1}{2}\right]$

311 $\begin{cases} 4x(x - 3) \geq -9 \\ 6x^2 - 11x + 3 \geq 0 \\ 2(x^2 + 6) \geq 11x \end{cases}$ $\left[x = \dfrac{3}{2} \lor x \leq \dfrac{1}{3} \lor x \geq 4\right]$

312 $\begin{cases} 9x^2 - 4 \leq 0 \\ 3x^2 + 5x + 2 \geq 0 \\ 15x^2 + x - 6 \geq 0 \end{cases}$ $\left[x = -\dfrac{2}{3} \lor \dfrac{3}{5} \leq x \leq \dfrac{2}{3}\right]$

313 $\begin{cases} x^2 + \sqrt{3}\,x - 6 > 0 \\ 2x^2 + \sqrt{3}\,x > 3 \\ 4x - 8\sqrt{3} < 0 \end{cases}$

$\qquad [x < -2\sqrt{3} \lor \sqrt{3} < x < 2\sqrt{3}]$

314 $\begin{cases} 2x^2 - 7\sqrt{2}\,x + 6 > 0 \\ 2x^2 - 7x\sqrt{2} < 0 \\ 12x^2 - 17x\sqrt{2} - 14 > 0 \end{cases}$ $\left[3\sqrt{2} < x < \dfrac{7}{2}\sqrt{2}\right]$

147

ESERCIZI | **CAPITOLO 3.** LE DISEQUAZIONI DI SECONDO GRADO

315 $\begin{cases} x^2 - x\sqrt{2} - x\sqrt{3} + \sqrt{6} < 0 \\ 3x^2 - 7x\sqrt{2} + 4 < 0 \\ 4x^2 + 4\sqrt{3}\,x + 3 > 0 \end{cases}$ $[\sqrt{2} < x < \sqrt{3}]$

316 $\begin{cases} \dfrac{2x}{x+6} > 0 \\ \dfrac{1}{2} + \dfrac{2}{x-1} \geq 0 \end{cases}$ $\left[0 < x \leq \dfrac{1}{3} \lor x > 1\right]$

317 $\begin{cases} \dfrac{8}{x} \geq 0 \\ \dfrac{2}{x+3} < 1 \end{cases}$ $[x > 0]$

318 $\begin{cases} \dfrac{1}{x-2} < 0 \\ \dfrac{x^2-4}{x+6} \geq 0 \end{cases}$ $[-6 < x \leq -2]$

319 $\begin{cases} \dfrac{1}{x} > \dfrac{1}{x-5} \\ x(7-x) > 12 \\ -2x < 0 \end{cases}$ $[3 < x < 4]$

320 $\begin{cases} 1 \leq \dfrac{2}{x} \\ \dfrac{3-x}{2x-1} + \dfrac{1}{3} \leq 0 \end{cases}$ $\left[0 < x < \dfrac{1}{2}\right]$

321 $\begin{cases} \dfrac{2-x}{2+x} \leq 0 \\ \dfrac{x-4}{1-2x} \geq 0 \end{cases}$ $[2 \leq x \leq 4]$

322 $\begin{cases} \dfrac{x}{x-6} \leq \dfrac{3x-1}{(x+1)(x-6)} \\ \dfrac{x^2-9}{x+4} \geq 0 \end{cases}$ $[3 \leq x < 6]$

323 $\begin{cases} \dfrac{x-2}{x+6} \geq 0 \\ 2x^2 - 7x + 3 \leq 0 \end{cases}$ $[2 \leq x \leq 3]$

324 $\begin{cases} \dfrac{x+3}{1-2x} < 0 \\ \dfrac{x}{x-2} > 1 \end{cases}$ $[x > 2]$

··

7. LE EQUAZIONI E LE DISEQUAZIONI DI SECONDO GRADO CON VALORI ASSOLUTI

▶ Teoria a pag. 125

Le equazioni con valori assoluti

Le equazioni con un valore assoluto

325 **ESERCIZIO GUIDA**

Risolviamo l'equazione $|x^2 - 16| = -6x$.

Poiché il valore assoluto di un numero reale k è

$$|k| = \begin{cases} k & \text{se } k \geq 0 \\ -k & \text{se } k < 0 \end{cases}$$

si ha:

$$|x^2 - 16| = \begin{cases} x^2 - 16 & \text{se } x^2 - 16 \geq 0 \ \rightarrow \ x \leq -4 \lor x \geq 4 \\ -x^2 + 16 & \text{se } x^2 - 16 < 0 \ \rightarrow \ -4 < x < 4 \end{cases}$$

L'equazione data è quindi equivalente a:

$$\begin{cases} x \leq -4 \lor x \geq 4 \\ x^2 - 16 = -6x \end{cases} \lor \begin{cases} -4 < x < 4 \\ -x^2 + 16 = -6x \end{cases} \rightarrow \begin{cases} x \leq -4 \lor x \geq 4 \\ x^2 + 6x - 16 = 0 \end{cases} \lor \begin{cases} -4 < x < 4 \\ x^2 - 6x - 16 = 0 \end{cases}$$

$$\begin{cases} x \leq -4 \lor x \geq 4 \\ x = -3 \pm \sqrt{9 + 16} = -3 \pm 5 \end{cases} \begin{array}{l} -8 \text{ accettabile} \\ 2 \text{ non accettabile} \end{array} \lor \begin{cases} -4 < x < 4 \\ x = 3 \pm \sqrt{9 + 16} = 3 \pm 5 \end{cases} \begin{array}{l} -2 \text{ accettabile} \\ 8 \text{ non accettabile} \end{array}$$

148

PARAGRAFO 7. LE EQUAZIONI E LE DISEQUAZIONI DI SECONDO GRADO CON VALORI ASSOLUTI — ESERCIZI

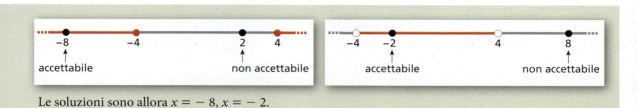

Le soluzioni sono allora $x = -8$, $x = -2$.

Risolvi le seguenti equazioni.

326 $(x-3)^2 + (x-4)^2 = |x|$ $\qquad \left[\dfrac{5}{2};\, 5\right]$

327 $x^2 + 3|x+2| = -3$ $\qquad$ [impossibile]

328 $|3 - 3x^2 + x| = 3(2x+1)$ $\qquad$ [0; 3]

329 $|x^2| + x = 0$ $\qquad$ [−1; 0]

330 $\left|\dfrac{1}{x}\right| = x - 1$ $\qquad \left[\dfrac{1+\sqrt{5}}{2}\right]$

331 $(x-5)|x+5| + 8 + (x-5)^2 = 0$ $\qquad$ [1; 4]

332 $|x-5|(x+5) + 8 + (x-5)^2 = 0$ $\qquad$ [impossibile]

333 $|x^2 - 8x + 10| = 3$ $\qquad [1;\, 4-\sqrt{3};\, 4+\sqrt{3};\, 7]$

---

334 $|x^2 + x + 5| = x + 10$ $\qquad [-\sqrt{5};\, \sqrt{5}]$

335 $x + 1 = -|x^2 - x - 3|$ $\qquad [-\sqrt{2};\, 1 - \sqrt{5}]$

336 $|3x^2 - 20x| = 3x - 2x^2 - 12$ $\qquad$ [impossibile]

337 $|2(x+1) - 3(x-1)| - (x+1)^2 = -x(x+2) + 6$ $\qquad$ [−2; 12]

338 $\dfrac{|x^2 + x| - 3}{x^2 + x} = 0$ $\qquad \left[\dfrac{-1-\sqrt{13}}{2};\, \dfrac{-1+\sqrt{13}}{2}\right]$

339 $\dfrac{x-2}{|2x^2 + x - 1|} + \dfrac{x+2}{2x^2 + x - 1} = \dfrac{1}{x+1}$ $\qquad$ [impossibile]

340 $\dfrac{x^2}{1-x^2} + \dfrac{x+1}{|x-1|} - \dfrac{2x+1}{x+1} = 0$ $\qquad \left[-\dfrac{1}{4};\, 0;\, 2\right]$

341 $4 + |x(x+2\sqrt{2})| = (x+\sqrt{2})^2 + (x-\sqrt{5})^2$ $\qquad [\sqrt{5}-\sqrt{2};\, \sqrt{5}+\sqrt{2}]$

342 $x + 1 + \left|\dfrac{x+2}{x^2+x-2}\right| = 2 + \dfrac{x^2+x}{x^2-1}$ $\qquad$ [0; 2]

343 $\left|\dfrac{x}{1+x}\right| = \dfrac{1}{1-x^2} + \dfrac{1}{x-1}$ $\qquad$ [0; 2]

Le disequazioni con valori assoluti

344 **ESERCIZIO GUIDA**

Risolviamo la disequazione $x - |-x^2 + 2x| < 3x - 9$.

Studiamo il segno dell'espressione all'interno del valore assoluto:

$-x^2 + 2x > 0 \;\rightarrow\; 0 < x < 2$.

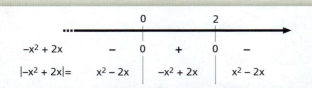

149

La disequazione data è equivalente ai due sistemi:

$$\begin{cases} x < 0 \lor x > 2 \\ x - (x^2 - 2x) < 3x - 9 \end{cases} \lor \begin{cases} 0 \leq x \leq 2 \\ x - (-x^2 + 2x) < 3x - 9 \end{cases}$$

Risolviamo la disequazione del primo sistema:

$$\cancel{x} - x^2 + \cancel{2x} - \cancel{3x} + 9 < 0 \rightarrow -x^2 + 9 < 0 \rightarrow x^2 - 9 > 0 \rightarrow x < -3 \lor x > 3.$$

Il primo sistema è equivalente al seguente:

$$\begin{cases} x < 0 \lor x > 2 \\ x < -3 \lor x > 3 \end{cases}$$

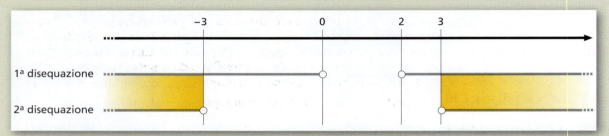

Il primo sistema è quindi verificato per $x < -3 \lor x > 3$.

Risolviamo la disequazione che compare nel secondo sistema:

$$x + x^2 - 2x - 3x + 9 < 0 \quad \rightarrow \quad x^2 - 4x + 9 < 0.$$

Calcoliamo il discriminante dell'equazione associata $x^2 - 4x + 9 = 0$:

$$\frac{\Delta}{4} = 4 - 9 = -5 < 0.$$

Poiché $\frac{\Delta}{4} < 0$ e il coefficiente di x^2 è positivo, la disequazione non è mai verificata; quindi il secondo sistema non ha soluzioni.

In conclusione, la disequazione data è verificata per $x < -3 \lor x > 3$.

Risolvi le seguenti disequazioni.

345 $x|x| < 5$ $\qquad [x < \sqrt{5}]$

346 $|x^2 - 3x + 2| > 2$ $\qquad [x < 0 \lor x > 3]$

347 $|x^2 - 7x + 6| < -x^2$ $\qquad [\nexists\, x \in \mathbb{R}]$

348 $\dfrac{|x^2 - 81|}{4} \leq 0$ $\qquad [-9; 9]$

349 $|x^2 - x + 3| \leq 2$ $\qquad [\nexists\, x \in \mathbb{R}]$

350 $\dfrac{x^2 - 2x}{|x - 1|} \leq 0$ $\qquad [0 \leq x \leq 2 \land x \neq 1]$

351 $|x^2 - 1| < x + x - 1$ $\qquad [-1 + \sqrt{3} < x < 2]$

352 $\left|\dfrac{x + 1}{x}\right| < x$ $\qquad \left[x > \dfrac{1 + \sqrt{5}}{2}\right]$

353 $\left|\dfrac{x^2 - 4x + 4}{x}\right| < 1$ $\qquad [1 < x < 4]$

354 $|x + 1| + (x^2 + 5) > 5$ $\qquad [\forall\, x \in \mathbb{R}]$

355 $|3 - 5x| + x^2 > 3$ $\qquad [x < 0 \lor x > 1]$

356 $\dfrac{|x|}{x} < x$ $\qquad [-1 < x < 0 \lor x > 1]$

357 $|x + 3| > 2x^2 + 10$ $\qquad [\nexists\, x \in \mathbb{R}]$

358 $|x| - x^2 < \dfrac{1}{4}$ $\qquad \left[x \neq -\dfrac{1}{2} \land x \neq \dfrac{1}{2}\right]$

REALTÀ E MODELLI

NEL SITO ▶ Scheda di risoluzione guidata

1 La lattina per l'olio

Una piccola azienda agricola deve ordinare le lattine per confezionare l'olio che produce. La lattina ha la forma di parallelepipedo con base quadrata e l'altezza deve essere di 30 cm.

▶ Trova in quale intervallo può variare il lato del quadrato di base per fare in modo che la lattina piena contenga almeno 0,7 litri d'olio, ma abbia una massa complessiva non superiore a 1,3 kg (spessore della latta 2 mm; densità dell'olio 0,915 kg/dm^3; densità dell'alluminio 2,7 kg/dm^3).

2 Il convegno

Un'agenzia di pubbliche relazioni organizza un convegno in cui ogni partecipante preparerà una relazione di quattro pagine che deve essere consegnata in copia a tutti i partecipanti. Le spese che si devono sostenere sono: € 0,02 per ogni foglio fotocopiato o stampato; € 1,20 per la copertina di ogni fascicolo; € 5 per il lavoro di redazione per ogni relazione. Sono previsti inoltre € 200 di costi fissi complessivi. Il budget totale è di massimo € 2000; però, se partecipano almeno 30 persone, uno sponsor offre € 500 aggiuntivi.

▶ Quante persone possono partecipare al massimo, per non superare il budget?

3 Il biglietto dell'autobus

Una compagnia privata di autotrasporti urbani ha in media 4000 passeggeri al giorno, con il costo del biglietto fissato a € 1,00.
La società decide di aumentare il prezzo del biglietto. Secondo le informazioni a sua disposizione, per ogni incremento del biglietto di € 0,10 è prevista una perdita di 150 passeggeri al giorno.

▶ Determina il prezzo del biglietto che garantisce almeno l'incasso giornaliero attuale.

▶ Determina il prezzo del biglietto nel caso in cui la compagnia voglia aumentare del 20% l'incasso attuale.

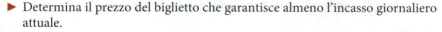

4 Il parco

Un parco naturale ha forma quadrata, di circa 8 km di lato, ed è attraversato obliquamente da un torrente che divide i lati opposti in due parti, una doppia dell'altra. Nelle due parti separate dal torrente bisogna effettuare un'ulteriore suddivisione in due zone: una verrà lasciata a bosco (quella più scura nella figura), l'altra a prato. Nelle due aree a prato si trovano un laghetto circolare e il centro informazioni con annesso il museo.
L'estensione del prato nella zona dove è presente il centro informazioni non può essere minore di quella con il laghetto. Il laghetto ha un diametro di circa 40 m e il centro informazioni-museo occupa circa 5000 m^2.

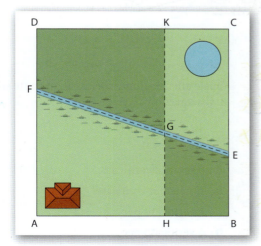

▶ Trova la misura delle parti nelle quali il parco resta diviso dal torrente.

▶ Trova la misura minima dell'area della zona che contiene il museo.
(**SUGGERIMENTO** Poni $\overline{AH} = x$, determina la misura di KG in funzione di x e calcola le aree delle diverse zone sempre in funzione di x.)

VERIFICHE DI FINE CAPITOLO

TEST

Questi e altri test interattivi nel sito: zte.zanichelli.it

1 Il trinomio $x^2 - 2x + 3$ è positivo per tutti gli x tali che:

- A $x < 2 \vee x > 3$.
- B $x < 1 \vee x > 3$.
- C $1 < x < 2$.
- D $x < 1 \vee x > 2$.
- E $\forall x \in \mathbb{R}$.

2 La disequazione $4x^2 + 4x + 1 \geq 0$ è verificata:

- A soltanto dagli x tali che $x < 2 \vee x > 2$.
- B soltanto da $x = 2$.
- C soltanto da $x = \dfrac{1}{2}$.
- D soltanto dagli x tali che
  $x < -\dfrac{1}{2} \vee x > -\dfrac{1}{2}$.
- E $\forall x \in \mathbb{R}$.

3 La disequazione $ax^2 + c \geq 0$ è verificata $\forall x \in \mathbb{R}$ se:

- A $a < c \wedge c < 0$.
- B $a \leq 0 \wedge c < 0$.
- C $a \geq 0 \wedge c < 0$.
- D $a > 0 \wedge c \geq 0$.
- E $a < 0 \wedge c \geq 0$.

4 Date le disequazioni

$$x^3 - 27 \leq 0 \quad \text{e} \quad x^2 - 9 > 0,$$

possiamo affermare che:

- A sono equivalenti.
- B l'unione delle loro soluzioni è $\mathbb{R}$.
- C l'intersezione delle loro soluzioni è l'insieme vuoto.
- D sono entrambe verificate da $x = 3$.
- E sono verificate entrambe da tutti i valori reali di x escluso $x = 3$.

5 Il grafico rappresenta il quadro dei segni relativo allo studio del segno di un trinomio di 4° grado. Quale?

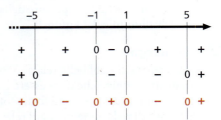

- A $x^4 - 26x^2 + 25$
- B $x^4 + 26x^2 + 25$
- C $x^4 - 6x^2 + 5$
- D $x^4 + 6x^2 + 5$
- E $x^4 - 26x^2 - 25$

6 Per quali valori di x è verificata la seguente disequazione fratta?

$$\frac{x+3}{2x-1} \leq 1$$

- A $-2 \leq x < 1$
- B $x \leq -2$
- C $x \geq 4$
- D $x \leq \dfrac{1}{2} \vee x \geq 4$
- E $x < \dfrac{1}{2} \vee x \geq 4$

7 Quale affermazione, riferita al seguente sistema di disequazioni, è vera?

$$\begin{cases} 2x^2 + 18 \geq 0 \\ x + 2 < 0 \end{cases}$$

- A è sempre verificato.
- B non è mai verificato.
- C è verificato per $x < -3$.
- D è verificato per $x < -2$.
- E è verificato per $x > 2$.

VERIFICHE DI FINE CAPITOLO | **ESERCIZI**

QUESITI ED ESERCIZI

8 È possibile che il quadrato di un numero sia minore del numero stesso? Spiega perché con una disequazione.

9 Dopo aver spiegato perché non è corretta l'implicazione $x^2 > 9 \rightarrow x > \pm 3$, scrivi, motivando, la soluzione corretta.

10 Se nella disequazione $ax^2 + bx + c \le 0$ è $a > 0$ e $\Delta = 0$, possiamo affermare che ha come unica soluzione $x = -\dfrac{b}{2a}$? Motiva la risposta.

11 Quale simbolo di disuguaglianza puoi sostituire ai puntini nella disequazione $9 \dots - x^2$ affinché sia verificata $\forall x \in \mathbb{R}$? Perché?

12 È vero che la disequazione di quarto grado $(x^2 - 4)^2 \ge 0$ è verificata per $x \le -2 \lor x \ge 2$? Perché?

13 La disequazione $\dfrac{x + 2}{x - 3} > 0$ è equivalente al sistema $\begin{cases} x + 2 > 0 \\ x - 3 > 0 \end{cases}$? Perché?

Risolvi le seguenti disequazioni.

14 $9x^4 + 3x^3 - 11x^2 - 3x + 2 < 0$ $\qquad\qquad \left[-1 < x < -\dfrac{2}{3} \lor \dfrac{1}{3} < x < 1 \right]$

15 $2x^3 - x^2 - 8x + 4 > 0$ $\qquad\qquad \left[-2 < x < \dfrac{1}{2} \lor x > 2 \right]$

16 $5x^3 + 9x^2 - 8x - 12 \le 0$ $\qquad\qquad \left[x \le -2 \lor -1 \le x \le \dfrac{6}{5} \right]$

17 $\dfrac{x^2 - 2x - 3}{x^2 + 2} > 0$ $\qquad\qquad [x < -1 \lor x > 3]$

18 $\dfrac{2x + 3}{x} - \dfrac{6}{x - 1} < 0$ $\qquad\qquad \left[-\dfrac{1}{2} < x < 0 \lor 1 < x < 3 \right]$

Risolvi i seguenti sistemi di disequazioni.

19 $\begin{cases} 3x - 2 > 0 \\ 5x + 1 > 0 \\ 2x^2 - x - 3 < 0 \end{cases}$ $\qquad\qquad \left[\dfrac{2}{3} < x < \dfrac{3}{2} \right]$

20 $\begin{cases} \dfrac{x}{3 - x} > 0 \\ x^2 - 16 < 0 \\ x^2 - 3x + 2 > 0 \end{cases}$ $\qquad\qquad [0 < x < 1 \lor 2 < x < 3]$

Problemi

21 In un triangolo l'altezza è i $\dfrac{3}{4}$ della base a essa relativa.

Indica con x la misura della base e trova per quali valori di essa l'area del triangolo è compresa tra 150 cm² e 600 cm². $\qquad\qquad [20 < x < 40]$

153

ESERCIZI — CAPITOLO 3. LE DISEQUAZIONI DI SECONDO GRADO

22 Considera il rettangolo della figura a lato:
a) per quali valori di x esiste il rettangolo?
b) determina quali rettangoli hanno il perimetro minore di 20 cm e l'area maggiore di 4 cm^2.

$$\left[a)\ x > 3;\ b)\ \frac{7}{2} < x < 4\right]$$

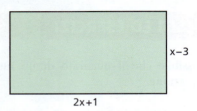

TEST YOUR SKILLS

23 Solve the inequality $\dfrac{(x-2)(x+5)}{(x-3)(x+3)} \geq 0$.

Write the solution in interval notation.
(USA *Southeast Missouri State University: Math Field Day*, 2005)

$$[\ ]-\infty;\ -5] \cup\ ]-3;\ 2] \cup\ ]3;\ +\infty[\ ]$$

24 For which values of k are the roots of
$x^2 - kx + (2 - k) = 0$
real?

$$[k \leq -2(1+\sqrt{3}) \vee k \geq -2(1-\sqrt{3})]$$

TEST

25 Let m be a constant. The graphs of the lines $y = x - 2$ and $y = mx + 3$ intersect at a point whose x-coordinate and y-coordinate are both positive if and only if:

- **A** $m = 1$.
- **B** $m < 1$.
- **C** $m > -\dfrac{3}{2}$.
- **D** $-\dfrac{3}{2} < m < 0$.
- **E** $-\dfrac{3}{2} < m < 1$.

(USA *North Carolina State High School Mathematics Contest*, 2003)

26 For all real numbers p, q, x, y which satisfy $x > p$ and $y > q$, which of the following inequalities are satisfied?
1. $x^2 y^2 > p^2 q^2$
2. $x + y > p + q$
3. $x^2 + y^2 > p^2 + q^2$

- **A** 1, 2, 3
- **B** 1 only
- **C** 2, 3
- **D** 2 only
- **E** None

(USA *North Carolina State High School Mathematics Contest*, 2003)

27 Find all real numbers a such that the inequality $ax^2 - 2x + a < 0$ holds for all real numbers x.

- **A** $a < -2$.
- **B** $a < -1$.
- **C** $a < 0$.
- **D** $a < -2$ or $a > 2$.
- **E** $a < -1$ or $a > 1$.

(USA *University of South Carolina: High School Math Contest*, 2002)

28 The set of real numbers satisfying
$$\frac{1}{x+1} > \frac{1}{x-2}\quad \text{is:}$$

- **A** $\{x \mid x > 2\}$.
- **B** $\{x \mid -1 < x < 2\}$.
- **C** $\{x \mid x < 2\}$.
- **D** $\{x \mid x < -1\}$.
- **E** $\{x \mid x > -1\}$.

(USA *North Carolina State High School Mathematics Contest*, 2003)

GLOSSARY

both: entrambi
graph: grafico
to hold-held-held: valere
to intersect: intersecare
line: retta
notation: notazione
root: radice (soluzione)
to satisfy: soddisfare
set: insieme
to solve: risolvere
such that: tale che
value: valore

154

CAPITOLO 4

[numerazione araba]

[numerazione devanagari]

[numerazione cinese]

LA CIRCONFERENZA, I POLIGONI INSCRITTI E CIRCOSCRITTI

BULLONI! La torre Eiffel, un gigante di ferro: 50 ingegneri, 221 operai, 5300 disegni preparatori, 320 metri d'altezza, 10 000 tonnellate di peso, 18 038 travi in acciaio e ben due milioni e mezzo di bulloni…

…perché le teste dei bulloni sono quasi sempre esagonali?

▶ La risposta a pag. 185

TEORIA | **CAPITOLO 4. LA CIRCONFERENZA, I POLIGONI INSCRITTI E CIRCOSCRITTI**

1. LA CIRCONFERENZA E IL CERCHIO

I luoghi geometrici

Un **luogo geometrico** è l'insieme di *tutti* e *soli* i punti del piano che godono di una certa proprietà, detta *proprietà caratteristica* del luogo.

Consideriamo due esempi.

L'**asse di un segmento** è il luogo dei punti equidistanti dagli estremi del segmento (figura 1a).

La **bisettrice di un angolo** è il luogo dei punti equidistanti dai lati dell'angolo (figura 1b).

● L'asse di un segmento è la retta perpendicolare al segmento, passante per il suo punto medio.

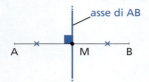

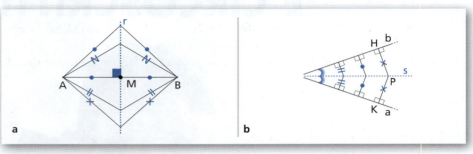

▶ Figura 1

Per poter affermare che una figura è un luogo geometrico occorre dimostrare che:

1. *tutti* i punti godono della stessa proprietà caratteristica;
2. *solo* i punti della figura godono di quella proprietà.

Dimostriamo che *tutti* e *soli* i punti dell'asse hanno uguale distanza dagli estremi *A* e *B* del segmento.

▶ Figura 2

Tutti i punti…

Ipotesi 1. *r* è asse di *AB*;
2. $P \in r$.

Tesi $PA \cong PB$.

a. Un punto *P* dell'asse è equidistante da *A* e da *B* poiché i triangoli *AMP* e *PMB* sono congruenti per il primo criterio di congruenza dei triangoli rettangoli.

Solo i punti…

Ipotesi 1. *r* è asse di *AB*;
2. $QA \cong QB$.

Tesi $Q \in r$.

b. Un punto *Q* equidistante da *A* e da *B* appartiene all'asse di *AB* poiché, essendo il triangolo *AQB* isoscele, la mediana *QM* è anche altezza.

Dimostriamo che *tutti* e *soli* i punti della bisettrice hanno uguale distanza dai lati *Oa* e *Ob* dell'angolo.

156

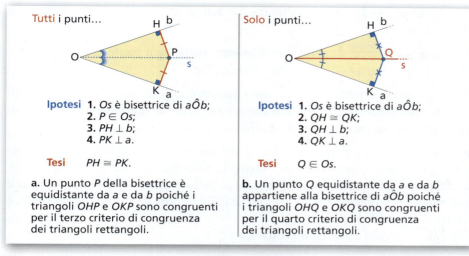

◀ Figura 3

La circonferenza e il cerchio

Dati nel piano i punti O e A, la **circonferenza** di **centro** O e **raggio** OA è l'insieme dei punti del piano che hanno da O la stessa distanza di A.
Sfruttando il concetto di luogo geometrico, possiamo dare la seguente definizione.

DEFINIZIONE

Circonferenza

Una circonferenza è il luogo dei punti di un piano che hanno distanza assegnata da un punto, detto centro.

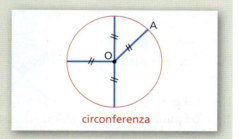

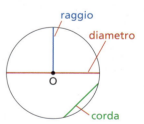

Un **raggio** della circonferenza è un segmento che ha come estremi il centro e un punto della circonferenza stessa.
Ogni segmento che ha per estremi due punti di una circonferenza si chiama **corda**.
Ogni corda passante per il centro della circonferenza è detta **diametro**.
I punti interni a una circonferenza sono i punti che hanno distanza dal centro minore del raggio; i punti esterni hanno distanza dal centro maggiore del raggio.

DEFINIZIONE

Cerchio

Un cerchio è una figura piana formata dai punti di una circonferenza e da quelli interni alla circonferenza.

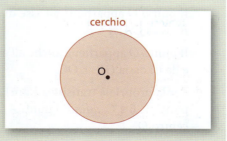

Un cerchio, quindi, è il luogo dei punti che hanno distanza dal centro minore o uguale al raggio.

157

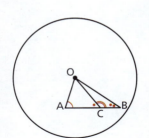

Se congiungiamo due punti qualunque *A* e *B* di un cerchio, il segmento *AB* risulta completamente interno al cerchio.

Infatti, se *A* e *B* appartengono a un diametro, anche ogni punto di *AB* appartiene allo stesso diametro e quindi è interno al cerchio.

Se *A* e *B* non appartengono a uno stesso diametro, consideriamo il triangolo *OAB* (figura a lato). Scelto *C* su *AB*, il segmento *OC*, interno al triangolo, è minore di *OA* o di *OB* (o di entrambi se $OC \perp AB$).

Infatti, se *OC* non è perpendicolare ad *AB*, congiungendo *O* con *C*, si formano un angolo ottuso e uno acuto. Per esempio, nella figura, l'angolo ottuso è $O\widehat{C}B$. Considerato il triangolo *OCB*, poiché ad angolo maggiore ($O\widehat{C}B$) sta opposto il lato maggiore, abbiamo che $OC < OB$. Se *OC* è minore di un lato del triangolo, è anche minore del raggio.

Pertanto il cerchio è una figura **convessa**.

La circonferenza per tre punti non allineati

TEOREMA
Per tre punti non allineati passa una e una sola circonferenza.

▼ **Figura 4** Costruzione. Se i tre punti fossero allineati, potresti ottenere il punto *O*?

	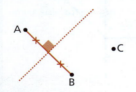	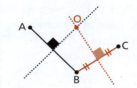	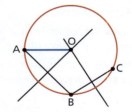
a. Disegniamo tre punti *A*, *B* e *C* non allineati.	**b.** Congiungiamo *A* con *B* e tracciamo l'asse del segmento *AB*.	**c.** Congiungiamo *B* con *C* e tracciamo l'asse del segmento *BC*. Poiché *A*, *B* e *C* non sono allineati, i due assi si incontrano in un punto, che chiamiamo *O*.	**d.** Puntiamo il compasso in *O* con apertura *OA* e tracciamo la circonferenza.

Ipotesi *A*, *B*, *C* non appartengono a una stessa retta.

Tesi Una circonferenza passante per *A*, *B*, *C*:
1. esiste;
2. è unica.

DIMOSTRAZIONE

1. Per dimostrare l'esistenza della circonferenza controlliamo la correttezza della costruzione.

   Il punto *O* appartiene all'asse di *AB*, *quindi* ha la stessa distanza da *A* e da *B*, ossia $OA \cong OB$.

   Il punto *O* appartiene anche all'asse di *BC*, *quindi* ha la stessa distanza da *B* e da *C*, ossia $OB \cong OC$.

   Per la proprietà transitiva è anche $OA \cong OC$, *pertanto O* è equidistante dai punti *A*, *B* e *C*, *quindi* i punti *A*, *B*, *C* appartengono a una circonferenza di centro *O*.

2. Per dimostrare l'unicità, basta osservare che è unico il punto di intersezione dei due assi, *quindi* è unico il punto *O* equidistante da *A*, *B* e *C*.

PARAGRAFO 1. LA CIRCONFERENZA E IL CERCHIO — TEORIA

Le parti della circonferenza e del cerchio

DEFINIZIONE

Arco

Un arco è la parte di circonferenza compresa fra due suoi punti.

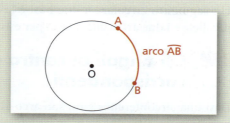

I due punti della circonferenza che delimitano l'arco sono gli **estremi** dell'arco. L'arco di estremi A e B si indica con $\overset{\frown}{AB}$.
Una **semicirconferenza** è un arco i cui estremi sono distinti e appartengono a un diametro.
La parte di piano *compresa* fra una semicirconferenza e un diametro si chiama **semicerchio**.
Gli estremi di una corda suddividono la circonferenza in due archi; diremo che la corda **sottende** i due archi oppure che ogni arco è sotteso dalla corda (figura 5).

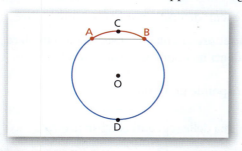

◀ **Figura 5** La corda AB sottende due archi, quello disegnato in rosso e quello disegnato in blu. Per evitare ambiguità, l'arco rosso si può indicare con $\overset{\frown}{ACB}$, quello blu con $\overset{\frown}{ADB}$. Possiamo individuare un arco anche indicando se è il minore o il maggiore fra i due aventi come estremi A e B.

● Usando il termine «compresa» intendiamo dire, qui e in seguito, che anche le linee del contorno fanno parte della figura.

DEFINIZIONE

Angolo al centro

Un angolo al centro è un angolo che ha il vertice nel centro della circonferenza.

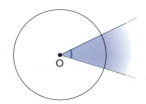

Poiché la circonferenza è una linea chiusa, se congiungiamo un punto interno con uno esterno a essa, il segmento ottenuto interseca la circonferenza in un punto. *Pertanto i lati di un angolo al centro intersecano la circonferenza in due punti*, che sono gli estremi di un arco, intersezione fra l'angolo al centro e la circonferenza. Diremo che l'angolo al centro **insiste** su tale arco.
Se tracciamo due semirette con origine nel centro di una circonferenza, individuiamo due angoli al centro, di cui, in genere, uno è convesso e l'altro concavo. L'angolo convesso insiste sull'arco minore della circonferenza, mentre l'angolo concavo insiste sull'arco maggiore della circonferenza.

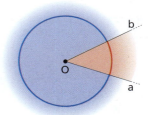

DEFINIZIONE

Settore circolare

Un settore circolare è la parte di cerchio compresa fra un arco e i raggi che hanno un estremo negli estremi dell'arco.

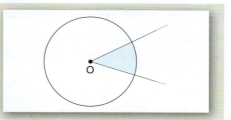

● Possiamo definire il settore circolare anche come intersezione di un cerchio e di un suo angolo al centro.

159

segmento circolare a una base

segmento circolare a due basi

La parte di cerchio compresa fra un arco e la corda che lo sottende viene chiamata **segmento circolare a una base**.

Un **segmento circolare a due basi** è la parte di cerchio compresa fra due corde parallele e i due archi che hanno per estremi gli estremi delle due corde.

Gli angoli al centro e le figure a essi corrispondenti

Dati una circonferenza e un suo arco $\overset{\frown}{ACB}$, come nella figura 6, risultano determinati senza ambiguità anche l'angolo al centro $A\hat{O}B$ che contiene C, il settore circolare $AOBC$ e il segmento circolare ABC di base AB.

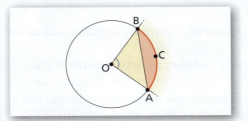

◀ Figura 6

Più in generale, ognuna delle figure precedenti determina univocamente le altre.

Diciamo che l'arco, l'angolo al centro, il settore circolare e il segmento circolare così individuati sono fra loro **corrispondenti** mediante una corrispondenza biunivoca.

Per esempio, a ogni angolo al centro corrisponde uno e un solo arco e viceversa.

> **TEOREMA**
>
> Data una circonferenza, se si verifica una delle seguenti congruenze:
> - fra due angoli al centro,
> - fra due archi,
> - fra due settori circolari,
> - fra due segmenti circolari,
>
> allora sono congruenti anche le restanti figure corrispondenti a quelle considerate.

Per esempio, se sono congruenti due archi, allora sono congruenti anche le due corde corrispondenti, gli angoli al centro corrispondenti…

La dimostrazione si basa sul fatto che, prese per ipotesi due figure congruenti, esiste un movimento rigido che porta a far coincidere le due figure e tutti gli elementi a esse corrispondenti.

La corrispondenza fra archi e angoli al centro consente di definire i concetti di minore, maggiore, somma, differenza, multiplo e sottomultiplo relativamente agli archi e agli angoli a essi corrispondenti.

Per esempio, diciamo che in una circonferenza la **somma di due archi** è l'arco che ha come angolo al centro la somma degli angoli al centro corrispondenti ai due archi dati.

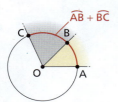

$\overset{\frown}{AB} + \overset{\frown}{BC}$

2. I TEOREMI SULLE CORDE

Un diametro è maggiore di ogni corda non passante per il centro

TEOREMA

In una circonferenza, ogni diametro è maggiore di qualunque altra corda che non passa per il centro.

Ipotesi 1. AB diametro;   **Tesi** $AB > CD$.
2. CD corda non passante per il centro.

DIMOSTRAZIONE

Consideriamo il triangolo COD. La corda CD è lato del triangolo COD, *quindi* è minore della somma degli altri due lati.
Pertanto, possiamo scrivere $CD < OC + OD$, oppure $OC + OD > CD$.
OC e OD sono due raggi, *quindi* la loro somma è un segmento congruente al diametro AB. *Pertanto*, il diametro è maggiore della corda.

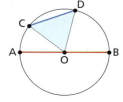

Il diametro perpendicolare a una corda

TEOREMA

Se in una circonferenza un diametro è perpendicolare a una corda, allora la corda, l'angolo al centro e l'arco corrispondenti risultano divisi a metà da tale diametro.

Ipotesi 1. AB è una corda;   **Tesi** 1. $AM \cong MB$;
2. CD è un diametro;   2. $A\widehat{O}C \cong C\widehat{O}B$;
3. $CD \perp AB$.   3. $\widehat{AC} \cong \widehat{CB}$.

DIMOSTRAZIONE

Il triangolo ABO è isoscele, perché i lati OA e OB sono due raggi. Il segmento OM è altezza, in quanto $AB \perp CD$ per l'ipotesi 3.
Nel triangolo isoscele l'altezza relativa alla base è:

- mediana, *quindi* $AM \cong MB$;
- bisettrice, *quindi* $A\widehat{O}C \cong C\widehat{O}B$.

Inoltre, nella circonferenza, ad angoli al centro congruenti corrispondono archi congruenti, *quindi* $\widehat{AC} \cong \widehat{CB}$.

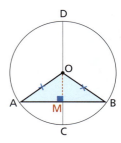

Il diametro per il punto medio di una corda

TEOREMA

Se in una circonferenza un diametro interseca una corda non passante per il centro nel suo punto medio, allora il diametro è perpendicolare alla corda.

Ipotesi 1. AB è una corda non passante per O;   **Tesi** $CD \perp AB$.
2. CD è un diametro;
3. $AM \cong MB$.

161

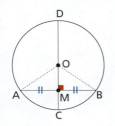

DIMOSTRAZIONE

Congiungiamo A e B con il centro O. Otteniamo il triangolo isoscele AOB in cui OM è la mediana relativa alla base AB, in quanto $AM \cong MB$ per l'ipotesi 3. In un triangolo isoscele la mediana relativa alla base è anche altezza. *Pertanto*, CD è perpendicolare ad AB.

Corollario. In una circonferenza l'asse di una corda passa per il centro della circonferenza.

La relazione tra corde aventi la stessa distanza dal centro

TEOREMA
In una circonferenza, corde congruenti hanno la stessa distanza dal centro.

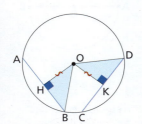

Ipotesi 1. $AB \cong CD$; **Tesi** $OH \cong OK$.
2. $OH \perp AB$;
3. $OK \perp CD$.

DIMOSTRAZIONE

Congiungiamo il centro O con gli estremi B e D. Consideriamo i triangoli rettangoli OHB e OKD, essi hanno:

- $OB \cong OD$ perché raggi;
- $HB \cong KD$ perché metà di corde congruenti (infatti, nei triangoli isosceli AOB e COD le altezze OH e OK sono anche mediane).

Pertanto, i triangoli rettangoli OHB e OKD sono congruenti per il quarto criterio di congruenza dei triangoli rettangoli. In particolare, sono congruenti i cateti OH e OK.

Vale anche il **teorema inverso**.

TEOREMA
In una circonferenza, corde aventi la stessa distanza dal centro sono congruenti.

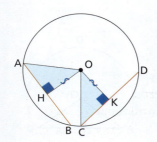

Ipotesi 1. $OH \perp AB$; **Tesi** $AB \cong CD$.
2. $OK \perp CD$;
3. $OH \cong OK$.

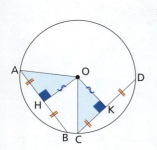

DIMOSTRAZIONE

I triangoli AHO e CKO, rettangoli per le ipotesi 1 e 2, hanno:

- $AO \cong CO$ perché raggi di una stessa circonferenza;
- $OH \cong OK$ per l'ipotesi 3.

Quindi sono congruenti per il quarto criterio di congruenza dei triangoli rettangoli. In particolare sono congruenti i cateti AH e CK.
I triangoli AOB e COD sono isosceli, quindi AH e CK sono la metà rispettivamente di AB e CD.
Se $AH \cong CK$, anche $2AH \cong 2CK$, *pertanto* le corde AB e CD sono congruenti.

Vale inoltre il seguente teorema, di cui proponiamo la dimostrazione guidata nell'esercizio 27.

TEOREMA

Se in una circonferenza due corde non sono congruenti, non hanno la stessa distanza dal centro: la corda maggiore ha distanza minore.

AB > CD ⟹ OH < OK

3. LE POSIZIONI DI UNA RETTA RISPETTO A UNA CIRCONFERENZA

■ I punti in comune fra una retta e una circonferenza

TEOREMA

Una retta e una circonferenza che si intersecano non possono avere più di due punti in comune.

DIMOSTRAZIONE

Ragioniamo per assurdo.
Supponiamo che la retta *r* e la circonferenza abbiano in comune tre punti *A*, *B* e *C*.
Poiché i punti *A*, *B* e *C* appartengono a *r*, i segmenti *AB* e *BC* sono allineati. Di conseguenza, i loro assi sono entrambi perpendicolari a *r*, *quindi* sono paralleli fra loro.
D'altra parte, *AB* e *BC* sono corde della circonferenza, *quindi* i loro assi devono passare per il centro. *Pertanto*, le rette individuate da *AB* e *BC* si intersecano.
Risulterebbe che due rette, contemporaneamente, si intersecano e sono parallele. Poiché questo è assurdo, retta e circonferenza non possono avere tre (o più) punti in comune.

● Il ragionamento vale anche per più di tre punti in comune.

DEFINIZIONE

Retta secante una circonferenza	Retta tangente a una circonferenza	Retta esterna a una circonferenza
Una retta è **secante** una circonferenza se ha due punti in comune con essa.	Una retta è **tangente** a una circonferenza se ha un solo punto in comune con essa.	Una retta è **esterna** a una circonferenza se non ha punti in comune con essa.

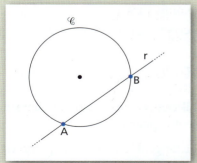 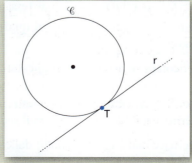 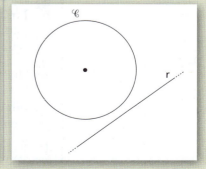

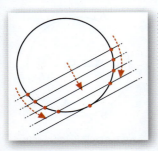

▲ Figura 7

Se consideriamo le rette secanti e la tangente parallele a una retta data (figura 7), notiamo che, man mano che le secanti si avvicinano alla retta tangente, i punti di intersezione con la circonferenza si avvicinano sempre più fra loro. Si può allora pensare che anche per la tangente i punti di intersezione con la circonferenza siano due, e siano coincidenti.

■ La distanza di una retta dal centro di una circonferenza e la sua posizione rispetto alla circonferenza stessa

■ TEOREMI

Se la distanza del centro di una circonferenza da una retta è:

1. maggiore del raggio, allora la retta è esterna alla circonferenza;
2. uguale al raggio, allora la retta è tangente alla circonferenza;
3. minore del raggio, allora la retta è secante la circonferenza.

● I tre teoremi, di cui ci limitiamo a fornire l'enunciato, ammettono anche i teoremi inversi.

Dai teoremi precedenti deriva il seguente.

■ TEOREMA

Se una retta è tangente a una circonferenza di centro O in un suo punto H, allora è perpendicolare al raggio OH (e viceversa).

● Poiché la perpendicolare a una retta passante per un punto è una e una sola, anche la retta tangente a una circonferenza in un punto è una e una sola.

■ Le tangenti da un punto esterno

■ TEOREMA

Se da un punto P esterno a una circonferenza si conducono le due rette tangenti a essa, allora i segmenti di tangente, aventi ciascuno un estremo nel punto P e l'altro in un punto in comune con la circonferenza, sono congruenti.

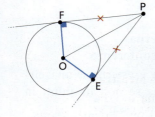

Ipotesi 1. P è esterno alla circonferenza $\mathcal{C}$;
2. le rette PE e PF sono tangenti a $\mathcal{C}$.

Tesi $PE \cong PF$.

■ DIMOSTRAZIONE

$OE \perp EP$, in quanto raggio condotto nel punto di tangenza; $OF \perp FP$ per lo stesso motivo, *quindi* i triangoli OEP e OFP sono rettangoli e hanno:

- PO in comune;
- $OE \cong OF$, perché raggi di una stessa circonferenza.

Pertanto sono congruenti, per il quarto criterio di congruenza dei triangoli rettangoli.

In particolare, sono congruenti i cateti PE e PF.

Corollario. Se un segmento ha per estremi il centro di una circonferenza e un punto esterno a essa (figura 8), allora il segmento appartiene:

1. alla bisettrice dell'angolo formato dalle due tangenti condotte dal punto esterno alla circonferenza;

2. alla bisettrice dell'angolo formato dai raggi aventi un estremo nei punti di contatto;
3. all'asse della corda che unisce i due punti di contatto.

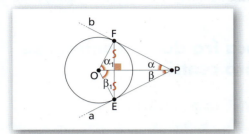

◀ **Figura 8** La prima tesi afferma che $\alpha \cong \beta$, la seconda che $\alpha_1 \cong \beta_1$ e la terza che PO è asse della corda EF.

4. LE POSIZIONI RECIPROCHE FRA DUE CIRCONFERENZE

Due circonferenze non possono intersecarsi in più di due punti. Infatti, se avessero tre punti in comune coinciderebbero, poiché per tre punti passa una e una sola circonferenza. Pertanto, possono avere in comune *due punti*, *un solo punto* oppure *nessun punto*.

■ **DEFINIZIONE**

Circonferenze secanti
Due circonferenze sono secanti quando hanno due punti in comune.

Circonferenze tangenti
Due circonferenze sono tangenti quando hanno un solo punto in comune.
Se il centro di una è esterno all'altra, sono **tangenti esternamente**. Se il centro di una è interno all'altra, sono **tangenti internamente**.

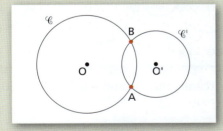

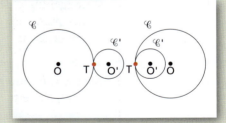

Circonferenze esterne
Due circonferenze sono esterne quando tutti i punti di una circonferenza sono esterni all'altra e viceversa.

Circonferenze una interna all'altra
Due circonferenze sono una interna all'altra se, avendo raggi diversi, tutti i punti della circonferenza di raggio minore sono interni all'altra.

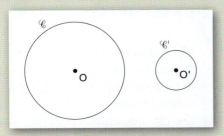

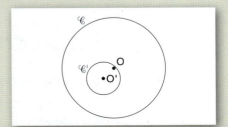

TEORIA | **CAPITOLO 4. LA CIRCONFERENZA, I POLIGONI INSCRITTI E CIRCOSCRITTI**

circonferenze concentriche

● Per il teorema enunciato qui a lato ci limitiamo a un'illustrazione.

Il punto comune a due circonferenze tangenti si chiama **punto di tangenza** o **punto di contatto**.

Due circonferenze, una interna all'altra, che hanno lo stesso centro vengono dette **concentriche**.

La posizione reciproca fra due circonferenze e la distanza fra i loro centri

TEOREMA

Condizione necessaria e sufficiente affinché due circonferenze siano:

- **una interna all'altra** è che la distanza dei centri sia minore della differenza dei raggi;
- **secanti** è che la distanza dei centri sia minore della somma dei raggi e maggiore della loro differenza;
- **tangenti internamente** è che la distanza dei centri sia uguale alla differenza dei raggi;
- **tangenti esternamente** è che la distanza dei centri sia uguale alla somma dei raggi;
- **esterne** è che la distanza dei centri sia maggiore della somma dei raggi.

▼ **Figura 9** Nella figura delle circonferenze secanti puoi notare che vale la proprietà dei triangoli: un lato è minore della somma degli altri due e maggiore della loro differenza.

Esemplifichiamo nella figura 9 i casi descritti dal teorema.

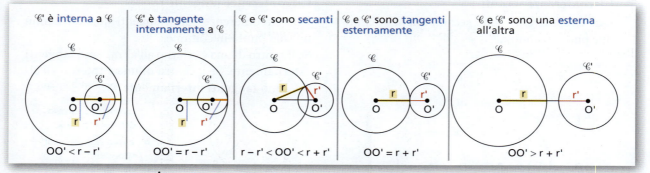

Esaminiamo una proprietà delle circonferenze secanti e una delle circonferenze tangenti.

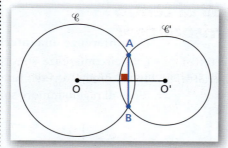

▶ **Figura 10**

Circonferenze secanti
Se due circonferenze di centri O e O' sono secanti nei punti A e B, allora la retta dei centri è perpendicolare al segmento AB.
Infatti $OA \cong OB$ e $O'A \cong O'B$; pertanto, essendo O e O' equidistanti dagli estremi del segmento AB, OO' è asse di AB.

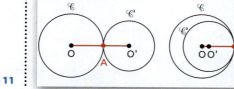

▶ **Figura 11**

Circonferenze tangenti
Se due circonferenze sono tangenti, il punto di tangenza appartiene alla retta dei centri. Infatti, la retta tangente per A è comune alle due circonferenze e, per l'unicità della tangente, i punti O, A, O' sono allineati.

5. GLI ANGOLI ALLA CIRCONFERENZA E I CORRISPONDENTI ANGOLI AL CENTRO

DEFINIZIONE

Angolo alla circonferenza

Un angolo alla circonferenza è un angolo convesso che ha il vertice sulla circonferenza e i due lati secanti la circonferenza stessa, oppure un lato secante e l'altro tangente.

angolo alla circonferenza

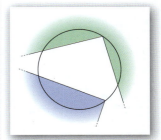

▲ **Figura 12** L'angolo colorato in verde **non** è alla circonferenza perché non è convesso. L'angolo colorato in azzurro **non** è alla circonferenza perché un lato non è secante e neppure tangente.

I lati di un angolo alla circonferenza intersecano la circonferenza in due punti, che sono gli estremi di un arco. Tale arco è l'intersezione dell'angolo con la circonferenza.

Si dice che l'angolo alla circonferenza **insiste** su tale arco. Si può anche dire che l'arco **è sotteso** dall'angolo.

Un **angolo al centro** e un **angolo alla circonferenza** si dicono **corrispondenti** quando insistono sullo stesso arco.

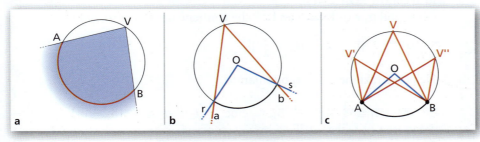

▶ **Figura 13**
a) L'angolo $A\hat{V}B$ insiste sull'arco $\overset{\frown}{AB}$; l'arco $\overset{\frown}{AB}$ è sotteso dall'angolo $A\hat{V}B$.
b) $a\hat{V}b$ e $r\hat{O}s$ sono corrispondenti.
c) Per ogni arco esiste un solo angolo al centro che insiste su di esso, mentre gli angoli alla circonferenza che insistono su quell'arco sono infiniti.

La proprietà degli angoli al centro e alla circonferenza corrispondenti

TEOREMA

Un angolo alla circonferenza è la metà del corrispondente angolo al centro.

Ipotesi 1. α angolo alla circonferenza;
2. β angolo al centro corrispondente di α.

Tesi $\alpha \cong \frac{1}{2}\beta$.

DIMOSTRAZIONE

Esaminiamo i tre casi possibili.

1. Un lato dell'angolo alla circonferenza contiene un diametro.
   Indichiamo con α' l'angolo $V\hat{B}O$.

167

TEORIA
CAPITOLO 4. LA CIRCONFERENZA, I POLIGONI INSCRITTI E CIRCOSCRITTI

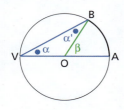

Il triangolo VBO è isoscele perché VO e OB sono due raggi, *quindi* $\alpha \cong \alpha'$, per il teorema del triangolo isoscele.
Nel triangolo VBO l'angolo β è esterno di vertice O, *quindi* $\beta \cong \alpha + \alpha'$, per il teorema dell'angolo esterno (somma).

Poiché $\alpha \cong \alpha'$, possiamo anche scrivere $\beta \cong \alpha + \alpha$, ossia $\beta \cong 2\alpha$, *quindi*
$$\alpha \cong \frac{1}{2}\beta.$$

2. Il centro O è interno all'angolo α.

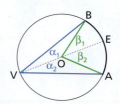

Tracciamo il diametro VE. Indichiamo l'angolo $E\widehat{V}B$ con α_1, il corrispondente angolo al centro $E\widehat{O}B$ con β_1, $A\widehat{V}E$ con α_2, e il corrispondente angolo al centro $A\widehat{O}E$ con β_2.
Gli angoli α_1 e α_2 hanno un lato che contiene un diametro, *quindi*
$$\alpha_1 \cong \frac{1}{2}\beta_1 \quad \text{e} \quad \alpha_2 \cong \frac{1}{2}\beta_2.$$

Sommando gli angoli α_1 e α_2, otteniamo:
$$\alpha_1 + \alpha_2 \cong \frac{1}{2}\beta_1 + \frac{1}{2}\beta_2, \quad \text{cioè} \quad \alpha_1 + \alpha_2 \cong \frac{1}{2}(\beta_1 + \beta_2).$$

Per costruzione risulta $\alpha_1 + \alpha_2 \cong \alpha$ e $\beta_1 + \beta_2 \cong \beta$, *pertanto* $\alpha \cong \frac{1}{2}\beta$.

3. Il centro O è esterno all'angolo α.

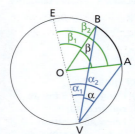

Tracciamo il diametro VE. Indichiamo l'angolo $E\widehat{V}B$ con α_1, il corrispondente angolo al centro $E\widehat{O}B$ con β_1, $E\widehat{V}A$ con α_2, e il corrispondente angolo al centro $E\widehat{O}A$ con β_2.
Gli angoli α_1 e α_2 hanno un lato che contiene un diametro, *quindi*
$$\alpha_1 \cong \frac{1}{2}\beta_1 \quad \text{e} \quad \alpha_2 \cong \frac{1}{2}\beta_2.$$

Nella sottrazione $\alpha_2 - \alpha_1$ otteniamo:
$$\alpha_2 - \alpha_1 \cong \frac{1}{2}\beta_2 - \frac{1}{2}\beta_1, \quad \text{cioè} \quad \alpha_2 - \alpha_1 \cong \frac{1}{2}(\beta_2 - \beta_1).$$

Per costruzione risulta $\alpha_2 - \alpha_1 \cong \alpha$ e $\beta_2 - \beta_1 \cong \beta$, *pertanto* $\alpha \cong \frac{1}{2}\beta$.

Corollario 1. Nella stessa circonferenza, due o più angoli alla circonferenza che insistono sullo stesso arco (o su archi congruenti) sono congruenti (figura 14a).

Corollario 2. Se un angolo alla circonferenza insiste su una semicirconferenza, è retto (figure 14b e 14c).

▼ **Figura 14**
a) $A\widehat{V}B$, $A\widehat{V'}B$ e $A\widehat{V''}B$ sono tutti congruenti alla metà di $A\widehat{O}B$, quindi sono congruenti fra loro.
b) L'angolo al centro è piatto, quindi l'angolo alla circonferenza è un angolo retto.
c) Il secondo corollario vale anche quando un lato dell'angolo alla circonferenza è secante e l'altro è tangente.

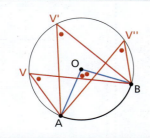
a

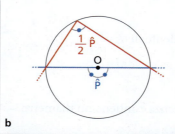
b

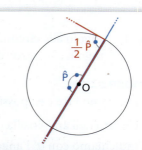
c

6. I POLIGONI INSCRITTI E CIRCOSCRITTI

DEFINIZIONE

Poligono inscritto in una circonferenza

Un poligono è inscritto in una circonferenza se ha tutti i vertici sulla circonferenza.

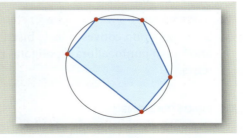

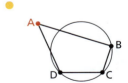

Il poligono *ABCD* **non** è inscritto nella circonferenza.

Quando un poligono è inscritto in una circonferenza possiamo anche dire che **la circonferenza è circoscritta al poligono**.

DEFINIZIONE

Poligono circoscritto a una circonferenza

Un poligono è circoscritto a una circonferenza se tutti i suoi lati sono tangenti alla circonferenza.

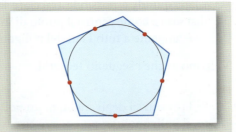

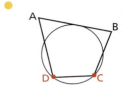

Il poligono *ABCD* **non** è circoscritto alla circonferenza.

Quando un poligono è circoscritto a una circonferenza possiamo anche dire che **la circonferenza è inscritta nel poligono**.

I poligoni inscritti e gli assi dei lati

Non tutti i poligoni possono essere inscritti in una circonferenza.

TEOREMA

Se un poligono ha gli assi dei lati che passano per uno stesso punto, allora il poligono può essere inscritto in una circonferenza.

DIMOSTRAZIONE

Disegniamo un poligono e gli assi dei suoi lati, in modo che si intersechino in *O* secondo l'ipotesi (figura *a*). Poiché l'asse di un segmento è il luogo dei punti equidistanti dai suoi estremi, il punto di intersezione degli assi ha la stessa distanza da tutti i vertici del poligono, quindi è tracciabile la circonferenza che ha per raggio tale distanza e centro il punto di intersezione (figura *b*). Questa circonferenza passa per tutti i vertici del poligono.

Valgono anche i seguenti teoremi.

TEOREMA

Se gli assi dei lati di un poligono **non** passano per uno stesso punto, il poligono **non** può essere inscritto in una circonferenza.

TEOREMA

Se un poligono è inscritto in una circonferenza, gli assi dei suoi lati si incontrano nel centro della circonferenza.

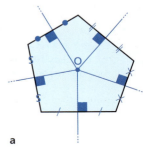

a

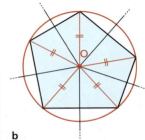

b

CAPITOLO 4. LA CIRCONFERENZA, I POLIGONI INSCRITTI E CIRCOSCRITTI

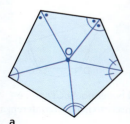

a

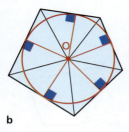

b

■ I poligoni circoscritti e le bisettrici degli angoli

Non tutti i poligoni possono essere circoscritti a una circonferenza.

■ TEOREMA
Se un poligono convesso ha le bisettrici degli angoli che passano tutte per uno stesso punto, allora il poligono può essere circoscritto a una circonferenza.

■ DIMOSTRAZIONE
Disegniamo un poligono e le bisettrici dei suoi angoli interni, le quali per ipotesi si intersecano in O (figura *a*).
Poiché la bisettrice di un angolo è il luogo dei punti equidistanti dai lati, il punto di intersezione delle bisettrici del poligono ha la stessa distanza da tutti i lati, quindi è possibile tracciare la circonferenza che ha come raggio tale distanza e come centro il punto di intersezione (figura *b*). Questa circonferenza è tangente a tutti i lati del poligono.

Valgono anche i seguenti teoremi.

■ TEOREMA
Se le bisettrici degli angoli di un poligono **non** passano per uno stesso punto, il poligono **non** può essere circoscritto a una circonferenza.

■ TEOREMA
Se un poligono è circoscritto a una circonferenza, le bisettrici dei suoi angoli si incontrano nel centro della circonferenza.

7. I TRIANGOLI INSCRITTI E CIRCOSCRITTI

A differenza dei poligoni, un triangolo può sempre essere inscritto in una circonferenza. Questo perché gli assi relativi ai suoi lati si incontrano sempre in un punto.
Allo stesso modo, un triangolo può sempre essere circoscritto a una circonferenza, perché le bisettrici del triangolo si incontrano sempre in un punto.

In un triangolo, i punti in cui si incontrano segmenti o rette particolari, come assi, altezze, bisettrici e mediane, sono detti **punti notevoli**.

Esaminiamo i punti notevoli del triangolo iniziando da quelli che permettono di trovare la circonferenza circoscritta e quella inscritta.

■ Il punto di incontro degli assi: il circocentro

O circocentro di ABC

■ TEOREMA
Gli assi dei lati di un triangolo si incontrano in un punto.

170

Diamo anche la seguente definizione.

> **DEFINIZIONE**
> **Circocentro**
> Il punto di incontro degli assi dei lati di un triangolo si chiama circocentro ed è il centro della circonferenza circoscritta.

Corollario. Ogni triangolo è inscrivibile in una circonferenza che ha come centro il circocentro del triangolo.

Il punto di incontro delle bisettrici: incentro

> **TEOREMA**
> Le bisettrici degli angoli interni di un triangolo si incontrano in un punto.

Diamo, allora, la seguente definizione.

> **DEFINIZIONE**
> **Incentro**
> Il punto di incontro delle bisettrici di un triangolo si chiama incentro ed è il centro della circonferenza inscritta.

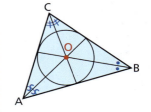

O incentro di ABC

Corollario. Ogni triangolo è circoscrivibile a una circonferenza che ha come centro l'incentro del triangolo.

Il punto di incontro delle altezze: ortocentro

> **TEOREMA**
> Le altezze di un triangolo (o i loro prolungamenti) si incontrano in un punto.

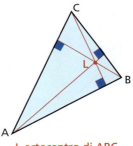

L ortocentro di ABC

> **DEFINIZIONE**
> **Ortocentro**
> In un triangolo il punto di incontro delle altezze (o dei loro prolungamenti) si chiama ortocentro.

Il punto di incontro delle mediane: baricentro

> **TEOREMA**
> Le mediane di un triangolo si incontrano in un punto.
> Il punto di intersezione divide ogni mediana in due parti, tali che quella avente per estremo un vertice è doppia dell'altra.
>
> $AG \cong 2GM$,
> $BG \cong 2GN$, $CG \cong 2GL$.

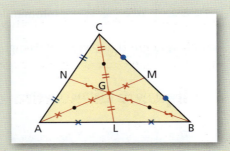

171

TEORIA | **CAPITOLO 4. LA CIRCONFERENZA, I POLIGONI INSCRITTI E CIRCOSCRITTI**

● **Baricentro** è una parola composta da «bari» (dal greco *barýs*, che significa «pesante») e da «centro». Il baricentro è chiamato anche *centro di gravità* del triangolo.

DEFINIZIONE

Baricentro
Il punto di incontro delle mediane di un triangolo si chiama baricentro.

8. I QUADRILATERI INSCRITTI E CIRCOSCRITTI

I quadrilateri inscritti

TEOREMA

In un quadrilatero inscritto in una circonferenza gli angoli opposti sono supplementari.

● In base a questo teorema, un rombo, in generale, è inscrivibile in una circonferenza?

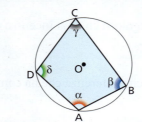

Ipotesi ABCD è inscritto in una circonferenza.

Tesi 1. $\alpha + \gamma \cong \widehat{P}$;
2. $\beta + \delta \cong \widehat{P}$.

▼ Figura 15

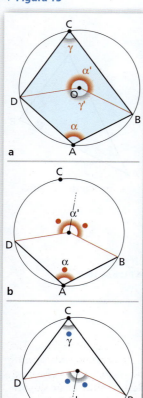

DIMOSTRAZIONE

Disegniamo i raggi OB e OD. Indichiamo con α l'angolo alla circonferenza di vertice A e con γ quello di vertice C, con α' l'angolo al centro $D\widehat{O}B$ corrispondente di α e con γ' l'angolo al centro $D\widehat{O}B$ corrispondente di γ (figura 15a). La somma dei due angoli α' e γ' è un angolo giro, *quindi* $\alpha' + \gamma' \cong 2\widehat{P}$.

L'angolo α è un angolo alla circonferenza che insiste sull'arco $\overset{\frown}{BCD}$, quindi è la metà del suo corrispondente angolo al centro α' (figura 15b).

L'angolo γ è un angolo alla circonferenza che insiste sull'arco $\overset{\frown}{DAB}$, quindi è la metà del suo corrispondente angolo al centro γ' (figura 15c).

Da $\alpha \cong \frac{1}{2}\alpha'$ e $\gamma \cong \frac{1}{2}\gamma'$, sommando membro a membro, otteniamo:

$$\alpha + \gamma \cong \frac{1}{2}\alpha' + \frac{1}{2}\gamma'.$$

Raccogliamo $\frac{1}{2}$ a fattor comune:

$$\alpha + \gamma \cong \frac{1}{2}(\alpha' + \gamma'),$$

e quindi, essendo $\alpha' + \gamma' \cong 2\widehat{P}$:

$$\alpha + \gamma \cong \frac{1}{2} \cdot 2\widehat{P} \cong \widehat{P}.$$

Tracciando gli altri due raggi OA e OC e ripetendo lo stesso ragionamento, si deduce che $\beta + \delta \cong \widehat{P}$.

Vale anche il teorema inverso.

TEOREMA

Un quadrilatero con gli angoli opposti supplementari è inscrivibile in una circonferenza.

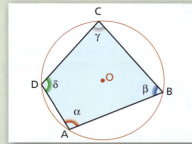

Ipotesi
1. $ABCD$ è un quadrilatero;
2. $\alpha + \gamma \cong \widehat{P}$;
3. $\beta + \delta \cong \widehat{P}$.

Tesi $ABCD$ è inscrivibile in una circonferenza.

● La somma degli angoli interni di un quadrilatero è $2\widehat{P}$. Si può quindi dire che un quadrilatero convesso è inscrivibile in una circonferenza quando le somme degli angoli opposti sono congruenti.

DIMOSTRAZIONE

Dobbiamo dimostrare che la circonferenza passante per A, B e C passa anche per D.
Ragioniamo per assurdo.

Se, per assurdo, la circonferenza per A, B, e C non passa per D, si hanno due casi possibili:

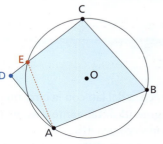

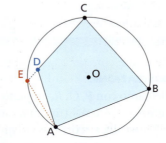

a. D è esterno alla circonferenza: la circonferenza interseca il lato CD nel punto E.

b. D è interno alla circonferenza: la circonferenza interseca il prolungamento del lato CD nel punto E.

◄ Figura 16

Osservando la figura 16 notiamo che:

- $A\widehat{E}C + A\widehat{B}C \cong \widehat{P}$ perché angoli opposti in un quadrilatero inscritto in una circonferenza;
- $A\widehat{D}C + A\widehat{B}C \cong \widehat{P}$ per ipotesi.

Quindi $A\widehat{E}C$ e $A\widehat{D}C$ sono congruenti, perché supplementari dello stesso angolo.

D'altra parte, essi sono angoli corrispondenti fra le rette AD e AE, tagliate dalla trasversale DE. Le rette AD e AE, avendo angoli corrispondenti congruenti,

● I due teoremi dimostrati si riassumono nel seguente: condizione necessaria e sufficiente affinché un quadrilatero sia inscrivibile in una circonferenza è che abbia gli angoli opposti supplementari.

173

risultano parallele, e ciò è in *contraddizione* con il fatto che hanno in comune il punto *A*.
Quindi la circonferenza deve passare anche per il punto *D*.

Corollario. Ogni rettangolo, quadrato o trapezio isoscele è inscrivibile in una circonferenza.

▶ **Figura 17** In tutte e tre le figure gli angoli opposti sono supplementari.

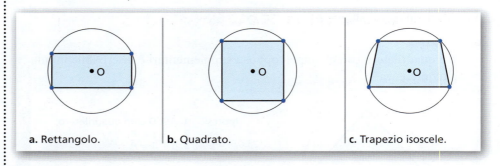

a. Rettangolo.   **b.** Quadrato.   **c.** Trapezio isoscele.

● In base a questo teorema, un rettangolo, in generale, è circoscrivibile a una circonferenza?

I quadrilateri circoscritti

TEOREMA
In un quadrilatero circoscritto a una circonferenza, la somma di due lati opposti è congruente alla somma degli altri due.

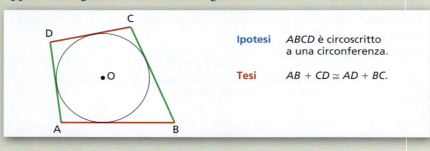

Ipotesi   ABCD è circoscritto a una circonferenza.

Tesi $AB + CD \cong AD + BC$.

DIMOSTRAZIONE

Indichiamo con *P*, *Q*, *R*, *S* i punti di tangenza dei lati con la circonferenza.
I segmenti *AP* e *AS* (figura *a*) sono segmenti di tangente condotti dal vertice *A*, esterno alla circonferenza, *quindi* sono congruenti.
Per lo stesso motivo sono congruenti i segmenti *BP* e *BQ*, *CR* e *CQ*, *DR* e *DS* (figura *b*).
Possiamo scrivere:

$$AP \cong AS, \quad BP \cong BQ, \quad CR \cong CQ, \quad DR \cong DS.$$

Sommando membro a membro otteniamo:

$$AP + BP + CR + DR \cong AS + BQ + CQ + DS, \text{ ossia}$$

$$\underline{AP + BP} + \underline{CR + DR} \cong \underline{AS + DS} + \underline{BQ + CQ}.$$

Nelle addizioni indicate, sostituendo a ogni coppia di segmenti il segmento congruente, otteniamo: $AB + CD \cong AD + BC$.

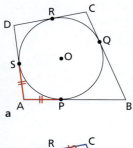

a

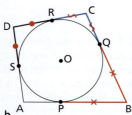

b

Vale anche il teorema inverso (dimostrazione per assurdo).

TEOREMA
Se in un quadrilatero la somma di due lati opposti è congruente alla somma degli altri due, allora è possibile circoscrivere il quadrilatero a una circonferenza.

● I due teoremi possono essere così riassunti: condizione necessaria e sufficiente affinché un quadrilatero sia circoscrivibile a una circonferenza è che la somma di due lati opposti sia congruente alla somma degli altri due.

9. I POLIGONI REGOLARI

DEFINIZIONE
Poligono regolare
Un poligono è regolare quando ha tutti i lati congruenti e tutti gli angoli congruenti.

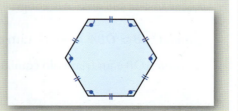

● Possiamo dire che un poligono regolare è equilatero ed equiangolo. Per esempio, il triangolo equilatero e il quadrato sono poligoni regolari.

I poligoni regolari e le circonferenze inscritta e circoscritta

TEOREMA
Un poligono regolare è inscrivibile in una circonferenza e circoscrivibile a un'altra; le due circonferenze hanno lo stesso centro.

Il teorema permette di individuare nei **poligoni regolari** alcuni **elementi notevoli**. In ogni poligono regolare:
- il **centro** è il centro delle circonferenze inscritta e circoscritta;
- l'**apotema** è il raggio della circonferenza inscritta;
- il **raggio** è il raggio della circonferenza circoscritta.

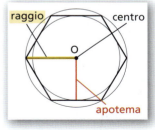

▲ Figura 18 Il centro, l'apotema e il raggio di un esagono regolare.

La circonferenza divisa in archi congruenti

TEOREMA
Se una circonferenza è divisa in tre o più archi congruenti, allora:
- il poligono inscritto che si ottiene congiungendo i punti di suddivisione è regolare;
- il poligono circoscritto che si ottiene tracciando le tangenti alla circonferenza nei punti di suddivisione è regolare.

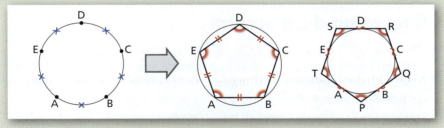

175

TEOREMA

Il lato dell'esagono regolare inscritto in una circonferenza è congruente al raggio della circonferenza.

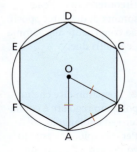

DIMOSTRAZIONE

Dimostriamo che congiungendo il centro O della circonferenza con i punti A e B si ottiene un triangolo equilatero. Infatti l'angolo $A\widehat{O}B$ è $\frac{1}{6}$ di angolo giro poiché insiste sull'arco $\widehat{AB}$ congruente a $\frac{1}{6}$ di circonferenza.

Quindi $O\widehat{A}B \cong O\widehat{B}A \cong A\widehat{O}B$, tutti congruenti a $\frac{1}{6}$ di angolo giro.

Pertanto AOB è un triangolo equilatero e $OA \cong AB$.

10. LA SIMILITUDINE NELLA CIRCONFERENZA

■ Il teorema delle corde

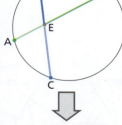

AE : CE = ED : EB

TEOREMA

Se in una circonferenza due corde si intersecano, i segmenti che si formano sulla prima corda e quelli che si formano sulla seconda sono, rispettivamente, i medi e gli estremi di una stessa proporzione.

DIMOSTRAZIONE

Congiungiamo A con D e B con C.
Indichiamo con α l'angolo $D\widehat{A}B$, con γ l'angolo $D\widehat{C}B$, con β l'angolo $A\widehat{E}D$ e con β' l'angolo $C\widehat{E}B$.
I triangoli AED e BEC hanno:

- $\beta \cong \beta'$ perché angoli opposti al vertice;
- $\alpha \cong \gamma$ perché angoli alla circonferenza che insistono sullo stesso arco $\widehat{DB}$.

Quindi i triangoli AED e BEC sono simili per il primo criterio di similitudine dei triangoli.
I lati omologhi sono AE e CE, ED ed EB, AD e BC, pertanto è soddisfatta la proporzione:

$$AE : CE = ED : EB.$$

■ Il teorema delle secanti

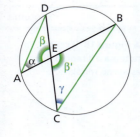

PF : PE = PA : PC

TEOREMA

Se da un punto P esterno a una circonferenza si conducono due secanti e si considerano i segmenti che hanno un estremo in P e l'altro in ciascuno dei punti di intersezione, i segmenti sulla prima secante sono gli estremi e i segmenti sulla seconda i medi di una stessa proporzione.

PARAGRAFO 10. LA SIMILITUDINE NELLA CIRCONFERENZA — TEORIA

DIMOSTRAZIONE

Congiungiamo E con C e A con F.

I triangoli che si formano, PCE e PFA, hanno:

- l'angolo in P in comune;
- $\widehat{E} \cong \widehat{F}$ perché angoli alla circonferenza che insistono sullo stesso arco $\overset{\frown}{AC}$.

Quindi i triangoli PCE e PFA sono simili, per il primo criterio di similitudine dei triangoli.
I lati omologhi sono PC e PA, PE e PF, CE e AF, *pertanto* è soddisfatta la proporzione:

$$PF : PE = PA : PC.$$

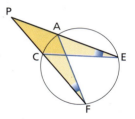

Il teorema della secante e della tangente

TEOREMA

Se da un punto P esterno a una circonferenza si tracciano una secante e una tangente, il segmento di tangente che ha per estremi P e il punto di contatto è medio proporzionale fra i segmenti di secante che hanno per estremi P e ciascuno dei punti di intersezione.

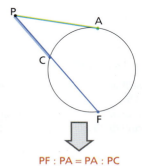

$PF : PA = PA : PC$

In altre parole soddisfa la proporzione:

$$PF : PA = PA : PC.$$

La sezione aurea di un segmento

DEFINIZIONE

Sezione aurea
La sezione aurea di un segmento è quella sua parte che è medio proporzionale fra l'intero segmento e la parte di segmento rimanente.

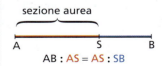

$AB : AS = AS : SB$

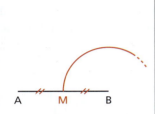

a. Disegniamo un segmento AB, il suo punto medio M e un arco di centro B e raggio BM.

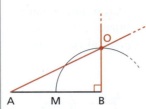

b. La perpendicolare per B al segmento AB interseca l'arco nel punto O. Tracciamo la semiretta AO.

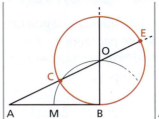

c. Tracciamo la circonferenza di centro O e raggio OB. Essa interseca la semiretta AO nei punti C ed E.

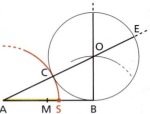

d. Con centro in A e raggio AC, tracciamo un arco che interseca AB nel punto S. Il segmento AS è la sezione aurea di AB.

▲ **Figura 19** Costruzione della sezione aurea di un segmento.

Per dimostrare che il segmento AS è la sezione aurea di AB, dobbiamo dimostrare che vale la proporzione $AB : AS = AS : SB$.

177

Per costruzione AB è tangente alla circonferenza di centro O e AE è secante. Applicando il teorema della secante e della tangente, e poi la proprietà dello scomporre, otteniamo:

$$AE : AB = AB : AC \quad \rightarrow \quad (AE - AB) : AB = (AB - AC) : AC.$$

Poiché $AB \cong CE$, risulta $AE - AB \cong AC$.

Inoltre, $AC \cong AS$, $AE - AB \cong AS$ e $AB - AC \cong AB - AS \cong SB$.

Riscriviamo la proporzione, sostituendo, e invertiamo i medi con gli estremi:

$$AS : AB = SB : AS \quad \rightarrow \quad AB : AS = AS : SB.$$

Ciò dimostra che AS è la sezione aurea di AB.

● **La sezione aurea nell'algebra**

Se il segmento AS è la sezione aurea di AB, vale la proporzione $AB : AS = AS : SB$.
Indichiamo con l la misura di AB e con x la misura di AS: la misura di SB è $l - x$. Determiniamo il valore di x in funzione di l.

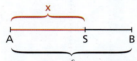

Nella proporzione sostituiamo ai segmenti le loro misure:

$$l : x = x : (l - x).$$

Applichiamo la proprietà fondamentale delle proporzioni:

$$x^2 = l(l - x) \quad \rightarrow \quad x^2 = l^2 - lx.$$

Risolviamo l'equazione di secondo grado in x:

$$x^2 + lx - l^2 = 0$$

$$\Delta = l^2 + 4l^2 = 5l^2 \quad \rightarrow \quad x = \frac{-l \pm l\sqrt{5}}{2}$$

$$x = \begin{cases} \dfrac{-l - l\sqrt{5}}{2} & \text{non accettabile} \\ \dfrac{-l + l\sqrt{5}}{2} = \dfrac{l(\sqrt{5} - 1)}{2} \end{cases}$$

$$x = \frac{\sqrt{5} - 1}{2} \cdot l$$

$$\frac{AS}{AB} = \frac{\sqrt{5} - 1}{2} = 0{,}618033\ldots$$

$$\frac{AB}{AS} = \frac{2}{\sqrt{5} - 1} = 1{,}618033\ldots$$

Il rapporto $\dfrac{AB}{AS}$ fra un segmento e la sua sezione aurea viene chiamato **numero aureo** e indicato con Φ.

Da un rettangolo aureo ad altri ancora

Da un quadrato si può ottenere un rettangolo aureo, ossia un rettangolo i cui lati hanno per rapporto il numero aureo. Con la stessa costruzione si possono ottenere altri due rettangoli aurei e da essi altri ancora.

▶ **Figura 20** Costruzione. Gli archi di circonferenza tracciati hanno centro in O, O' e O'', che sono rispettivamente i punti medi di AB, BS e FH.

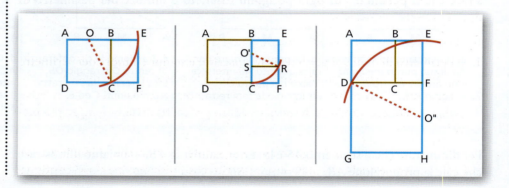

PARAGRAFO 11. LA LUNGHEZZA DELLA CIRCONFERENZA E L'AREA DEL CERCHIO — TEORIA

■ Il lato del decagono regolare

TEOREMA

Il lato di un decagono regolare è la sezione aurea del raggio della circonferenza circoscritta al decagono.

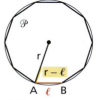

Ipotesi $\mathcal{P}$ decagono regolare.
Tesi $r : \ell = \ell : (r - \ell)$.

I triangoli isosceli ABO e ABE hanno gli angoli congruenti, *quindi* sono simili.
I lati omologhi sono AO e AB, AB e BE, OB e AE, *pertanto* è soddisfatta la proporzione:

$$AO : AB = AB : BE \rightarrow r : l = l : (r - l).$$

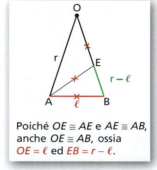

Poiché $OE \cong AE$ e $AE \cong AB$, anche $OE \cong AB$, ossia $OE = \ell$ ed $EB = r - \ell$.

◀ Figura 21

11. LA LUNGHEZZA DELLA CIRCONFERENZA E L'AREA DEL CERCHIO

■ La circonferenza rettificata

Supponi di voler determinare sperimentalmente la lunghezza del bordo di un compact disc.
Se fai coincidere un filo flessibile con il bordo del disco (figura 22) e poi lo tendi, puoi pensare a un segmento la cui lunghezza coincide con la lunghezza della circonferenza relativa al bordo del disco.

Diciamo che quel segmento rappresenta la *circonferenza rettificata*.

Risulta più complesso giungere alla definizione matematica di circonferenza rettificata. Descriveremo i passi essenziali, omettendo le dimostrazioni dei relativi teoremi.

Data una circonferenza, consideriamo due insiemi: quello dei poligoni regolari inscritti e quello dei poligoni regolari circoscritti alla circonferenza. Si può dimostrare che **il perimetro di ogni poligono inscritto è minore del perimetro di ogni poligono circoscritto**.

In particolare, sono vere queste due proprietà:

1. il perimetro di ogni poligono regolare inscritto è sempre minore del perimetro del poligono circoscritto corrispondente (con lo stesso numero di lati);
2. aumentando il numero dei lati di un poligono regolare inscritto e del relativo poligono circoscritto, la differenza fra i loro perimetri diventa sempre più piccola.

Queste due caratteristiche vengono anche riassunte dicendo che le lunghezze dei poligoni inscritti e quelle dei poligoni circoscritti costituiscono due **classi contigue**.

● Naturalmente il filo non deve avere proprietà elastiche, ossia deve essere **inestensibile**.

▲ Figura 22

179

TEORIA | **CAPITOLO 4. LA CIRCONFERENZA, I POLIGONI INSCRITTI E CIRCOSCRITTI**

● Per il postulato di continuità esiste sempre ed è unico l'elemento separatore di due classi contigue.

Esiste una e una sola lunghezza che è maggiore di ognuno dei perimetri dei poligoni inscritti e minore di ognuno dei perimetri dei poligoni circoscritti. Gli elementi di questi due insiemi si avvicinano sempre di più a tale lunghezza, tuttavia essa, pur separandoli, non appartiene né all'uno né all'altro. Tale lunghezza viene chiamata **lunghezza della circonferenza rettificata** (o, in breve, lunghezza della circonferenza).

▶ **Figura 23** Dal punto di vista intuitivo, i perimetri del poligono inscritto e del poligono circoscritto tendono a identificarsi con la circonferenza man mano che il numero dei loro lati aumenta.

La lunghezza della circonferenza

■ **DEFINIZIONE**

Lunghezza di una circonferenza

La lunghezza di una circonferenza è l'elemento separatore fra le classi contigue costituite dalle lunghezze dei perimetri dei poligoni regolari inscritti e da quelle dei perimetri dei poligoni regolari circoscritti alla circonferenza.

■ **TEOREMA**

Le misure delle lunghezze di due circonferenze sono proporzionali alle misure dei rispettivi raggi.

● r e r' sono le misure dei raggi, c e c' quelle delle circonferenze.

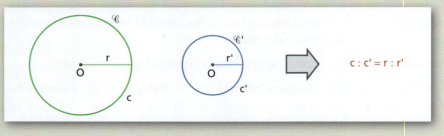

La proporzione si può indicare in questo modo:

$$c : c' = r : r'.$$

Nella proporzione appena trovata moltiplichiamo il secondo antecedente e il suo conseguente per 2, poi permutiamo i medi:

$$c : c' = 2r : 2r' \quad \rightarrow \quad c : 2r = c' : 2r'.$$

Questa relazione dice che il rapporto fra la misura della lunghezza della circonferenza e quella del suo diametro, $2r$, è costante. Abbiamo già incontrato questa costante, che viene indicata con il simbolo π ed è un numero irrazionale, il cui valore approssimato è 3,141592.

PARAGRAFO 11. LA LUNGHEZZA DELLA CIRCONFERENZA E L'AREA DEL CERCHIO | TEORIA

■ **REGOLA**
Misura della lunghezza della circonferenza
La misura della lunghezza di una circonferenza è uguale al prodotto della misura del diametro per π.

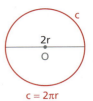

■ L'area del cerchio

Dato un cerchio, consideriamo l'insieme A delle aree dei poligoni regolari inscritti e l'insieme B delle aree dei poligoni regolari circoscritti al cerchio.

Si può dimostrare che tali insiemi sono classi contigue e che esiste ed è unico il loro elemento separatore.

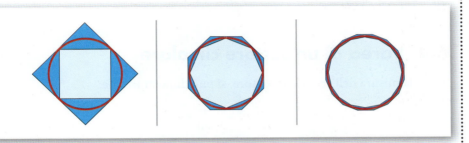

◀ **Figura 24** Dal punto di vista intuitivo, i poligoni inscritti e quelli circoscritti tendono a identificarsi con il cerchio man mano che il numero dei loro lati aumenta.

■ **DEFINIZIONE**
Area del cerchio
L'area del cerchio è l'elemento separatore fra le classi contigue costituite dalle aree dei poligoni regolari inscritti e da quelle dei poligoni regolari circoscritti al cerchio.

● L'area del cerchio è maggiore di quella di un qualsiasi poligono inscritto e minore di quella di un qualsiasi poligono circoscritto.

Vale il seguente teorema.

■ **TEOREMA**
Un cerchio è equivalente a un triangolo che ha base congruente alla circonferenza rettificata e altezza congruente al raggio.

Poiché la misura della lunghezza della circonferenza è $2\pi r$, la relazione che lega la misura C dell'area del cerchio a quella r del raggio è:

$$C = \frac{1}{2}cr = \frac{1}{2}2\pi r \cdot r = \pi r^2.$$

■ **REGOLA**
Misura dell'area del cerchio
La misura dell'area di un cerchio è uguale al prodotto di π per il quadrato della misura del raggio.

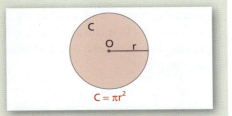

● Dalla regola consegue che **le aree di due cerchi hanno come rapporto il quadrato del rapporto dei rispettivi raggi**, ossia:

$$\frac{C'}{C} = \left(\frac{r'}{r}\right)^2.$$

181

La lunghezza di un arco

Siano $\mathcal{A}$ l'insieme degli archi di una circonferenza e $\mathcal{B}$ l'insieme degli angoli al centro della stessa circonferenza. A ciascun arco di $\mathcal{A}$ si può associare un angolo al centro di $\mathcal{B}$ e tale corrispondenza è biunivoca.
Al crescere della lunghezza dell'arco, anche l'ampiezza dell'angolo al centro corrispondente cresce; si può dimostrare che lunghezza dell'arco e ampiezza dell'angolo al centro sono grandezze direttamente proporzionali.
Quindi, se indichiamo con l la misura della lunghezza dell'arco e con α quella dell'ampiezza del corrispondente angolo al centro in gradi, si ha la proporzione:

$$l : 2\pi r = \alpha : 360,$$

$$l = \frac{\alpha}{180} \pi r.$$

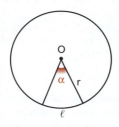

● Più in generale fra aree di settori circolari e ampiezze degli angoli al centro corrispondenti esiste una proporzionalità diretta.

L'area di un settore circolare

Se S è la misura dell'area di un settore, si può dimostrare che:

$$S : \pi r^2 = \alpha : 360 \quad \rightarrow \quad S = \frac{\alpha}{360} \pi r^2.$$

Dividendo membro a membro questa uguaglianza per quella relativa alla lunghezza dell'arco si ottiene:

$$\frac{S}{l} = \frac{1}{2} r \quad \rightarrow \quad S = \frac{1}{2} l \cdot r.$$

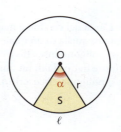

■ **REGOLA**

La misura dell'area di un settore circolare è uguale al semiprodotto delle misure dell'arco sotteso e del raggio.

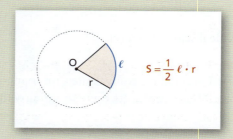

Il raggio del cerchio inscritto in un triangolo

■ **REGOLA**

La misura del raggio del cerchio inscritto in un triangolo è uguale al rapporto fra la misura dell'area del triangolo e la misura del suo semiperimetro.

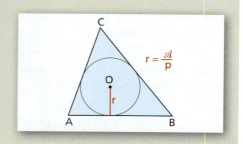

Infatti, poiché la circonferenza è inscritta nel triangolo, essa risulta tangente ai lati del triangolo. I raggi passanti per i punti di tangenza sono perpendicolari ai relativi lati, *quindi* sono le altezze dei triangoli *OAB*, *OBC* e *OAC* in cui risulta scomposto il triangolo *ABC*. L'area $\mathcal{A}$ del triangolo *ABC* è la somma di quelle dei tre triangoli:

$$\mathcal{A} = \frac{1}{2}ar + \frac{1}{2}br + \frac{1}{2}cr = \frac{1}{2}r(a+b+c) = \frac{1}{2}r2p = rp.$$

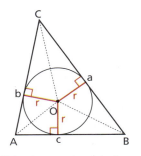

Chiamiamo *a*, *b*, *c* le misure dei tre lati e 2*p* quella del perimetro di *ABC*.

Il raggio del cerchio circoscritto a un triangolo

REGOLA

La misura del raggio del cerchio circoscritto a un triangolo è uguale al prodotto delle misure dei lati diviso per il quadruplo dell'area del triangolo.

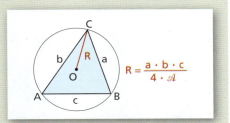

$$R = \frac{a \cdot b \cdot c}{4 \cdot \mathcal{A}}$$

• Indichiamo con *a*, *b* e *c* le misure dei lati e con *R* la misura del raggio.

Infatti, tracciati l'altezza *CH* e il diametro *CD* (figura a lato), si ha $ACD \approx CHB$, quindi:

$$b : h = 2R : a \rightarrow 2R = \frac{a \cdot b}{h} \rightarrow R = \frac{ab}{2h} = \frac{abc}{2hc} = \frac{abc}{4\mathcal{A}},$$

essendo $h \cdot c = 2\mathcal{A}$.

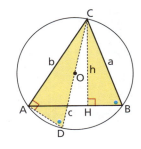

La formula di Erone

È possibile calcolare l'area di un triangolo, conoscendo solamente le lunghezze dei tre lati, mediante una formula, nota come **formula di Erone**.

Indicate con *a*, *b* e *c* le misure dei tre lati di un triangolo e con *p* la misura del semiperimetro, la misura dell'area $\mathcal{A}$ del triangolo è:

$$\mathcal{A} = \sqrt{p \cdot (p-a) \cdot (p-b) \cdot (p-c)}.$$

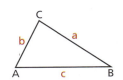

I lati di poligoni regolari

La misura del lato di un poligono regolare inscritto in una circonferenza è legata in modo univoco alla misura *r* del suo raggio. Lo stesso vale per un poligono regolare circoscritto.
Riassumiamo nella tabella 1 queste relazioni nel caso di un triangolo equilatero, un quadrato e un esagono regolare.

CAPITOLO 4. LA CIRCONFERENZA, I POLIGONI INSCRITTI E CIRCOSCRITTI

▶ Tabella 1

Lati di poligoni regolari		
Poligono	Inscritto	Circoscritto
Triangolo equilatero	$l_3 = \sqrt{3}\, r$	$L_3 = 2\sqrt{3}\, r$
Quadrato	$l_4 = \sqrt{2}\, r$	$L_4 = 2r$
Esagono regolare	$l_6 = r$	$L_6 = \dfrac{2\sqrt{3}}{3} r$

▼ Figura 25

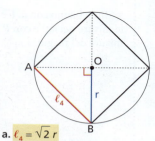

a. $\ell_4 = \sqrt{2}\, r$

Applicando il teorema di Pitagora al triangolo ABO si ottiene infatti $\overline{AB}^2 = \overline{OB}^2 + \overline{OA}^2$, cioè $\ell_4^2 = r^2 + r^2 = 2r^2$, da cui $\ell_4 = \sqrt{2}\, r$.

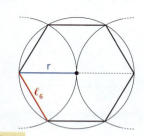

b. $\ell_6 = r$

In un esagono regolare inscritto in una circonferenza il lato è congruente al raggio, perché ciascun triangolo avente per base un lato dell'esagono e per terzo vertice il centro della circonferenza è equilatero.

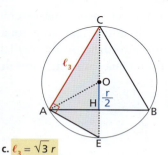

c. $\ell_3 = \sqrt{3}\, r$

Il triangolo AEC è rettangolo in A (inscritto in una semicirconferenza); $\overline{AE}$ è metà di $\overline{AB}$, quindi AE è il lato dell'esagono regolare inscritto, cioè $\overline{AE} = r$. Da $\overline{AC} = \sqrt{\overline{CE}^2 - \overline{AE}^2}$ segue $\ell_3 = \sqrt{(2r)^2 - r^2} = \sqrt{4r^2 - r^2} = \sqrt{3r^2} = \sqrt{3}\, r$.

▼ Figura 26

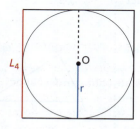

a. $L_4 = 2r$

L_4 è uguale al diametro della circonferenza inscritta, da cui $L_4 = 2r$.

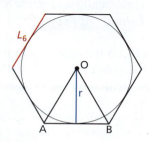

b. $L_6 = \dfrac{2\sqrt{3}}{3} r$

Il triangolo ABO è equilatero, con lato L_6 e altezza congruente al raggio, da cui
$$L_6 = \dfrac{2\sqrt{3}}{3} r.$$

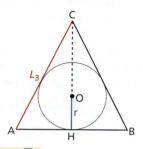

c. $L_3 = 2\sqrt{3}\, r$

Il centro della circonferenza inscritta è anche baricentro del triangolo, per cui $CH = 3OH = 3r$.
$$L_3 = \dfrac{2 \cdot \overline{CH}}{\sqrt{3}} = \dfrac{2 \cdot 3}{\sqrt{3}} r = 2\sqrt{3}\, r.$$

RISPOSTA AL QUESITO — TEORIA

BULLONI!
...perché le teste dei bulloni sono quasi sempre esagonali?

▶ Il quesito completo a pag. 155

Supponiamo di voler stringere un bullone a testa pentagonale con una comune chiave: possiamo verificare immediatamente che lo strumento tende a scappare via, poiché i suoi lati paralleli hanno pochi punti di contatto con il bullone.

Affinché questo non succeda è necessario che anche i lati della testa del bullone su cui si fa forza siano paralleli. Dato che ogni poligono regolare avente un numero pari di lati ha i lati opposti paralleli, in teoria la testa dei bulloni potrebbe avere una qualunque di queste forme: quadrata, esagonale, ottagonale e così via.

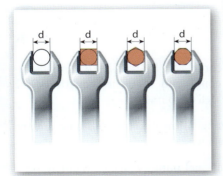

Precisamente, con la stessa chiave inglese possiamo stringere o allentare tutti i bulloni la cui testa sia un poligono regolare avente un numero pari di lati, circoscritto alla circonferenza di diametro d.

Partiamo dunque dal più semplice di tali poligoni, il quadrato, e consideriamo nella figura la rotazione da far compiere al bullone per ottenere la stessa configurazione di partenza. Seguiamo tale rotazione registrando il movimento, per esempio, della semidiagonale OD.

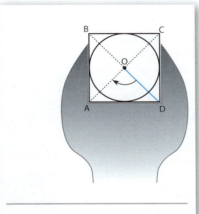

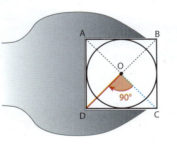

Ciò che si osserva è che l'angolo di rotazione richiesto vale 90°, pari all'angolo in cui è diviso l'angolo giro al centro quando un quadrato è circoscritto alla circonferenza. Ugualmente anche lo spazio di manovra della chiave è di 90° e ciò può creare problemi di ingombro.
Se invece il bullone ha testa esagonale, è sufficiente una rotazione di 60° per portarlo alla configurazione iniziale e lo spazio di manovra della chiave è così inferiore.

L'angolo di rotazione di 60° è ancora quello per cui l'angolo giro al centro risulta suddiviso quando un esagono è circoscritto alla circonferenza.

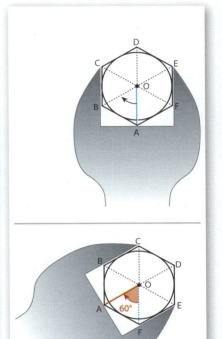

Sembrerebbe dunque ancora più conveniente utilizzare dei bulloni con testa ottagonale: di fatto, però, non è così. Infatti, al crescere del numero dei lati, il poligono regolare circoscritto a una circonferenza ha il lato sempre più corto, e approssima sempre meglio la circonferenza stessa: questo fa sì che il bullone ottagonale sia molto più delicato di quello esagonale, in quanto è più facile, girandolo con la chiave, smussarne un angolo, rendendolo quindi inutilizzabile.

185

LABORATORIO DI MATEMATICA
LA CIRCONFERENZA CON GEOGEBRA

ESERCITAZIONE GUIDATA

Con gli strumenti di GeoGebra verifichiamo il teorema:
un angolo alla circonferenza è metà del corrispondente angolo al centro.

- Attiviamo GeoGebra, nascondiamo gli assi cartesiani e la finestra algebrica e chiediamo al sistema di mostrare il nome degli oggetti senza il loro valore.
- Costruiamo la figura per verificare il teorema: con *Nuovo punto* inseriamo un punto che chiamiamo Ω e con *Circonferenza di dato centro e di dato raggio* tracciamo la circonferenza *c* di centro Ω e raggio 4 (figura 1).
- Su di essa con *Nuovo punto* evidenziamo i punti *V* (vertice dell'angolo alla circonferenza), *A* e *B*.
- Con *Semiretta per due punti* tracciamo i lati *a* e *b* dell'angolo alla circonferenza e i lati *d* ed *e* del corrispondente angolo al centro.
- Con *Angolo* evidenziamo l'angolo alla circonferenza α e poi il corrispondente angolo al centro β.
- Con *Bisettrice* ricaviamo le due bisettrici di β, con *Semiretta per due punti* sovrapponiamo la semiretta *h* alla bisettrice che ci interessa, con *Mostra/nascondi oggetto* nascondiamo l'altra e con *Angolo* evidenziamo l'angolo *d*Ω*h*, la metà di β, che prende il nome γ.
- Applichiamo *Relazione fra due oggetti* agli angoli α e γ, ricevendo da GeoGebra la risposta di figura 2.
- Spostiamo poi il punto *B* e applichiamo di nuovo *Relazione fra due oggetti*, ricevendo la medesima risposta.

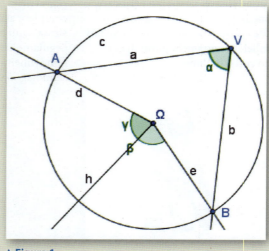

▲ Figura 1

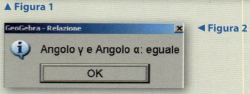

◀ Figura 2

Nel sito: ▶ Altre esercitazioni

Esercitazioni

Verifica i seguenti teoremi sulla circonferenza.

1 Se un diametro interseca una corda non passante per il centro nel suo punto medio, allora il diametro è perpendicolare alla corda.

2 Se un diametro è perpendicolare a una corda, allora esso divide a metà la corda, l'angolo al centro corrispondente e l'arco.

3 Le corde aventi la stessa distanza dal centro sono congruenti.

4 Se le due corde *AN* e *NB* (con *A* e *B* punti distinti) sono congruenti, allora il diametro *MN* è bisettrice dell'angolo $A\widehat{N}B$.

5 Le rette tangenti negli estremi di un diametro sono parallele.

6 La tangente nel punto *T* della circonferenza è perpendicolare al raggio *OT*.

7 Ogni angolo inscritto in una semicirconferenza è retto.

8 Gli angoli alla circonferenza che insistono su archi (corde) congruenti sono congruenti.

LA TEORIA IN SINTESI
LA CIRCONFERENZA, I POLIGONI INSCRITTI E CIRCOSCRITTI

1. LA CIRCONFERENZA E IL CERCHIO

- Un **luogo geometrico** è l'insieme di tutti e soli i punti di un piano che godono di una determinata proprietà caratteristica.

- L'**asse di un segmento** è il luogo dei punti equidistanti dagli estremi del segmento.

- La **circonferenza** è il luogo dei punti di un piano che hanno una distanza assegnata da un punto fisso detto **centro**. Il **cerchio** è la figura formata dai punti della circonferenza e dai suoi punti interni.

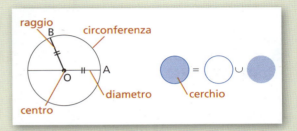

- Per tre punti non allineati passa una e una sola circonferenza.

- Se in una circonferenza sono congruenti due figure dello stesso tipo, per esempio due archi, allora sono congruenti anche le figure corrispondenti, ossia le due corde e i due angoli al centro.

2. I TEOREMI SULLE CORDE

- In una circonferenza due corde hanno la stessa distanza dal centro se e solo se sono congruenti.

- Se un diametro è perpendicolare a una corda non passante per il centro, allora esso divide la corda in due parti congruenti. Tale diametro divide in due parti congruenti anche i due archi che la corda individua e i due angoli al centro corrispondenti a detti archi.

3. LE POSIZIONI DI UNA RETTA RISPETTO A UNA CIRCONFERENZA

- Una retta e una circonferenza che si intersecano non possono avere più di due punti in comune.
  Una retta è **secante** una circonferenza se ha due punti in comune con essa, è **tangente** se ha un solo punto in comune, è **esterna** se non ha punti in comune.

- **Le tangenti a una circonferenza da un punto esterno.**
  Se da un punto esterno a una circonferenza si conducono le due rette tangenti, risultano congruenti i due segmenti di tangente.

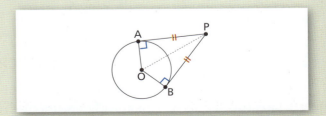

187

ESERCIZI
CAPITOLO 4. LA CIRCONFERENZA, I POLIGONI INSCRITTI E CIRCOSCRITTI

4. LE POSIZIONI RECIPROCHE FRA DUE CIRCONFERENZE

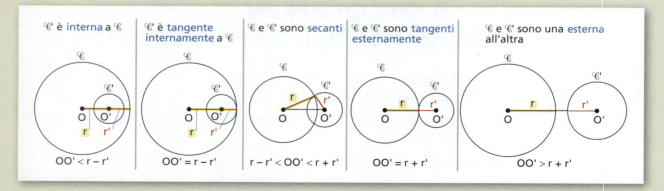

5. GLI ANGOLI ALLA CIRCONFERENZA E I CORRISPONDENTI ANGOLI AL CENTRO

- Un angolo al centro e un angolo alla circonferenza si dicono **corrispondenti** quando insistono sullo stesso arco. Ogni angolo alla circonferenza è la metà dell'angolo al centro corrispondente.
Nella stessa circonferenza, due o più angoli alla circonferenza che insistono sullo stesso arco o su archi congruenti sono congruenti.
Se un angolo alla circonferenza insiste su una semicirconferenza, è retto.

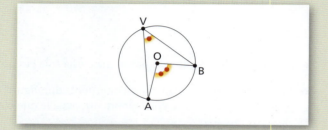

6. I POLIGONI INSCRITTI E CIRCOSCRITTI

- Un poligono è **inscritto** in una circonferenza quando ha tutti i vertici sulla circonferenza. Un poligono può essere inscritto in una circonferenza se e solo se gli assi dei suoi lati si incontrano tutti in uno stesso punto. Il punto di intersezione degli assi dei lati del poligono coincide con il centro della circonferenza.
Un poligono è **circoscritto** a una circonferenza quando tutti i suoi lati sono tangenti alla circonferenza. Un poligono può essere circoscritto a una circonferenza se e solo se le bisettrici dei suoi angoli si incontrano tutte in uno stesso punto. Il punto di intersezione delle bisettrici degli angoli del poligono coincide con il centro della circonferenza.

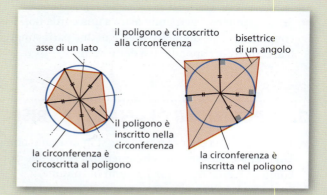

7. I TRIANGOLI INSCRITTI E CIRCOSCRITTI

- Il **circocentro** è il punto di incontro degli assi dei lati del triangolo.
- L'**incentro** è il punto di incontro delle bisettrici degli angoli del triangolo.
- L'**ortocentro** è il punto di incontro delle altezze del triangolo.

- Il **baricentro** è il punto di incontro delle mediane del triangolo.
  Proprietà del baricentro. Il baricentro divide ogni mediana in due parti di cui quella contenente il vertice è doppia dell'altra.

8. I QUADRILATERI INSCRITTI E CIRCOSCRITTI

- Condizione necessaria e sufficiente affinché un **quadrilatero** sia **inscrivibile** in una circonferenza è che abbia gli angoli opposti supplementari.

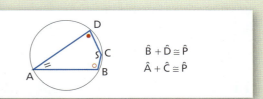

- Condizione necessaria e sufficiente affinché un **quadrilatero** sia **circoscrivibile** a una circonferenza è che la somma di due lati opposti sia congruente alla somma degli altri due.

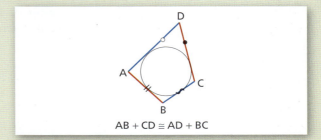

9. I POLIGONI REGOLARI

- Un poligono **regolare** è un poligono avente tutti i lati congruenti e tutti gli angoli congruenti.
  Se un poligono è regolare, allora esso è inscrivibile in una circonferenza e circoscrivibile a un'altra. Le due circonferenze hanno lo stesso centro, detto **centro del poligono**. L'**apotema** è il raggio della circonferenza inscritta.

10. LA SIMILITUDINE NELLA CIRCONFERENZA

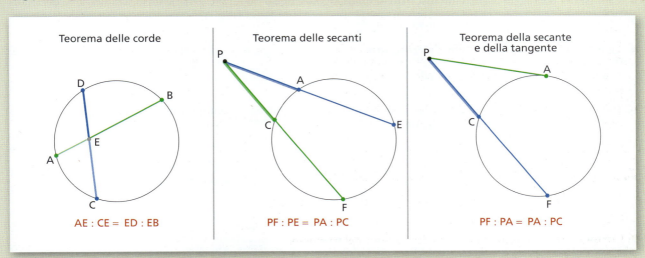

189

- La **sezione aurea** di un segmento è la parte del segmento che è medio proporzionale fra l'intero segmento e la parte rimanente.

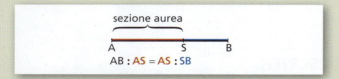

Il **lato di un decagono regolare** è la sezione aurea del raggio della circonferenza a esso circoscritta.

11. LA LUNGHEZZA DELLA CIRCONFERENZA E L'AREA DEL CERCHIO

- Il rapporto fra le lunghezze di due circonferenze è uguale al rapporto fra i rispettivi raggi, mentre il rapporto fra le aree dei cerchi è uguale al quadrato del rapporto fra i raggi.

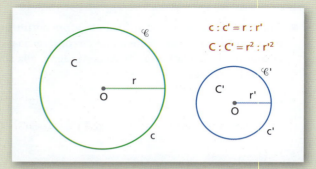

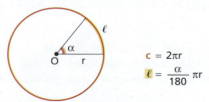

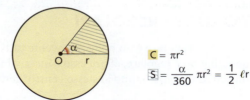

a. Misure della lunghezza della circonferenza (c) e dell'arco di angolo al centro α (ℓ).

b. Misure dell'area del cerchio (C) e dell'area del settore circolare di angolo al centro α (S).

- La misura r del raggio del cerchio **inscritto** in un triangolo è uguale al rapporto fra la misura $\mathcal{A}$ dell'area del triangolo e la misura p del suo semiperimetro: $r = \dfrac{\mathcal{A}}{p}$.

- La misura R del raggio del cerchio **circoscritto** a un triangolo è uguale al prodotto delle misure a, b e c dei lati del triangolo diviso per il quadruplo dell'area $\mathcal{A}$ del triangolo: $R = \dfrac{abc}{4\mathcal{A}}$.

- Indicate con a, b, c le misure dei tre lati di un triangolo e con p quella del semiperimetro, la misura dell'area $\mathcal{A}$ del triangolo è data dalla **formula di Erone**:
$\mathcal{A} = \sqrt{p \cdot (p-a) \cdot (p-b) \cdot (p-c)}$.

PARAGRAFO 1. LA CIRCONFERENZA E IL CERCHIO — ESERCIZI

1. LA CIRCONFERENZA E IL CERCHIO

▶ Teoria a pag. 156

1 **TEST** Per tre punti qualsiasi e fissati passa:

A sempre una e una sola retta.
B una e una sola circonferenza.
C una e una sola circonferenza, purché i punti non siano allineati.
D un diametro.
E una corda.

2 Un settore circolare può coincidere con un segmento circolare? Motiva la risposta.

3 **VERO O FALSO?**

a) A ogni corda corrisponde sempre un solo arco e viceversa. V F
b) Per tre punti distinti passa sempre una circonferenza. V F
c) Gli estremi di due diametri perpendicolari sono i vertici di un quadrato. V F
d) Per due punti distinti passano infinite circonferenze che hanno tutte il centro sull'asse della corda. V F
e) Ogni diametro è una corda. V F

Le applicazioni dei luoghi geometrici

4 **DIMOSTRAZIONE GUIDATA**

Nel triangolo isoscele ABC di base AB, traccia le perpendicolari AK al lato BC e BH al lato AC, che si incontrano nel punto E e disegna la mediana CM. Dimostra che $E \in CM$.

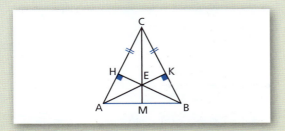

Ipotesi
1. ABC è un triangolo ………;
2. $AK \perp$ …… e …… $\perp AC$;
3. …… è mediana.

Tesi $E \in$ …… .

Dimostrazione

• *Dimostra che i triangoli ABH e ABK sono congruenti.*
Essi hanno:
…… ≅ $K\widehat{B}A$ perché angoli alla …… di un triangolo ……………, $B\widehat{H}A$ ≅ …… perché ……, hanno inoltre AB ………, quindi sono congruenti per il ………………… di ………………… dei triangoli rettangoli.

• *Deduci che il triangolo ABE è isoscele.*
In particolare hanno congruente anche il terzo angolo: …… ≅ $K\widehat{A}B$. Pertanto il triangolo ABE è ………………… .

• *Dimostra la tesi.*
Il punto E è …………… da A e B. Anche i punti …… e M sono equidistanti da …… e ……, quindi i punti C, ……, M appartengono all'…… del segmento AB, pertanto sono allineati ed E ………… alla retta CM.

5 In un triangolo isoscele ABC, di vertice C, le altezze AK e BH si incontrano nel punto E. Conduci per A la perpendicolare al lato AC e per B la perpendicolare al lato BC e indica con F il loro punto intersezione. Dimostra che C, E, F sono allineati.

191

ESERCIZI   CAPITOLO 4. LA CIRCONFERENZA, I POLIGONI INSCRITTI E CIRCOSCRITTI

6 Dimostra che gli assi dei cateti di un triangolo rettangolo s'incontrano sull'ipotenusa.

7 Disegna un triangolo ABC e indica con I il punto d'incontro delle bisettrici dei suoi angoli. Indica con IH, IK, IR le distanze di I dai lati AB, BC, CA. Dimostra che $IH \cong IK \cong IR$.

8 Disegna un angolo $a\widehat{O}b$ e la sua bisettrice Os. Su Os fissa un punto P e disegna un secondo angolo, $a'\widehat{P}b'$, di vertice P, in modo che Os sia bisettrice anche di questo (Pa' non deve essere parallela a Oa e Pb' non deve essere parallela a Ob). La semiretta Pa' incontra Oa nel punto A e la semiretta Pb' incontra Ob nel punto B. Dimostra che Os è asse del segmento AB.

9 Nel triangolo ABC prolunga i lati AB dalla parte di A e BC dalla parte di C. Traccia le bisettrici degli angoli esterni di vertici A e C che si incontrano in E. Dimostra che la bisettrice dell'angolo $A\widehat{B}C$ passa per E.

La circonferenza e il cerchio

10 Disegna tre punti non allineati e costruisci la circonferenza che passa per i tre punti.

11 Disegna una circonferenza utilizzando, per esempio, una moneta e poi determina il centro con riga e compasso.

COMPLETA scrivendo il nome della parte colorata.

12

13

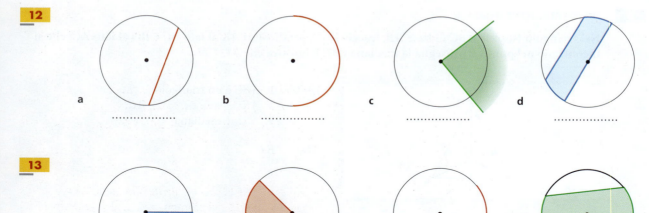

14 **COMPLETA** colorando l'arco su cui insiste ogni angolo al centro indicato in figura.

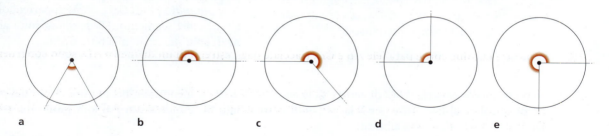

15 Facendo riferimento alla figura, scrivi il nome e il simbolo, se esiste, corrispondente a:

a) segmento di estremi *C* e *D*;
b) parte minore di circonferenza compresa fra *A* e *B*;
c) angolo di vertice *O* avente per lati le semirette *OA* e *OB*;
d) segmento di estremi *A* ed *E*;
e) parte di cerchio limitata da *CD* e da $\widehat{CD}$.

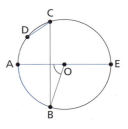

16 Facendo riferimento alla figura, scrivi il nome corrispondente all'intersezione fra:

a) il cerchio e l'angolo $A\widehat{O}B$;
b) la circonferenza e l'angolo $A\widehat{O}B$;
c) la circonferenza e la corda *CD*;
d) il cerchio e la corda *CD*.

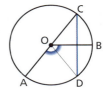

17 DIMOSTRAZIONE GUIDATA

Nel cerchio di centro *O* e raggio *OB*, disegna due corde consecutive *AB* e *BC* e i raggi *OA* e *OC*. Considera i punti medi *D* di *AB*, *E* di *OB*, *F* di *BC*. Dimostra che $ED \cong EF$.

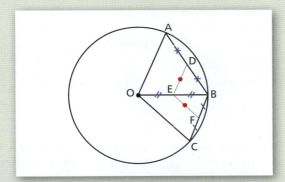

Dimostrazione

- Dimostra che *ED* è congruente alla metà di *OA*.
  Nel triangolo *AOB* il segmento *ED* ha per estremi i punti ...... di due lati, *quindi*

  ...... // *OA* e ...... $\cong \frac{1}{2}$ ....

- Dimostra che *EF* è congruente alla metà di *OC*.
  Analogamente nel triangolo ...... il segmento *EF* ha per estremi ...., *quindi*
  ...... // ...... e ...... $\cong$ ...... *OC*.

- Deduci la tesi.
  $OA \cong$ ...... perché ......, *quindi* ...... $\cong$ ...... perché metà di ....

Ipotesi 1. ......, *OB*, ... sono ...... ;
  2. punti medi: ...... di *AB*, *E* di ......, ... di ....

Tesi $ED \cong$ ....

18 Dimostra che due corde parallele *AB* e *CD*, tracciate dagli estremi di un diametro *AD*, sono congruenti.

19 Disegna un cerchio di centro *C* e un triangolo isoscele *ABC*, con i lati congruenti *AC* e *BC* minori del raggio. Prolunga *AC* e *BC* fino a incontrare la circonferenza nei punti *E* e *F*. Dimostra che la corda *EF* è parallela alla base *AB* del triangolo.

2. I TEOREMI SULLE CORDE

▶ Teoria a pag. 161

20 **VERO O FALSO?**

a) In una circonferenza, una retta passante per il centro e per il punto medio di una corda è perpendicolare alla corda stessa. V F

b) La proiezione del centro di una circonferenza su una qualsiasi corda divide a metà la corda stessa. V F

c) Il diametro di un cerchio è la corda avente minima distanza dal centro. V F

d) In una circonferenza esiste un solo diametro perpendicolare a una corda data. V F

Il diametro perpendicolare a una corda e il diametro per il punto medio di una corda

21 **DIMOSTRAZIONE GUIDATA**

In una circonferenza di centro O e diametro QP, traccia due corde congruenti PE e PF e i raggi OE e OF. Dimostra che PQ è bisettrice di $E\widehat{P}F$.

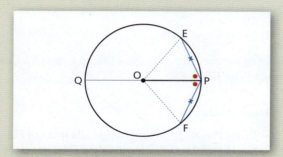

Dimostrazione

- Traccia i raggi OE e OF e dimostra la congruenza dei triangoli POE e POF.

  Essi hanno:
  $OE \cong$ ...... perché ...... ;
  ...... $\cong PF$ per .... ;
  OP ....
  Per il .... di congruenza, i triangoli sono ....

- Deduci la tesi.
  In particolare ...... $\cong O\widehat{P}F$, quindi ...... è .... di $E\widehat{P}F$.

Ipotesi $EP \cong$ ....
Tesi PQ è .... di ....

22 Disegna due circonferenze di centri O e O' che si intersecano nei punti C e D. Congiungi O con O' e determina il punto medio M del segmento OO'. Traccia la retta per C, perpendicolare a CM, che interseca le circonferenze in A e in B. Dimostra che le corde AC e CB sono congruenti.

23 Dimostra che se in una circonferenza di centro O si tracciano due corde EP e FP e la semiretta OP è bisettrice dell'angolo $E\widehat{P}F$, allora le due corde sono congruenti.

24 Disegna una circonferenza e una retta r che la intersechi in A e in B. Considerato un diametro CD che non intersechi la retta, traccia su r le proiezioni P e Q dei punti C e D.
Dimostra che $PA \cong BQ$.

25 Date una circonferenza di centro O e una sua corda AB, dopo aver costruito il punto medio M della corda, scegli su essa due punti, C e D, equidistanti da M. Dimostra che C e D sono anche equidistanti da O.

26 Su una circonferenza di centro O considera due archi consecutivi $\widehat{AB}$ e $\widehat{BC}$ e indica con M il punto medio di $\widehat{AB}$ e con N il punto medio di $\widehat{BC}$. Traccia la corda MN, che interseca la corda AB in E e la corda BC in F.
Dimostra che $BE \cong BF$. (Suggerimento. Il triangolo OMN è isoscele, quindi gli angoli alla base sono...)

PARAGRAFO 3. LE POSIZIONI DI UNA RETTA RISPETTO A UNA CIRCONFERENZA — ESERCIZI

La relazione fra corde aventi la stessa distanza dal centro

27 **DIMOSTRAZIONE GUIDATA**

Dimostra che, se in una circonferenza due corde non sono congruenti, allora non hanno la stessa distanza dal centro e la corda maggiore ha distanza minore.

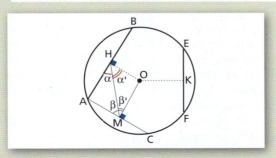

Ipotesi 1. AB, EF corde;   **Tesi** $OK > \ldots$
2. $AB > \ldots$

Dimostrazione

- Costruisci la corda AC consecutiva ad AB e congruente a EF, indica con OM la distanza di AC da O. Traccia le distanze OH e OK rispettivamente di AB ed EF da O.

- Esamina gli angoli $A\widehat{H}O$ e $A\widehat{M}O$.
  Essi sono entrambi retti, quindi α e α' sono $\ldots\ldots\ldots$, come pure β e β', ossia:
  $\alpha + \ldots \cong \widehat{R}$, $\beta + \ldots \cong \ldots$.

- Considera il triangolo AMH.
  A lato maggiore si oppone angolo $\ldots\ldots$. In tale triangolo, fra i lati AH e AM, il maggiore è AH.
  Infatti $EF \cong AC$ e per ipotesi $AB > \ldots$, da cui risulta anche $AB > AC$. Dividendo i due membri per 2, si ottiene: $\frac{1}{2} AB > \frac{1}{2} \ldots$, ossia
  $AH > \ldots$. Pertanto $\beta > \ldots$.

- Considera il triangolo MOH.
  Poiché $\beta > \ldots$, tra i rispettivi complementari sussiste la relazione $\beta' < \ldots$.
  Nel triangolo MOH, all'angolo maggiore α' si oppone il lato maggiore $\ldots$, quindi $OM > \ldots$.

- Deduci la tesi.
  OM e OK sono distanze da corde congruenti, quindi $OM \ldots\ldots\ldots OK$, da cui risulta $OK > \ldots$.

28 Dati una circonferenza di centro O e un suo punto P interno, dimostra che, fra tutte le corde passanti per P, la maggiore è un diametro.

29 Preso un punto P interno a una circonferenza di centro O, traccia per P due corde, in modo che PO sia bisettrice dell'angolo formato dalle due corde. Dimostra che le due corde sono congruenti.

3. LE POSIZIONI DI UNA RETTA RISPETTO A UNA CIRCONFERENZA

▶ Teoria a pag. 163

30 Traccia una retta r e considera su di essa un punto Q. Esternamente a r prendi un punto A. Disegna la circonferenza che passa per A ed è tangente a r in Q.

31 Osserva la figura. Quale relazione sussiste fra i segmenti PT e PT''? Dimostrala.

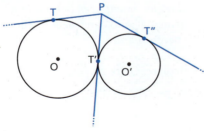

32 Osserva la figura. Come risultano le rette OT e $O'T'$? Giustifica la risposta.

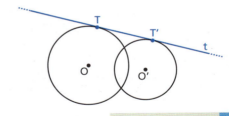

195

ESERCIZI — CAPITOLO 4. LA CIRCONFERENZA, I POLIGONI INSCRITTI E CIRCOSCRITTI

33 **ESERCIZIO GUIDA**

Disegniamo un segmento AC e il suo punto medio M. Tracciamo due circonferenze aventi centro in A, una di raggio AM e l'altra di raggio AC. Conduciamo per M la retta tangente alla circonferenza di raggio minore, fino a incontrare l'altra nei punti B e D. Dimostriamo che $ABCD$ è un rombo.

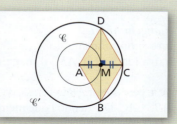

Ipotesi 1. $AM \cong MC$;
2. BD tangente in M.
Tesi $ABCD$ è un rombo.

Dimostrazione

Nella circonferenza minore, la retta tangente BD è perpendicolare al raggio AM passante per il punto di tangenza M. Quindi scriviamo $AM \perp BD$.
Nella circonferenza maggiore, il raggio AC è perpendicolare alla corda BD, quindi dimezza la corda stessa, ossia $BM \cong MD$.

D'altra parte, $AM \cong MC$ per ipotesi.
Il quadrilatero $ABCD$ ha le diagonali che si dimezzano scambievolmente, quindi è un parallelogramma. Inoltre, le diagonali sono perpendicolari, pertanto il parallelogramma $ABCD$ è un rombo.

34 Nella circonferenza di centro O e diametro AB, traccia le rette tangenti alla circonferenza in A e in B e dimostra che sono parallele.

35 Disegna una circonferenza di centro O e un punto P a essa esterno. Congiungi P con O e traccia da P due secanti Pa e Pb, in modo che PO sia bisettrice dell'angolo $a\widehat{P}b$. Dimostra che le due corde intercettate dalla circonferenza sulle secanti sono congruenti.

36 Disegna una circonferenza di centro O e due archi consecutivi congruenti, $\overset{\frown}{AB}$ e $\overset{\frown}{BC}$. Traccia la retta tangente alla circonferenza in B e disegna la corda AC. Dimostra che AC è parallela alla tangente.

■ Le tangenti a una circonferenza da un punto esterno

37 **DIMOSTRAZIONE GUIDATA**

La circonferenza di centro O e diametro CD passa per il punto Q. Le tangenti condotte per C, D e Q si intersecano in A e in B. Dimostra che l'angolo $A\widehat{O}B$ è retto.

Ipotesi 1. CD è un .... ;
2. AC, ... e BD sono .... a $\mathscr{C}$.
Tesi $A\widehat{O}B$ è ....

Dimostrazione

- Dimostra la congruenza dei triangoli AOC e AOQ, e quindi di $\widehat{COA}$ e $\widehat{AOQ}$.
 I triangoli .... hanno:
 ...... $\cong OQ$ perché .... ;
 AO in ....
 Per il .... criterio di congruenza dei triangoli ...., i triangoli sono congruenti.
 In particolare: $\widehat{COA} \cong$ ....

- Ripeti il ragionamento per $\widehat{BOD}$ e $\widehat{BOQ}$.
 Analogamente sono congruenti i triangoli ...... e BOD perché hanno:
 ....
 In particolare: $\widehat{QOB} \cong$ ....

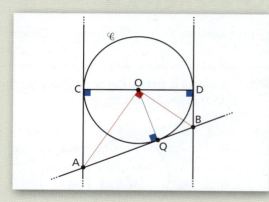

196

PARAGRAFO 4. LE POSIZIONI RECIPROCHE FRA DUE CIRCONFERENZE — ESERCIZI

- *Deduci la tesi.*
  Consideriamo l'angolo piatto $C\widehat{O}D$:
  $$C\widehat{O}D = \ldots + A\widehat{O}Q + \ldots + B\widehat{O}D = \widehat{P}.$$
  E tenendo conto delle congruenze dimostrate:
  $$2A\widehat{O}Q + 2Q\widehat{O}B = \ldots.$$

  Dividendo entrambi i membri per 2:
  $$A\widehat{O}Q + \ldots = \frac{\widehat{P}}{2} = \ldots.$$
  Quindi l'angolo $A\widehat{O}B$ è retto.

38 Disegna una circonferenza di centro O e da un punto P esterno a essa conduci le due tangenti in A e B. Traccia il diametro per A e dimostra che l'angolo $O\widehat{A}B$ è congruente a metà dell'angolo formato dalle due tangenti.

39 Data la circonferenza di centro O e diametro AB, prolunga AB di un segmento BE congruente al raggio e poi traccia la retta per B tangente alla circonferenza. Scegli su tale retta un punto V e disegna l'ulteriore tangente VF alla circonferenza. Dimostra che l'angolo $F\widehat{V}E$ è triplo dell'angolo $B\widehat{V}E$.

40 Considera una circonferenza di centro O e i punti P e Q, fuori di essa, equidistanti da O. Tracciati i segmenti di tangente condotti da P e da Q alla circonferenza, dimostra che sono congruenti.

Proprietà geometriche e misure

41 Determina l'ampiezza degli angoli scritti sotto a ogni figura utilizzando i dati indicati.

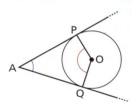

$P\widehat{A}Q = 48°$
$P\widehat{O}Q$?

a

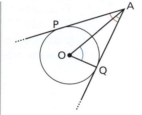

$A\widehat{O}Q = O\widehat{A}Q + 28°$
$P\widehat{A}Q$?

b

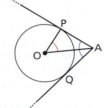

$P\widehat{A}Q = 76°$
$P\widehat{O}A$?

c

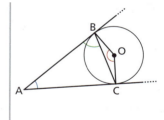

$A\widehat{B}C = 2B\widehat{A}C$
$B\widehat{O}C$?

d

4. LE POSIZIONI RECIPROCHE FRA DUE CIRCONFERENZE

▶ Teoria a pag. 165

42 **TEST** Quale fra le seguenti affermazioni è *vera*?

A $OO' \cong r - r'$
B $OO' < r - r'$
C $OO' < r + r'$
D $OO' \cong r + r'$
E $OO' > r + r'$

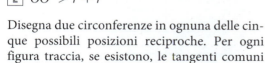

43 Disegna due circonferenze in ognuna delle cinque possibili posizioni reciproche. Per ogni figura traccia, se esistono, le tangenti comuni alle due circonferenze.

44 Disegna una circonferenza di centro O e raggio OA e una avente il centro nel punto medio di OA e raggio pari a $\frac{1}{4}$ di OA.

Qual è la posizione di una circonferenza rispetto all'altra? Motiva la risposta.

45 È data una circonferenza di centro O e raggio OA. Una seconda circonferenza ha centro O' esterno alla prima e tale che $O'O = \frac{5}{3}OA$.

Come deve essere il raggio della seconda affinché le due circonferenze siano secanti?

197

ESERCIZI CAPITOLO 4. LA CIRCONFERENZA, I POLIGONI INSCRITTI E CIRCOSCRITTI

46 **DIMOSTRAZIONE GUIDATA**

Date due circonferenze secanti, di centri O e O′, traccia una retta perpendicolare a OO′ in modo che incontri la prima circonferenza in A e in D e l'altra in B e in C e OO′ in H. Dimostra che AB ≅ CD.

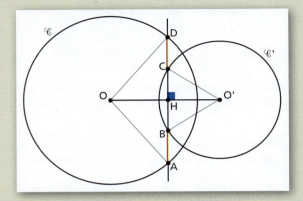

Ipotesi 1. $\mathscr{C}$ e $\mathscr{C}'$ sono .... ;
2. DA ⊥ OO′.

Tesi AB ≅ ....

Dimostrazione

- *Dimostra la congruenza dei segmenti DH e HA.*
  Nella circonferenza $\mathscr{C}$, DA ⊥ OO′ per ...., quindi DH ≅ ...... per il teorema sulla perpendicolare a una corda passante per il ....

- *Dimostra la congruenza dei segmenti CH e BH.*
  Nella circonferenza $\mathscr{C}'$, CB ⊥ ... per ipotesi, quindi ...... ≅ HB.

- *Deduci la tesi.*
  ... ≅ CD perché .... di segmenti ....

47 Date due circonferenze concentriche e una retta che le interseca entrambe, nell'ordine, nei punti A, B, C e D, dimostra che AB e CD sono congruenti.
Dimostra inoltre che l'asse del segmento AD coincide con l'asse del segmento BC e che tale asse passa per il centro delle due circonferenze.

48 Due circonferenze si intersecano in A e in B. Traccia per A e B le rette parallele a e b e siano C, D ed E, F rispettivamente le intersezioni con le due circonferenze.
Dimostra che EFDC è un parallelogramma.

49 Due circonferenze di centri O e O′ sono tangenti internamente in P. Traccia per P una retta secante s, che intersechi la circonferenza minore in A e quella maggiore in B.
Dimostra che i raggi O′A e OB sono paralleli.
(Suggerimento. Dimostra che O, O′, P sono allineati; poi considera i triangoli AO′P e BOP…)

Proprietà geometriche e misure

50 Due circonferenze $\mathscr{C}$ e $\mathscr{C}'$ sono tangenti internamente e la distanza tra i loro centri è 24 cm. Se il raggio di $\mathscr{C}$ è 4 cm, quanto è lungo quello di $\mathscr{C}'$?

51 La distanza fra i centri di due circonferenze di raggi lunghi 8 cm e 12 cm è uguale a 18 cm. Come sono le circonferenze?

52 **COMPLETA** la seguente tabella, dove r_1 e r_2 sono le misure dei raggi e O_1 e O_2 i centri di due circonferenze.

r_1	r_2	O_1O_2	$r_1 + r_2$	$r_1 - r_2$	Posizione reciproca
10	4	5	...	...	...
8	6	...	...	...	tangenti internamente
...	8	20	20	...	...
12	...	5	...	7	...
...	7	...	16	...	tangenti esternamente

5. GLI ANGOLI ALLA CIRCONFERENZA E I CORRISPODENTI ANGOLI AL CENTRO

▶ Teoria a pag. 167

53 **VERO O FALSO?**

a) In una circonferenza a ogni angolo al centro corrispondono infiniti angoli acuti alla circonferenza, tutti metà dell'angolo al centro. V F

b) Per ogni arco esiste un solo angolo alla circonferenza corrispondente. V F

c) Non esistono angoli alla circonferenza maggiori di un angolo retto. V F

d) Ogni angolo alla circonferenza che insiste su una semicirconferenza è retto. V F

e) L'angolo formato da un diametro e dalla semiretta tangente alla circonferenza in un estremo del diametro stesso è un angolo alla circonferenza. V F

54 Se due angoli alla circonferenza sono complementari, come sono fra loro i due angoli al centro corrispondenti?

55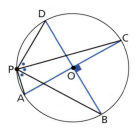
Nella figura, DB e AC sono due diametri perpendicolari. Preso un punto qualsiasi interno all'arco $\overset{\frown}{AD}$, spiega perché i tre angoli evidenziati sono congruenti.

56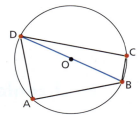
Nel quadrilatero ABCD la diagonale DB è un diametro. Spiega perché la somma di $\widehat{ADC}$ e $\widehat{CBA}$ è congruente a un angolo piatto.

57 **COMPLETA** Colora l'arco su cui insiste ogni angolo alla circonferenza e disegna il corrispondente angolo al centro.

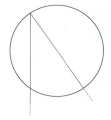
a

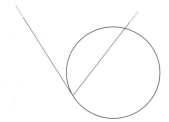
b

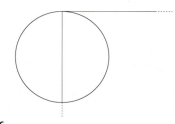
c

58 **COMPLETA** Per ogni angolo al centro, disegna tre angoli alla circonferenza che insistono sullo stesso arco. Uno degli angoli tracciati deve avere il vertice in B.

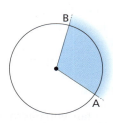
a

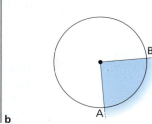
b

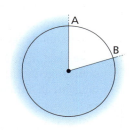
c

ESERCIZI
CAPITOLO 4. LA CIRCONFERENZA, I POLIGONI INSCRITTI E CIRCOSCRITTI

■ Proprietà geometriche e misure

Determina la misura dell'ampiezza degli angoli indicati.

59
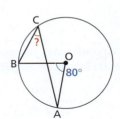

61
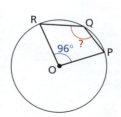

63
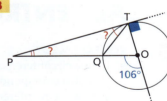

60
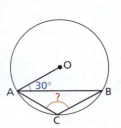

62
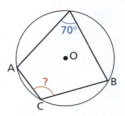

64
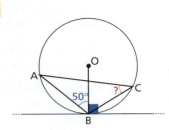

RIEPILOGO — La circonferenza e il cerchio

65 **TEST** Considera una circonferenza di centro O e raggio OR e quella di diametro OR. Come sono le due circonferenze?

- A Concentriche.
- B Tangenti esternamente.
- C Esterne.
- D Secanti.
- E Tangenti internamente.

66 **TEST** Una sola delle seguenti affermazioni è *falsa*. Quale?

- A Due circonferenze esterne hanno quattro tangenti comuni che si incontrano a due a due sulla retta dei centri.
- B Due circonferenze tangenti esternamente hanno tre tangenti comuni.
- C Due circonferenze tangenti internamente non hanno tangenti in comune.
- D Date due circonferenze concentriche, per ogni tangente t a una delle due esistono due tangenti all'altra parallele a t.
- E Due circonferenze una interna all'altra non hanno tangenti in comune.

67 Enuncia il teorema espresso dalla seguente figura e dalle relative ipotesi e tesi. Enuncia il teorema che ottieni scambiando la prima ipotesi con la tesi.

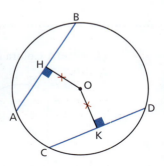

Ipotesi 1. $AB \cong DC$;
2. $OH \perp AB$;
3. $OK \perp CD$.

Tesi $OH \cong OK$.

68 Dati una circonferenza $\mathscr{C}$ di centro O e un punto P esterno a essa, disegna la circonferenza $\mathscr{C}'$ che ha per centro il punto medio M del segmento OP e raggio OM. $\mathscr{C}'$ incontra $\mathscr{C}$ in T_1 e T_2. Dimostra che le rette PT_1 e PT_2 sono tangenti alla circonferenza $\mathscr{C}$.

69 Disegna una circonferenza di diametro AB e una di diametro BC, che interseca la precedente in E, oltre che in B.
Dimostra che i punti A, E, C sono allineati.

PARAGRAFO 6. I POLIGONI INSCRITTI E CIRCOSCRITTI **ESERCIZI**

70 Una circonferenza è intersecata da due rette parallele. Dimostra che gli archi compresi fra le due parallele sono congruenti. (Suggerimento. Traccia una trasversale che congiunga...)

71 In una circonferenza di centro O prolunga una corda BC di un segmento CD congruente al raggio. Congiungi D con O e prolunga tale segmento fino a incontrare in A la circonferenza. Dimostra che $C\widehat{O}D$ è la terza parte di $A\widehat{O}B$.

72 Dati due angoli $\widehat{A}$ e $\widehat{B}$ con i lati paralleli e discordi, dimostra che:
a) le bisettrici di tali angoli sono parallele;
b) $\widehat{A}$ e $\widehat{B}$ staccano sulla circonferenza di diametro AB corde congruenti;
c) congiungendo gli estremi di tali corde con il centro, ottieni due triangoli congruenti.

73 Disegna una circonferenza, una sua corda CD e il punto medio M della corda. Scegli su CD due punti, A e B, equidistanti da M. Traccia da A la perpendicolare a CD, che incontra l'arco minore in F e da B la perpendicolare sempre a CD, che incontra lo stesso arco in E.

Dimostra che $AF \cong BE$. Come risulta il quadrilatero $ABEF$?

74 Considera una circonferenza di diametro AB e una corda CD perpendicolare ad AB, che incontra AB nel punto E. Indica con M il punto medio della corda BD. La retta ME incontra AC in F. Dimostra che $EF \perp AC$.

75 Disegna una circonferenza di centro O, un diametro AB e una corda CD, parallela ad AB. Dagli estremi della corda traccia le perpendicolari CF e DE al diametro AB. Dimostra che $AF \cong BE$.

76 Disegna un triangolo ABC e le altezze AH e BK. Dimostra che l'asse del segmento HK passa per il punto medio di AB.

77 Una retta r interseca una circonferenza di centro O nei punti C e D. Costruisci un triangolo isoscele di vertice O e base AB appartenente a r. Dimostra che $AC \cong BD$, distinguendo due casi:
a) $AB < CD$;   b) $AB > CD$.

6. I POLIGONI INSCRITTI E CIRCOSCRITTI

▶ Teoria a pag. 169

78 **VERO O FALSO?**

a) Un poligono è circoscrivibile a una circonferenza se gli assi dei lati passano per uno stesso punto. V F

b) Se le bisettrici degli angoli di un poligono passano tutte per uno stesso punto, questo è il centro della circonferenza inscritta. V F

c) Unendo ordinatamente n punti qualsiasi presi su una circonferenza, si ottiene un poligono di n lati inscritto in tale circonferenza. V F

d) I punti di contatto di quattro rette tangenti a una stessa circonferenza determinano un poligono inscritto nella circonferenza stessa. V F

79 Un rettangolo, che non sia un quadrato, ha sempre una circonferenza circoscritta, ma non ha mai quella inscritta. Spiega perché.

80 Un rombo, che non sia un quadrato, ha sempre una circonferenza inscritta, ma non ha mai quella circoscritta. Spiega perché.

201

7. I TRIANGOLI INSCRITTI E CIRCOSCRITTI

▶ Teoria a pag. 170

Considera 5 triangoli: un triangolo scaleno acutangolo, un triangolo scaleno rettangolo, un triangolo scaleno ottusangolo, un triangolo isoscele, un triangolo equilatero. Effettua su questi triangoli le costruzioni richieste.

81 Costruisci il circocentro e traccia la circonferenza circoscritta.

82 Costruisci l'incentro e traccia la circonferenza inscritta.

83 Costruisci l'ortocentro.

84 Costruisci il baricentro.

85 In un triangolo rettangolo, con quale punto coincide il circocentro? Motiva la risposta.

86 In un triangolo acutangolo l'ortocentro è sempre interno al triangolo? E in un triangolo ottusangolo? È in un triangolo rettangolo? Motiva le risposte.

87 In quale caso l'ortocentro coincide con uno dei vertici del triangolo? Motiva la risposta.

88 In un triangolo acutangolo l'incentro è un punto interno? E in un triangolo rettangolo o in uno ottusangolo? Motiva le risposte.

89 Indica dove si trova il baricentro di un triangolo acutangolo, di un triangolo rettangolo, di un triangolo ottusangolo. Motiva le risposte.

■ Dimostrazioni

90 **DIMOSTRAZIONE GUIDATA**

Data la circonferenza di diametro AB, su una stessa semicirconferenza considera due punti C e D in modo da ottenere il quadrilatero $ABCD$, con diagonali AC e BD, che si intersecano in H.
Dimostra che H è l'ortocentro del triangolo ABE, essendo E il punto d'incontro delle rette AD e BC.

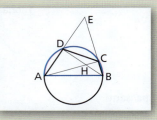

Ipotesi 1. AB è un .... ;
2. $C \in \widehat{ADB}$.

Tesi H è l'ortocentro di ....

Dimostrazione

- *Dimostra che DB e AC sono altezze.*
  $A\widehat{D}B$ è un angolo .... perché insiste su .... ; anche ...... è un angolo .... perché .... Pertanto DB è .... ad AE e AC è .... a .... , dunque sono due altezze del triangolo ......, quindi il loro punto d'incontro H è l'................ .

91 Dimostra che in ogni triangolo rettangolo:
a) il circocentro si trova sull'ipotenusa;
b) congiungendo il circocentro con i punti medi dei cateti e con il vertice dell'angolo retto, si ottengono quattro triangoli congruenti.

92 Dati un triangolo ABC e le sue altezze AH e BK, dimostra che i punti A, B, H, K appartengono alla stessa circonferenza.

93 Disegna un triangolo ABC e circoscrivi a esso una circonferenza di centro O. L'asse del lato BC incontra l'arco $\widehat{BC}$ non contenente A nel punto E. Dimostra che:
a) $\widehat{BOE} \cong \widehat{COE}$;
b) AE è bisettrice dell'angolo $\widehat{A}$.

202

PARAGRAFO 8. I QUADRILATERI INSCRITTI E CIRCOSCRITTI — ESERCIZI

94 Considera un triangolo qualunque e la circonferenza inscritta in esso. Con centro nei vertici del triangolo disegna tre circonferenze passanti per i punti di tangenza con la circonferenza inscritta. Dimostra che le circonferenze sono a due a due tangenti esternamente.

95 Dato il triangolo ABC, dal vertice B traccia la retta perpendicolare ad AB e dal vertice C la retta perpendicolare ad AC. Le due rette si intersecano nel punto E. Dimostra che E appartiene alla circonferenza circoscritta al triangolo. Considera i due casi determinati dall'appartenenza o meno di O, centro della circonferenza, al triangolo dato.

96 Disegna un triangolo rettangolo circoscritto a una circonferenza. Dimostra che il diametro della circonferenza è congruente alla differenza fra la somma dei cateti e l'ipotenusa. (Suggerimento. Congiungi il centro della circonferenza con i punti di tangenza.)

97 Considera l'incentro S di un triangolo qualunque ABC e traccia per S la parallela al lato BC che incontra in P e in Q rispettivamente i lati AB e AC. Dimostra che il perimetro del triangolo APQ è congruente alla somma di AB e AC. (Suggerimento. Considera i triangoli BPS e SQC.)

8. I QUADRILATERI INSCRITTI E CIRCOSCRITTI

▶ Teoria a pag. 172

98 **VERO O FALSO?**

a) È sempre possibile inscrivere un rombo in una circonferenza.   V   F

b) Se un quadrilatero è inscritto in una circonferenza, allora la somma degli angoli opposti è congruente a un angolo piatto.   V   F

c) Esiste sempre una circonferenza inscritta in un rettangolo.   V   F

d) Ogni trapezio è inscrivibile in una semicirconferenza.   V   F

99 **TEST** Un parallelogramma può essere inscritto in una circonferenza solo se:

A è un rombo.
B la somma di due lati opposti è congruente alla somma degli altri due.
C è un rettangolo.
D la somma degli angoli interni è un angolo giro.
E un lato passa per il centro della circonferenza.

■ Dimostrazioni

100 **ESERCIZIO GUIDA**

Dati un triangolo EBC e le sue altezze CA e BD, dimostriamo che il quadrilatero $ABCD$ è inscrivibile in una circonferenza.

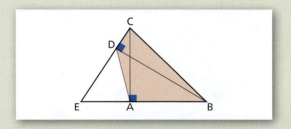

Ipotesi 1. $CA \perp EB$;
2. $BD \perp CE$.

Tesi $ABCD$ è inscrivibile in una circonferenza.

203

Dimostrazione

Poiché l'angolo $B\widehat{A}C$ è retto, è possibile disegnare una circonferenza che ha come diametro CB e passante per A. Il centro O della circonferenza è il punto medio di CB, pertanto il raggio è la metà di CB.

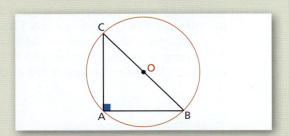

Anche l'angolo $B\widehat{D}C$ è retto, quindi anche D è un punto della circonferenza che ha come centro O il punto medio di CB e come raggio la metà di CB.

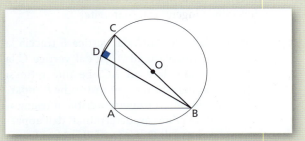

Possiamo concludere che il quadrilatero $ABCD$ è inscrivibile in una circonferenza.

101 Dato un quadrilatero inscritto in una circonferenza, dimostra che ogni angolo è congruente all'angolo esterno di vertice opposto.

102 Dimostra che, se un trapezio è isoscele, è inscrivibile in una circonferenza.

103 Dimostra che se un parallelogramma è inscritto in una circonferenza, è un rettangolo.

104 Disegna due triangoli isosceli ABC e ABD aventi la base AB in comune e i vertici C e D da parti opposte rispetto ad AB. Dimostra che il quadrilatero $ACBD$ è circoscrivibile a una circonferenza.

105 Dagli estremi di una corda AB della circonferenza di centro O, traccia due corde AC e BD a essa perpendicolari. Dimostra che il quadrilatero $ABDC$ è un rettangolo.

106 In una semicirconferenza di diametro AB inscrivi un trapezio $ABCD$.
Dimostra che il trapezio è isoscele e che la diagonale è perpendicolare al lato obliquo.

107 Dimostra che, in ogni trapezio circoscritto a una circonferenza di centro O, i due triangoli che si ottengono congiungendo il punto O con gli estremi dei lati obliqui sono rettangoli.

108 Dimostra che, in un trapezio isoscele circoscritto a una semicirconferenza, il lato obliquo è congruente alla metà della base maggiore.

109 Dato il quadrilatero $ABCD$, traccia le bisettrici dei suoi angoli e indica con L, M, N, P i loro punti d'incontro. Dimostra che $LMNP$ è un quadrilatero inscrivibile in una circonferenza.

Proprietà geometriche e misure

110 Considera i seguenti quadrilateri e indica quale di essi è inscrivibile in una circonferenza.

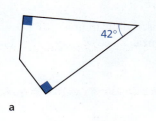
a

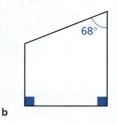
b

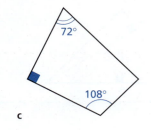
c

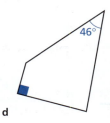
d

PARAGRAFO 9. I POLIGONI REGOLARI ESERCIZI

111 **COMPLETA** in modo che il quadrilatero ABCD sia inscrivibile e circoscrivibile.

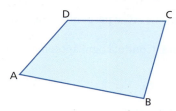

AB	BC	CD	DA	$\hat{A}$	$\hat{B}$	$\hat{C}$	$\hat{D}$
30 cm	...	17 cm	21 cm	96°	...	...	104°
15 cm	$\frac{4}{3}AB$	...	27 cm	...	...	108°	115°
...	$\frac{5}{6}CD$	3AD	38 cm	...	110°	72°	...
...	124 cm	70 cm	$\frac{3}{10}CD$	...	$\frac{2}{3}\hat{D}$	$\frac{1}{3}\hat{A}$	...

9. I POLIGONI REGOLARI

▶ Teoria a pag. 175

Applicazioni del teorema del poligono regolare inscritto o circoscritto e del teorema della circonferenza divisa in archi congruenti

112 **DIMOSTRAZIONE GUIDATA**

Dimostra che l'apotema di un triangolo equilatero inscritto in una circonferenza è metà del suo raggio.

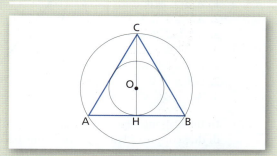

Dimostrazione
- *Prendi in considerazione il punto O.*
  1. Esso è il centro della circonferenza .... e di quella .... al triangolo ......, perché è equilatero, *quindi OH è* .... del triangolo e OC è il ....
  2. Il punto O è anche il punto di intersezione delle altezze, ... e bisettrici del triangolo ABC.
- *Considera la mediana relativa al lato AB.*
  La mediana ...... è divisa dal punto ...... in due parti, una doppia dell'altra, *quindi OC* ≅ 2......, da cui OH ≅ ....

Ipotesi ABC è un triangolo ....
Tesi OH ≅ $\frac{1}{2}$ ....

113 Dimostra che in un pentagono regolare le due diagonali uscenti da un vertice dividono l'angolo in tre parti congruenti.

114 Dimostra che in un esagono regolare le tre diagonali uscenti da un vertice dividono l'angolo in quattro parti congruenti.

205

115 Generalizza l'enunciato precedente nel caso di un poligono regolare di n lati.

116 Dati un esagono regolare $ABCDEF$ e la sua diagonale AC, dimostra che AC è perpendicolare ad AF.

117 Disegna un pentagono regolare $ABCDE$, inscritto in una circonferenza. Conduci ogni apotema e prolungalo fino a incontrare la circonferenza nei punti A', B', C', D', E'.
Dimostra che:
a) il pentagono $A'B'C'D'E'$ è congruente al pentagono $ABCDE$;
b) congiungendo i vertici dei due pentagoni si ottiene un decagono regolare.

118 Considera un triangolo equilatero e un esagono regolare inscritti in una stessa circonferenza.
Dimostra che il lato del triangolo è doppio dell'apotema dell'esagono.

119 Nell'esagono regolare $ABCDEF$ prolunga da entrambe le parti i lati AB, CD, EF. I prolungamenti determinano un triangolo.
Dimostra che tale triangolo è equilatero e che il lato è triplo di quello dell'esagono.

120 Disegna separatamente un triangolo equilatero, un quadrato e un esagono regolare. Su ognuno dei lati delle tre figure considera il relativo quadrato (esterno al poligono). Per ogni figura congiungi i vertici liberi dei quadrati, ottenendo un esagono, un ottagono e un dodecagono.
Questi tre nuovi poligoni sono tutti regolari?
Dimostra la proprietà che hai ricavato.

RIEPILOGO I poligoni inscritti e circoscritti

121 **TEST** Con riferimento alla figura, quale fra queste relazioni è *sbagliata*?

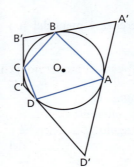

A) $OB \cong OA$
B) $AA' + CB' \cong BB' + BA'$
C) $AB + CD \cong CB + AD$
D) $C'D' \cong D'A + CC'$
E) $A'D' \cong AA' + DD'$

122 Disegna una circonferenza inscritta in un triangolo equilatero ABC, con punti di tangenza M, N, L. Dimostra che:
a) il triangolo MNL è equilatero;
b) il lato del triangolo inscritto è la metà di quello circoscritto.

123 Nell'esagono regolare $ABCDEF$ congiungi B con F e C con E.
Dimostra che $BCEF$ è un rettangolo.

124 Enuncia il teorema espresso dalla seguente figura e dalle relative ipotesi e tesi. Se elimini la prima ipotesi e la prima tesi, è ancora valido il teorema? Dimostralo.

Ipotesi
1. $AM \cong MB$;
2. $AL \cong LC$;
3. $CN \cong NB$.

Tesi
1. $CO \cong 2OM$;
2. $OB \cong 2OL$;
3. $AO \cong 2ON$.

125 In un esagono regolare congiungi i punti medi di due coppie di lati opposti. Dimostra che tali segmenti sono le diagonali di un rettangolo.

126 Disegna un ottagono regolare. Prolunga da entrambe le parti quattro lati, alternando un lato sì e un lato no. Dimostra che i prolungamenti dei lati individuano un quadrato.

127 In un esagono regolare scegli due vertici opposti. Da questi vertici traccia le due diagonali non passanti per il centro. Dimostra che queste, incontrandosi, determinano un rombo.

128 Disegna un triangolo *ABC* inscritto in una circonferenza di centro *O* e il diametro *CD*, e determina l'ortocentro *H*. Dimostra che:
a) *AH* è parallelo a *BD*;
b) *AB* e *HD* si bisecano.

129 Dato un triangolo equilatero di centro *O*, traccia gli assi dei segmenti *OA*, *OB*, *OC*, che incontrano i lati del triangolo in sei punti. Dimostra che tali punti sono i vertici di un esagono regolare.

130 Disegna un esagono regolare *ABCDEF*, la diagonale *AC* e le due diagonali *BD* e *BF*. Dimostra che *AC* è divisa dalle altre due diagonali in tre parti congruenti.

131 Nel triangolo *ABC* inscritto in una circonferenza indica con *H* l'ortocentro. Traccia la corda *BE* perpendicolare ad *AB*. Dimostra che $BE \cong CH$.

132 Nel triangolo equilatero *ABC*, inscritto in una circonferenza, indica con *D* ed *E* i punti medi degli archi $\overset{\frown}{BC}$ e $\overset{\frown}{CA}$. Dimostra che la corda *ED*, incontrando i lati *AC* e *BC*, viene suddivisa in tre parti congruenti.

133 Dimostra che se un poligono è sia inscrivibile che circoscrivibile a due circonferenze concentriche, allora è regolare.

134 Considera un pentagono regolare e dimostra che ogni diagonale ne divide un'altra in due parti di cui la maggiore è congruente al lato del pentagono.

135 ◯◯◯ Dato un triangolo acutangolo *ABC* inscritto in una circonferenza di centro *O*, si tracci la bisettrice dell'angolo $\widehat{BAC}$; detta *D* la sua intersezione con *BC*, si conduca da *D* la perpendicolare alla retta *AO* e si supponga che essa incontri la retta passante per *A* e per *C* in un punto *P* interno al segmento *AC*. Si dimostri che $AB = AP$.
(*Olimpiadi di Matematica, Gara Nazionale*, 1995)

10. LA SIMILITUDINE NELLA CIRCONFERENZA

▶ Teoria a pag. 176

Il teorema delle corde

136 Applicando il teorema delle corde, scrivi per ognuna delle seguenti figure tutte le possibili proporzioni che coinvolgono i segmenti disegnati.

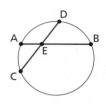
a

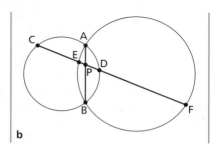
b

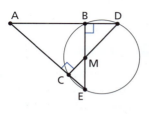
c

137 DIMOSTRAZIONE GUIDATA

Su una circonferenza, fissato un verso di percorrenza, scegli nell'ordine quattro punti *A*, *B*, *A'*, *B'*, in modo che le corde *AA'* e *BB'* si intersechino in un punto *E*. Congiunti *A* con *B* e *A'* con *B'*, dimostra che $AB : A'B' = AE : EB'$.

ESERCIZI CAPITOLO 4. LA CIRCONFERENZA, I POLIGONI INSCRITTI E CIRCOSCRITTI

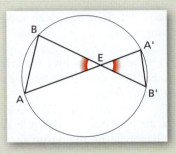

Ipotesi 1. AA' è una .... della circonferenza;
2. BB' è una .... della circonferenza;
3. E è il punto di intersezione fra .... e ....

Tesi $AB : ...... = AE : ......$.

Dimostrazione

- *Applica il teorema delle corde.*
  Per le ipotesi 1 e 2 si può applicare il teorema delle ...., pertanto $AE : BE = ... : ......$.
- *Dimostra che i triangoli ABE e A'B'E sono simili.*
  Permutando i .... della precedente proporzione otteniamo $AE : EB' = ... : ......$.
  I triangoli ABE e $A'B'E$ hanno due lati ordinatamente in proporzione e l'angolo $A\widehat{E}B \cong ......$ perché opposti al ....; *quindi* sono simili per il ...... criterio di similitudine dei triangoli.
- *Deduci la tesi.*
  Pertanto vale la proporzione
  $AB : A'B' = ... : ......$.

138 Disegna due semirette r e s aventi la stessa origine A. Da un punto M interno all'angolo acuto $r\widehat{A}s$ conduci le perpendicolari alle due semirette r e s e indica con B e con C i piedi di tali perpendicolari. Siano D il punto di intersezione di s con la retta MB ed E quello della retta MC con r. Dimostra che vale la proporzione $MB : MC = ME : MD$.

139 Traccia due circonferenze secantisi in due punti A e B. Da un punto P della corda AB traccia una retta che incontri la prima circonferenza nei punti C e D e la seconda nei punti E e F. Dimostra che il rettangolo avente come lati i segmenti PC e PD è equivalente al rettangolo avente come lati i segmenti PE e PF.

Il teorema delle secanti

140 Applicando il teorema delle secanti, scrivi una proporzione per ognuna delle figure seguenti.

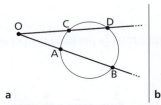
a

b

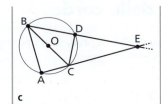
c

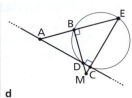
d

141 **ESERCIZIO GUIDA**

È dato un angolo acuto $a\widehat{O}b$. Sulla semiretta Oa fissiamo un punto A e su Ob un punto B. Tracciamo una circonferenza di diametro AB, che interseca il lato Oa dell'angolo nel punto E e il lato Ob in F. Dimostriamo che:

$AB : EF = OA : OF$.

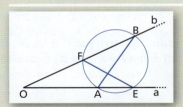

Ipotesi 1. AB è un diametro;
2. OE è secante;
3. OB è secante.

Tesi $AB : EF = OA : OF$.

208

> **Dimostrazione**
>
> Per le ipotesi 2 e 3 possiamo applicare il teorema delle secanti e scrivere la proporzione
>
> $OE : OB = OF : OA$,
>
> oppure, invertendo:
>
> $OB : OE = OA : OF$.
>
> I triangoli OAB e OEF hanno:
> - due lati ordinatamente in proporzione;
> - l'angolo compreso $\widehat{O}$ in comune.
>
> *Quindi* sono simili per il secondo criterio di similitudine dei triangoli.
>
> *Pertanto* vale la proporzione $AB : EF = OA : OF$.

142 Traccia due circonferenze che si intersecano nei punti A e B. Da un punto P della retta AB esterno alle circonferenze traccia due rette, una che incontri la prima circonferenza nei punti C e D, l'altra che incontri la seconda nei punti E e F. Dimostra che il rettangolo avente come lati i segmenti PC e PD è equivalente al rettangolo avente come lati i segmenti PE e PF.

143 Disegna un triangolo con l'angolo in A acuto. Traccia la circonferenza di diametro BC e siano M e N le intersezioni con i lati AB e AC. Dimostra che i triangoli ABC e ANM sono simili.

Il teorema della secante e della tangente

144 Applicando il teorema della secante e della tangente, scrivi una proporzione relativa a ogni figura.

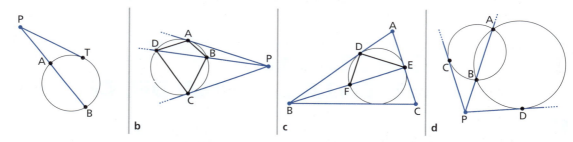

a   b   c   d

145 Considera due circonferenze che si intersecano nei punti A e B e un punto E sulla retta AB, esterno al segmento AB. Dal punto E traccia le tangenti alle due circonferenze. Dimostra che i segmenti di tangenza sono congruenti.

146 Disegna una circonferenza e a essa circoscrivi un triangolo ABC. Indica con D e con E i punti di contatto di AB e AC con la circonferenza. Unisci B con E e indica con F l'altro punto d'incontro di BE con la circonferenza. Dimostra che i triangoli BDE e DFB sono simili.

RIEPILOGO La similitudine e la circonferenza

147 **COMPLETA** le seguenti uguaglianze o proporzioni utilizzando la figura e applicando i teoremi delle corde, delle secanti, della secante e della tangente (AR è tangente alla circonferenza in R).
$DT : RT = \ldots : \ldots$;
$\overline{AR}^2 = \overline{AF} \cdot \ldots$
$TF : \ldots = \ldots : DT$;
$\overline{AC} \cdot \overline{AB} = \overline{AD} \cdot \ldots$;
$AC : AR = \ldots : AB$;
$AB : AF = \ldots : AC$.

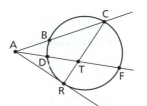

148 Traccia una circonferenza di centro O, conduci due rette a e b, a essa tangenti e parallele, e una terza retta t tangente alla circonferenza nel punto T. Indica con A il punto di tangenza della retta a, con B il punto di tangenza della retta b, con R l'intersezione di a con t e con S l'intersezione di b con t. Dimostra che il segmento OT è medio proporzionale fra i segmenti RT e ST.

149 In una circonferenza sono date due corde MN e $M'N'$ che si intersecano in un punto P tale che $PM : PN = PM' : PN'$. Dimostra che le due corde sono congruenti.

150 🏅 **TEST** Da un semicerchio di cartone di raggio 10 cm si ritaglia un cerchio di diametro massimo. Dai due tronconi rimasti si ritagliano due cerchi di diametro massimo. Qual è la percentuale di cartoncino sprecata?

A 10%
B 20%
C 25%
D 30%
E 50%

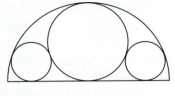

(Olimpiadi di Matematica, Giochi di Archimede, 1996)

151 🏅 Sia ABC un triangolo rettangolo isoscele e sia M il punto medio dell'ipotenusa AB. Siano D ed E punti sui cateti AC e BC, rispettivamente, tali che $AD = 2DC$, $EB = 2CE$. Sia F il punto di intersezione tra AE e DM. Si dimostri che FC è la bisettrice dell'angolo $D\widehat{F}E$.

(Olimpiadi di Matematica, selezione Cortona, 2000)

152 Nel triangolo ABC traccia l'altezza CD. Traccia la circonferenza circoscritta al triangolo e indica con CE un suo diametro. Dimostra che il rettangolo avente i lati congruenti ad AC e a BC è equivalente al rettangolo che ha i lati congruenti a CD e a CE. (Suggerimento. I triangoli CBD e CEA sono...)

153 In una circonferenza traccia due corde AB e BC e conduci per B la retta tangente a tale circonferenza. Dimostra che ogni retta parallela alla tangente taglia le rette AB e BC in due punti M e N tali che i triangoli ABC e NBM risultano simili. (Suggerimento. Utilizza le proprietà dell'angolo alla circonferenza.)

▶ *Caso particolare*: se AB e BC sono congruenti e perpendicolari, come sono fra loro la retta tangente e la corda AC?

11. LA LUNGHEZZA DELLA CIRCONFERENZA E L'AREA DEL CERCHIO

▶ Teoria a pag. 179

154 ESERCIZIO GUIDA

Un quadrato ha il lato di 6 cm. Calcoliamo la lunghezza della circonferenza inscritta nel quadrato, la lunghezza di quella circoscritta e l'area della corona circolare fra esse compresa.

Indichiamo con c e c' le misure della circonferenza inscritta e di quella circoscritta, con S la misura dell'area della corona circolare.

Dati
1. $ABCD$ è un quadrato; 2. $\overline{AB} = 6$.

Richieste
1. c; 2. c'; 3. S.

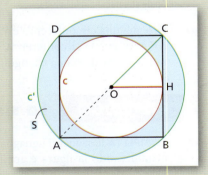

Risoluzione

Le due circonferenze hanno lo stesso centro O. Il raggio di quella inscritta è metà del lato del quadrato, quello della circonferenza circoscritta è metà della diagonale. La misura c della circonferenza inscritta è:

$$c = 2\pi \cdot \overline{OH} = 2\pi \cdot \frac{\overline{AB}}{2} = 6\pi.$$

La misura della diagonale è:

$$\overline{AC} = \overline{AB} \cdot \sqrt{2} = 6\sqrt{2}.$$

La misura c' della circonferenza circoscritta è:

$$c' = 2\pi \cdot \overline{OC} = 2\pi \cdot \frac{\overline{AC}}{2} = 2\pi \cdot 3\sqrt{2} = 6\pi\sqrt{2}.$$

L'area della superficie richiesta è la differenza fra le aree dei due cerchi.

PARAGRAFO 11. LA LUNGHEZZA DELLA CIRCONFERENZA E L'AREA DEL CERCHIO — **ESERCIZI**

La sua misura è:

$$S = \pi \cdot \overline{OC}^2 - \pi \cdot \overline{OH}^2 = \pi \cdot (3\sqrt{2})^2 - \pi \cdot 3^2 = 9\pi.$$

La lunghezza della circonferenza inscritta è 6π cm, quella della circonferenza circoscritta $6\pi\sqrt{2}$ cm; l'area della superficie compresa fra le due circonferenze è 9π cm^2.

---

155 Disegna un trapezio inscritto in una circonferenza in modo che il centro della circonferenza sia interno al trapezio, la base minore sia congruente al lato dell'esagono regolare inscritto e la base maggiore sia congruente al lato del triangolo equilatero inscritto. Dimostra che il lato obliquo del trapezio è congruente al lato del quadrato inscritto nella stessa circonferenza.

156 Dati due cerchi concentrici aventi i raggi che misurano R e r ($R > r$), dimostra che la superficie della corona circolare delimitata dalle due circonferenze è equivalente a quella del rettangolo che ha per base la semicirconferenza rettificata di raggio $R - r$ e per altezza $R + r$.

157 Inscrivi in un cerchio un quadrato e su ogni lato disegna, esternamente al quadrato, una semicirconferenza di diametro il lato stesso. Dimostra che la somma delle quattro lunule comprese fra le semicirconferenze e la circonferenza data è equivalente al quadrato.

158 Dimostra che in un triangolo rettangolo il semicerchio costruito sull'ipotenusa è equivalente alla somma dei semicerchi costruiti sui cateti.

159 Due cerchi concentrici hanno i raggi che misurano R e r ($R > r$). Determina la misura del contorno e l'area della corona circolare delimitata dalle due circonferenze. $[2\pi(R + r); \pi(R^2 - r^2)]$

160 Sia AB il diametro di una circonferenza la cui lunghezza misura $10\pi a$. Traccia una corda AC che formi con AB un angolo di 60°. Determina la misura dell'area del triangolo ABC.

$$\left[\frac{25}{2} a^2 \sqrt{3} \right]$$

161 Il lato e la diagonale minore di un rombo misurano a. Calcola la misura dell'area del rombo e del cerchio inscritto in esso. $\left[a^2 \dfrac{\sqrt{3}}{2}; \dfrac{3}{16} \pi a^2 \right]$

162 Un trapezio isoscele è circoscritto a una semicirconferenza di diametro 16 dm e la sua base maggiore si trova sul diametro di questa. Sapendo che la differenza fra le basi è 12 dm, determina il perimetro del trapezio e il rapporto fra tale perimetro e la semicirconferenza. $\left[48 \text{ dm}; \dfrac{6}{\pi} \right]$

163 È dato un triangolo equilatero di lato 4 cm. Traccia le circonferenze inscritta e circoscritta al triangolo. Calcola l'area della corona circolare delimitata dalle due circonferenze.

$[4\pi \text{ cm}^2]$

164 L'area di un triangolo equilatero ABC misura $162\,k^2\sqrt{3}$. Conduci per il centro della circonferenza a esso circoscritta la parallela MN alla base BC del triangolo; calcola le misure del perimetro del triangolo AMN e dell'area della corona circolare compresa tra detta circonferenza e quella inscritta nel triangolo.

$[36\sqrt{2}\,k; 162\pi k^2]$

165 Su una circonferenza sono dati quattro punti consecutivi, A, B, C e D, che la dividono in quattro archi consecutivi, AB, BC, CD e DA, lunghi rispettivamente 2π cm, 3π cm, 5π cm e 8π cm. Determina il raggio della circonferenza e le ampiezze degli angoli al centro corrispondenti ai quattro archi.

$[9 \text{ cm}; 40°, 60°, 100°, 160°]$

166 Un diametro AB di un cerchio interseca una corda in P dividendola in due parti lunghe 12 cm e 20 cm. Sapendo che PB è la quarta parte di AP, calcola l'area del cerchio. $[375\pi \text{ cm}^2]$

167 In un triangolo ABC, rettangolo in A, la proiezione BH del cateto AB sull'ipotenusa è i $\dfrac{18}{25}$ della mediana AM. Sapendo che il perimetro misura $240k$, determina la misura della circonferenza circoscritta. $[100\pi k]$

211

La lunghezza di un arco e l'area di un settore circolare

168 **ESERCIZIO GUIDA**

Calcoliamo il raggio di un cerchio sapendo che l'area di un suo settore, di ampiezza 11°15′, è 50π cm².

Indichiamo le misure dell'ampiezza del settore e della sua area con α e con S, quella dell'area del cerchio con A e quella del raggio con r.

Dati   **Richiesta** r.
1. $\alpha = 11°15′$;   2. $S = 50\pi$.

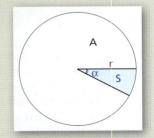

Risoluzione

Calcoliamo A usando la proporzione $A : 360 = S : \alpha$.

Trasformiamo 11°15′ in gradi. Tenendo presente che $1′ = \left(\dfrac{1}{60}\right)°$, risulta

$$15′ = \left(15 \cdot \dfrac{1}{60}\right)° = \left(\dfrac{1}{4}\right)° \text{ e quindi:}$$

$$11°15′ = 11° + \left(\dfrac{1}{4}\right)° = \left(11 + \dfrac{1}{4}\right)° = \left(\dfrac{45}{4}\right)°.$$

Riscriviamo la proporzione, sostituendo i valori calcolati:

$$A : 360 = 50\pi : \dfrac{45}{4} \;\rightarrow\; A = \dfrac{360 \cdot 50\pi}{\dfrac{45}{4}} = 360 \cdot 50\pi \cdot \dfrac{4}{45} = 1600\pi.$$

Calcoliamo il raggio ricavando r dalla formula della misura dell'area del cerchio:

$$A = \pi \cdot r^2 \;\rightarrow\; \dfrac{A}{\pi} = \dfrac{\pi \cdot r^2}{\pi} \;\rightarrow\; \dfrac{A}{\pi} = r^2 \;\rightarrow\; r^2 = \dfrac{A}{\pi} \;\rightarrow\; r = \sqrt{\dfrac{A}{\pi}}.$$

Sostituendo otteniamo:

$$r = \sqrt{\dfrac{1600\pi}{\pi}} \;\rightarrow\; r = \sqrt{1600} \;\rightarrow\; r = 40.$$

Lo stesso risultato si ottiene ricavando r dalla formula $S = \dfrac{\alpha}{360} \pi r^2$:

$$r = \sqrt{\dfrac{360 S}{\alpha \pi}} = \sqrt{\dfrac{360 \cdot 50\pi}{\left(\dfrac{45}{4}\right) \cdot \pi}} = \sqrt{1600} = 40.$$

Il raggio del cerchio è quindi di 40 cm.

---

169 La lunghezza di un arco appartenente a una circonferenza di raggio 135 cm è $\dfrac{165}{2}\pi$ cm. Calcola l'ampiezza del rispettivo angolo al centro.   [110°]

170 Un arco di circonferenza è lungo $\dfrac{5}{6}\pi$ cm e l'ampiezza del rispettivo angolo al centro è 7°30′. Calcola la lunghezza del raggio.   [20 cm]

171 Disegna tre circonferenze di raggio r, tangenti a due a due e indica con A, B e C i punti di tangenza. Calcola l'area della superficie della figura delimitata dagli archi AC, BC e CA, e la lunghezza del suo contorno. $\left[r^2\left(\sqrt{3} - \dfrac{\pi}{2}\right); \pi r\right]$

172 Disegna un cerchio di raggio r e inscrivi in esso un triangolo equilatero. Determina la misura dell'area della regione del cerchio limitata dal lato del triangolo e dall'arco minore corrispondente. $\left[\dfrac{r^2}{12}(4\pi - 3\sqrt{3})\right]$

173 In un cerchio di raggio 2 cm è inscritto un quadrato. Determina l'area della regione del cerchio limitata dal lato del quadrato e dall'arco minore corrispondente.   [$(\pi - 2)$ cm²]

174 Sia MN una corda di una circonferenza di centro O, e la sua distanza OH dal centro sia 6 cm. Sapendo che l'angolo $H\widehat{N}O$ è di 30°, calcola la misura dell'area del settore circolare avente per angolo al centro l'angolo $M\widehat{O}N$. [48π cm²]

175 Un triangolo rettangolo ha un angolo di 60° e l'ipotenusa misura $12a$. Dal vertice dell'angolo di 60° traccia un arco di circonferenza con raggio congruente al cateto minore, dividendo il triangolo in due parti. Determina l'area di tali parti. [$6\pi a^2$; $(18\sqrt{3} - 6\pi)a^2$]

176 Da due vertici opposti di un quadrato traccia due archi di circonferenza di raggio congruente al lato del quadrato e interni a esso. Se il lato del quadrato misura $2a$, quali sono le misure delle aree delle tre parti in cui è diviso il quadrato?
[$a^2(4 - \pi)$; $a^2(4 - \pi)$; $2a^2(\pi - 2)$]

177 Due circonferenze congruenti passano l'una per il centro dell'altra, e il loro raggio misura r. Calcola l'area dell'ogiva comune ai due cerchi delimitati dalle circonferenze. $\left[\dfrac{(4\pi - 3\sqrt{3})}{6}r^2\right]$

APPLICAZIONI DELL'ALGEBRA ALLA GEOMETRIA

■ Il teorema delle corde

178 **ESERCIZIO GUIDA**

Utilizzando i dati forniti in figura, determiniamo la misura del segmento ED.

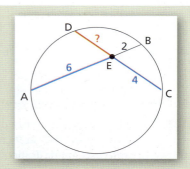

Applicando il teorema delle corde ricaviamo la proporzione:
$\overline{AE} : \overline{EC} = \overline{ED} : \overline{EB}$,

da cui: $\overline{AE} \cdot \overline{EB} = \overline{EC} \cdot \overline{ED}$.

Poniamo $\overline{ED} = x$. Otteniamo: $12 = 4x \quad \rightarrow \quad x = 3$.
La risposta è dunque: $\overline{ED} = 3$.

Mediante i dati forniti in ogni figura, determina le misure dei segmenti incogniti.

179

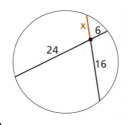
a

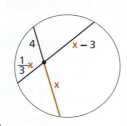
b

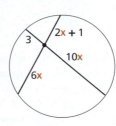
c

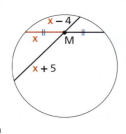
d

[a) 9; b) 15; c) 2; d) 12]

180

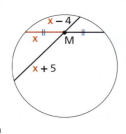
a

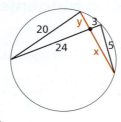
b

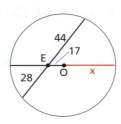
c

d

[a) 20; b) 6, 12; c) 39; d) 75]

213

Il teorema delle secanti

181 **ESERCIZIO GUIDA**

Utilizzando i dati forniti in figura, determiniamo la misura della secante CE.

Per il teorema delle secanti:
$$\overline{AE} : \overline{CE} = \overline{DE} : \overline{BE} \rightarrow \overline{CE} \cdot \overline{DE} = \overline{AE} \cdot \overline{BE}.$$
Se indichiamo con x la misura di CD, allora $\overline{CE} = 10 + x$, pertanto:
$$10(10 + x) = 11(11 + 6)$$
$$100 + 10x = 187 \rightarrow 10x = 87 \rightarrow x = 8{,}7.$$

La misura della secante CE è 18,7.

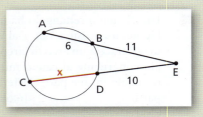

182 Usando i dati forniti in ogni figura, determina la misura del segmento incognito.

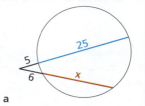

a

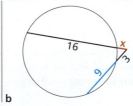

b

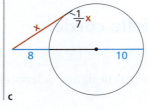

c

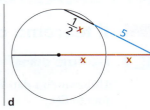

d

$$\left[a) \ 19; \ b) \ 2; \ c) \ 14; \ d) \ \frac{10}{3} \right]$$

---

183 È data una circonferenza di centro O e raggio 5 cm. Un punto P dista 9 cm dal centro O. Una secante uscente da P incontra la circonferenza in due punti tali che la parte esterna della secante è sette volte la corda avente come estremi quei punti. Determina la lunghezza di tale corda e la sua distanza dal centro. $\left[1 \text{ cm}; \ \frac{3}{2}\sqrt{11} \text{ cm} \right]$

184 In una circonferenza di raggio $\sqrt{6}$ cm disegna una corda AB tale che AB sia il lato del quadrato inscritto. Prolunga AB di un segmento BC lungo $\sqrt{3}$ cm e traccia un'altra secante per C, la cui parte esterna sia congruente al raggio. Determina la lunghezza dell'intera secante. $\left[\frac{3\sqrt{6}}{2} \text{ cm} \right]$

185 Disegna una circonferenza di diametro $\overline{AB} = 2r$ e prolunga AB di un segmento BC uguale al raggio. Dal punto C traccia una secante in modo che determini una corda EF uguale al raggio, con F dalla parte di C. Congiungi F con O. Calcola il perimetro del triangolo OCF in funzione del raggio. $\left[\frac{5 + \sqrt{13}}{2} r \right]$

186 In una circonferenza di raggio 10 cm e centro O, traccia la corda AB, lato del triangolo equilatero inscritto, e la corda CD, lato dell'esagono regolare inscritto. Prolunga la corda AB dalla parte di B. Tale prolungamento incontra il prolungamento di CD in un punto E tale che l'area del triangolo AEO è $75\sqrt{3}$ cm². Determina DE. $[5(\sqrt{73} - 1) \text{ cm}]$

Il teorema della secante e della tangente

187 **ESERCIZIO GUIDA**

Usando i dati forniti in figura, determiniamo la misura del segmento di tangente PT.

Per il teorema della secante e della tangente:

$$\overline{PA} : \overline{PT} = \overline{PT} : \overline{PB} \rightarrow \overline{PT}^2 = \overline{PA} \cdot \overline{PB}.$$

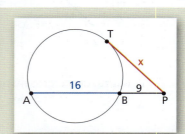

214

Tenendo presente che $\overline{PA} = 16 + 9 = 25$ e ponendo $\overline{PT} = x$, otteniamo:

$x^2 = 25 \cdot 9 = 225 \rightarrow x = 15$.

Pertanto $\overline{PT} = 15$.

188 In base ai dati forniti in ciascuna figura, determina la misura del segmento incognito.

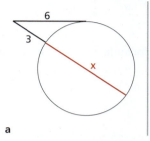 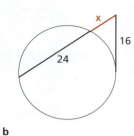 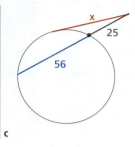 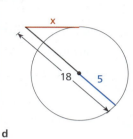

a   b   c   d

[a) 9; b) 8; c) 45; d) 12]

189 Una circonferenza di centro O ha il diametro AB di 16 cm. Prolunga AB di un segmento BC lungo 9 cm e dal punto C traccia una tangente CD alla circonferenza. Determina il rapporto fra l'area del triangolo equilatero costruito sulla tangente CD e l'area del quadrato inscritto nella circonferenza. $\left[\dfrac{225}{512} \cdot \sqrt{3}\right]$

190 In una circonferenza di centro O e diametro AB, il raggio è 10 cm. Traccia per A la perpendicolare al diametro e su questa scegli un punto C, in modo che OC sia 26 cm. Traccia per C la retta perpendicolare a OC, che incontra il prolungamento di AB nel punto D. Determina il rapporto fra il perimetro del triangolo ACD e il perimetro del triangolo AOC. $\left[\dfrac{12}{5}\right]$

191 Data una circonferenza di centro O e raggio 12 cm, scegli un punto A distante dal centro i $\dfrac{25}{24}$ del raggio. Traccia da A una tangente AB alla circonferenza e da B la perpendicolare BC ad AO. Calcola il rapporto fra l'area del triangolo AOB e quella del triangolo ACB. $\left[\dfrac{625}{49}\right]$

Il raggio del cerchio inscritto in un triangolo e quello del cerchio circoscritto

192 ESERCIZIO GUIDA

In un triangolo ABC la base AB misura $4a$ e l'altezza a essa riferita $2a\sqrt{6}$. Sapendo che la somma delle misure degli altri due lati è $12a$ e la loro differenza è $2a$, calcoliamo il raggio del cerchio inscritto nel triangolo e il raggio del cerchio circoscritto.

Dati e relazioni
1. $\overline{AB} = 4a$;
2. $\overline{CH} = 2a\sqrt{6}$;
3. $\overline{AC} + \overline{BC} = 12a$;
4. $\overline{AC} - \overline{BC} = 2a$.

Richieste
1. Raggio del cerchio inscritto;
2. raggio del cerchio circoscritto.

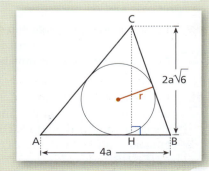

ESERCIZI CAPITOLO 4. LA CIRCONFERENZA, I POLIGONI INSCRITTI E CIRCOSCRITTI

Risoluzione

Calcoliamo l'area del triangolo ABC mediante la formula $\mathcal{A} = \dfrac{b \cdot h}{2}$:

$$\mathcal{A} = \frac{4a \cdot 2a\sqrt{6}}{2} = 4a^2\sqrt{6}.$$

Per determinare il raggio del cerchio inscritto utilizziamo la formula $r = \dfrac{\mathcal{A}}{p}$, dove p indica la misura del semiperimetro.

Per calcolare p, dobbiamo trovare $\overline{AC}$ e $\overline{BC}$.

Poniamo $\overline{AC} = x$ e $\overline{BC} = y$.

Usando i dati 3 e 4, scriviamo il sistema:

$$\begin{cases} x + y = 12a \\ x - y = 2a \end{cases}$$

Risolviamo usando il metodo di riduzione:

$$\begin{cases} x + y = 12a \\ x - y = 2a \end{cases} \rightarrow \begin{cases} x = 7a \\ y = 5a \end{cases}$$

Pertanto risulta $\overline{AC} = 7a$ e $\overline{BC} = 5a$.

Calcoliamo il semiperimetro:

$$p = \frac{(\overline{AB} + \overline{AC} + \overline{BC})}{2} =$$

$$= \frac{(4a + 7a + 5a)}{2} = 8a.$$

Sostituendo nella formula $r = \dfrac{\mathcal{A}}{p}$, otteniamo:

$$r = \frac{4a^2\sqrt{6}}{8a} = \frac{a\sqrt{6}}{2}.$$

Il raggio del cerchio circoscritto è $R = \dfrac{abc}{4\mathcal{A}}$.

Sostituendo, otteniamo:

$$R = \frac{4a \cdot 7a \cdot 5a}{4 \cdot 4a^2\sqrt{6}} = \frac{35a}{4\sqrt{6}} = \frac{35a\sqrt{6}}{24}.$$

---

193 Le misure dei lati di un triangolo sono espresse da tre numeri consecutivi e il perimetro è 42 cm. Sapendo che l'altezza relativa al lato di lunghezza intermedia è 12 cm, calcola la misura del raggio del cerchio inscritto nel triangolo. [4 cm]

194 In un triangolo ABC, la base AB è lunga 36 cm e il piede dell'altezza CH la divide in parti proporzionali ai numeri 5 e 7. Calcola la lunghezza del raggio del cerchio inscritto nel triangolo, sapendo che CH è 20 cm. [8 cm]

195 In un triangolo rettangolo, il rapporto fra i due cateti è $\dfrac{3}{4}$ e la lunghezza della circonferenza inscritta nel triangolo è 18π cm. Calcola la lunghezza dell'altezza relativa all'ipotenusa. Dal punto medio dell'ipotenusa traccia le parallele ai cateti, che determinano due triangoli. Calcola le lunghezze dei raggi dei cerchi inscritti nei due triangoli. [21,6 cm; 4,5 cm]

196 In un triangolo ABC, la base AB è lunga 10,5 cm e l'altezza CH 4 cm. Il rapporto fra gli altri due lati è $\dfrac{17}{10}$ e l'altezza CH è i $\dfrac{4}{5}$ del lato minore. Calcola la lunghezza del raggio del cerchio inscritto e quella del raggio del cerchio circoscritto al triangolo. [1,75 cm; 5,3125 cm]

197 In un triangolo scaleno, la differenza fra il lato maggiore e quello minore è 22 cm, mentre il terzo lato supera il minore di 14 cm. Il perimetro del triangolo è 96 cm e l'altezza relativa al lato minore è 33,6 cm. Calcola l'area della corona circolare delimitata dal cerchio circoscritto al triangolo e dal cerchio inscritto. [1264,69 cm²]

198 Nel triangolo rettangolo ABC, il cateto AC è maggiore del cateto AB e l'altezza AH divide l'ipotenusa BC in due parti, di cui la minore è lunga 18 cm. La circonferenza di diametro AH interseca il cateto AB nel punto E e il cateto AC nel punto F. Dimostra che il quadrilatero $AEHF$ è un rettangolo. Le dimensioni di tale rettangolo sono 14,4 cm e 19,2 cm. Calcola il rapporto fra i raggi delle circonferenze circoscritte ai triangoli CHF e HBE. $\left[\dfrac{16}{9}\right]$

216

La formula di Erone

199 **ESERCIZIO GUIDA**

I lati di un triangolo ABC sono proporzionali ai numeri 4, 3 e 6 e il perimetro è 65 cm.
Calcoliamo l'area del triangolo.

Dati e relazioni

1. $\overline{AC} : 4 = \overline{BC} : 3 = \overline{AB} : 6$;
2. $2p = 65$.

Richiesta

$\mathscr{A}(ABC)$.

Risoluzione

Indichiamo con x la misura di un sottomultiplo comune dei tre lati:

$$\overline{AC} = 4x, \quad \overline{BC} = 3x, \quad \overline{AB} = 6x.$$

La misura del perimetro in funzione di x è:

$$2p = \overline{AC} + \overline{BC} + \overline{AB} = 4x + 3x + 6x = 13x.$$

Uguagliamola a 65:

$$13x = 65 \rightarrow x = \frac{65}{13} = 5.$$

Calcoliamo le misure dei lati:

$$\overline{AC} = 4x = 4 \cdot 5 = 20$$

$$\overline{BC} = 3x = 3 \cdot 5 = 15$$

$$\overline{AB} = 6x = 6 \cdot 5 = 30.$$

Calcoliamo la misura dell'area $\mathscr{A}$ con la formula di Erone:

$$\mathscr{A} = \sqrt{p(p-a)(p-b)(p-c)}.$$

Per il dato 2, si ha $p = \dfrac{65}{2}$, quindi:

$$\mathscr{A} = \sqrt{\frac{65}{2} \cdot \left(\frac{65}{2} - 20\right) \cdot \left(\frac{65}{2} - 15\right) \cdot \left(\frac{65}{2} - 30\right)} =$$

$$= \sqrt{\frac{65}{2} \cdot \frac{25}{2} \cdot \frac{35}{2} \cdot \frac{5}{2}} =$$

$$= \sqrt{5^4 \cdot \frac{455}{2^4}} = \frac{25}{4}\sqrt{455}.$$

L'area del triangolo è $\dfrac{25}{4}\sqrt{455}$ cm².

---

200 I lati di un triangolo, ordinati secondo lunghezze crescenti, sono tali che il secondo supera di $2k$ il primo e il terzo supera di $2k$ il secondo. Il perimetro del triangolo è $30k$. Calcola l'area del triangolo e l'altezza relativa a ogni lato.

$$\left[15\sqrt{7}\,k^2; \frac{15}{4}\sqrt{7}\,k; 3\sqrt{7}\,k; \frac{5}{2}\sqrt{7}\,k\right]$$

201 Il perimetro di un triangolo è 16 cm. Due lati differiscono fra loro di 1 cm, mentre il terzo lato è di 2 cm più lungo del più grande dei due. Calcola l'area del triangolo e i raggi dei cerchi inscritto e circoscritto.

$$\left[4\sqrt{6}\ \text{cm}^2; \frac{\sqrt{6}}{2}\ \text{cm}; \frac{35}{24}\sqrt{6}\ \text{cm}\right]$$

202 Un triangolo ABC ha il perimetro di 130 cm. Uno dei lati è 40 cm e gli altri due sono l'uno il doppio dell'altro. Calcola l'area del triangolo. Supponiamo che il lato di 40 cm sia AB: chiamiamo M il suo punto medio, tracciamo la parallela al lato AC passante per M e chiamiamo N il punto in cui questa interseca il lato BC. Determina i raggi delle circonferenze inscritte nei triangoli ABC e MNB. Verifica infine che il rapporto fra i raggi è 2.

$$[25\sqrt{455}\ \text{cm}^2]$$

203 In un triangolo rettangolo, l'altezza relativa all'ipotenusa è 12 cm e la proiezione di un cateto sull'ipotenusa è i $\dfrac{4}{5}$ del cateto stesso. Calcola l'area del triangolo in tre modi diversi. L'altezza relativa all'ipotenusa suddivide il triangolo in altri due triangoli, in ciascuno dei quali viene inscritto un cerchio. Determina il rapporto fra i raggi dei due cerchi.

$$\left[150\ \text{cm}^2; \frac{4}{3}\right]$$

204 In un triangolo i lati, ordinati secondo le lunghezze crescenti, sono tali che il primo è la metà dell'ultimo e il secondo supera il primo di 2 cm. Il perimetro del triangolo è 18 cm. Calcola la lunghezza delle tre altezze e del raggio del cerchio inscritto.

$$\left[\frac{3}{2}\sqrt{15}\ \text{cm}; \sqrt{15}\ \text{cm}; \frac{3}{4}\sqrt{15}\ \text{cm}; \frac{\sqrt{15}}{3}\ \text{cm}\right]$$

ESERCIZI · CAPITOLO 4. **LA CIRCONFERENZA, I POLIGONI INSCRITTI E CIRCOSCRITTI**

RIEPILOGO — Problemi con la circonferenza

205 Calcola la misura dell'area del cerchio inscritto e di quello circoscritto a un esagono regolare di lato che misura l.
$$\left[\frac{3}{4}\pi l^2;\ \pi l^2\right]$$

206 Un quadrilatero $ABCD$, con le diagonali perpendicolari, è inscritto in una circonferenza e la diagonale AC coincide col diametro. L'area del quadrilatero è $312k^2$ e il rapporto tra diagonali è $\frac{12}{13}$. Calcola l'area del cerchio. $\qquad [169\pi k^2]$

207 Un triangolo acutangolo ABC, di area $4,5\ dm^2$, ha l'altezza congruente alla base. Inscrivi nel triangolo un quadrato avente un lato sulla base. Calcola il perimetro del quadrato. $\qquad$ [6 dm]

208 Le basi di un trapezio isoscele circoscritto a una circonferenza sono lunghe 24 cm e 54 cm. Calcola la lunghezza della circonferenza. $[36\pi\ cm]$

209 Disegna una circonferenza di diametro AB e una circonferenza di diametro AE, tangente internamente alla prima nel punto A. Traccia per E la corda CD tangente alla circonferenza minore. Sapendo che CD è $48a$ e BE è $18a$, determina i raggi delle due circonferenze. $\qquad [16a;\ 25a]$

210 Su una semicirconferenza di diametro $\overline{AB}=2r$ fissa un punto P. Traccia la tangente in B alla semicirconferenza e il segmento PH perpendicolare a tale tangente.
Determina PA in modo che sia soddisfatta la seguente relazione:
$$\overline{PA}+2\cdot\overline{PH}=r(2+\sqrt{2}).\qquad [r\sqrt{2}]$$

211 Il triangolo isoscele ABC, di base AB lunga 32 cm, è inscritto in una circonferenza. La differenza fra il diametro e l'altezza relativa alla base è 4 cm. Determina l'area del triangolo e la lunghezza della circonferenza. $[1024\ cm^2;\ 68\pi\ cm]$

212 In un triangolo rettangolo, un cateto supera di $2a$ il doppio dell'altro cateto e l'ipotenusa supera di a il cateto maggiore. Calcola l'area del triangolo e il raggio del cerchio inscritto.
$$[30a^2;\ 2a]$$

213 L'area di un triangolo è $24\sqrt{6}\ b^2$ e il raggio del cerchio inscritto è $\frac{4}{3}\sqrt{6}\ b$. I lati, ordinati secondo lunghezze crescenti, sono tali che il secondo supera il primo di $2b$ e il terzo supera il secondo ancora di $2b$. Determina i lati del triangolo e il raggio del cerchio circoscritto.
$$\left[10b;\ 12b;\ 14b;\ \frac{35}{12}\sqrt{6}\ b\right]$$

214 In un triangolo rettangolo, il cateto minore è $6a$. La somma del doppio della proiezione del cateto maggiore sull'ipotenusa con il triplo dell'altra proiezione è uguale a $23,6a$. Calcola il perimetro del triangolo e i raggi del cerchio inscritto e del cerchio circoscritto. $\qquad [24a;\ 2a;\ 5a]$

215 Il raggio maggiore di una corona circolare è 50 cm. Conduci per un punto P sulla circonferenza di raggio maggiore le tangenti alla circonferenza di raggio minore e indica con A e B i punti di tangenza. Sapendo che AB è 48 cm, calcola l'area della corona circolare.
$$[1600\pi\ cm^2,\ oppure\ 900\pi\ cm^2]$$

216 Sia AB una corda di una circonferenza di centro O. Per i punti A e B si traccino le tangenti alla circonferenza e sia C il loro punto d'incontro. Dato che AB è 24 cm e che l'area di $ACBO$ è 300 cm^2, calcola l'area del cerchio.
$$[225\pi\ cm^2,\ oppure\ 400\pi\ cm^2]$$

217 Data una semicirconferenza di diametro AB, traccia la retta tangente nel punto A e considera su questa, dalla parte della semicirconferenza, un segmento AD lungo 18 cm. Congiungi B con D e indica con C il punto intersezione di BD con la semicirconferenza. Sapendo che DC è lungo 10,8 cm, determina la lunghezza della semicirconferenza e l'area del semicerchio.
$$[12\pi\ cm;\ 72\pi\ cm^2]$$

218 In una semicirconferenza di centro O e diametro AB lungo $2r$, considera una corda AD lunga r. Determina sulla retta AB un punto C tale che la sua distanza da A superi di $(3-\sqrt{7}\,)r$ la sua distanza da D. $\qquad [\overline{AC}=3r]$

218

REALTÀ E MODELLI

NEL SITO ▶ Scheda di risoluzione guidata

1 Eurowheel

Al parco di Mirabilandia, fra Rimini e Ravenna, si trova la seconda ruota panoramica più alta d'Europa (dopo la London Eye). La ruota, costruita nel 1999, ha il raggio di 42 m. Il viaggio a bordo di una delle 50 cabine dura 11 minuti.

▶ Qual è la distanza tra due cabine successive, calcolata lungo la circonferenza? E la misura dell'area del settore circolare relativo?

▶ Sapendo che ogni cabina trasporta 8 persone, calcola il numero massimo di persone che possono essere trasportate in 3 ore e 40 minuti (supponi nulli i tempi di salita e discesa dei passeggeri).

▶ Supponi che la ruota panoramica giri con moto circolare uniforme, cioè a velocità costante. In questo caso chiamiamo «velocità scalare» il rapporto fra un arco di circonferenza e il tempo impiegato a percorrerlo, mentre chiamiamo «velocità angolare» il rapporto fra un angolo al centro e il tempo impiegato a descriverlo. Calcola la velocità scalare e la velocità angolare di una cabina.

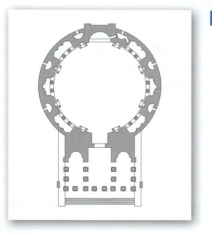

2 Il Pantheon

Il Pantheon, «tempio di tutti gli dèi», è un edificio storico romano fatto ricostruire dall'imperatore Adriano tra il 118 e il 128 d.C. All'inizio del VII secolo è stato convertito in chiesa cristiana.
Lo spazio interno è circolare, con diametro di 43,44 m. Intorno si aprono sei ampie nicchie a pianta alternativamente quasi rettangolare e semicircolare, più la nicchia dell'ingresso e l'abside; tutte le nicchie sono profonde circa 6 m, e quelle rettangolari sono larghe circa 10,5 m (anche quella dell'ingresso); l'abside è profonda circa 10 m.

▶ Calcola la misura della superficie calpestabile.

▶ In occasione di una cerimonia si stende all'interno della sala circolare una passatoia rettangolare larga 16 m. Quanto è lunga la passatoia?

3 Il tortino confezionato

Un pasticciere prepara torte rotonde del diametro di 12 cm. Le confeziona in scatole con forma di esagono regolare non perfettamente circoscritto alla circonferenza della torta, ma distante da questa mezzo centimetro. L'altezza della scatola è 3,5 cm.

▶ Trova quanto cartone serve per la confezione che contiene il dolce (trascura la parte dei lembi che si sovrappongono).

▶ Secondo te perché il pasticciere ha scelto una scatola esagonale anziché quadrata? Perché allora ha scelto una scatola esagonale e non ottagonale?

▶ Per poter essere spedite, le scatole esagonali vengono a loro volta impacchettate in scatole di cartone a forma di parallelepipedo con base di 40 cm per 90 cm e altezza 7,5 cm. Quante torte possono stare in ogni scatola di cartone?

219

VERIFICHE DI FINE CAPITOLO

TEST

Questi e altri test interattivi nel sito: **zte.zanichelli.it**

1 Osserva la figura. La semiretta TA è tangente in T alla circonferenza.

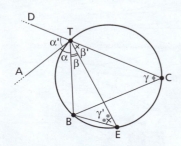

Una delle seguenti affermazioni è *falsa*. Quale?

- A α e γ insistono sullo stesso arco.
- B α e β sono angoli alla circonferenza.
- C α' e β' sono angoli alla circonferenza.
- D α e γ' insistono sullo stesso arco.
- E γ e γ' sono congruenti.

2 Osserva la figura e indica quale delle seguenti relazioni è *falsa*.

- A $\beta < \alpha$.
- B $\alpha \cong \frac{1}{2}\delta$.
- C $\delta \cong 2\beta$.
- D $\beta \cong \delta - \alpha$.
- E $\alpha + \beta \cong \delta$.

3 Un parallelogramma è inscrivibile in una circonferenza se:

- A due angoli consecutivi sono congruenti.
- B due lati consecutivi sono congruenti.
- C le diagonali si dividono scambievolmente a metà.
- D le diagonali sono bisettrici degli angoli.
- E le diagonali sono perpendicolari.

4 Osserva la figura.
La retta è tangente in T alla circonferenza.
I punti A e A' sono equidistanti da T.

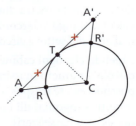

Quale fra le seguenti proposizioni è *falsa*?

- A $AC \cong A'C$.
- B ACA' è un triangolo rettangolo.
- C $ATC \cong A'TC$.
- D TC è bisettrice di $A\widehat{C}A'$.
- E $AR \cong A'R'$.

5 L'altezza di un triangolo equilatero inscritto in una circonferenza è congruente:

- A alla metà del raggio.
- B al doppio del raggio.
- C alla metà del diametro.
- D ai $\frac{3}{4}$ del diametro.
- E al diametro.

6 Se in un triangolo circocentro e incentro coincidono, allora il triangolo è:

- A equilatero.
- B isoscele.
- C ottusangolo e isoscele.
- D rettangolo e scaleno.
- E rettangolo e isoscele.

7 I cerchi $\mathcal{C}_1$ e $\mathcal{C}_2$ hanno rispettivamente raggio r_1 e r_2. Se l'area di $\mathcal{C}_2$ è doppia dell'area di $\mathcal{C}_1$, allora:

- A $r_2 = r_1$.
- D $r_2 = \frac{1}{\sqrt{2}} r_1$.
- B $r_2 = \frac{1}{2} r_1$.
- E $r_2 = 4 r_1$.
- C $r_2 = \sqrt{2} \cdot r_1$.

VERIFICHE DI FINE CAPITOLO | **ESERCIZI**

8 Un pentagono regolare è inscritto in una circonferenza di raggio 2. Qual è la lunghezza dell'arco che sottende uno dei lati?

A $\frac{2}{5}\pi$ B $\frac{1}{5}\pi$ C $\frac{5}{2}\pi$ D $\frac{4}{5}\pi$ E $\frac{5}{4}\pi$

QUESITI ED ESERCIZI

9 Un angolo alla circonferenza può essere maggiore di un angolo piatto? Motiva la risposta.

10 Dati i punti A e B, rappresenta il luogo dei centri delle circonferenze passanti per i due punti dati. Come sono fra loro la retta AB e il luogo trovato? Perché?

11 Quando due circonferenze si dicono tangenti? In due circonferenze tangenti la distanza fra i centri può essere minore della somma dei raggi delle due circonferenze? Perché?

12 Il segmento che unisce i centri di due circonferenze tangenti esternamente può formare un triangolo con due raggi qualsiasi delle due circonferenze? E se le circonferenze sono tangenti internamente? Giustifica le tue risposte.

13 Disegna due circonferenze con i raggi congruenti e tali che il centro della seconda appartenga alla prima. Detti A e B i punti di intersezione delle due circonferenze, e rispettivamente O e O' i centri delle due circonferenze, di che natura è il quadrilatero $AOBO'$? Perché?

14 Perché gli angoli alla circonferenza che insistono su corde aventi stessa distanza dal centro sono congruenti? Come deve essere una corda AB affinché l'angolo acuto che insiste sul minore degli archi AB sia un sesto di $\widehat{P}$?

15 Data una corda MN nella circonferenza di centro O, quale relazione sussiste fra l'angolo al centro $M\widehat{O}N$ e l'angolo ottuso alla circonferenza che insiste sull'arco $\overset{\frown}{MN}$?

16 Congiungendo gli estremi di due diametri qualsiasi, presi su una circonferenza, ottieni sempre un rettangolo. Perché? È corretto affermare che, poiché i diametri sono tutti congruenti, allora i rettangoli inscritti in una circonferenza sono tutti congruenti? Perché?

17 Disegna una circonferenza di centro O e diametro AB e prolunga AB da entrambe le parti di due segmenti AE e BF congruenti al diametro. Dai punti E e F traccia le rette tangenti alla circonferenza. Che quadrilatero formano le tangenti? Che quadrilatero formano i punti di contatto delle suddette tangenti?

18 Determina il luogo dei punti equidistanti da tre punti fissi A, B e C.

19 In una circonferenza disegna due archi $\overset{\frown}{AB}$ e $\overset{\frown}{CD}$ fra loro congruenti. Dimostra che le corde AD e BC sono congruenti.

20 Sono date una circonferenza di centro O e diametro AB e la retta r tangente alla circonferenza nel punto B. Scegli sulla circonferenza un punto C qualunque e traccia la retta s tangente alla circonferenza in C. Indica con P il punto di intersezione delle tangenti r e s. Dimostra che PO è parallelo ad AC.

21 Dimostra che l'altezza di un triangolo equilatero è congruente ai tre quarti del diametro della circonferenza a esso circoscritta.

22 Disegna una circonferenza e due suoi diametri AB e CD. Dall'estremo A traccia la perpendicolare al diametro CD, che interseca la circonferenza nel punto E. Dimostra che la corda BE è parallela al diametro CD.

221

23 Dimostra che se il circocentro di un triangolo appartiene a un lato, allora l'angolo opposto a questo lato è retto.

24 Disegna un triangolo equilatero *ABC* e poi, esternamente a esso, i triangoli equilateri *ABE*, *BCF* e *ACD*, i cui baricentri sono, rispettivamente, *P*, *Q* e *R*. Dimostra che l'esagono *APBQCR* è regolare e che il triangolo *PQR* è congruente al triangolo *ABC*.

25 Nel triangolo *ABC* rettangolo in *A* indica con *H* il piede dell'altezza relativa all'ipotenusa, con *M* e *N* i punti medi dei due cateti. Dimostra che i punti *A*, *M*, *H*, *N* giacciono su una stessa circonferenza.

26 In un triangolo equilatero *ABC* costruisci il baricentro *G*. Disegna l'asse del segmento *AG* e l'asse di *BG*. Dimostra che il lato *AB* è diviso dai due assi in tre parti congruenti.

27 Dimostra che la somma dei cateti di un triangolo rettangolo è uguale alla somma dei diametri della circonferenza inscritta e della circonferenza circoscritta al triangolo.

28 Qual è il rapporto fra le aree dei triangoli *AEB* e *CED* della figura? Motiva la tua risposta.

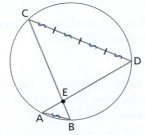

29 I cateti di un triangolo rettangolo sono lunghi rispettivamente 30 cm e 40 cm. Determina la lunghezza della circonferenza a esso circoscritta e l'area del cerchio inscritto nel triangolo. $[50\pi \text{ cm}, 100\pi \text{ cm}^2]$

🇬🇧 TEST YOUR SKILLS

30 TEST Consider a quadrilateral whose vertices, *A*, *B*, *C*, and *D*, are on a circle. Let *x*, *y*, and *z* be the truth values of the following three statements. What is the value of the ordered triple (*x*, *y*, *z*)?

x: For quadrilateral *ABCD*, $\widehat{ABC} + \widehat{CDA} = 180°$.
y: The perimeter of quadrilateral *ABCD* is greater than twice the diameter of the circle.
z: The perpendicular bisector of any side will pass through the circle's center.

A (F, F, T)   **D** (F, F, F)
B (F, T, T)   **E** (T, F, T)
C (T, T, T)

(USA *North Carolina State High School Mathematics Contest*, 2004)

31 Two circles C_1 and C_2 have a common chord *GH*. Point *Q* is chosen on C_1 so that it is outside C_2. Lines *QG* and *QH* are extended to cut C_2 at *V* and *W*, respectively. Show that, no matter where *Q* is chosen, the length of *VW* is constant.

(CAN *Canadian Open Mathematics Challenge, COMC*, 2003)

32 TEST A regular polygon has each interior angle half as large as each exterior angle. How many sides does the polygon have?

A 3   **D** 6
B 4   **E** None of these answers.
C 5

(USA *Northern State University: 52nd Annual Mathematics Contest*, 2005)

GLOSSARY

chord: corda
circle: circonferenza, talvolta cerchio
to cut-cut-cut: tagliare, intersecare
extended: prolungato
perpendicular bisector: asse
side: lato
statement: enunciato, frase
triple: terna
twice: doppio

CAPITOLO 5

[numerazione araba]

[numerazione devanagari]

[numerazione cinese]

LE CONICHE

L'ELLISSE DEL GIARDINIERE Nei giardini rinascimentali, ma prima ancora nei bellissimi giardini arabi, era facile imbattersi in aiuole ellittiche. L'ellisse infatti, con i suoi fuochi, è stata usata come simbolo di molte relazioni a due: uomo-Dio, maschio-femmina, tecnica-natura e così via.
Anche se un'ellisse non si disegna facilmente con riga e compasso, i giardinieri di un tempo sapevano disegnarne di perfette.

Come può fare un giardiniere per creare un'aiuola a forma di ellisse?

▶ La risposta a pag. 244

CAPITOLO 5. LE CONICHE

▲ **Figura 1** Consideriamo un cono di asse *r*, con angolo al vertice 2β. Sezioniamo la superficie del cono con un piano che formi con l'asse del cono un angolo α = β. La figura che si ottiene dall'intersezione è una parabola.

1. LA PARABOLA

In questo capitolo affrontiamo lo studio di curve chiamate **coniche** perché si possono ottenere tagliando un cono con un piano. Iniziamo con la *parabola* e continueremo poi con le altre coniche: la *circonferenza*, l'*ellisse* e l'*iperbole*.

Che cos'è la parabola

■ **DEFINIZIONE**

Parabola

Assegnati nel piano un punto *F* e una retta *d*, si chiama parabola la curva piana luogo geometrico dei punti equidistanti da *F* e da *d*.

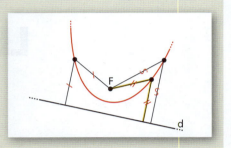

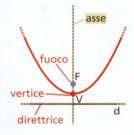

Il punto *F* e la retta *d* vengono detti, rispettivamente, **fuoco** e **direttrice** della parabola.
La retta passante per il fuoco e perpendicolare alla direttrice si chiama **asse della parabola**.
Il punto *V* in cui la parabola interseca il suo asse è detto **vertice** della parabola.

Si può dimostrare che l'asse della parabola è anche asse di simmetria della curva, ossia è vero che, preso un punto della parabola, esiste un altro suo punto che è simmetrico del primo punto dato rispetto all'asse.

Limiteremo lo studio delle parabole nel piano cartesiano con asse parallelo all'asse *y*.

L'equazione della parabola con asse coincidente con l'asse y e vertice nell'origine

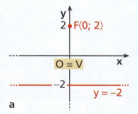

a

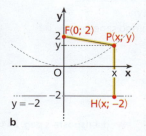

b

■ **ESEMPIO**

Dati nel piano cartesiano il fuoco $F(0; 2)$ e la direttrice di equazione $y = -2$ (figura a), ricaviamo l'equazione della parabola applicando la definizione.
L'asse della parabola è l'asse *y* e il vertice coincide con l'origine degli assi; infatti il punto $O(0; 0)$ è equidistante da *F* e dalla direttrice.
Se un punto $P(x; y)$ appartiene alla parabola (figura b), la sua distanza da *F* deve essere uguale alla sua distanza dalla retta $y = -2$, cioè

$$\overline{PF} = \overline{PH}.$$

Poiché $\overline{PF} = \sqrt{x^2 + (y-2)^2}$ e $\overline{PH} = |y+2|$, la precedente uguaglianza diventa

$$\sqrt{x^2 + (y-2)^2} = |y+2|.$$

Eleviamo i due membri al quadrato per eliminare la radice (e il valore assoluto):

$$x^2 + (y-2)^2 = (y+2)^2 \rightarrow x^2 + y^2 + 4 - 4y = y^2 + 4 + 4y \rightarrow$$
$$\rightarrow x^2 - 8y = 0$$

Ricavando y, otteniamo l'equazione della parabola cercata:

$$y = \frac{1}{8}x^2.$$

Con passaggi analoghi, otteniamo le proprietà riassunte nella seguente regola.

REGOLA

Equazione della parabola con asse coincidente con l'asse y e vertice nell'origine

L'equazione di una parabola che ha il vertice nell'origine degli assi e asse coincidente con l'asse y è del tipo $y = ax^2$ (con $a \neq 0$); il fuoco F ha coordinate $\left(0; \frac{1}{4a}\right)$; la direttrice ha equazione

$$y = -\frac{1}{4a};$$

l'asse ha equazione $x = 0$.

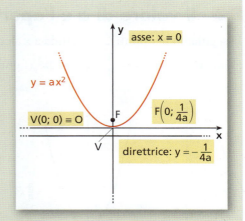

● Le coordinate dei punti della parabola verificano l'equazione $y = ax^2$. Viceversa, si può dimostrare che, per i punti $P(x; y)$ del piano le cui coordinate verificano l'equazione $y = ax^2$, si ha $\overline{PF} = \overline{PH}$. Questi punti dunque appartengono alla parabola.

Dall'equazione $y = ax^2$ al grafico

Il grafico della parabola risulta simmetrico rispetto all'asse y: punti di ascissa opposta hanno la stessa ordinata.

ESEMPIO

Rappresentiamo nel piano cartesiano la parabola di equazione

$$y = 3x^2,$$

determinandone le coordinate di alcuni punti e scrivendole in una tabella.

L'ordinata del fuoco F è $f = \frac{1}{4a} = \frac{1}{12}$,

cioè $F\left(0; \frac{1}{12}\right)$; la direttrice ha equazione $y = -\frac{1}{12}$.

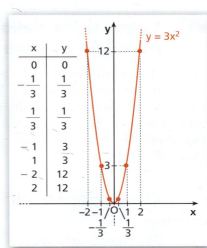

◀ **Figura 2** Grafico della parabola di equazione $y = 3x^2$.

● Poiché i punti di ascissa opposta hanno la stessa ordinata, possiamo scrivere la tabella anche così:

x	y
0	0
$\pm \frac{1}{3}$	$\frac{1}{3}$
± 1	3
± 2	12

225

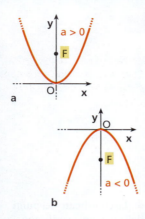

Il segno di *a* e la concavità della parabola

Nell'equazione della parabola $y = ax^2$, se $a > 0$, si ha $y > 0$, quindi tutti i punti della parabola si trovano nel semipiano dei punti con ordinata positiva.

Inoltre, se $a > 0$, anche $f > 0$. Il fuoco si trova, dunque, sul semiasse positivo delle y: diciamo che la parabola *volge la concavità verso l'alto* (figura *a*).

Se invece $a < 0$, si ha $y < 0$ e i punti della parabola giacciono nel semipiano dei punti con ordinata negativa; inoltre si ha $f < 0$. Il fuoco si trova nel semiasse negativo delle y: diciamo che la parabola *volge la concavità verso il basso* (figura *b*).

Il valore di *a* e l'apertura della parabola

Disegniamo per punti, assegnando a x alcuni valori a piacere, le parabole di equazioni: $y = \frac{1}{4}x^2$, $y = \frac{3}{4}x^2$, $y = 2x^2$ (figura 3).

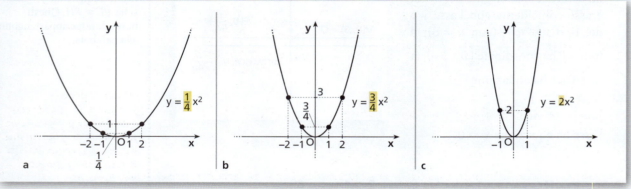

▲ **Figura 3** L'apertura della parabola diminuisce all'aumentare di *a*.

Notiamo che, per $a > 0$, all'aumentare di a diminuisce l'apertura della parabola. Se invece a è negativo, l'apertura diminuisce all'aumentare del valore assoluto di a.

L'equazione della parabola con asse parallelo all'asse *y*

Determiniamo l'equazione di una parabola avente fuoco in un punto qualunque del piano e asse parallelo all'asse y. Indichiamo con $(p; q)$ le coordinate del fuoco F e con $y = d$ l'equazione della direttrice. Il fuoco non può appartenere alla direttrice, quindi $q \neq d$.
Indichiamo con $P(x; y)$ un punto generico della parabola e imponiamo la condizione $\overline{PF} = \overline{PH}$.
Poiché

$$\overline{PF} = \sqrt{(x-p)^2 + (y-q)^2} \text{ e } \overline{PH} = |y-d|,$$

otteniamo:

$$\sqrt{(x-p)^2 + (y-q)^2} = |y-d|.$$

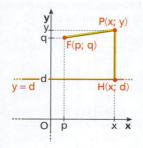

Eleviamo i due membri al quadrato:

$$(x-p)^2 + (y-q)^2 = (y-d)^2.$$

Da questa forma dell'equazione della parabola si può giungere, con calcoli un po' laboriosi che preferiamo omettere, alla forma più semplice:

$$y = ax^2 + bx + c, \quad \text{con } a, b, c \in \mathbb{R} \text{ e } a \neq 0.$$

Le caratteristiche di una parabola che abbia questa equazione sono le seguenti.

REGOLA
Equazione della parabola con asse parallelo all'asse y

L'equazione di una parabola con asse parallelo all'asse y è del tipo

$$y = ax^2 + bx + c, \text{ con } a \neq 0.$$

L'asse ha equazione $x = -\dfrac{b}{2a}$.

Vertice: $V\left(-\dfrac{b}{2a}; -\dfrac{\Delta}{4a}\right)$.

Fuoco: $F\left(-\dfrac{b}{2a}; \dfrac{1-\Delta}{4a}\right)$.

La **direttrice** ha equazione $y = -\dfrac{1+\Delta}{4a}$.

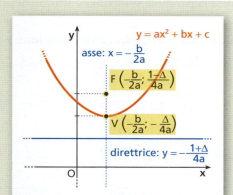

● Noti il fuoco e la direttrice della parabola, a, b e c sono univocamente determinati.

● $\Delta = b^2 - 4ac$.

ESEMPIO

Rappresentiamo nel piano cartesiano la parabola di equazione

$$y = x^2 - 2x - 3$$

e troviamo l'asse di simmetria, il fuoco e la direttrice.

Per rappresentare in modo approssimato la parabola, basta trovare il vertice e alcuni altri punti, per esempio i punti di intersezione con gli assi cartesiani.

Applicando le formule $\left(-\dfrac{b}{2a}; -\dfrac{\Delta}{4a}\right)$ si trovano le coordinate del vertice $V(1; -4)$.

Poiché $a = 1$, la parabola rivolge la concavità verso l'alto, quindi interseca sicuramente l'asse x. Ponendo $y = 0$, si ha $x_1 = -1$ e $x_2 = 3$, e per $x = 0$ si ha $y = -3$. Dunque la parabola interseca gli assi cartesiani nei punti $(-1; 0)$, $(3; 0)$ e $(0; -3)$. Si può ora disegnare approssimativamente il suo grafico (figura 4a).
Applicando le formule si ottengono l'equazione dell'asse di simmetria $x = 1$, il fuoco $F\left(1; -\dfrac{15}{4}\right)$ e l'equazione della direttrice $y = -\dfrac{17}{4}$.

▼ Figura 4

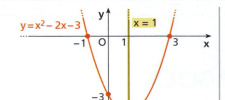

a. Parabola di equazione $y = x^2 - 2x - 3$.

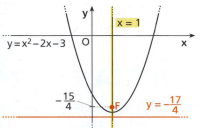

b. Direttrice e fuoco della parabola di equazione $y = x^2 - 2x - 3$.

● L'equazione $y = ax^2 + bx + c$ fa corrispondere a ogni x uno e un *solo* valore di y, quindi una parabola con equazione di questo tipo *è il grafico di una funzione*.

● È possibile calcolare l'ordinata del vertice anche sostituendo la sua ascissa nell'equazione della parabola, perché V è un punto della curva.

● L'ascissa del fuoco è uguale a quella del vertice:

$x_F = 1$;

l'ordinata è:

$y_F = \dfrac{1-\Delta}{4a} = -\dfrac{15}{4}$.

La direttrice ha equazione:

$y = -\dfrac{1+\Delta}{4a} = -\dfrac{17}{4}$.

● Fuoco e direttrice, pur essendo elementi fondamentali per la definizione della parabola, non sono utili per disegnarla.

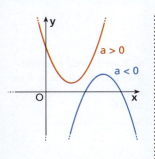

Si può dimostrare che anche per la parabola di equazione $y = ax^2 + bx + c$ **la concavità dipende solo dal segno del coefficiente** a: se $a > 0$, la concavità è rivolta verso l'alto; se $a < 0$, verso il basso.

Inoltre, come abbiamo visto in precedenza, l'apertura della parabola dipende dal valore assoluto di a: all'aumentare di $|a|$ diminuisce l'apertura della parabola, ossia la parabola si «stringe» attorno al proprio asse.

Alcuni casi particolari dell'equazione $y = ax^2 + bx + c$

Caso esaminato	Grafico	Esempio
$b = 0$ L'equazione diventa: $y = ax^2 + c$. La parabola ha vertice $V(0; c)$ e il suo asse di simmetria è l'asse y.	parabola con $V(0; c)$, $y = ax^2 + c$	$y = \frac{3}{4}x^2 + 2$, $V(0; 2)$
$c = 0$ L'equazione diventa: $y = ax^2 + bx$. La parabola ha vertice $V\left(-\frac{b}{2a}; -\frac{b^2}{4a}\right)$ e passa sempre per l'origine O. Infatti le coordinate $(0; 0)$ soddisfano l'equazione.	parabola con vertice $\left(-\frac{b}{2a}; -\frac{b^2}{4a}\right)$, $y = ax^2 + bx$	$y = -2x^2 + 8x$, $V(2; 8)$
$b = 0, c = 0$ L'equazione diventa: $y = ax^2$. Ritroviamo la parabola già studiata con asse coincidente con l'asse y e vertice nell'origine.	$V \equiv O$, $y = ax^2$	$y = 3x^2$

2. RETTA E PARABOLA

Una parabola e una retta possono essere secanti in due punti, essere tangenti in un punto, non intersecarsi in alcun punto oppure, se la retta è parallela all'asse della parabola, intersecarsi in un solo punto. Considerando una parabola con asse parallelo all'asse y, i casi possibili sono quelli della figura 5.

PARAGRAFO 2. RETTA E PARABOLA — TEORIA

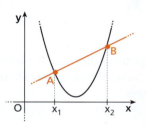
a. La retta è secante la parabola. I punti di intersezione sono due.

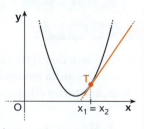
b. La retta è tangente alla parabola. Il punto di intersezione è unico e si chiama *punto di tangenza*.

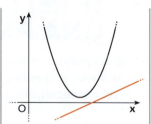
c. La retta è esterna alla parabola. Non vi sono punti di intersezione.

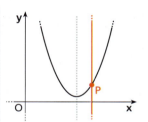
d. La retta è parallela all'asse della parabola: c'è un unico punto di intersezione.

▲ Figura 5

Supponiamo che la retta non sia parallela all'asse y e che, dunque, la sua equazione possa essere scritta nella forma esplicita $y = mx + q$.
Risolvendo il sistema formato dall'equazione della parabola e dall'equazione della retta

$$\begin{cases} y = ax^2 + bx + c \\ y = mx + q \end{cases}$$

si ottiene l'equazione di secondo grado $ax^2 + bx + c = mx + q$, ossia

$$ax^2 + (b - m)x + c - q = 0,$$

le cui soluzioni sono le ascisse dei punti di intersezione della parabola con la retta.
Si ha che:

- se $\Delta > 0$, la retta è **secante** la parabola in due punti;
- se $\Delta = 0$, la retta è **tangente** alla parabola in un punto;
- se $\Delta < 0$, la retta è **esterna** alla parabola.

● Questa equazione è detta *equazione risolvente*.
● Se $\Delta > 0$, le soluzioni x_1 e x_2, reali e distinte, corrispondono alle ascisse dei due punti di intersezione della retta con la parabola (figura 5a). Se $\Delta = 0$, le soluzioni sono coincidenti, $x_1 = x_2$ (figura 5b). Se $\Delta < 0$, l'equazione non ammette soluzioni reali: la retta non ha punti di intersezione con la parabola (figura 5c).

ESEMPIO

Determiniamo gli eventuali punti di intersezione della parabola di equazione

$$y = -\frac{1}{2}x^2 + 2x \text{ con la retta di equazione } y = x - 4.$$

Risolviamo il sistema:

$$\begin{cases} y = -\frac{1}{2}x^2 + 2x \\ y = x - 4 \end{cases}$$

Utilizzando il metodo del confronto, otteniamo l'equazione:

$$x^2 - 2x - 8 = 0.$$

Essa ammette due soluzioni reali distinte, $x_1 = -2$ e $x_2 = 4$, che sono le ascisse dei due punti di intersezione.
Troviamo ora le loro ordinate:

$$\begin{cases} x = -2 \\ y = x - 4 \end{cases} \lor \begin{cases} x = 4 \\ y = x - 4 \end{cases} \rightarrow \begin{cases} x = -2 \\ y = -6 \end{cases} \lor \begin{cases} x = 4 \\ y = 0 \end{cases}$$

La retta interseca la parabola nei punti $A(-2; -6)$ e $B(4; 0)$.

▼ Figura 6

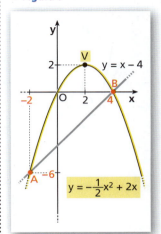

229

3. LE RETTE TANGENTI A UNA PARABOLA

Se per un punto P si possono tracciare due rette tangenti, si dice che P è **esterno** alla parabola; se la retta è una sola, P è **sulla** parabola; se da P non è possibile tracciare rette tangenti, allora P si dice **interno** alla parabola.

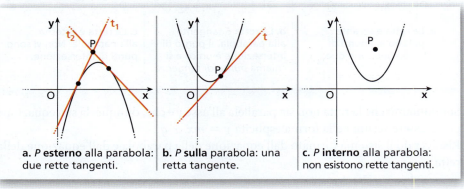

a. *P* **esterno** alla parabola: due rette tangenti.
b. *P* **sulla** parabola: una retta tangente.
c. *P* **interno** alla parabola: non esistono rette tangenti.

► Figura 7

● Il metodo che viene illustrato applicato alla parabola può essere utilizzato per determinare le equazioni delle tangenti a qualunque tipo di conica.

Per determinare le equazioni delle eventuali rette tangenti:

- si scrive il sistema delle equazioni del fascio di rette passanti per $P(x_0; y_0)$ e della parabola:

$$\begin{cases} y - y_0 = m(x - x_0) \\ y = ax^2 + bx + c \end{cases}$$

- si pone la condizione di tangenza, ossia si pone uguale a 0 il discriminante dell'equazione risolvente, cioè $\Delta = 0$ (infatti, se una retta è tangente deve avere due intersezioni coincidenti con la parabola);

- si risolve rispetto a m l'equazione ottenuta e si sostituiscono nell'equazione del fascio gli eventuali valori determinati.

■ **ESEMPIO**

Determiniamo le equazioni delle eventuali rette passanti per $P(1; -5)$ e tangenti alla parabola di equazione $y = x^2 - 2$.

- Scriviamo l'equazione del fascio di rette passanti per P:

  $y + 5 = m(x - 1)$.

- Scriviamo il sistema formato dalle equazioni del fascio e della parabola:

  $$\begin{cases} y + 5 = m(x - 1) \\ y = x^2 - 2 \end{cases}$$

- Per sostituzione otteniamo la seguente equazione risolvente di secondo grado:

  $x^2 - mx + m + 3 = 0$.

- Calcoliamo Δ:

  $\Delta = m^2 - 4m - 12$.

- Poniamo la condizione di tangenza, ossia $\Delta = 0$:

  $m^2 - 4m - 12 = 0 \quad \rightarrow \quad m_1 = -2, \, m_2 = 6$.

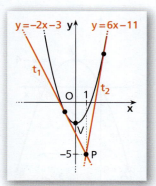

▲ Figura 8

Le due soluzioni corrispondono alle due rette (figura 8):

$t_1: \ y = -2x - 3, \qquad t_2: \ y = 6x - 11.$

4. DETERMINARE L'EQUAZIONE DI UNA PARABOLA

Poiché nell'equazione della parabola $y = ax^2 + bx + c$ sono presenti tre coefficienti a, b e c, per poterli determinare occorrono tre informazioni sulla parabola, dette *condizioni*. Queste permettono di impostare un sistema di tre equazioni nelle tre incognite a, b, c.

Forniamo l'elenco di alcune possibili condizioni:

- sono note le coordinate del vertice e del fuoco;
- sono note le coordinate del vertice (o del fuoco) e l'equazione della direttrice;
- la parabola passa per tre punti non allineati;
- la parabola passa per due punti e si conosce l'equazione dell'asse;
- la parabola passa per un punto e sono note le coordinate del vertice (o del fuoco);
- la parabola passa per un punto e sono note le equazioni dell'asse e della direttrice;
- la parabola è tangente a una retta data e passa per due punti.

● Le coordinate note di un punto della parabola corrispondono a *una* condizione, perché permettono di scrivere un'equazione in a, b e c; le coordinate note del fuoco (o del vertice) corrispondono a *due* condizioni, perché possiamo scrivere due equazioni, utilizzando le formule relative all'ascissa e all'ordinata; l'asse noto della parabola, la direttrice nota o una tangente nota corrispondono a *una* condizione.

ESEMPIO

Determiniamo l'equazione della parabola passante per il punto $P(-1; 2)$ e avente per fuoco il punto $F\left(-2; \dfrac{5}{4}\right)$.

Nell'equazione generica $y = ax^2 + bx + c$ sostituiamo a x e a y le coordinate di P e, utilizzando le formule del fuoco, scriviamo il sistema:

$$\begin{cases} 2 = a - b + c & \text{passaggio per } P(-1; 2) \\ -\dfrac{b}{2a} = -2 & x_F = -2 \\ \dfrac{1 - \Delta}{4a} = \dfrac{5}{4} & y_F = \dfrac{5}{4} \end{cases}$$

Risolviamo il sistema:

$$\begin{cases} a = 1 \\ b = 4 \\ c = 5 \end{cases} \quad \text{e} \quad \begin{cases} a = -\dfrac{1}{4} \\ b = -1 \\ c = \dfrac{5}{4} \end{cases}$$

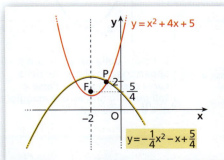

◀ **Figura 9** Le parabole
$y = x^2 + 4x + 5$ e
$y = -\dfrac{1}{4}x^2 - x + \dfrac{5}{4}$
passano per il punto dato $P(-1; 2)$ e hanno lo stesso fuoco F. La prima parabola ha vertice $V_1(-2; 1)$ e la seconda $V_2\left(-2; \dfrac{9}{4}\right)$.

Le parabole che soddisfano le condizioni richieste sono due:

$$y = x^2 + 4x + 5, \quad y = -\frac{1}{4}x^2 - x + \frac{5}{4}.$$

5. LA RISOLUZIONE GRAFICA DI UNA DISEQUAZIONE DI SECONDO GRADO

Consideriamo la disequazione $\frac{1}{2}x^2 - 3x + 4 > 0$.

Per risolverla graficamente associamo alla disequazione la parabola:

$$y = \frac{1}{2}x^2 - 3x + 4.$$

Poiché compare il segno $>$, risolvere la disequazione significa *calcolare le ascisse dei punti della parabola che hanno ordinata positiva* ($y > 0$).

La parabola (figura 10a) ha vertice $V\left(3; -\frac{1}{2}\right)$, interseca l'asse y nel punto $P(0; 4)$ e l'asse x nei punti $A(2; 0)$ e $B(4; 0)$.

I punti che hanno $y > 0$ sono quelli che hanno ascissa minore di 2 oppure maggiore di 4 (le due semirette rosse della figura 10b).

La disequazione è quindi verificata per:

$$x < 2 \lor x > 4.$$

● Il punto di intersezione con l'asse y si ottiene ponendo, nell'equazione della parabola, $x = 0$; quello di intersezione con l'asse x ponendo $y = 0$, ossia risolvendo l'equazione

$$\frac{1}{2}x^2 - 3x + 4 = 0.$$

▼ Figura 10

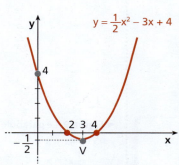 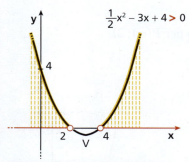 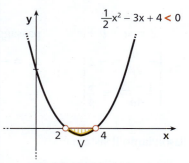

a. La parabola di equazione $y = \frac{1}{2}x^2 - 3x + 4$ interseca l'asse x nei punti di ascissa 2 e 4.

b. I punti della parabola con $y > 0$ appartengono alla parte della curva che «sta sopra» l'asse x. Tali punti hanno ascissa maggiore di 4 o minore di 2.

c. I punti della parabola con $y < 0$ appartengono alla parte della curva che «sta sotto» l'asse x e hanno ascissa compresa tra 2 e 4.

PARAGRAFO 5. LA RISOLUZIONE GRAFICA DI UNA DISEQUAZIONE DI SECONDO GRADO — TEORIA

Lo stesso grafico può essere utilizzato per risolvere la disequazione con segno opposto, ossia $\frac{1}{2}x^2 - 3x + 4 < 0$.

Poiché compare il segno $<$, risolvere la disequazione significa *calcolare le ascisse dei punti della parabola di ordinata negativa* ($y < 0$). Tali punti sono quelli che hanno ascissa compresa fra 2 e 4 (figura 10c). La disequazione è dunque verificata per:

$$2 < x < 4.$$

Le soluzioni di $ax^2 + bx + c > 0$ ($a > 0$)
Per dare un'interpretazione grafica della disequazione di secondo grado

$$ax^2 + bx + c > 0,$$

- si disegna la parabola di equazione $y = ax^2 + bx + c$;
- si cercano gli eventuali punti di intersezione della parabola con l'asse x;
- si considera la parte di parabola che sta nel semipiano i cui punti hanno ordinata positiva ($y > 0$).

Le soluzioni della disequazione sono date dalle ascisse dei punti della parabola che hanno ordinata positiva.

Si possono presentare tre casi diversi, ossia che la parabola $y = ax^2 + bx + c$ intersechi l'asse x in due punti, in un punto o in nessun punto (figura 11).

● Se $a > 0$, la parabola volge la concavità verso l'alto.

▼ Figura 11

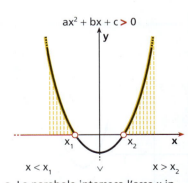

a. La parabola interseca l'asse x in due punti: x_1 e x_2.
Le soluzioni della disequazione sono $x < x_1 \lor x > x_2$.

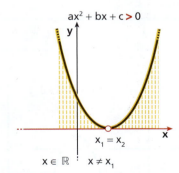

b. La parabola interseca l'asse x in un solo punto, ossia è tangente all'asse x nel vertice; x_1 e x_2 sono coincidenti. La disequazione è verificata per ogni valore reale $x \neq x_1$.

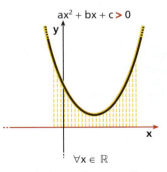

c. La parabola non interseca l'asse x. Tutti i suoi punti hanno ordinata positiva. La disequazione è sempre verificata.

233

Le soluzioni di $ax^2 + bx + c < 0$ ($a > 0$)

Nel caso della disequazione $ax^2 + bx + c < 0$ si procede allo stesso modo scegliendo, però, la parte di parabola che sta nel semipiano delle y negative (figura 12).

▼ Figura 12

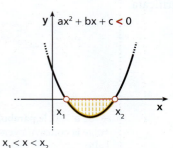

$x_1 < x < x_2$

a. La parabola interseca l'asse x in due punti: x_1 e x_2. Le soluzioni sono $x_1 < x < x_2$.

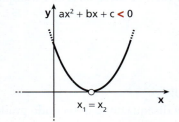

nessuna soluzione

b. La parabola interseca l'asse x in un solo punto, ossia è tangente all'asse x nel vertice. Poiché non ci sono suoi punti con ordinata negativa, la disequazione non è mai verificata.

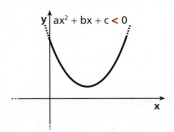

nessuna soluzione

c. La parabola non interseca l'asse x. Non ci sono suoi punti con ordinata negativa: anche in questo caso la disequazione non è mai verificata.

● Nelle disequazioni che abbiamo studiato, abbiamo supposto $a > 0$. Questo perché ogni disequazione di secondo grado può sempre essere scritta in una delle due forme

$$ax^2 + bx + c > 0 \text{ e } ax^2 + bx + c < 0, \text{ dove } a > 0.$$

Per esempio, consideriamo la disequazione

$$-x^2 + 5x - 6 > 0, \text{ in cui il coefficiente di } x^2 \text{ è negativo.}$$

Essa è equivalente alla disequazione $x^2 - 5x + 6 < 0$, in quanto l'una si ottiene dall'altra moltiplicando entrambi i membri per -1 e invertendo il verso della disuguaglianza.

Anche l'interpretazione grafica delle due disequazioni porta alla medesima conclusione: la soluzione è data da $2 < x < 3$.

▶ **Figura 13** La risoluzione grafica della disequazione $-x^2 + 5x - 6 > 0$ conduce alle stesse soluzioni della disequazione $x^2 - 5x + 6 < 0$.

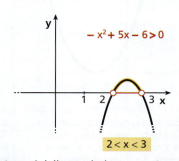

$2 < x < 3$

a. I punti della parabola con $y > 0$ appartengono alla parte di curva che «sta sopra» l'asse x. Le loro ascisse sono comprese fra 2 e 3: $2 < x < 3$.

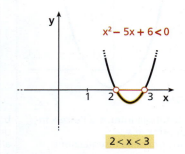

$2 < x < 3$

b. I punti della parabola con $y < 0$ appartengono al ramo della curva che «sta sotto» l'asse x. Le loro ascisse sono ancora comprese fra 2 e 3: $2 < x < 3$.

6. LA CIRCONFERENZA

La circonferenza come luogo geometrico

DEFINIZIONE

Circonferenza

Assegnato nel piano un punto C, detto **centro**, si chiama circonferenza la curva piana luogo geometrico dei punti equidistanti da C:

$\overline{PC}$ = costante.

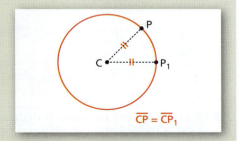

La distanza fra ognuno dei punti e il centro è il **raggio** della circonferenza.

L'equazione della circonferenza

ESEMPIO

Dato nel piano cartesiano il punto $C(2; -1)$, ricaviamo l'equazione della circonferenza di centro C e raggio 3.

Se un punto $P(x; y)$ appartiene alla circonferenza:

$\overline{PC} = 3 \quad \rightarrow \quad \overline{PC}^2 = 9$.

Per la formula della distanza tra due punti:

$(x-2)^2 + (y+1)^2 = \overline{PC}^2 \quad \rightarrow \quad (x-2)^2 + (y+1)^2 = 9 \quad \rightarrow$

$\rightarrow \quad x^2 + 4 - 4x + y^2 + 1 + 2y = 9 \quad \rightarrow \quad x^2 + y^2 - 4x + 2y - 4 = 0.$

Determiniamo l'equazione di una generica circonferenza di centro $C(\alpha; \beta)$ e raggio r.

Un generico punto $P(x; y)$ del piano appartiene alla circonferenza se e solo se:

$\overline{PC} = r$, ossia $\overline{PC}^2 = r^2$.

Per la formula della distanza fra due punti, abbiamo:

$\overline{PC}^2 = (x - \alpha)^2 + (y - \beta)^2$.

Sostituendo nella relazione precedente, otteniamo

$$(x - \alpha)^2 + (y - \beta)^2 = r^2,$$

che è l'equazione cercata. Possiamo scrivere tale equazione anche in altro modo.

Svolgiamo i calcoli:

$x^2 + y^2 - 2\alpha x - 2\beta y + \alpha^2 + \beta^2 - r^2 = 0.$

Ponendo

$a = -2\alpha, \quad b = -2\beta, \quad c = \alpha^2 + \beta^2 - r^2,$

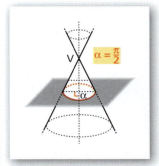

▲ **Figura 14** Consideriamo un cono e tagliamolo con un piano perpendicolare al suo asse. La figura che otteniamo come intersezione fra il piano e la superficie del cono è una circonferenza.

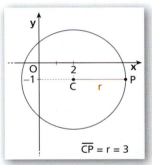

▲ **Figura 15** Grafico della circonferenza di centro $C(2; -1)$ e raggio 3.

◄ **Figura 16**

● α, β, r sono numeri reali noti.

235

otteniamo l'equazione scritta in modo più semplice:

$$x^2 + y^2 + ax + by + c = 0.$$

Dalle relazioni precedenti, $a = -2\alpha$, $b = -2\beta$, $c = \alpha^2 + \beta^2 - r^2$, si possono ricavare le coordinate del centro C e la misura del raggio:

$$\alpha = -\frac{a}{2}, \quad \beta = -\frac{b}{2} \quad \rightarrow \quad C\left(-\frac{a}{2}; -\frac{b}{2}\right).$$

$$r = \sqrt{\alpha^2 + \beta^2 - c} \quad \rightarrow \quad r = \sqrt{\left(-\frac{a}{2}\right)^2 + \left(-\frac{b}{2}\right)^2 - c}.$$

Dall'ultima di queste relazioni si deduce che solo se il radicando è maggiore o uguale a 0 si ha una circonferenza, poiché soltanto in questo caso la misura del raggio è reale. Quindi, l'equazione $x^2 + y^2 + ax + by + c = 0$ *rappresenta una circonferenza se e solo se*:

$$\left(-\frac{a}{2}\right)^2 + \left(-\frac{b}{2}\right)^2 - c \geq 0.$$

● Se $r = 0$, la circonferenza degenera nel suo centro C.

■ **ESEMPIO**

L'equazione $x^2 + y^2 + 2x - 4y - 11 = 0$ rappresenta una circonferenza?
Poiché $a = 2$, $b = -4$, $c = -11$, si ha:

$$\left(-\frac{a}{2}\right)^2 + \left(-\frac{b}{2}\right)^2 - c = 1 + 4 + 11 > 0,$$

quindi l'equazione è quella di una circonferenza.

● Nell'equazione $x^2 + y^2 + ax + by + c = 0$ non è necessario che x^2 e y^2 abbiano coefficiente 1. È sufficiente che i loro coefficienti siano entrambi uguali a un qualunque numero n. In tal caso infatti è possibile riottenere i coefficienti uguali a 1 dividendo tutti i termini per n.

● Per ottenere la seconda equazione dalla prima, basta dividere entrambi i membri per 4.

■ **ESEMPIO**

$4x^2 + 4y^2 - 2x + 3y - 8 = 0$ è equivalente a:

$$x^2 + y^2 - \frac{1}{2}x + \frac{3}{4}y - 2 = 0.$$

■ Dall'equazione al grafico

Per disegnare una circonferenza è sufficiente determinare le coordinate del centro e la misura del raggio con le formule trovate precedentemente.

■ **ESEMPIO**

Disegniamo la circonferenza di un esempio precedente, di equazione $x^2 + y^2 + 2x - 4y - 11 = 0$.
Le coordinate del centro C sono

$$\alpha = -\frac{a}{2} = -\frac{2}{2} = -1, \quad \beta = -\frac{b}{2} = \frac{4}{2} = 2,$$

quindi $C(-1; 2)$.

Il raggio misura: $\sqrt{\left(-\frac{a}{2}\right)^2 + \left(-\frac{b}{2}\right)^2 - c} = \sqrt{16} = 4.$

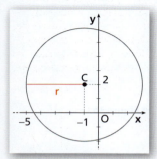

▲ **Figura 17** Grafico della circonferenza di equazione $x^2 + y^2 + 2x - 4y - 11 = 0$. Il raggio misura 4, il centro è il punto $C(-1; 2)$.

PARAGRAFO 6. LA CIRCONFERENZA — TEORIA

Alcuni casi particolari

Consideriamo l'equazione $x^2 + y^2 + ax + by + c = 0$, con $a, b, c \in \mathbb{R}$.
Esaminiamo i casi particolari in cui uno o due coefficienti o il termine noto siano nulli (figura 18).

▼ Figura 18

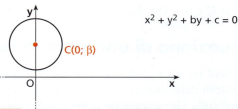

a. $a = 0$. L'equazione diventa $x^2 + y^2 + by + c = 0$ e si ha $\alpha = 0$, quindi $C(0; \beta)$: **il centro appartiene all'asse y**.

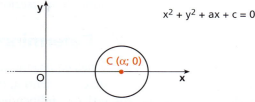

b. $b = 0$. L'equazione diventa $x^2 + y^2 + ax + c = 0$ e si ha $\beta = 0$, quindi $C(\alpha; 0)$: **il centro appartiene all'asse x**.

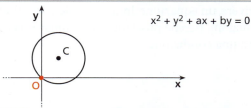

c. $c = 0$. L'equazione diventa $x^2 + y^2 + ax + by = 0$.
Le coordinate del punto $O(0; 0)$ verificano l'equazione, quindi **la circonferenza passa per l'origine degli assi**.

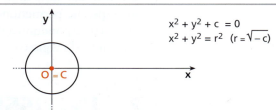

d. $a = b = 0$. Si ha $\alpha = \beta = 0$, quindi $C(0; 0)$.
La circonferenza ha il centro nell'origine.
La sua equazione è $x^2 + y^2 + c = 0$.

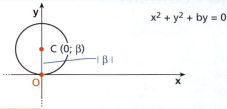

e. $a = c = 0$. L'equazione diventa $x^2 + y^2 + by = 0$.
La circonferenza ha centro sull'asse y e passa per l'origine.
Il raggio misura $r = \sqrt{\beta^2} = |\beta|$.

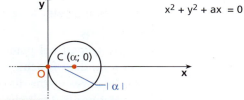

f. $b = c = 0$. L'equazione diventa $x^2 + y^2 + ax = 0$.
La circonferenza ha centro sull'asse x e passa per l'origine.
Il raggio misura $r = \sqrt{\alpha^2} = |\alpha|$.

Retta e circonferenza

Dato il sistema delle equazioni di una circonferenza e una retta:
$$\begin{cases} x^2 + y^2 + ax + by + c = 0 \\ a'x + b'y + c' = 0 \end{cases}$$
se nell'equazione risolvente:

- $\Delta < 0$, **la retta è esterna** alla circonferenza;
- $\Delta = 0$, **la retta è tangente** alla circonferenza;
- $\Delta > 0$, **la retta è secante** la circonferenza.

● Ricaviamo la x (o, indifferentemente, la y) dall'equazione della retta e sostituiamo l'espressione trovata nell'altra equazione. Otteniamo così un'equazione di secondo grado detta **equazione risolvente**.

ESEMPIO

Studiamo la posizione della retta di equazione $3x - 2y + 1 = 0$, rispetto alla circonferenza di equazione $x^2 + y^2 + 3x - 3y - 2 = 0$.
Risolviamo il sistema:
$$\begin{cases} x^2 + y^2 + 3x - 3y - 2 = 0 \\ 3x - 2y + 1 = 0 \end{cases}$$

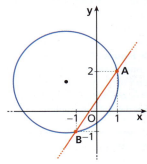

237

Con il metodo di sostituzione, otteniamo l'equazione:
$$13x^2 - 13 = 0 \rightarrow x^2 - 1 = 0 \rightarrow x_1 = 1; \quad x_2 = -1.$$
Sostituendo i due valori di x nell'equazione della retta, otteniamo:
$$y_1 = 2 \text{ e } y_2 = -1.$$
I punti di intersezione sono $A(1; 2)$ e $B(-1; -1)$.

Determinare l'equazione di una circonferenza

Poiché nell'equazione della circonferenza $x^2 + y^2 + ax + by + c = 0$ sono presenti tre coefficienti a, b e c, per poterli determinare occorrono tre informazioni geometriche, indipendenti tra loro, sulla circonferenza, dette *condizioni*, che si traducono poi in tre equazioni algebriche nelle incognite a, b, c.

● Trovi un esempio di questo metodo nell'esercizio guida 198 a pag. 267.

Le coordinate note di un punto della circonferenza corrispondono a una condizione, perché permettono di scrivere un'equazione in a, b e c; le coordinate del centro corrispondono a due condizioni, perché possiamo determinare sia a sia b; la misura del raggio corrisponde a una condizione.

7. L'ELLISSE

L'ellisse come luogo geometrico

> **DEFINIZIONE**
>
> **Ellisse**
>
> Assegnati nel piano due punti, F_1 e F_2, detti **fuochi**, si chiama ellisse la curva piana luogo geometrico dei punti P tali che sia costante la somma delle distanze di P da F_1 e da F_2:
>
> $$\overline{PF_1} + \overline{PF_2} = \text{costante}.$$

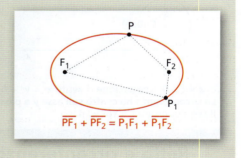

$\overline{PF_1} + \overline{PF_2} = \overline{P_1F_1} + \overline{P_1F_2}$

Il punto medio del segmento F_1F_2 si chiama **centro** dell'ellisse.

L'ellisse con i fuochi appartenenti all'asse x

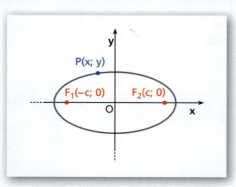

L'equazione dell'ellisse, così come quella della parabola o della circonferenza, è diversa a seconda della sua posizione rispetto al sistema di riferimento. Esaminiamo il caso in cui il centro dell'ellisse è nell'origine degli assi e l'asse x passa per F_1 e F_2.
Se indichiamo la distanza focale con $2c$, le coordinate dei fuochi sono:

$$F_1(-c; 0), \quad F_2(c; 0).$$

▲ **Figura 19** Consideriamo un cono di asse r con angolo al vertice 2β. Sezioniamo la superficie del cono con un piano che formi con l'asse del cono un angolo α tale che $\alpha > \beta$. La figura che si ottiene dall'intersezione è un'ellisse.

▶ **Figura 20** Scegliamo come asse x la retta F_1F_2 e come asse y la perpendicolare condotta per il punto medio del segmento F_1F_2.

● $2c$ è una distanza, quindi $c > 0$.

PARAGRAFO 7. L'ELLISSE — TEORIA

Indicato con $P(x; y)$ un generico punto dell'ellisse e posto

$$\overline{PF_1} + \overline{PF_2} = 2a,$$

si può dimostrare che l'equazione dell'ellisse è:

$$\frac{x^2}{a^2} + \frac{y^2}{b^2} = 1, \quad \text{con } c^2 = a^2 - b^2 \text{ e } a \geq b.$$

● Questa equazione è detta **equazione canonica** dell'ellisse.

Quindi le coordinate dei fuochi sono:

$$F_1(-\sqrt{a^2 - b^2}; 0), \qquad F_2(\sqrt{a^2 - b^2}; 0).$$

● Dalla relazione precedente:
$$c = \sqrt{a^2 - b^2}.$$

Per determinare le intersezioni di un'ellisse con l'asse x, mettiamo a sistema l'equazione dell'ellisse e l'equazione dell'asse x, cioè risolviamo il seguente sistema:

$$\begin{cases} \dfrac{x^2}{a^2} + \dfrac{y^2}{b^2} = 1 \\ y = 0 \end{cases} \rightarrow \begin{cases} \dfrac{x^2}{a^2} = 1 \\ y = 0 \end{cases} \rightarrow \begin{cases} x^2 = a^2 \\ y = 0 \end{cases} \rightarrow \begin{cases} x = \pm a \\ y = 0 \end{cases}$$

I punti $A_1(-a; 0)$ e $A_2(a; 0)$ sono le **intersezioni dell'ellisse con l'asse x**.

Analogamente, per determinare le intersezioni con l'asse y, risolviamo:

$$\begin{cases} \dfrac{x^2}{a^2} + \dfrac{y^2}{b^2} = 1 \\ x = 0 \end{cases}$$

Otteniamo $x = 0$ e $y = \pm b$, cioè i punti $B_1(0; -b)$ e $B_2(0; b)$ sono le **intersezioni dell'ellisse con l'asse y**.

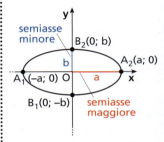

I punti A_1, A_2, B_1 e B_2 si chiamano **vertici** dell'ellisse.

I segmenti A_1A_2 e B_1B_2 sono detti **assi** dell'ellisse. La distanza $\overline{A_1A_2}$ misura $2a$, mentre $\overline{B_1B_2}$ misura $2b$, quindi a e b rappresentano le misure dei semiassi. Poiché $a > b$, risulta anche $\overline{A_1A_2} > \overline{B_1B_2}$. Per questo, il segmento A_1A_2 è detto **asse maggiore** e B_1B_2 è detto **asse minore**.

● La parola *asse* è usata per indicare sia i segmenti A_1A_2 e B_1B_2, sia le relative rette (che sono gli assi di simmetria).

La distanza fra uno dei vertici sull'asse y e un fuoco è sempre uguale ad a. Per esempio, se consideriamo il vertice B_2 e il fuoco F_2, poiché $\overline{OB_2} = b$ e $\overline{OF_2} = c$, per il teorema di Pitagora, si ha:

$$\overline{B_2F_2} = \sqrt{b^2 + c^2} = a.$$

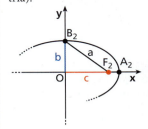

■ **ESEMPIO**

Nell'ellisse di equazione

$$\frac{x^2}{4} + y^2 = 1, a = 2 \text{ e } b = 1.$$

I vertici sono $A_1(-2; 0)$, $A_2(2; 0)$, $B_1(0; -1)$, $B_2(0; 1)$.
Inoltre $c = \sqrt{4 - 1} = \sqrt{3}$.
Pertanto i fuochi sono:

$$F_1(-\sqrt{3}; 0), F_2(\sqrt{3}; 0).$$

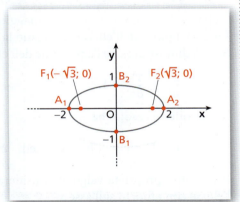

▶ Figura 21

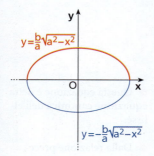

- L'equazione $\frac{x^2}{a^2} + \frac{y^2}{b^2} = 1$ non rappresenta una funzione perché a ogni $x \in \mathbb{R}$ corrispondono due valori di y.
Esplicitando l'equazione rispetto alla variabile y si ha: $y = \pm \frac{b}{a}\sqrt{a^2 - x^2}$.

Il grafico dell'ellisse può essere visto come unione di due semiellissi di equazioni

$$y = -\frac{b}{a}\sqrt{a^2 - x^2} \quad \text{e} \quad y = \frac{b}{a}\sqrt{a^2 - x^2},$$

che invece rappresentano due funzioni.

Il rapporto fra la distanza focale e la lunghezza dell'asse maggiore di un'ellisse è detto **eccentricità** ed è solitamente indicato con la lettera e:

$$e = \frac{\text{distanza focale}}{\text{lunghezza dell'asse maggiore}}.$$

L'eccentricità e indica la forma più o meno schiacciata dell'ellisse. Abbiamo:

$$e = \frac{c}{a} = \frac{\sqrt{a^2 - b^2}}{a}, \quad \text{con } 0 \leq e < 1.$$

Se $e = 0$ (figura 22a), si ha $\frac{c}{a} = 0$, cioè $c = 0$: i fuochi coincidono con il centro.

Essendo $c = 0$, si ha $a^2 = b^2$ e l'equazione dell'ellisse diventa $x^2 + y^2 = a^2$, che rappresenta una circonferenza con il centro nell'origine e raggio a.

▶ **Figura 22** Se l'eccentricità aumenta, l'ellisse risulta più schiacciata sull'asse maggiore.

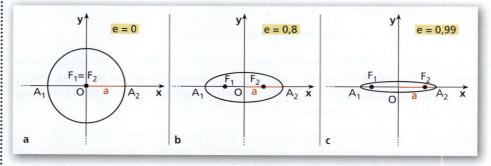

L'ellisse con i fuochi appartenenti all'asse y

Consideriamo un'ellisse con i fuochi sull'asse y e centro nell'origine.
Le coordinate dei fuochi sono $F_1(0; -c)$ e $F_2(0; c)$.

Detta $2b$ la lunghezza dell'asse maggiore dell'ellisse (cioè l'asse che contiene i fuochi), i punti dell'ellisse verificano la relazione $\overline{PF_1} + \overline{PF_2} = 2b$.
Si può dimostrare che l'equazione dell'ellisse è ancora

$$\frac{x^2}{a^2} + \frac{y^2}{b^2} = 1,$$

ma, in questo caso, si ha:

$$a < b, \quad c = \sqrt{b^2 - a^2} \quad \text{ed} \quad e = \frac{c}{b}.$$

Per le altre proprietà valgono considerazioni analoghe a quelle già espresse per l'ellisse con i fuochi sull'asse x.

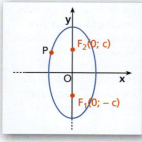

▲ **Figura 23**

8. L'IPERBOLE

L'iperbole come luogo geometrico

DEFINIZIONE

Iperbole

Assegnati nel piano due punti F_1 e F_2, detti **fuochi**, si chiama iperbole la curva piana luogo geometrico dei punti P che hanno costante la differenza delle distanze da F_1 e da F_2:

$$\left| \overline{PF_1} - \overline{PF_2} \right| = \text{costante}.$$

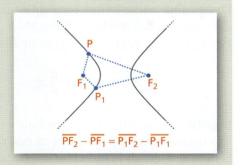

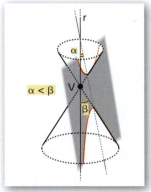

▲ **Figura 24** Consideriamo un cono con un angolo al vertice 2β. Se un piano seca il cono formando un angolo α con il suo asse e tale che α < β, allora l'intersezione fra il piano e la superficie del cono è un'iperbole.

Il punto medio del segmento $F_1 F_2$ si chiama **centro** dell'iperbole.

L'iperbole con i fuochi appartenenti all'asse x

Detto $P(x; y)$ un generico punto di un'iperbole con distanza focale $2c$ e posto

$$\left| \overline{PF_1} - \overline{PF_2} \right| = 2a,$$

si può dimostrare che l'**equazione canonica** dell'iperbole, quando l'asse x passa per i fuochi e l'asse y per il punto medio del segmento che li congiunge, è:

$$\frac{x^2}{a^2} - \frac{y^2}{b^2} = 1, \qquad \text{con } c^2 = a^2 + b^2 \text{ e } a < c.$$

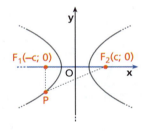

I fuochi hanno coordinate $F_1(-c; 0)$, $F_2(c; 0)$, ossia:

$$F_1(-\sqrt{a^2 + b^2}; 0), \qquad F_2(\sqrt{a^2 + b^2}; 0).$$

● Dalla relazione precedente:
$c = \sqrt{a^2 + b^2}$.

Per determinare le intersezioni dell'iperbole con l'asse x, mettiamo a sistema le rispettive equazioni, ossia risolviamo:

$$\begin{cases} \dfrac{x^2}{a^2} - \dfrac{y^2}{b^2} = 1 \\ y = 0 \end{cases} \rightarrow \begin{cases} \dfrac{x^2}{a^2} = 1 \\ y = 0 \end{cases} \rightarrow \begin{cases} x^2 = a^2 \\ y = 0 \end{cases} \rightarrow \begin{cases} x = \pm a \\ y = 0 \end{cases}$$

Quindi $A_1(-a; 0)$ e $A_2(a; 0)$ sono le intersezioni con l'asse x e si dicono **vertici reali** dell'iperbole. Il segmento $A_1 A_2$ si chiama **asse trasverso**.

Analogamente, per determinare le intersezioni con l'asse y, risolviamo il sistema:

$$\begin{cases} \dfrac{x^2}{a^2} - \dfrac{y^2}{b^2} = 1 \\ x = 0 \end{cases} \rightarrow \begin{cases} \dfrac{-y^2}{b^2} = 1 \\ x = 0 \end{cases} \rightarrow \begin{cases} y^2 = -b^2 \\ x = 0 \end{cases}$$

● Ha lo stesso nome anche la retta che passa per A_1 e A_2, ossia l'asse x. Il numero a è la misura della lunghezza del semiasse trasverso. Inoltre i fuochi, che si trovano sull'asse x, giacciono sull'asse trasverso.

La prima equazione è impossibile: *l'iperbole non ha intersezioni con l'asse y*.

TEORIA | **CAPITOLO 5. LE CONICHE**

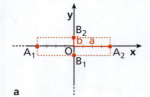
a

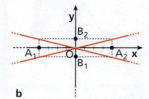
b

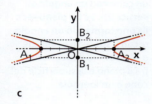
c

Per disegnare l'iperbole, è utile evidenziare sull'asse y i punti $B_1(0; -b)$ e $B_2(0; b)$, anche se non sono punti di intersezione tra l'iperbole e l'asse delle ordinate. Tali punti sono anche detti **vertici non reali**. La retta B_1B_2 è detta **asse non trasverso**. Disegniamo il rettangolo con i lati paralleli agli assi cartesiani e passanti per i punti A_1, A_2, B_1 e B_2 (figura a).
Disegniamo anche le due rette sulle quali giacciono le diagonali del rettangolo, dette asintoti dell'iperbole (figura b).
Poiché passano per l'origine e per $(a; b)$ e $(a; -b)$, esse hanno equazioni:

$$y = \frac{b}{a}x \quad \text{e} \quad y = -\frac{b}{a}x.$$

Il grafico che si ottiene per l'iperbole è disegnato nella figura c. L'iperbole non è una curva chiusa ed è costituita da due rami distinti.
Si dimostra che gli asintoti non intersecano mai la curva, ma le si avvicinano sempre più man mano che ci si allontana dall'origine.

■ **ESEMPIO**
Nell'iperbole di equazione $\frac{x^2}{9} - \frac{y^2}{16} = 1$, con $a = 3$, $b = 4$, le equazioni degli asintoti sono $y = \frac{4}{3}x$ e $y = -\frac{4}{3}x$.

$$c = \sqrt{9 + 16} = \sqrt{25} = 5 \rightarrow F_1(-5; 0) \text{ e } F_2(5; 0).$$

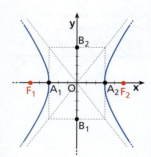

Per l'iperbole ritroviamo il concetto di eccentricità:

$$e = \frac{c}{a}, \quad \text{con } e > 1.$$

A eccentricità maggiori corrisponde una maggior apertura dei rami dell'iperbole.

L'iperbole con i fuochi appartenenti all'asse y

Si può dimostrare che l'**equazione canonica dell'iperbole con i fuochi appartenenti all'asse y** è

$$\frac{x^2}{a^2} - \frac{y^2}{b^2} = -1, \quad \text{con } c^2 = a^2 + b^2 \text{ e } a < c,$$

e valgono le seguenti proprietà:

- l'iperbole è simmetrica rispetto agli assi cartesiani e all'origine;
- **l'asse y è l'asse trasverso** e i **vertici reali** sono i punti $B_1(0; -b)$, $B_2(0; b)$;
- **l'asse x è l'asse non trasverso** e i punti $A_1(-a; 0)$, $A_2(a; 0)$ sono detti **vertici non reali**;
- le rette di equazione $y = -\frac{b}{a}x$ e $y = \frac{b}{a}x$ sono gli **asintoti** dell'iperbole;
- i **fuochi** dell'iperbole hanno coordinate

$$F_1(0; -\sqrt{b^2 + a^2}) \text{ e } F_2(0; \sqrt{b^2 + a^2});$$

- l'**eccentricità** vale $e = \frac{c}{b} = \frac{\sqrt{b^2 + a^2}}{b}$.

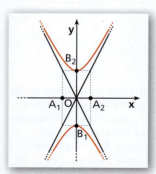

▲ **Figura 25** Grafico dell'iperbole di equazione $\frac{x^2}{a^2} - \frac{y^2}{b^2} = -1$.

L'iperbole equilatera

L'iperbole equilatera riferita agli assi di simmetria
Se nell'equazione canonica si ha $a = b$, l'iperbole si dice **equilatera**.
Per esempio, consideriamo il caso in cui i fuochi siano sull'asse x.
L'equazione dell'iperbole equilatera è

$$\frac{x^2}{a^2} - \frac{y^2}{a^2} = 1 \rightarrow \boxed{x^2 - y^2 = a^2}.$$

Essendo $2a = 2b$, il rettangolo che ha per lati l'asse trasverso e quello non trasverso diventa un quadrato. Le equazioni degli **asintoti** sono

$$y = x \quad \text{e} \quad y = -x,$$

e gli asintoti coincidono quindi con le bisettrici dei quadranti.

ESEMPIO
L'iperbole equilatera di equazione $x^2 - y^2 = 9$ ha per vertici $A_1(-3; 0)$, $A_2(3; 0)$, $B_1(0; -3)$ e $B_2(0; 3)$. I fuochi sono $F_1(-3\sqrt{2}; 0)$ e $F_2(3\sqrt{2}; 0)$.

L'iperbole equilatera riferita agli asintoti
Abbiamo appena visto che, in un'iperbole equilatera, gli asintoti coincidono con le bisettrici dei quadranti, ovvero sono perpendicolari fra loro. Se consideriamo gli asintoti come assi di un sistema di riferimento per l'iperbole, possiamo dimostrare che l'equazione dell'iperbole equilatera in questo nuovo sistema è

$$\boxed{xy = k,} \quad \text{con } k \text{ costante positiva o negativa.}$$

● Se $k > 0$, i rami dell'iperbole sono nel primo e terzo quadrante; se $k < 0$, sono nel secondo e nel quarto.

La funzione omografica

Si può dimostrare che, se si considera un'iperbole equilatera riferita a un sistema di assi paralleli agli asintoti, come nella figura 26, allora la curva ha un'equazione del tipo:

$$y = \frac{ax + b}{cx + d}, \quad \text{con } c \neq 0 \text{ e } ad - bc \neq 0,$$

che esprime una funzione detta **funzione omografica**.
Le equazioni degli asintoti sono:

$$x = -\frac{d}{c} \quad \text{e} \quad y = \frac{a}{c}.$$

Le coordinate del centro di simmetria sono: $C\left(-\frac{d}{c}; \frac{a}{c}\right)$.

● Viceversa si può dimostrare che ogni equazione di questo tipo rappresenta un'iperbole equilatera.

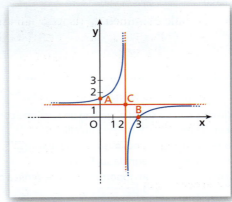

▶ **Figura 26** Grafico della funzione omografica
$y = \frac{x-3}{x-2}$.

Il suo centro è $C(2; 1)$; gli asintoti sono le rette di equazioni $x = 2$ e $y = 1$.

L'ELLISSE DEL GIARDINIERE
Come può fare un giardiniere per creare un'aiuola a forma di ellisse?

▶ Il quesito completo a pag. 223

Prendiamo un punto qualsiasi dell'ellisse e consideriamo la sua distanza da ciascuno dei due fuochi. Abbiamo visto che, se si cambia il punto sull'ellisse, la somma di queste due distanze rimane la stessa. Questa proprietà viene utilizzata per disegnare un'ellisse sul terreno.

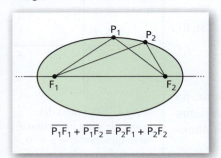

$\overline{P_1F_1} + \overline{P_1F_2} = \overline{P_2F_1} + \overline{P_2F_2}$

Il compasso del giardiniere
Lo strumento che si usa per disegnarla è composto da due paletti legati alle estremità di una corda e da un terzo paletto libero.
Si piantano i due paletti legati nel terreno in corrispondenza dei due fuochi, poi si fa girare il terzo paletto in modo da percorrere la corda tenendola sempre tesa; la curva disegnata è un'ellisse.

Puoi utilizzare anche tu la stessa tecnica per disegnare un'ellisse su un foglio, sostituendo i due paletti con due puntine, la corda con uno spago e il terzo paletto con una matita. La lunghezza della corda che si utilizza per disegnare l'ellisse è uguale all'asse maggiore, cioè all'asse che passa per i due fuochi. Infatti, sappiamo che

$$\overline{PF_1} + \overline{PF_2} = 2a,$$

dove P è un punto dell'ellisse e a è la lunghezza del semiasse maggiore.

Due casi limite
Se mettiamo i due paletti vicinissimi (possiamo pensarli coincidenti), otteniamo una circonferenza. Man mano che allontaniamo i due paletti, l'aiuola diventa sempre più oblunga. Ovviamente, se la corda viene tirata per tutta la sua lunghezza, i due paletti finiscono nei vertici dell'ellisse, alle estremità dell'asse maggiore, e l'ellisse si riduce a un segmento.

La più grande aiuola ellittica
Si trova a Padova nella piazza del Prato della Valle. Nei tempi antichi era un luogo paludoso, ma nel 1775, per ordine del provveditore della città Andrea Memmo, iniziarono i lavori di sistemazione. Fu previsto un grande giardino a forma ellittica, circondato da un canale e da due file di statue. Si ottenne così un'isola, chiamata Isola Memmia, che occupa circa 20 000 m². Sui due assi dell'ellisse ci sono due viali e quattro ponti, e nel centro di simmetria c'è una fontana.
Lo spazio è sistemato in gran parte a prato e viene utilizzato per mercati e spettacoli. È un luogo di incontro e di aggregazione, un'ampia area verde nel centro della città.

Un'ellisse nel gelato

Procurati in gelateria un cono di cialda e con un coltello realizza una sezione come quella nella foto. Come puoi verificare che la curva che ottieni è proprio un'ellisse?
Con un pennarello riporta la sezione su un foglio e poi misura i due assi.
Con i valori che trovi, calcola la distanza focale e segnala sul foglio.
Adesso prendi un punto qualsiasi della curva e con opportune misure verifica che vale la proprietà fondamentale dell'ellisse.

LABORATORIO DI MATEMATICA
LA PARABOLA

ESERCITAZIONE GUIDATA

Con l'aiuto di Wiris troviamo le parabole che, al variare di k nell'equazione $y = (k+3)x^2 - kx + 1$, individuano sulla retta $y = x + 3$ una corda lunga $3\sqrt{2}$. Tracciamo poi il grafico di tutto.

- Attiviamo Wiris, quindi apriamo il modello del sistema a due equazioni per inserirvi l'equazione della parabola e quella della retta (figura 1).
- Diamo *Calcola* e troviamo, in funzione di k, le coordinate dei punti di intersezione fra la parabola e la retta.

Un problema sulle parabole

$$\text{risolvere}\left(\begin{cases} y=(k+3)\cdot x^2-k\cdot x+1 \\ y=x+3 \end{cases},\{x,y\}\right) \rightarrow \left\{\left\{x=\frac{-2}{k+3}, y=\frac{3\cdot k+7}{k+3}\right\},\{x=1,y=4\}\right\}$$

▲ Figura 1

- Esprimiamo la lunghezza della corda inserendo nella formula della distanza fra due punti le coordinate degli estremi (figura 2).
- Impostiamo e risolviamo l'equazione ottenuta uguagliando l'espressione in k a $3\sqrt{2}$.
- Sostituiamo nell'equazione della parabola i due valori trovati di k, determinando le parabole che soddisfano l'ipotesi del problema.

$$d=\sqrt{\left(\frac{-2}{k+3}-1\right)^2+\left(\frac{3\cdot k+7}{k+3}-4\right)^2};$$

$$\text{risolvere}(d=3\cdot\sqrt{2}) \rightarrow \left\{\{k=-2\},\left\{k=-\frac{7}{2}\right\}\right\}$$

$$\text{sostituire}(y=(k+3)\cdot x^2-k\cdot x+1,\ k,\ -2) \rightarrow y=x^2+2\cdot x+1$$

$$\text{sostituire}(y=(k+3)\cdot x^2-k\cdot x+1,\ k,\ -7/2) \rightarrow y=-\frac{1}{2}\cdot x^2+\frac{7}{2}\cdot x+1$$

▲ Figura 2

- Scriviamo infine le istruzioni necessarie per ottenere il grafico.

Nel sito: ► Altre esercitazioni

Esercitazioni

Date le seguenti equazioni, con l'aiuto del computer, determina i valori del parametro reale k che individuano le parabole che soddisfano le condizioni indicate. Traccia il grafico delle corrispondenti parabole.

1 $y = kx^2 - 2x - k + 1$;

a) passante per il punto $P\left(-\frac{1}{2}; \frac{1}{2}\right)$;

b) formante con la retta di equazione $y = -1$ una corda lunga 4;

c) tangente alla retta di equazione $y = 4x - 5$.

$\left[\text{a) } 2;\ \text{b) } -1, \frac{1}{3};\ \text{c) } 3\right]$

2 $y = (k-2)x^2 - 2(k-1)x + k$;

a) passanti per $P(1; 0)$;

b) intersecanti l'asse y in un punto distante $\frac{5}{2}$ dall'origine;

c) intersecanti l'asse x in due punti A e B e l'asse y in un punto C tali che il triangolo ABC abbia area 3.

$\left[\text{a) } \mathbb{R};\ \text{b) } -\frac{5}{2}, \frac{5}{2};\ \text{c) } \frac{3}{2}, 3\right]$

3 Determina l'equazione della parabola passante per l'origine e per i punti A e B, intersezioni della retta di equazione $y = x + 10$ con la circonferenza di centro $C(-2; 1)$ e raggio 5.

$\left[y = -\frac{1}{3}x^2 - \frac{8}{3}x\right]$

LA TEORIA IN SINTESI
LE CONICHE

1. LA PARABOLA

- **Parabola**: luogo geometrico dei punti equidistanti da una retta (**direttrice**) e da un punto (**fuoco**).
- **Asse della parabola**: retta passante per il fuoco e perpendicolare alla direttrice.
- **Vertice**: punto di intersezione fra asse e parabola.
- **Equazione di una parabola**
  - con **asse parallelo all'asse y**: $y = ax^2 + bx + c$ (con $a \neq 0$);
  - con **asse coincidente con l'asse y e con vertice nell'origine**: $y = ax^2$ (con $a \neq 0$).
- **Concavità** e **apertura** della parabola dipendono solo da **a**.

Caratteristiche della parabola di equazione $y = ax^2 + bx + c$	
asse	$x = -\dfrac{b}{2a}$
vertice	$V\left(-\dfrac{b}{2a}; -\dfrac{\Delta}{4a}\right)$
fuoco	$F\left(-\dfrac{b}{2a}; \dfrac{1-\Delta}{4a}\right)$
direttrice	$y = -\dfrac{1+\Delta}{4a}$

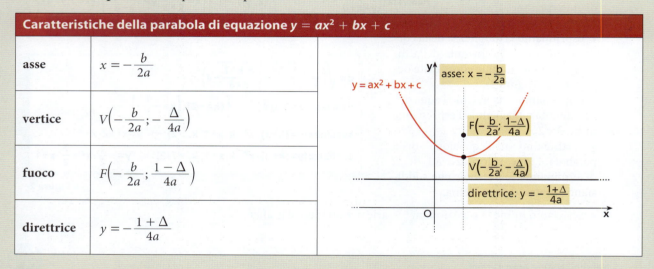

2. RETTA E PARABOLA

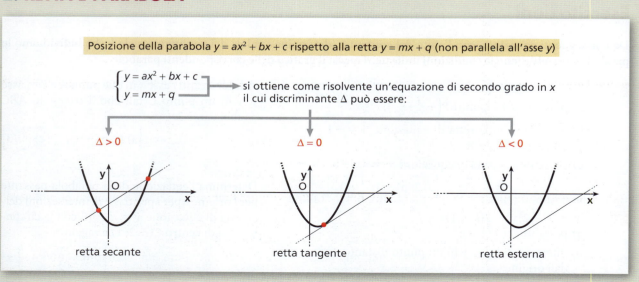

246

3. LE RETTE TANGENTI A UNA PARABOLA

- Per un punto P è possibile condurre due, una o nessuna tangente a una parabola.

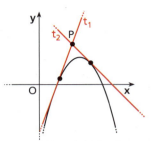

a. P **esterno** alla parabola: due rette tangenti.

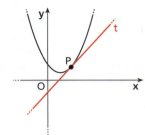

b. P **sulla** parabola: una retta tangente.

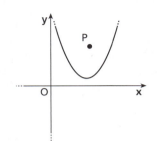

c. P **interno** alla parabola: non esistono rette tangenti.

- Per determinare le equazioni delle eventuali rette passanti per $P(x_0; y_0)$ e tangenti alla parabola di equazione

    $y = ax^2 + bx + c$:

    - si scrive l'equazione del fascio di rette di centro P:

        $y - y_0 = m(x - x_0)$;

    - si scrive il sistema delle equazioni del fascio e della parabola:

        $$\begin{cases} y - y_0 = m(x - x_0) \\ y = ax^2 + bx + c \end{cases};$$

    - si pone $\Delta = 0$ nell'equazione risolvente (**condizione di tangenza**); si possono presentare i seguenti casi:

        - $m_1 \neq m_2$: le rette tangenti sono due;
        - $m_1 = m_2$: la retta tangente è una sola (il punto P appartiene alla parabola);
        - $m_1, m_2 \notin \mathbb{R}$: non esistono tangenti passanti per P.

- Si procede analogamente per le tangenti alla parabola $x = ay^2 + by + c$. Nel caso in cui una delle due tangenti condotte da P sia parallela all'asse y, se si pone la condizione $\Delta = 0$, si ottiene un solo valore di m.

4. DETERMINARE L'EQUAZIONE DI UNA PARABOLA

- Per determinare i tre coefficienti a, b, c, presenti nell'equazione della parabola $y = ax^2 + bx + c$ (o $x = ay^2 + by + c$) sono necessarie **tre condizioni**.

    Per esempio, sono note:

    - le coordinate del vertice e del fuoco;
    - l'equazione della direttrice e le coordinate del vertice (o del fuoco);
    - le coordinate di tre punti (non allineati) per i quali passa la parabola;
    - l'equazione dell'asse e le coordinate di due punti appartenenti alla parabola;
    - le coordinate del vertice (o del fuoco) e di un punto appartenente alla parabola;
    - le equazioni dell'asse, della direttrice e le coordinate di un punto appartenente alla parabola;
    - le coordinate di due punti appartenenti alla parabola e la condizione di tangenza.

5. LA RISOLUZIONE GRAFICA DI UNA DISEQUAZIONE DI SECONDO GRADO

■ Una **disequazione di secondo grado** può essere risolta **graficamente**.

Per risolvere $ax^2 + bx + c > 0$, occorre:

- evidenziare il semipiano i cui punti hanno **ordinata positiva**;
- disegnare la parabola $y = ax^2 + bx + c$;
- determinare gli eventuali punti di intersezione della parabola con l'asse x;
- evidenziare la parte di parabola che si trova nel semipiano delle y positive;
- scrivere le soluzioni, che sono date dalle ascisse dei punti della parabola appartenenti a tale semipiano.

Per risolvere $ax^2 + bx + c < 0$ si procede allo stesso modo, evidenziando, però, il semipiano delle **y negative**. Le soluzioni sono date dalle ascisse dei punti della parabola aventi ordinata negativa.

Quando una disequazione di secondo grado ha il **coefficiente di x^2 negativo**, può essere risolta in due modi:

1. considerando la parabola associata con la concavità rivolta verso il basso;
2. moltiplicando i due membri della disequazione per -1 e invertendo il verso della disuguaglianza.

6. LA CIRCONFERENZA

■ **Circonferenza**: curva piana luogo geometrico dei punti equidistanti da un punto C, detto **centro**.

■ **Raggio della circonferenza**: distanza fra ognuno dei punti della circonferenza e il suo centro.

■ Note le coordinate del centro $(\alpha; \beta)$ e la misura r del raggio, l'**equazione della circonferenza** è:

$$(x - \alpha)^2 + (y - \beta)^2 = r^2.$$

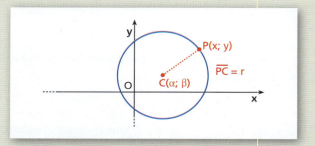

L'equazione può anche essere scritta nella forma

$$x^2 + y^2 + ax + by + c = 0, \quad \alpha = -\frac{a}{2}, \quad \beta = -\frac{b}{2},$$

$$r = \sqrt{\left(-\frac{a}{2}\right)^2 + \left(-\frac{b}{2}\right)^2 - c}, \quad \text{con} \left(-\frac{a}{2}\right)^2 + \left(-\frac{b}{2}\right)^2 - c \geq 0.$$

Se:
$a = 0$, il centro appartiene all'asse y;
$b = 0$, il centro appartiene all'asse x;
$c = 0$, la circonferenza passa per l'origine.

■ **Retta secante, retta tangente e retta esterna alla circonferenza**
Dato il sistema formato dalle equazioni della circonferenza e della retta:

$$\begin{cases} x^2 + y^2 + ax + by + c = 0 \\ a'x + b'y + c' = 0 \end{cases}$$

se nell'equazione di secondo grado risolvente abbiamo:
- $\Delta > 0$, la retta è **secante**;
- $\Delta = 0$, la retta è **tangente**;
- $\Delta < 0$, la retta è **esterna**.

■ Per determinare l'equazione di una circonferenza sono necessarie **tre condizioni**.
Per esempio: sono noti le coordinate del centro (due condizioni) e il raggio.

7. L'ELLISSE

- **Ellisse**: luogo geometrico dei punti P per cui è costante la somma delle distanze da due punti F_1 e F_2, detti **fuochi**.
- **Equazione canonica** dell'ellisse con asse focale coincidente con l'asse x e con l'asse y passante per il punto medio del segmento che congiunge i due fuochi:
  $$\frac{x^2}{a^2} + \frac{y^2}{b^2} = 1, \quad \text{con } a > b.$$
- **Fuochi**: $F_1(-c; 0)$, $F_2(+c; 0)$, con $a > c$ e $a^2 - c^2 = b^2$; **assi di simmetria**: l'asse x e l'asse y.
- **Centro di simmetria**: l'origine degli assi.
- **Vertici dell'ellisse**: i punti di intersezione con gli assi, ossia $A_1(-a;0)$, $A_2(a;0)$, $B_1(0;-b)$, $B_2(0;b)$.
- **Assi dell'ellisse**: i segmenti A_1A_2 (asse maggiore) e B_1B_2 (asse minore).
  a: misura del **semiasse maggiore**;
  b: misura del **semiasse minore**;
  c: **semidistanza focale**.
- **Eccentricità e**: il rapporto fra distanza focale e lunghezza dell'asse maggiore; $e = \frac{c}{a}$, $0 \le e < 1$.

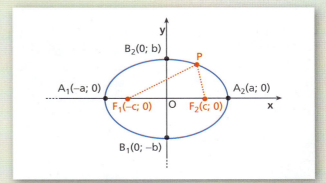

8. L'IPERBOLE

- **Iperbole**: luogo geometrico dei punti P che hanno costante la differenza delle distanze da due punti F_1 e F_2, detti **fuochi**.
- **Equazione canonica** dell'iperbole quando i fuochi sono sull'asse x e l'asse y passa per il punto medio del segmento che li congiunge: $\frac{x^2}{a^2} - \frac{y^2}{b^2} = 1$.
- **Fuochi**: $F_1(-c; 0)$, $F_2(c; 0)$, con $a < c$ e $c^2 - a^2 = b^2$.
- **Vertici reali**: $A_1(-a; 0)$ e $A_2(a; 0)$, intersezioni dell'iperbole con l'asse x.
  $B_1(0;-b)$ e $B_2(0;b)$ *non* sono intersezioni con l'asse y e sono detti **vertici non reali**.
- **Asse trasverso A_1A_2**: asse passante per i vertici reali. B_1B_2 è invece detto **asse non trasverso**.
- **Asintoti**: $y = \frac{b}{a}x$ e $y = -\frac{b}{a}x$.
- **Eccentricità e**: rapporto fra la distanza focale e la lunghezza dell'asse trasverso; indica la forma più o meno schiacciata dell'iperbole; $e = \frac{c}{a}$, $e > 1$.
- Se i **fuochi** sono **sull'asse y**, l'equazione dell'iperbole è: $\frac{x^2}{a^2} - \frac{y^2}{b^2} = -1$.
- **Iperbole equilatera**. Equazione: $x^2 - y^2 = a^2$.
- L'equazione dell'iperbole equilatera riferita agli asintoti è $xy = k$, con k costante positiva o negativa.
- **Funzione omografica**
  Equazione: $y = \frac{ax+b}{cx+d}$, con $c \ne 0$ e $ad - bc \ne 0$,
  Grafico: iperbole equilatera. Asintoti di equazioni $x = -\frac{d}{c}$ e $y = \frac{a}{c}$. Centro di simmetria: $C\left(-\frac{d}{c}; \frac{a}{c}\right)$.

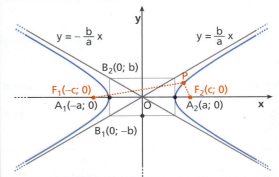

1. LA PARABOLA

▶ Teoria a pag. 224

L'equazione della parabola con asse coincidente con l'asse y e vertice nell'origine

1 ESERCIZIO GUIDA

Applicando la definizione, determiniamo l'equazione della parabola che ha fuoco $F(0; 3)$ e direttrice d di equazione $y = -3$.

La parabola è il luogo dei punti equidistanti dal fuoco e dalla direttrice. Disegniamo il punto F e la direttrice d. Indichiamo con $P(x; y)$ un punto generico della parabola e con H il piede della perpendicolare condotta da P alla direttrice.

Se $P(x; y)$ sta sulla parabola, le sue coordinate soddisfano la condizione $\overline{PF} = \overline{PH}$.
Pertanto, poiché

$$\overline{PF} = \sqrt{(x-0)^2 + (y-3)^2} = \sqrt{x^2 + y^2 - 6y + 9}$$
$$\overline{PH} = |y - (-3)| = |y + 3|$$

abbiamo:

$$\sqrt{x^2 + y^2 - 6y + 9} = |y + 3|.$$

Eleviamo i due membri al quadrato e svolgiamo i calcoli:

$$x^2 + y^2 - 6y + 9 = (y + 3)^2$$
$$x^2 + y^2 - 6y + 9 = y^2 + 6y + 9$$
$$x^2 = 12y.$$

Ricaviamo y:

$$y = \frac{x^2}{12}.$$

Questa è l'equazione della parabola richiesta.

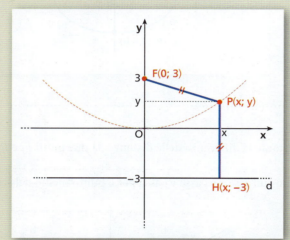

Determina l'equazione della parabola della quale sono assegnati il fuoco F e la direttrice d.

2 $F(0; 3)$, $d: y = -3$.

3 $F\left(0; \dfrac{1}{3}\right)$, $d: y = -\dfrac{1}{3}$.

4 $F(0; -4)$, $d: y = 4$.

Trova le equazioni delle seguenti parabole, utilizzando i dati delle figure.

5

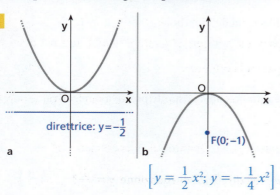

$$\left[y = \frac{1}{2}x^2;\ y = -\frac{1}{4}x^2\right]$$

6

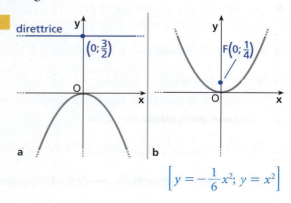

$$\left[y = -\frac{1}{6}x^2;\ y = x^2\right]$$

250

PARAGRAFO 1. LA PARABOLA — ESERCIZI

7 Una parabola ha per asse l'asse y e il vertice nell'origine degli assi. Il fuoco è nel punto $F\left(0; \frac{5}{2}\right)$ e la direttrice passa per il punto $A\left(0; -\frac{5}{2}\right)$. Determina l'equazione della parabola.
$\left[y = \frac{1}{10}x^2\right]$

8 Una parabola ha vertice nell'origine, asse coincidente con l'asse y e direttrice di equazione $y = \frac{4}{3}$. Dopo aver individuato le coordinate del fuoco, scrivi l'equazione della parabola.
$\left[F\left(0; -\frac{4}{3}\right); y = -\frac{3}{16}x^2\right]$

Dall'equazione $y = ax^2$ al grafico

9 ESERCIZIO GUIDA

Rappresentiamo nel piano cartesiano la parabola di equazione $y = \frac{x^2}{4}$ e determiniamo le sue caratteristiche, cioè le coordinate del fuoco e l'equazione della direttrice.

La parabola è del tipo $y = ax^2$, pertanto il vertice è l'origine degli assi e l'asse di simmetria è l'asse y.

Costruiamo la tabella, tenendo presente che i punti della parabola di ascissa opposta hanno la stessa ordinata, e disegniamo la parabola per punti. Il fuoco ha ascissa nulla e ordinata

$$y_F = \frac{1}{4a} = \frac{1}{4 \cdot \frac{1}{4}} = 1,$$

quindi $F(0; 1)$. L'equazione della direttrice è

$$y = -\frac{1}{4a},$$

quindi $y = -1$.

x	y
0	0
±2	1
±4	4
±6	9

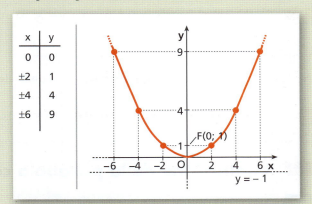

Dopo aver trovato le caratteristiche della parabola di equazione assegnata, disegnala nel piano cartesiano.

10 $y = \frac{3}{2}x^2$

11 $y = -\frac{5}{8}x^2$

12 $x^2 = \frac{2}{5}y$

13 $x^2 + 2y = 0$

14 $4y + 3x^2 = 0$

15 $2x^2 = 5y$

16 Per quali valori di a l'equazione $y = \frac{1}{a-1}x^2$ rappresenta una parabola? Trova a affinché il fuoco abbia coordinate $(0; 2)$ e disegna la parabola ottenuta.
$[a \neq 1; a = 9]$

17 L'equazione $ay - 3x^2 = 0$ può rappresentare una parabola per qualsiasi valore di a? Trova per quali valori di a la direttrice ha equazione $y = \frac{1}{2}$ e disegna la parabola ottenuta.
$[a \neq 0; a = -6]$

18 Quale valore deve avere il coefficiente a nell'equazione $y = ax^2$ affinché la parabola che essa rappresenta passi per il punto $P(-2; 8)$?
$[2]$

19 Una parabola di equazione $y = ax^2$ ha fuoco nel punto $F(0; 5)$. Quanto vale il coefficiente a?
$\left[\frac{1}{20}\right]$

20 Per quale valore di a la parabola di equazione $y = ax^2$ ha direttrice di equazione $y = \frac{1}{8}$?
$[-2]$

251

21 Data l'equazione $y = ax^2$, trova a affinché la direttrice abbia equazione $y = -4$. Stabilisci poi se i punti $P(4; 1)$, $Q\left(1; \dfrac{1}{4}\right)$, $R\left(-2; \dfrac{1}{4}\right)$ appartengono alla parabola. $\left[\dfrac{1}{16}\right]$

22 Nella parabola di equazione $y = ax^2$, trova a affinché il fuoco, che ha ordinata negativa, abbia distanza dalla direttrice uguale a $\dfrac{8}{3}$. $\left[-\dfrac{3}{16}\right]$

La concavità e l'apertura della parabola

23 Stabilisci come è rivolta la concavità delle seguenti parabole, determina le loro caratteristiche e disegna il loro grafico: $y = -4x^2$, $2y + 3x^2 = 0$, $2x^2 = \dfrac{1}{3}y$.

24 Nell'equazione $y = ax^2$ determina per quale valore di a si ha una parabola con la concavità rivolta verso il basso e con il fuoco che ha distanza da $O(0; 0)$ uguale a $\dfrac{2}{3}$. $\left[-\dfrac{3}{8}\right]$

25 Verifica che la parabola di equazione $y = x^2$ ha un'apertura maggiore della parabola $y = 2x^2$, disegnandone i grafici.

Per ogni coppia di parabole assegnata, stabilisci quale delle due parabole ha apertura minore.

26 $y = \dfrac{3}{4}x^2$ e $y = -\dfrac{4}{3}x^2$.   **27** $y = -3x^2$ e $y = \dfrac{1}{3}x^2$.   **28** $y = 6x^2$ e $y = 5x^2$.

L'equazione della parabola con asse parallelo all'asse y

29 **ESERCIZIO GUIDA**

Una parabola ha direttrice di equazione $y = -1$ e fuoco nel punto $F(-1; 2)$. Determiniamo l'equazione della parabola mediante la definizione.

La parabola è per definizione il luogo dei punti equidistanti dal fuoco e dalla direttrice. Pertanto, preso un punto $P(x; y)$ sulla parabola, deve valere la relazione $\overline{PH} = \overline{PF}$.

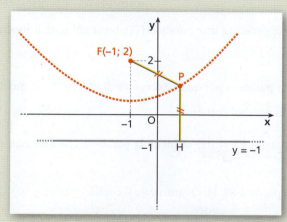

Poiché
$\overline{PF} = \sqrt{(x+1)^2 + (y-2)^2}$,
$\overline{PH} = |y+1|$,

uguagliando le due espressioni si ottiene:
$$\sqrt{(x+1)^2 + (y-2)^2} = |y+1|.$$

Eleviamo al quadrato i membri dell'equazione per eliminare la radice ed eseguiamo i calcoli:

$(x+1)^2 + (y-2)^2 = (y+1)^2$
$x^2 + 2x + 1 + y^2 - 4y + 4 = y^2 + 2y + 1$
$x^2 + 2x + 5 = 6y + 1$
$6y = x^2 + 2x + 4$.

Perciò l'equazione della parabola è:
$$y = \dfrac{x^2}{6} + \dfrac{x}{3} + \dfrac{2}{3}.$$

PARAGRAFO 1. LA PARABOLA   **ESERCIZI**

Qui di seguito sono assegnate le coordinate del fuoco e l'equazione della direttrice di alcune parabole. Determina l'equazione di ciascuna parabola applicando la definizione.

30 $F(-2; -1)$, $d: y = -3$. $\left[y = \frac{1}{4}x^2 + x - 1 \right]$

31 $F(2; 3)$, $d: y = -3$. $\left[y = \frac{1}{12}x^2 - \frac{1}{3}x + \frac{1}{3} \right]$

32 $F(2; 1)$, $d: y = 3$. $\left[y = -\frac{1}{4}x^2 + x + 1 \right]$

33 $F\left(-2; -\frac{19}{4}\right)$, $d: y = -\frac{21}{4}$. $\left[y = x^2 + 4x - 1 \right]$

34 $F(-1; -1)$, $d: y = -\frac{3}{2}$. $\left[y = x^2 + 2x - \frac{1}{4} \right]$

35 $F\left(2; -\frac{15}{4}\right)$, $d: y = -\frac{17}{4}$. $\left[y = x^2 - 4x \right]$

36 **ESERCIZIO GUIDA**

Determiniamo le caratteristiche della parabola di equazione $y = x^2 + 6x - 1$.

I coefficienti della parabola sono: $a = 1$; $b = 6$; $c = -1$. Calcoliamo il discriminante dell'equazione:

$$\Delta = b^2 - 4ac = 6^2 - 4 \cdot 1 \cdot (-1) =$$
$$= 36 + 4 = 40.$$

Troviamo le coordinate del vertice V:

$$x_V = -\frac{b}{2a} = -\frac{6}{2 \cdot 1} = -3,$$

$$y_V = -\frac{\Delta}{4a} = -\frac{40}{4 \cdot 1} = -10.$$

Pertanto è $V(-3; -10)$.
È possibile calcolare l'ordinata y_V del vertice anche sostituendo a x il valore -3 di x_V nell'equazione della parabola:

$$y_V = (-3)^2 + 6 \cdot (-3) - 1 = -10.$$

Il fuoco F ha la stessa ascissa del vertice:

$$x_F = -3.$$

L'ordinata del fuoco è:

$$y_F = \frac{1 - \Delta}{4a} = \frac{1 - 40}{4 \cdot 1} = -\frac{39}{4}.$$

Pertanto è $F\left(-3; -\frac{39}{4}\right)$.

L'asse è l'insieme dei punti che hanno la stessa ascissa del vertice, quindi ha equazione:

$$x = -3.$$

L'equazione della direttrice è:

$$y = -\frac{1 + \Delta}{4a} = -\frac{1 + 40}{4 \cdot 1} = -\frac{41}{4}.$$

Determina le caratteristiche delle seguenti parabole, cioè trova le coordinate del vertice, del fuoco, l'equazione della direttrice e dell'asse di simmetria.

37 $y = x^2 - 4x + 3$; $y = -2x^2 + 4x$.

38 $y = -x^2 + 4$; $y = x^2 - 4x + 4$.

39 $y = (x - 1)(x + 2)$; $x^2 - 2x + y = 0$.

40 $y = -\frac{1}{2}x^2 - \frac{1}{4}$; $y + 4x = x^2 + 2$.

41 $y = x^2 - 2x - 8$; $y = -x^2 - 2x + 3$.

42 $3y = x^2 - 4x$; $y = -x^2 - 8x$.

43 $y = -4x^2 + 4$; $4y = -x^2 + 4x + 5$.

44 $y = (x + 3)^2$; $y = -x^2 + 6x$.

Dall'equazione $y = ax^2 + bx + c$ al grafico

45 **ESERCIZIO GUIDA**

Rappresentiamo nel piano cartesiano la parabola di equazione $y = x^2 + 3x + 2$.

▶▶

253

Per disegnare la parabola basta trovare le coordinate del vertice e gli eventuali punti di intersezione con gli assi cartesiani. L'ascissa del vertice è $x_V = -\frac{b}{2a} = -\frac{3}{2}$ e l'ordinata è $y_V = -\frac{\Delta}{4a} = -\frac{9-8}{4} = -\frac{1}{4}$.

Poiché il vertice è un punto della parabola, l'ordinata del vertice si può ottenere anche sostituendo l'ascissa $x = -\frac{3}{2}$ nell'equazione della parabola. Il vertice è allora $V\left(-\frac{3}{2}; -\frac{1}{4}\right)$. Troviamo ora i punti di intersezione con gli assi cartesiani: per $x = 0$ si ha $y = 2$ e per $y = 0$ si ha $x_1 = -1$ e $x_2 = -2$.

I punti di intersezione sono allora $(0; 2)$, $(-1; 0)$ e $(-2; 0)$. Rappresentiamo ora la parabola.

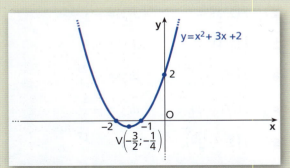

Disegna le parabole che hanno le seguenti equazioni.

46 $y = -x^2 + 3x + 4$; $\quad y = -3x^2 + 3$.

47 $y = x^2 - x$; $\quad y = (x-1)^2$.

48 $y = 3x^2 + 6$; $\quad y = -x^2 + 2x + 3$.

49 $y = -x^2 - \frac{1}{2}$; $\quad y = x^2 - 4x$.

50 $y = 4 + x^2$; $\quad y = -x^2 + \frac{1}{4}x$.

51 $y = \frac{3}{2}x^2 - x$; $\quad 2y = -x^2 + 1$.

52 $-x^2 + y - 1 = 0$; $\quad x^2 = y + 4$.

53 $y = \frac{1}{2}x^2 - x + \frac{1}{2}$; $\quad y = x^2 - 6x + 9$.

54 $y = x(x-2)$; $\quad y = 3x^2 - 2x + 1$.

55 $y = -\frac{1}{3}x^2 - 3$; $\quad y = x^2 + 2x + 3$.

56 $4x^2 - x - y = 0$; $\quad y = -2x^2 + 15x - 7$.

57 $y = \frac{1}{4}x^2 - x$; $\quad y + 9 = x^2$.

58 Per quali valori di $a \in \mathbb{R}$ l'equazione $ay = (a+1)x^2 + ax$ rappresenta una parabola? $\quad [a \neq 0 \wedge a \neq -1]$

59 Determina per quali valori di k l'equazione $y = (k^2 - 1)x^2 + x - k - 3$:
a) rappresenta una parabola con la concavità rivolta verso l'alto;
b) rappresenta una parabola che passa per l'origine.
$\quad [a) \; k < -1 \vee k > 1; \; b) \; k = -3]$

2. RETTA E PARABOLA

▶ Teoria a pag. 228

60 **ESERCIZIO GUIDA**

Stabiliamo se le rette di equazioni $y = x - 2$ e $y = x - 1$ sono secanti, tangenti o esterne alla parabola di equazione $y = x^2 + 3x - 1$ e rappresentiamo graficamente la parabola e le rette.

Risolviamo il sistema formato dalle equazioni della parabola e della prima retta:

$$\begin{cases} y = x - 2 \\ y = x^2 + 3x - 1 \end{cases}$$

Per confronto, otteniamo:

$x^2 + 3x - 1 = x - 2$

$x^2 + 3x - 1 - x + 2 = 0$
$x^2 + 2x + 1 = 0$
$\frac{\Delta}{4} = 1 - 1 = 0$.

Quindi l'unica soluzione è:
$x = -1$.

Poiché $\Delta = 0$, la retta è tangente alla parabola.

Il punto di tangenza ha ascissa $x = -1$ e la rispettiva ordinata è $y = -3$.
Il punto di tangenza è $T(-1; -3)$.
Risolviamo ora il sistema:
$$\begin{cases} y = x - 1 \\ y = x^2 + 3x - 1 \end{cases}$$
Si ha $x - 1 = x^2 + 3x - 1$, da cui $x^2 + 2x = 0$. L'equazione ha $\Delta > 0$, quindi si hanno due soluzioni $x_1 = -2$ e $x_2 = 0$. La retta $y = x - 1$ è quindi secante la parabola nei punti $A(-2; -3)$ e $B(0; -1)$. Rappresentiamo il grafico della parabola e delle due rette.

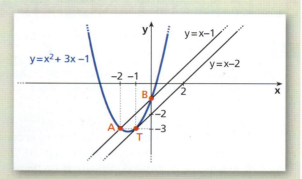

Nei seguenti esercizi sono assegnate le equazioni di una retta e di una parabola. Determina per ciascuna coppia i punti di intersezione delle due curve e disegna il loro grafico.

61 $y = 3x + 1$, $\quad y = x^2 + 4x - 1$. $\hfill [(1; 4); (-2; -5)]$

62 $y = -x$, $\quad y = x^2 - x - 1$. $\hfill [(1; -1); (-1; 1)]$

63 $y = 2x + 5$, $\quad y = x^2 + 2x + 5$. $\hfill [(0; 5)]$

64 $y = -8$, $\quad y = x^2 + 8$. $\hfill [\text{nessuna intersezione}]$

65 $y = x + 4$, $\quad x = y^2 + 2y + 4$. $\hfill [\text{nessuna intersezione}]$

66 $x = 2$, $\quad x = -2y^2 - 3y + 1$. $\hfill \left[\left(2; -\frac{1}{2}\right); (2; -1)\right]$

67 Determina le coordinate del punto di intersezione della parabola $y = 2x^2 + 4x - 2$ con la retta parallela all'asse della parabola passante per il punto $P(-2; 6)$. $\hfill [(-2; -2)]$

68 Calcola la lunghezza del segmento AB, dove A e B sono i punti di intersezione della bisettrice del I e III quadrante con la parabola di equazione $y = x^2 - 3x + 3$. $\hfill [2\sqrt{2}]$

69 Data la parabola di equazione $y = -x^2 + 6x$, indicato con V il vertice, determina l'area del triangolo AVB, dove A e B sono i punti di intersezione della parabola con la retta di equazione $y = 5$. $\hfill [8]$

70 Date la parabola $y = x^2 - 2x + 7$ e la retta r di equazione $y = 2x - 1$, determina l'equazione della retta parallela a r passante per il vertice della parabola e calcola le coordinate dei punti di intersezione di tale retta con la parabola. $\hfill [y = 2x + 4; (1; 6); (3; 10)]$

71 Scrivi l'equazione della retta che interseca la parabola $y = \frac{1}{4}x^2 - 1$ nei due punti A e B di ascissa 0 e 4. Calcola la lunghezza della corda AB e l'area del triangolo ABO, essendo O l'origine degli assi. $\hfill [y = x - 1; 4\sqrt{2}; 2]$

72 Dopo aver verificato che la retta di equazione $y = -6x - 1$ è tangente in un punto A alla parabola di equazione $y = x^2 - 4x$, determina l'area del triangolo AVF, dove V e F sono rispettivamente il vertice e il fuoco della parabola. $\hfill \left[A(-1; 5); \frac{3}{8}\right]$

73 Data la parabola di equazione $y = 2x^2 - 8x$, trova la misura della corda AB che si ottiene intersecando la parabola con la retta di equazione $y = 3x - 12$. Determina poi sull'asse y un punto C che forma con A e B un triangolo isoscele ABC di base AB. $\hfill \left[\frac{5}{2}\sqrt{10}; C\left(0; -\frac{17}{6}\right)\right]$

74 Determina per quali valori di m la parabola di equazione $y = 2x^2 - 4x + 3$ e la retta di equazione $y = mx + m$ hanno dei punti in comune. $\hfill [m \leq -8 - 6\sqrt{2} \lor m \geq -8 + 6\sqrt{2}]$

3. LE RETTE TANGENTI A UNA PARABOLA

▶ Teoria a pag. 230

75 ESERCIZIO GUIDA

Data la parabola di equazione $y = x^2 + 2x + 4$, determiniamo le equazioni delle rette passanti per il punto $P(-2; 0)$ e tangenti alla parabola.

La parabola ha il vertice di coordinate $(-1; 3)$.
Poiché l'ordinata del vertice è positiva e la concavità è rivolta verso l'alto, la parabola non ha intersezioni con l'asse x. Essa interseca l'asse y in $(0; 4)$. Il punto P non appartiene alla parabola.
Scriviamo l'equazione della generica retta passante per P: $y = m(x + 2)$.

Mettiamo a sistema l'equazione della retta con quella della parabola:

$$\begin{cases} y = mx + 2m \\ y = x^2 + 2x + 4 \end{cases}$$

Mediante sostituzione, otteniamo:

$x^2 + 2x + 4 = mx + 2m$
$x^2 + (2 - m)x + 4 - 2m = 0$
$\Delta = (2 - m)^2 - 4(4 - 2m) = m^2 + 4m - 12$.

Ponendo $\Delta = 0$ (condizione di tangenza):

$m^2 + 4m - 12 = 0$

$m = -2 \pm \sqrt{16} = -2 \pm 4 = \begin{cases} -6 \\ 2 \end{cases}$

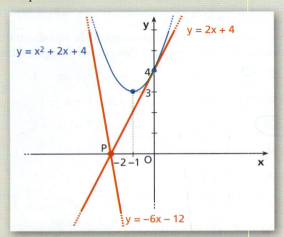

Poiché abbiamo trovato due valori di m, $m_1 = -6$ e $m_2 = 2$, esistono **due** rette tangenti alla parabola passanti per P di equazioni $y = -6x - 12$ e $y = 2x + 4$.

76 Data la parabola di equazione $y = x^2 - 3x + 2$, determina l'equazione della retta tangente nel suo punto di ascissa -1. $[y = -5x + 1]$

77 Data la parabola di equazione $y = -\dfrac{1}{2}x^2 - 4x - 6$, determina l'equazione della retta tangente nel punto di intersezione fra la parabola e l'asse y. $[y = -4x - 6]$

78 Verifica che la parabola di equazione $y = 2x^2 + 4x + 2$ è tangente all'asse x e scrivi le coordinate del punto di tangenza. $[T(-1; 0)]$

79 Data la parabola di equazione $y = x^2 + 4x + 6$, determina le equazioni delle rette passanti per $P(-4; 5)$ e tangenti alla parabola. $[y = -2x - 3; y = -6x - 19]$

80 Scrivi le equazioni delle rette passanti per $P(2; 8)$ e tangenti alla parabola di equazione $y = -2x^2 + 16x - 24$. Determina inoltre le coordinate dei punti di tangenza. $[y = 16x - 24; y = 8; (0; -24); (4; 8)]$

81 Calcola l'equazione della retta tangente alla parabola di equazione $y = -2x^2 + x + 1$ nel suo punto di ascissa nulla e verifica che la retta è parallela alla bisettrice del I e del III quadrante. $[y = x + 1]$

82 Scrivi l'equazione della retta tangente alla parabola di equazione $y = -x^2 + 3x$ nel suo punto di ordinata uguale a -4 e ascissa positiva. $[y = -5x + 16]$

4. DETERMINARE L'EQUAZIONE DI UNA PARABOLA

▶ Teoria a pag. 231

L'equazione della parabola noti il vertice e il fuoco

83 ESERCIZIO GUIDA

Determiniamo l'equazione della parabola con asse parallelo all'asse y avente per vertice il punto $V(1; 2)$ e per fuoco il punto $F(1; 3)$ e rappresentiamola nel piano cartesiano.

La parabola ha equazione generale $y = ax^2 + bx + c$. Per trovare a, b, c, utilizziamo le formule del vertice $\left(-\dfrac{b}{2a}; -\dfrac{\Delta}{4a}\right)$ e quelle del fuoco $\left(-\dfrac{b}{2a}; \dfrac{1-\Delta}{4a}\right)$. Si ha il sistema:

$$\begin{cases} -\dfrac{b}{2a} = 1 \\ -\dfrac{\Delta}{4a} = 2 \\ \dfrac{1-\Delta}{4a} = 3 \end{cases} \to \begin{cases} b = -2a \\ b^2 - 4ac = -8a \\ 1-(b^2-4ac) = 12a \end{cases} \to \begin{cases} b = -2a \\ b^2 - 4ac = -8a \\ 1 + 8a = 12a \end{cases} \to \begin{cases} b = -\dfrac{1}{2} \\ \dfrac{1}{4} - c = -2 \\ a = \dfrac{1}{4} \end{cases} \to \begin{cases} a = \dfrac{1}{4} \\ b = -\dfrac{1}{2} \\ c = \dfrac{9}{4} \end{cases}$$

L'equazione della parabola è:

$$y = \dfrac{1}{4}x^2 - \dfrac{1}{2}x + \dfrac{9}{4}.$$

Osservazione. La seconda equazione del sistema può essere sostituita con la condizione di appartenenza del vertice alla parabola:

$$2 = a + b + c.$$

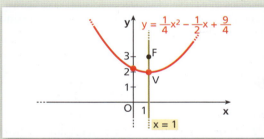

Determina l'equazione della parabola con asse parallelo all'asse y, della quale sono indicate le coordinate del vertice V e del fuoco F, e rappresentala nel piano cartesiano.

84 $V(-3; 1)$, $F\left(-3; -\dfrac{3}{4}\right)$. $\left[y = -\dfrac{1}{7}x^2 - \dfrac{6}{7}x - \dfrac{2}{7}\right]$

85 $V\left(1; -\dfrac{3}{4}\right)$, $F(1; -1)$. $\left[y = -x^2 + 2x - \dfrac{7}{4}\right]$

86 $V(2; -1)$, $F\left(2; -\dfrac{5}{4}\right)$. $[y = -x^2 + 4x - 5]$

87 $V(1; -2)$, $F\left(1; -\dfrac{23}{12}\right)$. $[y = 3x^2 - 6x + 1]$

L'equazione della parabola per due punti, noto l'asse

88 ESERCIZIO GUIDA

Determiniamo l'equazione della parabola che passa per i punti $A(0; -4)$, $B(-1; -1)$ e che ha asse di equazione $x = 1$.

L'asse è parallelo all'asse y e quindi la parabola cercata ha equazione $y = ax^2 + bx + c$.

257

ESERCIZI — CAPITOLO 5. LE CONICHE

L'equazione dell'asse della generica parabola è $x = -\dfrac{b}{2a}$ e quindi vale l'uguaglianza: $-\dfrac{b}{2a} = 1$.

Imponiamo ora che la parabola passi per i punti A e B. Un punto appartiene alla parabola se e solo se le sue coordinate soddisfano l'equazione.

Sostituiamo pertanto le coordinate dei due punti al posto di x e y nell'equazione $y = ax^2 + bx + c$:

$-4 = c$ (passaggio per A); $\quad -1 = a - b + c$ (passaggio per B)

Risolviamo il sistema formato dalle tre equazioni nelle tre incognite a, b, c:

$\begin{cases} -\dfrac{b}{2a} = 1 \\ -4 = c \\ -1 = a - b + c \end{cases} \rightarrow \begin{cases} b = -2a \\ c = -4 \\ a - b + c = -1 \end{cases} \rightarrow$

$\rightarrow \begin{cases} b = -2a \\ c = -4 \\ a + 2a - 4 = -1 \end{cases} \rightarrow \begin{cases} b = -2 \\ c = -4 \\ a = 1 \end{cases}$

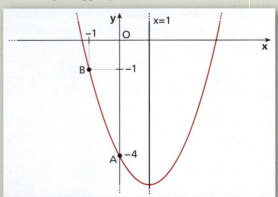

L'equazione della parabola è:

$y = x^2 - 2x - 4.$

Determina l'equazione della parabola, di cui sono indicate le coordinate di due suoi punti, A e B, e l'equazione dell'asse di simmetria.

89 $A(-1; -1)$, $B(1; 5)$, $\quad x = -\dfrac{3}{2}$. $\hfill [y = x^2 + 3x + 1]$

90 $A(1; -3)$, $B(4; 0)$, $\quad x = 2$. $\hfill [y = x^2 - 4x]$

91 $A(-1; 1)$, $B(0; 4)$, $\quad x = 1$. $\hfill [y = -x^2 + 2x + 4]$

L'equazione della parabola passante per tre punti

Determina l'equazione della parabola con asse parallelo all'asse y che passa per i punti assegnati e rappresentala graficamente.

92 $A(0; 0)$, $\quad B(1; 2)$, $\quad C(3; 0)$. $\hfill [y = -x^2 + 3x]$

93 $A(-1; 0)$, $\quad B(0; 5)$, $\quad C(2; 3)$. $\hfill [y = -2x^2 + 3x + 5]$

94 $A(1; 1)$, $\quad B(2; 3)$, $\quad C(-1; -9)$. $\hfill [y = -x^2 + 5x - 3]$

95 $A(-1; -3)$, $\quad B(2; 0)$, $\quad C(0; -4)$. $\hfill [y = x^2 - 4]$

L'equazione della parabola passante per un punto, noto il vertice

Determina l'equazione della parabola con asse parallelo all'asse y che passa per il punto A e che ha vertice in V e disegnala.

96 $A(1; -2)$, $\quad V(2; -3)$. $\hfill [y = x^2 - 4x + 1]$

97 $A(4; 10)$, $\quad V(1; -8)$. $\hfill [y = 2x^2 - 4x - 6]$

98 $A(1; 0)$, $\quad V\left(\dfrac{3}{2}; \dfrac{1}{4}\right)$. $\hfill [y = -x^2 + 3x - 2]$

99 $A(0; 1)$, $\quad V\left(\dfrac{3}{2}; \dfrac{13}{4}\right)$. $\hfill [y = -x^2 + 3x + 1]$

PARAGRAFO 4. DETERMINARE L'EQUAZIONE DI UNA PARABOLA — ESERCIZI

100 Scrivi l'equazione della parabola, con asse parallelo all'asse y, passante per l'origine degli assi e con il vertice nel punto $V(1; -2)$.
$[x = 2x^2 - 4x]$

101 Scrivi l'equazione della parabola, con asse parallelo all'asse y, che ha vertice $V\left(\dfrac{1}{3}; -\dfrac{16}{3}\right)$ e che incontra l'asse y nel punto di ordinata -5.
$[y = 3x^2 - 2x - 5]$

102 Una parabola, con l'asse parallelo all'asse y, ha vertice $V(4; 2)$ e passa per il punto di intersezione delle rette di equazioni $5x - 2y - 10 = 0$ e $3x + 2y + 2 = 0$. Determina la sua equazione.
$\left[y = -\dfrac{1}{2}x^2 + 4x - 6\right]$

L'equazione della parabola note altre condizioni

103 Determina l'equazione della parabola con asse di equazione $x = \dfrac{1}{2}$ e passante per i punti di intersezione della retta di equazione $y = -2x + 6$ con gli assi cartesiani.
$[y = -x^2 + x + 6]$

104 Scrivi l'equazione della parabola passante per il punto $A(1; -2)$, con l'asse di equazione $x = 2$ e il vertice appartenente alla retta di equazione $x + 2y + 4 = 0$.
$[y = x^2 - 4x + 1]$

105 Scrivi l'equazione della parabola, con asse parallelo all'asse y e concavità rivolta verso il basso, passante per l'origine e per $A\left(1; \dfrac{7}{8}\right)$ e con vertice sulla retta di equazione $y = 2x - 6$.
$\left[y = -\dfrac{1}{8}x^2 + x\right]$

106 Le rette di equazioni $y = 3x - 3$ e $y = -3x + 21$ si intersecano in un punto V e incontrano l'asse x nei punti A e B. Determina e rappresenta graficamente l'equazione della parabola che ha vertice in V e passa per A e B.
$[y = -x^2 + 8x - 7]$

107 ESERCIZIO GUIDA

Determiniamo l'equazione della parabola con asse parallelo all'asse y e con il vertice di ascissa minore di -1, passante per i punti $A(-1; -5)$ e $B(1; 3)$ e tangente alla retta di equazione $y = -2x - 11$.

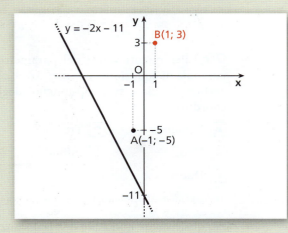

Imponiamo alla parabola di equazione
$$y = ax^2 + bx + c$$
il passaggio per i due punti A e B:
$$\begin{cases} -5 = a - b + c & \text{passaggio per } A(-1; -5) \\ 3 = a + b + c & \text{passaggio per } B(1; 3) \end{cases}$$

Ricaviamo due incognite in funzione della terza. Usiamo il metodo di riduzione, sottraendo membro a membro:

$$\ominus \begin{cases} a - b + c = -5 \\ a + b + c = 3 \end{cases}$$
$$\overline{ -2b = -8} \to b = 4$$

Sostituiamo $b = 4$ nella prima equazione e ricaviamo c in funzione di a:
$$\begin{cases} a - 4 + c = -5 \to c = -a - 1 \\ b = 4 \end{cases}$$

L'equazione della parabola diventa:
$$y = ax^2 + 4x - a - 1.$$

Ora imponiamo che la retta $y = -2x - 11$ sia tangente alla parabola:
$$\begin{cases} y = ax^2 + 4x - a - 1 \\ y = -2x - 11 \end{cases}$$

L'equazione risolvente è:
$$ax^2 + 6x - a + 10 = 0.$$

259

Imponiamo la condizione di tangenza, cioè $\frac{\Delta}{4} = 0$:

$a^2 - 10a + 9 = 0 \rightarrow a = 1$ e $a = 9$.

Le soluzioni trovate sono due:

$\begin{cases} a = 1 \\ b = 4 \\ c = -2 \end{cases}$ $\begin{cases} a = 9 \\ b = 4 \\ c = -10 \end{cases}$

Otteniamo le due parabole di equazioni:

$y = x^2 + 4x - 2$ e $y = 9x^2 + 4x - 10$.

Poiché la parabola richiesta deve avere il vertice con ascissa minore di -1, calcoliamo le coordinate del vertice delle due parabole:

$y = x^2 + 4x - 2$, $V(-2; -6)$, ascissa $-2 < -1$

$y = 9x^2 + 4x - 10$, $V\left(-\frac{2}{9}; -\frac{94}{9}\right)$,

ascissa $-\frac{2}{9} > -1$.

Pertanto la parabola cercata ha equazione:

$y = x^2 + 4x - 2$.

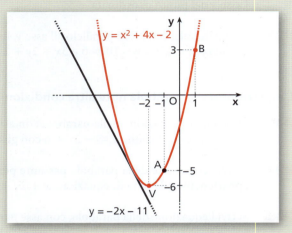

108 Determina l'equazione della parabola $y = ax^2 + bx + c$ passante per i punti $A(1; 2)$, $B(3; 0)$ e tangente alla bisettrice del II e IV quadrante. $[y = 3x^2 - 13x + 12]$

109 Scrivi l'equazione della parabola $y = ax^2 + bx + c$ passante per i punti $A(2; 0)$, $B(1; -1)$ e tangente alla retta $y = -2x + 5$. $[y = -x^2 + 4x - 4;\ y = -9x^2 + 28x - 20]$

110 Determina l'equazione della parabola $y = ax^2 + bx + c$ di vertice $V(2; -2)$ e tangente alla retta $y = 2x - 7$. $[y = x^2 - 4x + 2]$

RIEPILOGO La parabola

TEST

111 La parabola rappresentata in figura

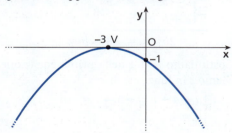

ha equazione:

A $y = -(x + 3)^2$.

B $y = -\frac{(x+3)^2}{9}$.

C $y = -(x - 3)(x - 1)$.

D $y = -\frac{(x-3)^2}{9}$.

E $y = -(x - 3)^2$.

112 🏅 Per quanti valori del parametro c la parabola di equazione $y = x^2 - 8xc + c^4$ ha il vertice che giace su uno (almeno) degli assi coordinati?

A Nessuno.   D Tre.

B Uno.   E Infiniti.

C Due.

(*Olimpiadi di Matematica, Giochi di Archimede*, 1995)

113 Per quale valore non nullo di k la distanza tra i vertici delle parabole $y = kx^2 - 2x + 1$ e $y = -2x^2 + 2$ è uguale a 1?

A Per ogni k.   D ± 1

B 1   E Per nessun valore di k.

C -1

(*CISIA, Facoltà di Ingegneria, Test di ingresso*)

RIEPILOGO LA PARABOLA   **ESERCIZI**

114   **VERO O FALSO?**

La parabola di equazione $y = ax^2 - ax + a + 1$:

a) ha per asse di simmetria la retta $x = \frac{1}{2}$.   V   F

b) ha il fuoco sull'asse x se $a = -\frac{8}{3}$.   V   F

c) è tangente all'asse x se $a = \frac{4}{3}$.   V   F

d) passa per l'origine se $a = -1$.   V   F

e) interseca l'asse x solo per $-\frac{4}{3} \le a \le 0$.   V   F

COMPLETA le seguenti equazioni di parabole utilizzando i dati a fianco.

115 $y = \dots x^2 + 2x + \dots$ il vertice è $V(1; -3)$.

116 $y = \dots x^2 - \dots x + \dots$ passa per $A(0; 3)$ e $B(1; 0)$ e l'asse di simmetria è $x = 2$.

117 $y = \dots x^2 + \dots x - \dots$ il fuoco è $F\left(-1; -\frac{7}{4}\right)$, passa per $(0; -1)$ e la concavità è rivolta verso l'alto.

118 $y = x^2 - \dots x + \dots$ passa per $(0; 2)$, è tangente alla retta di equazione $y = 2x - 7$ e il vertice ha ascissa positiva.

119 $y = \dots x^2 - 4x + \dots$ passa per l'origine e l'ordinata del vertice è -2.

120   Data la parabola $y = x^2 + bx + 3$, trova b in modo che:

a) abbia il vertice sull'asse y;

b) sia tangente alla bisettrice del II e IV quadrante;

c) sia tangente all'asse x;

d) stacchi sulla retta $y = -3$ una corda lunga 6.

$$\left[\text{a) } b = 0; \text{ b) } b = -1 \pm 2\sqrt{3}; \text{ c) } b = \pm 2\sqrt{3}; \text{ d) } b = \pm 2\sqrt{15}\right]$$

121   In un piano, riferito a un sistema di assi cartesiani ortogonali xOy, sono dati i punti $A(0; 5)$ e $B(5; 0)$.

a) Determina l'equazione della parabola passante per A e B e avente come asse di simmetria la retta di equazione $x = 2$.

b) Sull'arco di parabola AB determina un punto P in modo che il quadrilatero $OAPB$ abbia area $\frac{55}{2}$.

$$[\text{a) } y = -x^2 + 4x + 5; \text{ b) due soluzioni: } (3; 8), (2; 9)]$$

122   Determina l'equazione della parabola p con asse di simmetria l'asse y, con il vertice di ordinata 4 e passante per il punto $A(-2; 0)$. Scrivi poi le equazioni delle rette tangenti alla parabola p passanti per il punto $C(1; 4)$. Detti B e D i punti di tangenza, riconosci la natura del quadrilatero $ABCD$ e calcolane l'area.

$$[y = -x^2 + 4; y = 4, y = -4x + 8; \text{ area} = 10]$$

123   Determina la retta tangente alla parabola di equazione $y = -x^2 + 3x$, parallela alla bisettrice del I e III quadrante. Indicati con T il punto di tangenza e con A e B i punti di intersezione della parabola con l'asse x, calcola l'area del triangolo ATB.

$$[y = x + 1; T(1; 2); \text{ area} = 3]$$

124   Trova la retta tangente alla parabola di equazione $y = x^2 + 2x + 4$, parallela alla retta di equazione $y - 2x = 0$. Indicati con T il punto di tangenza, con V il vertice della parabola e con A il punto d'incontro della retta tangente con l'asse delle x, calcola l'area del triangolo AVT.

$$[y = 2x + 4; \text{ area} = 1]$$

261

5. LA RISOLUZIONE GRAFICA DI UNA DISEQUAZIONE DI SECONDO GRADO

▶ Teoria a pag. 232

Risolviamo la disequazione $ax^2 + bx + c > 0$

125 **ESERCIZIO GUIDA**

Risolviamo graficamente la seguente disequazione:

$x^2 + 3x + 2 > 0$.

Associamo la disequazione alla parabola di equazione: $y = x^2 + 3x + 2$.

La parabola ha vertice in $V\left(-\dfrac{3}{2}; -\dfrac{1}{4}\right)$, la concavità rivolta verso l'alto (il coefficiente a è positivo) e interseca l'asse y nel punto $P(0; 2)$.

Le ascisse dei punti di intersezione con l'asse x sono le soluzioni dell'equazione:

$x^2 + 3x + 2 = 0$

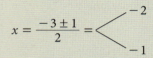

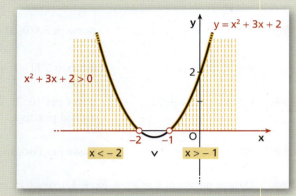

ossia $x_1 = -2$, $x_2 = -1$.

I punti della parabola che hanno ordinata positiva sono quelli disposti «sopra l'asse x», cioè quelli che hanno ascissa minore di -2 o maggiore di -1.
Le soluzioni della disequazione sono $x < -2 \lor x > -1$.

Risolvi graficamente le seguenti disequazioni di secondo grado.

126 $x^2 - 2x + 1 > 0$ $\qquad [\forall x \in \mathbb{R} - \{1\}]$

127 $x^2 - 4x + 6 > 0$ $\qquad [\forall x \in \mathbb{R}]$

128 $-x^2 + 6x \geq 0$ $\qquad [0 \leq x \leq 6]$

129 $x^2 + x - 6 > 0$ $\qquad [x < -3 \lor x > 2]$

130 $-x^2 - 1 > 0$ $\qquad [\nexists x \in \mathbb{R}]$

131 $-x^2 + 3x + 4 \geq 0$ $\qquad [-1 \leq x \leq 4]$

132 $x^2 + \dfrac{3}{4}x - \dfrac{5}{8} > 0$ $\qquad \left[x < -\dfrac{5}{4} \lor x > \dfrac{1}{2}\right]$

133 $-x^2 + 1 > 0$ $\qquad [-1 < x < 1]$

134 $2x^2 - 7x + 3 > 0$ $\qquad \left[x < \dfrac{1}{2} \lor x > 3\right]$

135 $4x^2 - 21x + 27 > 0$ $\qquad \left[x < \dfrac{9}{4} \lor x > 3\right]$

RIEPILOGO LA RISOLUZIONE GRAFICA DI UNA DISEQUAZIONE DI SECONDO GRADO — ESERCIZI

Risolviamo la disequazione $ax^2 + bx + c > 0$

136 ESERCIZIO GUIDA

Risolviamo graficamente la seguente disequazione:

$$3x^2 - 5x - 2 < 0.$$

Associamo alla disequazione la parabola di equazione:

$$y = 3x^2 - 5x - 2.$$

Il vertice è $V\left(\dfrac{5}{6}; -\dfrac{49}{12}\right)$. La parabola ha la concavità rivolta verso l'alto ($a > 0$) e interseca l'asse y nel punto $P(0; -2)$.

Poiché la concavità è rivolta verso l'alto e l'ordinata del vertice è negativa, la parabola interseca l'asse x; infatti l'equazione

$$3x^2 - 5x - 2 = 0$$

ha le due soluzioni reali:

$$x = \dfrac{(5 \pm \sqrt{49})}{6} = \dfrac{(5 \pm 7)}{6} = \begin{cases} -\dfrac{2}{6} = -\dfrac{1}{3} \\ \dfrac{12}{6} = 2 \end{cases}$$

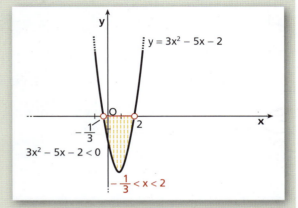

I punti della parabola che hanno ordinata negativa sono quelli che hanno le ascisse comprese fra $-\dfrac{1}{3}$ e 2, e quindi la soluzione della disequazione è $-\dfrac{1}{3} < x < 2$.

Risolvi graficamente le seguenti disequazioni di secondo grado.

137	$x^2 + 4x + 5 < 0$	$[\nexists\, x \in \mathbb{R}]$	**142**	$-x^2 < 0$		$[\forall x \in \mathbb{R} - \{0\}]$
138	$-3x^2 \leq 0$	$[\forall x \in \mathbb{R}]$	**143**	$6x^2 + x - 1 < 0$		$\left[-\dfrac{1}{2} < x < \dfrac{1}{3}\right]$
139	$x^2 + x + 6 < 0$	$[\nexists\, x \in \mathbb{R}]$	**144**	$3x^2 - 4x - 7 < 0$		$\left[-1 < x < \dfrac{7}{3}\right]$
140	$-x^2 - 2x < 0$	$[x < -2 \lor x > 0]$	**145**	$-x^2 + 3x + 4 < 0$		$[x < -1 \lor x > 4]$
141	$x^2 + 4x + 3 < 0$	$[-3 < x < -1]$	**146**	$81x^2 + 18x + 1 \leq 0$		$\left[x = -\dfrac{1}{9}\right]$

RIEPILOGO La risoluzione grafica di una disequazione di secondo grado

Risolvi graficamente le seguenti disequazioni di secondo grado.

147 $x^2 - 36 > 0$ $\qquad\qquad [x < -6 \lor x > 6]$

148 $9x^2 + 25 < 0$ $\qquad\qquad [\nexists\, x \in \mathbb{R}]$

149	$x^2 + 9x \leq 0$	$[-9 \leq x \leq 0]$	158	$4x^2 + 7x - 2 > 0$	$\left[x < -2 \vee x > \frac{1}{4}\right]$
150	$x^2 - 4x + 4 > 0$	$[\forall x \in \mathbb{R} - \{2\}]$	159	$32x^2 - 12x + 1 < 0$	$\left[\frac{1}{8} < x < \frac{1}{4}\right]$
151	$x^2 - 10x + 21 \leq 0$	$[3 \leq x \leq 7]$	160	$-x^2 + 8x + 9 \geq 0$	$[-1 \leq x \leq 9]$
152	$x^2 - 7x + 10 > 0$	$[x < 2 \vee x > 5]$	161	$-x^2 + \frac{5}{6}x - \frac{1}{6} > 0$	$\left[\frac{1}{3} < x < \frac{1}{2}\right]$
153	$9x^2 + 30x + 25 \leq 0$	$\left[x = -\frac{5}{3}\right]$	162	$-9x^2 + 72x + 25 < 0$	$\left[x < -\frac{1}{3} \vee x > \frac{25}{3}\right]$
154	$6x^2 - 5x + 1 < 0$	$\left[\frac{1}{3} < x < \frac{1}{2}\right]$			
155	$2x^2 - x + \frac{17}{8} \leq 0$	$[\nexists x \in \mathbb{R}]$	163	$-x^2 + \frac{5}{2}x - \frac{9}{16} > 0$	$\left[\frac{1}{4} < x < \frac{9}{4}\right]$
156	$x^2 - x - \frac{40}{9} \geq 0$	$\left[x \leq -\frac{5}{3} \vee x \geq \frac{8}{3}\right]$			
157	$-2x^2 - 6 > 0$	$[\nexists x \in \mathbb{R}]$	164	$-2x^2 - \frac{5}{2}x + \frac{3}{4} \geq 0$	$\left[-\frac{3}{2} \leq x \leq \frac{1}{4}\right]$

6. LA CIRCONFERENZA

▶ Teoria a pag. 235

L'equazione della circonferenza

165 Determina il luogo geometrico dei punti del piano aventi distanza 2 dall'origine degli assi. $[x^2 + y^2 = 4]$

166 Scrivi il luogo geometrico dei punti del piano che hanno distanza $\sqrt{5}$ dal punto $(-3; 1)$.
$[x^2 + y^2 + 6x - 2y + 5 = 0]$

167 Individua l'equazione della circonferenza con centro l'origine e raggio $\sqrt{\frac{3}{2}}$. $[2x^2 + 2y^2 = 3]$

168 Scrivi l'equazione della circonferenza con centro $C(2; -3)$ e raggio 4. $[x^2 + y^2 - 4x + 6y - 3 = 0]$

169 Trova l'equazione della circonferenza con centro $C(-1; -2)$ e raggio 5. $[x^2 + y^2 + 2x + 4y - 20 = 0]$

170 Determina l'equazione della circonferenza avente centro $C(3; 4)$ e raggio di lunghezza uguale a quella del segmento di estremi $\left(-2; \frac{3}{2}\right)$ e $\left(1; -\frac{5}{2}\right)$. $[x^2 + y^2 - 6x - 8y = 0]$

171 Scrivi l'equazione della circonferenza di centro $C(0; 3)$ e passante per $P(2; -1)$. $[x^2 + y^2 - 6y - 11 = 0]$

172 Scrivi l'equazione della circonferenza di raggio 3 il cui centro sia il punto $P\left(\frac{4}{3}; -\frac{1}{2}\right)$.
$[36x^2 + 36y^2 - 96x + 36y - 251 = 0]$

173 Determina l'equazione della circonferenza di raggio 6 che ha centro in $Q\left(\frac{3}{2}; 2\right)$.
$\left[x^2 + y^2 - 3x - 4y - \frac{119}{4} = 0\right]$

174 Scrivi le equazioni delle circonferenze rappresentate nei seguenti grafici.

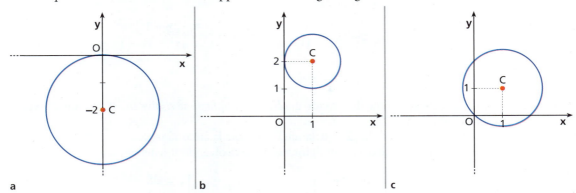

a   b   c

Dall'equazione al grafico

175 **ESERCIZIO GUIDA**

Indichiamo perché le seguenti equazioni non sono equazioni di circonferenze:

a) $x^2 + y^2 - x + y + 5 = 0$;   b) $x^2 - y^2 + 5x = 0$.

a) Poiché la misura del raggio deve essere un numero reale, nella formula $r = \sqrt{\left(-\frac{a}{2}\right)^2 + \left(-\frac{b}{2}\right)^2 - c}$ il radicando deve essere non negativo.
Sostituendo i valori $a = -1$, $b = 1$, $c = 5$, otteniamo per il radicando:

$\frac{1}{4} + \frac{1}{4} - 5 = -\frac{18}{4} < 0 \quad \rightarrow \quad$ l'equazione non è quella di una circonferenza.

b) $x^2 - y^2 + 5x = 0$ non è l'equazione di una circonferenza perché il coefficiente di x^2 non è uguale al coefficiente di y^2.

Indica quali delle seguenti equazioni corrispondono a una circonferenza e in caso affermativo rappresentala graficamente dopo aver determinato le coordinate del centro e il raggio.

176 a) $x^2 + y^2 + 2xy + 3 = 0$;   b) $3x^2 - 3y^2 + x + y + 1 = 0$;   c) $x^2 + y^2 - 6x + 12y + 1 = 0$.

177 a) $x^2 + y^2 + 1 = 0$;   b) $x^2 + y^2 - 1 = 0$;   c) $6x^2 + 6y^2 - 2 = 0$.

178 a) $5x^2 + 5y^2 - x - 2y + 2 = 0$;   b) $(x-1)^2 + y^2 = 4$;   c) $x^2 + (y-2)^2 + 9 = 0$.

179 a) $x^2 + 2y^2 + x + 3y - 5 = 0$;   b) $x^2 + y^2 - x + y + 1 = 0$;   c) $x^2 + y^2 - 2x - 2y - 2 = 0$.

Retta e circonferenza

180 **ESERCIZIO GUIDA**

Date la retta e la circonferenza rappresentate dalle seguenti equazioni, stabiliamo la loro posizione reciproca; nel caso in cui la retta non sia esterna, determiniamo le coordinate dei punti di intersezione.

$2x + y - 1 = 0$; $x^2 + y^2 - 6x + 3y - 4 = 0$.

Consideriamo il sistema formato dalle equazioni della retta e della circonferenza:

$\begin{cases} 2x + y - 1 = 0 \\ x^2 + y^2 - 6x + 3y - 4 = 0 \end{cases}$

ESERCIZI — CAPITOLO 5. LE CONICHE

Risolviamo con il metodo di sostituzione:

$$\begin{cases} y = -2x + 1 \\ x^2 + (-2x+1)^2 - 6x + 3(-2x+1) - 4 = 0 \end{cases} \to \begin{cases} y = -2x + 1 \\ x^2 + 4x^2 - 4x + 1 - 6x - 6x + 3 - 4 = 0 \end{cases}$$

$$\begin{cases} y = -2x + 1 \\ 5x^2 - 16x = 0 \end{cases}$$

Calcoliamo il Δ dell'equazione di secondo grado, detta *equazione risolvente*, stabilendo così la posizione reciproca richiesta.
Poiché l'equazione risolvente ha $\Delta > 0$, la retta è secante la circonferenza.
Determiniamo le coordinate dei punti di intersezione risolvendo il sistema:

$$\begin{cases} y = -2x + 1 \\ x(5x - 16) = 0 \end{cases} \to \begin{cases} y = -2x + 1 \\ x = 0 \lor x = \dfrac{16}{5} \end{cases} \to \begin{cases} x = 0 \\ y = 1 \end{cases} \to \begin{cases} x = \dfrac{16}{5} \\ y = -\dfrac{27}{5} \end{cases}$$

$A(0; 1)$ e $B\left(\dfrac{16}{5}; -\dfrac{27}{5}\right)$ sono i punti di intersezione richiesti.

Nelle seguenti coppie di equazioni, stabilisci la posizione della retta rispetto alla circonferenza e, nei casi in cui la retta non sia esterna, determina le coordinate dei punti di intersezione o quelle del punto di tangenza.

181 $x^2 + y^2 - 4x - 2y = 0$, $\quad x - 4 = 0$. $\quad$ [secante: $(4; 0)$, $(4; 2)$]

182 $x^2 + y^2 - 8x + 10y + 25 = 0$, $\quad y + 9 = 0$. $\quad$ [tangente: $(4; -9)$]

183 $x^2 + y^2 + 4x - 2y = 0$, $\quad x + 3y + 4 = 0$. $\quad$ [secante: $(-4; 0)$, $(-1; -1)$]

184 $x^2 + y^2 - 6x - 4y + 4 = 0$, $\quad x - y - 4 = 0$. $\quad$ [secante: $(3; -1)$, $(6; 2)$]

185 $x^2 + y^2 - 50 = 0$, $\quad 3x + 4y + 40 = 0$. $\quad$ [esterna]

186 $x^2 + y^2 - 6x - 16y + 60 = 0$, $\quad 3x - 2y - 6 = 0$. $\quad$ [tangente: $(6; 6)$]

187 La retta di equazione $x + y + 4 = 0$ interseca la circonferenza $x^2 + y^2 + 6x - 4y + 4 = 0$ nei punti A e B. Calcola la misura della corda AB. $\quad [3\sqrt{2}]$

Determinare l'equazione di una circonferenza

L'equazione della circonferenza, noti il centro e un punto

188 Determina l'equazione della circonferenza di centro $C\left(-\dfrac{3}{2}; \dfrac{1}{2}\right)$ e passante per $P(6; -1)$.
$\quad [x^2 + y^2 + 3x - y - 56 = 0]$

189 Scrivi l'equazione della circonferenza passante per l'origine e avente il centro nel punto di ordinata 2 della retta di equazione $y = 3x - 4$. $\quad [x^2 + y^2 - 4x - 4y = 0]$

190 Trova l'equazione della circonferenza avente come centro il punto di intersezione delle rette $x + 2y - 2 = 0$ e $3x - 2y = 6$ e passante per $P(1; -\sqrt{3})$. $\quad [x^2 + y^2 - 4x = 0]$

191 Scrivi l'equazione della circonferenza concentrica a quella di equazione $x^2 + y^2 - 2x + 4y = 0$ e passante per $A(1; -8)$. $\quad [x^2 + y^2 - 2x + 4y - 31 = 0]$

PARAGRAFO 6. LA CIRCONFERENZA — ESERCIZI

L'equazione della circonferenza, noto il diametro

192 ESERCIZIO GUIDA

Scriviamo l'equazione della circonferenza di diametro $\overline{AB}$, con $A(-5; 2)$ e $B(9; 6)$.

Calcoliamo le coordinate del centro, che è il punto medio di $\overline{AB}$:

$$x_C = \frac{x_A + x_B}{2} = \frac{-5+9}{2} = \frac{4}{2} = 2 \qquad y_C = \frac{y_A + y_B}{2} = \frac{2+6}{2} = \frac{8}{2} = 4 \quad \to \quad C(2; 4)$$

Determiniamo la misura del raggio:

$$r = \overline{CB} = \sqrt{(2-9)^2 + (4-6)^2} = \sqrt{49+4} = \sqrt{53}.$$

Quindi l'equazione della circonferenza è:

$$(x-2)^2 + (y-4)^2 = (\sqrt{53})^2 \to x^2 - 4x + 4 + y^2 - 8y + 16 = 53 \to x^2 + y^2 - 4x - 8y - 33 = 0.$$

193 Determina l'equazione della circonferenza avente per diametro il segmento di estremi $(-3; 1)$ e $(2; 5)$.
$$[x^2 + y^2 + x - 6y - 1 = 0]$$

194 Determina l'equazione della circonferenza di raggio $\dfrac{4\sqrt{5}}{3}$, concentrica alla circonferenza di diametro AB, con $A(2; 3)$ e $B\left(\dfrac{4}{3}; \dfrac{11}{3}\right)$.
$$[3x^2 + 3y^2 - 10x - 20y + 15 = 0]$$

195 Scrivi l'equazione della circonferenza avente per diametro il segmento AO, dove A è il punto di intersezione delle rette di equazioni $y = x + 2$ e $y = 3x - 2$.
$$[x^2 + y^2 - 2x - 4y = 0]$$

196 Scrivi l'equazione della circonferenza avente per diametro il segmento AB, dove A e B sono i punti di intersezione della retta di equazione $3x + 2y + 1 = 0$ con le rette di equazioni $x + y - 1 = 0$ e $2x + y = 0$.
$$[x^2 + y^2 + 2x - 2y - 11 = 0]$$

197 Determina l'equazione della circonferenza avente per diametro il segmento ottenuto congiungendo i punti medi dei lati AB e AC del triangolo ABC, essendo $A(3; 5)$, $B(-5; -1)$, $C(4; 3)$.
$$[2x^2 + 2y^2 - 5x - 12y + 9 = 0]$$

L'equazione della circonferenza, noti tre punti

198 ESERCIZIO GUIDA

Determiniamo l'equazione della circonferenza passante per i punti $A(-2; -1)$, $B(2; 1)$, $C(1; 0)$.

Se una curva passa per un punto, le coordinate del punto verificano l'equazione della curva, quindi imponiamo che le coordinate dei tre punti dati verifichino l'equazione $x^2 + y^2 + ax + by + c = 0$ della circonferenza.

$$\begin{cases} 4 + 1 - 2a - b + c = 0 & \text{passaggio per } A(-2; -1) \\ 4 + 1 + 2a + b + c = 0 & \text{passaggio per } B(2; 1) \\ 1 + a + c = 0 & \text{passaggio per } C(1; 0) \end{cases}$$

Riduciamo il sistema a forma normale e risolviamolo:

$$\begin{cases} -2a - b + c = -5 \\ 2a + b + c = -5 \\ a + c = -1 \end{cases} \to \begin{cases} c = -a - 1 \\ -2a - b - a - 1 = -5 \\ 2a + b - a - 1 = -5 \end{cases} \to \begin{cases} c = -a - 1 \\ -3a - b = -4 \\ a + b = -4 \end{cases}$$

267

Applichiamo il metodo di riduzione alle ultime due equazioni sommandole membro a membro:

$$\begin{cases} c = -a - 1 \\ -2a = -8 \\ a + b = -4 \end{cases} \rightarrow \begin{cases} c = -a - 1 \\ a = 4 \\ 4 + b = -4 \end{cases} \rightarrow \begin{cases} a = 4 \\ b = -8 \\ c = -5 \end{cases}$$

Sostituiamo i valori ottenuti per *a*, *b* e *c* nell'equazione generale della circonferenza:

$x^2 + y^2 + 4x - 8y - 5 = 0$.

199 Trova l'equazione della circonferenza circoscritta al triangolo rettangolo di vertici (0; 0), (3; $\sqrt{3}$), (4; 0).
$[x^2 + y^2 - 4x = 0]$

200 Trova l'equazione della circonferenza passante per (3; 4), (0; −5) e (−2; −1). $[x^2 + y^2 - 6x + 2y - 15 = 0]$

201 Scrivi l'equazione della circonferenza passante per (9; −1), (1; 5) e (10; 2). $[x^2 + y^2 - 10x - 4y + 4 = 0]$

202 Determina l'equazione della circonferenza circoscritta al triangolo di vertici (−3; 4), (1; 1), (−3; 1).
$[x^2 + y^2 + 2x - 5y + 1 = 0]$

L'equazione della circonferenza, noti due punti e con il centro su una retta

203 Scrivi l'equazione della circonferenza passante per i punti A(−1; 2) e B(2; 5) e avente il centro sulla retta di equazione y = 2x − 2.
$[x^2 + y^2 - 4x - 4y - 1 = 0]$

204 Trova l'equazione della circonferenza passante per i punti A(−1; 3) e B(3; 1) e avente il centro sulla retta di equazione 3x − 2y + 3 = 0.
$[x^2 + y^2 - 6x - 12y + 20 = 0]$

205 Determina l'equazione della circonferenza passante per i punti A(1; 0) e B(4; 3) e avente il centro sull'asse delle x.
$[x^2 + y^2 - 8x + 7 = 0]$

206 Determina l'equazione della circonferenza passante per i punti di ascissa 2 e 5 appartenenti alla retta di equazione x + 3y − 11 = 0 e avente il centro sulla retta di equazione 2x − 5y − 1 = 0.
$[x^2 + y^2 - 6x - 2y + 5 = 0]$

L'equazione della circonferenza, noti il centro e una tangente

207 ESERCIZIO GUIDA

Determiniamo l'equazione della circonferenza di centro C(−2; −3) e tangente alla retta di equazione y = 3x − 1.

Essendo la retta tangente, allora il raggio della circonferenza coincide con la distanza di C dalla retta.

Scriviamo l'equazione della retta in forma implicita:

$-3x + y + 1 = 0$.

Calcoliamo la distanza di C dalla retta:

$$r = \frac{|-3 \cdot (-2) + 1 \cdot (-3) + 1|}{\sqrt{(-3)^2 + 1^2}} = \frac{|6 - 3 + 1|}{\sqrt{9 + 1}} = \frac{4}{\sqrt{10}}.$$

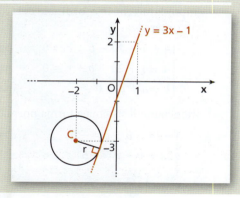

RIEPILOGO DETERMINARE L'EQUAZIONE DELLA CIRCONFERENZA **ESERCIZI**

Quindi l'equazione della circonferenza è:

$$(x + 2)^2 + (y + 3)^2 = \left(\frac{4}{\sqrt{10}}\right)^2, \quad x^2 + 4x + 4 + y^2 + 6y + 9 = \frac{16}{10}, \quad x^2 + y^2 + 4x + 6y + \frac{57}{5} = 0.$$

208 Scrivi l'equazione della circonferenza di centro $C(3; -1)$ e tangente all'asse delle y.

$$[x^2 + y^2 - 6x + 2y + 1 = 0]$$

209 Determina l'equazione della circonferenza con centro $C(-2; -5)$ e tangente all'asse delle x.

$$[x^2 + y^2 + 4x + 10y + 4 = 0]$$

210 Determina la circonferenza con centro $C(2; -2)$ e tangente alla retta di equazione $y = 2x + 3$.

$$\left[x^2 + y^2 - 4x + 4y - \frac{41}{5} = 0\right]$$

RIEPILOGO Determinare l'equazione della circonferenza

211 Scrivi l'equazione della circonferenza che ha centro in $(-1; 3)$ ed è tangente all'asse y.

$$[x^2 + y^2 + 2x - 6y + 9 = 0]$$

212 Determina l'equazione della circonferenza che ha centro nell'origine ed è tangente alla retta $x + 2y - 5 = 0$.

$$[x^2 + y^2 = 5]$$

213 Scrivi l'equazione della circonferenza avente il centro di ordinata uguale a 3 e passante per i punti $A(8; 9)$ e $B(12; 1)$.

$$[x^2 + y^2 - 12x - 6y + 5 = 0]$$

214 Determina la circonferenza di centro $C(4; 2)$ e passante per il punto di intersezione delle rette di equazioni $y = 2x + 1$ e $y = 4x - 1$.

$$[x^2 + y^2 - 8x - 4y + 10 = 0]$$

215 Trova la misura della corda staccata sulla retta di equazione $x + y - 3 = 0$ dalla circonferenza tangente all'asse y che ha il centro di ordinata 3 appartenente alla retta di equazione $y = 2x - 5$. $\quad [4\sqrt{2}]$

216 Trova l'equazione della circonferenza di centro $(-3; -2)$, tangente alla retta di equazione $y = -\frac{1}{3}x + 2$.

$$[2x^2 + 2y^2 + 12x + 8y - 19 = 0]$$

217 Scrivi l'equazione della circonferenza di centro $O(0; 0)$ e raggio $r = \sqrt{10}$, poi determina le equazioni delle rette a essa tangenti, parallele alla retta $x + 3y + 5 = 0$. $\quad [x^2 + y^2 = 10; x + 3y + 10 = 0; x + 3y - 10 = 0]$

218 Determina i punti di intersezione della retta $x + 2y - 4 = 0$ con la circonferenza avente centro $C(2; 1)$ e raggio $\sqrt{5}$. $\quad [(0; 2), (4; 0)]$

219 Dopo aver determinato l'equazione della circonferenza avente come centro $C(-2; -4)$ e passante per il punto $A(1; 2)$, determina per quale valore del parametro k il punto $B(2k + 1; k + 5)$ le appartiene.

$$[x^2 + y^2 + 4x + 8y - 25 = 0; k = -3]$$

220 Una circonferenza, il cui centro appartiene alla retta di equazione $y = \frac{7}{6}$, interseca l'asse x nei punti di ascissa -1 e 2. Trova la misura della corda che la circonferenza individua sulla retta di equazione $y = 3x$.

$$\left[\frac{6}{5}\sqrt{10}\right]$$

221 Determina l'equazione della circonferenza di centro $C(6; -1)$ e passante per $P(9; 3)$ e scrivi l'equazione della retta tangente a essa nel suo punto di ascissa 3 appartenente al I quadrante.

$$[x^2 + y^2 - 12x + 2y + 12 = 0; 3x - 4y + 3 = 0]$$

269

7. L'ELLISSE

▶ Teoria a pag. 238

222 Determina il luogo geometrico dei punti del piano la cui somma delle distanze dai punti $(-3; 0)$ e $(3; 0)$ è 10.
$$\left[\frac{x^2}{25} + \frac{y^2}{16} = 1\right]$$

223 Scrivi l'equazione del luogo geometrico dei punti del piano la cui somma delle distanze dai punti $(-2; 0)$ e $(2; 0)$ è 14.
$$\left[\frac{x^2}{49} + \frac{y^2}{45} = 1\right]$$

224 Scrivi l'equazione del luogo geometrico dei punti del piano la cui somma delle distanze dai punti $A(0; -1)$ e $B(0; 1)$ è 12.
$$\left[\frac{x^2}{35} + \frac{y^2}{36} = 1\right]$$

225 Determina il luogo geometrico dei punti del piano la cui somma delle distanze dai punti $A(0; -4)$ e $B(0; 4)$ è uguale a 10.
$$\left[\frac{x^2}{9} + \frac{y^2}{25} = 1\right]$$

Rappresenta graficamente le ellissi che hanno le seguenti equazioni, dopo aver determinato i vertici e i fuochi.

226 a) $\frac{x^2}{25} + \frac{y^2}{4} = 1$;   b) $\frac{x^2}{9} + y^2 = 1$.   **227** a) $\frac{x^2}{6} + \frac{y^2}{4} = 1$;   b) $\frac{x^2}{4} + \frac{y^2}{30} = 1$.

228 ESERCIZIO GUIDA

Data l'ellisse di equazione $4x^2 + 9y^2 = 36$, determiniamo la misura dei semiassi, le coordinate dei vertici e dei fuochi, l'eccentricità e rappresentiamo la curva graficamente.

Dividiamo entrambi i membri dell'equazione data per il termine noto, per ridurla nella forma canonica,

$$\frac{x^2}{9} + \frac{y^2}{4} = 1,$$

da cui deduciamo $a = 3$, $b = 2$ e le coordinate dei vertici:

$A_1(-3; 0)$, $A_2(3; 0)$, $B_1(0; -2)$, $B_2(0; 2)$.

Determiniamo inoltre:

$$c^2 = a^2 - b^2 = 9 - 4 = 5,$$

le coordinate dei fuochi $F_1(-\sqrt{5}; 0)$, $F_2(\sqrt{5}; 0)$, il valore dell'eccentricità $e = \frac{c}{a} = \frac{\sqrt{5}}{3}$.

Rappresentiamo graficamente l'ellisse, dopo aver disegnato i quattro vertici.

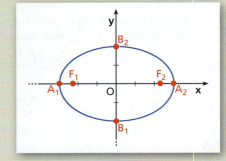

Riconosci quali delle seguenti equazioni rappresentano ellissi e, in caso affermativo, scrivile nella forma canonica, determina la misura dei semiassi, le coordinate dei vertici e dei fuochi, l'eccentricità e rappresenta la curva graficamente.

229 a) $x^2 + 3y^2 = 1$;   b) $x^2 = 9y^2 + 1$;   c) $4x^2 + 25y^2 + 1 = 0$;   d) $x^2 = \frac{16 - y^2}{16}$.

230 a) $y^2 + 4x^2 = 9$;   b) $1 - x^2 + 25y^2 = 0$;   c) $\frac{x^2}{9} + \frac{y^2}{4} = \frac{1}{3}$;   d) $\frac{x^2}{3} + \frac{y^2}{4} = \frac{1}{2}$.

231 a) $9x^2 + y^2 = 36$;   b) $x^2 - 4 = y^2$;   c) $y^2 = x^2 + 3$;   d) $9x^2 + y^2 = 1$.

PARAGRAFO 7. L'ELLISSE   **ESERCIZI**

232   **COMPLETA** la seguente tabella.

Equazione	Fuochi	Eccentricità
$\dfrac{x^2}{4} + y^2 = 1$	$F_1(\dots;\dots),\ F_2(\dots;\dots)$	$e = \dots$
$\dfrac{x^2}{\dots} + \dfrac{y^2}{\dots} = 1$	$F_1(0;+8),\ F_2(0;-8)$	$e = \dfrac{4}{5}$
$\dfrac{x^2}{\dots} + \dfrac{y^2}{16} = 1$	$F_1(+3;0),\ F_2(-3;0)$	$e = \dots$
$\dfrac{x^2}{36} + \dfrac{y^2}{\dots} = 1$	$F_1(\dots;0),\ F_2(\dots;0)$	$e = \dfrac{\sqrt{5}}{3}$
$\dfrac{x^2}{9} + \dfrac{y^2}{\dots} = 1$	$F_1(0;+4),\ F_2(0;-4)$	$e = \dots$

233   **ASSOCIA** a ciascuna equazione la caratteristica dell'ellisse che essa rappresenta.

a) $\dfrac{x^2}{3} + \dfrac{y^2}{2} = 1$.   **b)** $\dfrac{x^2}{3} + \dfrac{y^2}{4} = 1$.   **c)** $\dfrac{x^2}{4} + \dfrac{y^2}{5} = 1$.

1) Eccentricità $\dfrac{1}{2}$.   **2)** Fuochi $(\pm 1; 0)$.   **3)** Vertici $(\pm 2; 0)$.

Determinare l'equazione di un'ellisse

234   **ESERCIZIO GUIDA**

Determiniamo l'equazione dell'ellisse passante per i punti $P(1; 2)$ e $Q\left(-\dfrac{\sqrt{3}}{2}; \dfrac{3}{2}\sqrt{2}\right)$.

Consideriamo l'equazione $\dfrac{x^2}{a^2} + \dfrac{y^2}{b^2} = 1$ e imponiamo il passaggio per P e Q. Sostituendo le coordinate

di P e Q, otteniamo il sistema $\begin{cases} \dfrac{1}{a^2} + \dfrac{4}{b^2} = 1 \\ \dfrac{3}{4a^2} + \dfrac{9}{2b^2} = 1 \end{cases}$, dove conviene porre $\dfrac{1}{a^2} = t$ e $\dfrac{1}{b^2} = v$. Abbiamo:

$\begin{cases} t + 4v = 1 \\ \dfrac{3}{4}t + \dfrac{9}{2}v = 1 \end{cases} \rightarrow \begin{cases} t = 1 - 4v \\ 3(1 - 4v) + 18v = 4 \end{cases} \rightarrow \begin{cases} t = 1 - 4v \\ 3 - 12v + 18v = 4 \end{cases} \rightarrow \begin{cases} t = 1 - 4v \\ 6v = 1 \end{cases} \rightarrow \begin{cases} t = \dfrac{1}{3} \\ v = \dfrac{1}{6} \end{cases}$

Tenendo conto delle posizioni effettuate, otteniamo: $\dfrac{1}{a^2} = \dfrac{1}{3}$ e $\dfrac{1}{b^2} = \dfrac{1}{6}$.

L'equazione dell'ellisse è $\dfrac{x^2}{3} + \dfrac{y^2}{6} = 1$.

235   Qual è l'equazione dell'ellisse $\dfrac{x^2}{a^2} + \dfrac{y^2}{b^2} = 1$ passante per i punti $\left(\sqrt{3}; \dfrac{1}{2}\right)$ e $\left(-1; \dfrac{\sqrt{3}}{2}\right)$? $[x^2 + 4y^2 = 4]$

271

236 Scrivi l'equazione dell'ellisse $\frac{x^2}{a^2} + \frac{y^2}{b^2} = 1$ passante per i punti $\left(\frac{1}{2}; -\frac{3\sqrt{7}}{10}\right)$ e $\left(-2; \frac{2\sqrt{3}}{5}\right)$.

$[x^2 + 25y^2 = 16]$

237 Scrivi l'equazione dell'ellisse avente un vertice nel punto $(-3; 0)$ e passante per $\left(-\frac{3\sqrt{2}}{2}; -2\right)$.

$[8x^2 + 9y^2 = 72]$

238 Qual è l'equazione dell'ellisse passante per i punti $(-2\sqrt{2}; 2)$ e $(\sqrt{5}; 4)$? $\left[\frac{x^2}{9} + \frac{y^2}{36} = 1\right]$

239 Determina l'equazione dell'ellisse con i fuochi sull'asse delle y, avente un vertice in $(2; 0)$ e passante per $\left(1; \frac{\sqrt{15}}{2}\right)$. $\left[\frac{x^2}{4} + \frac{y^2}{5} = 1\right]$

240 Un'ellisse ha un fuoco in $(0; 2\sqrt{2})$ e passa per $\left(\frac{\sqrt{5}}{3}; 2\right)$. Qual è la sua equazione? $\left[x^2 + \frac{y^2}{9} = 1\right]$

241 Trova le equazioni delle ellissi dei seguenti grafici, utilizzando i dati delle figure.

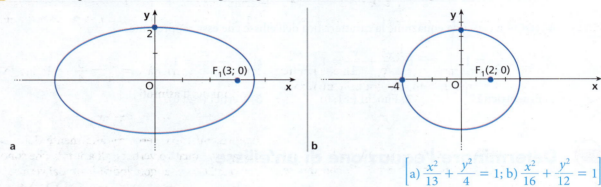

a b

$\left[\text{a) } \frac{x^2}{13} + \frac{y^2}{4} = 1; \text{ b) } \frac{x^2}{16} + \frac{y^2}{12} = 1\right]$

242 Scrivi l'equazione dell'ellisse avente un vertice in $(0; -3)$ e semiasse sull'asse x di misura $2\sqrt{3}$.

$[9x^2 + 12y^2 = 108]$

243 Trova l'equazione dell'ellisse avente un fuoco in $\left(\frac{3}{2}; 0\right)$ e il semiasse su cui non giace il fuoco di lunghezza $\frac{\sqrt{7}}{2}$. $[7x^2 + 16y^2 = 28]$

244 Determina l'equazione dell'ellisse di eccentricità $\frac{1}{2}$, sapendo che ha un vertice in $(0; -\sqrt{3})$.

$[3x^2 + 4y^2 = 12; 4x^2 + 3y^2 = 9]$

245 Scrivi l'equazione dell'ellisse che individua sugli assi cartesiani x e y due corde di lunghezza, rispettivamente, 6 e 4. $[4x^2 + 9y^2 = 36]$

246 Trova l'equazione dell'ellisse avente due dei suoi vertici nei punti di intersezione della retta di equazione $x - 3y + 9 = 0$ con gli assi cartesiani. $\left[\frac{x^2}{81} + \frac{y^2}{9} = 1\right]$

247 Determina e rappresenta l'equazione dell'ellisse avente un fuoco in $(0; -2\sqrt{5})$ e un vertice in $(-4; 0)$. $\left[\frac{x^2}{16} + \frac{y^2}{36} = 1\right]$

248 Trova l'equazione dell'ellisse con i fuochi sull'asse delle y avente un vertice in $(0; 4)$ ed eccentricità $\frac{\sqrt{7}}{4}$. $\left[\frac{x^2}{9} + \frac{y^2}{16} = 1\right]$

249 Qual è l'equazione dell'ellisse $\frac{x^2}{a^2} + \frac{y^2}{b^2} = 1$ passante per i punti $\left(\sqrt{3}; \frac{1}{2}\right)$ e $\left(-1; \frac{\sqrt{3}}{2}\right)$? $[x^2 + 4y^2 = 4]$

250 Scrivi l'equazione dell'ellisse $\frac{x^2}{a^2} + \frac{y^2}{b^2} = 1$ passante per i punti $\left(\frac{1}{2}; -\frac{3\sqrt{7}}{10}\right)$ e $\left(-2; \frac{2\sqrt{3}}{5}\right)$.

$[x^2 + 25y^2 = 16]$

8. L'IPERBOLE

▶ Teoria a pag. 241

251 Determina l'equazione del luogo geometrico dei punti del piano la cui differenza delle distanze dai punti $(-4; 0)$ e $(4; 0)$ è $2\sqrt{10}$. $\quad[6x^2 - 10y^2 = 60]$

252 Scrivi l'equazione del luogo geometrico dei punti del piano la cui differenza delle distanze dai punti $(-1; 0)$ e $(1; 0)$ è $\dfrac{3}{2}$. $\quad\left[\dfrac{16}{9}x^2 - \dfrac{16}{7}y^2 = 1\right]$

Rappresenta graficamente le iperboli che hanno le seguenti equazioni, dopo aver determinato i vertici, i fuochi e le equazioni degli asintoti.

253 a) $\dfrac{x^2}{25} - \dfrac{y^2}{36} = 1$; b) $\dfrac{x^2}{4} - \dfrac{y^2}{9} = -1$.

254 a) $x^2 - \dfrac{y^2}{4} = 1$; b) $\dfrac{x^2}{9} - \dfrac{y^2}{25} = -1$.

255 ESERCIZIO GUIDA

Data l'equazione dell'iperbole $9x^2 - 16y^2 = 144$, determiniamo la misura del semiasse trasverso, le coordinate dei vertici e dei fuochi, l'eccentricità e l'equazione degli asintoti; poi rappresentiamo la curva graficamente.

Dividiamo entrambi i membri dell'equazione data per il termine noto, per ridurla in forma canonica,

$$\dfrac{x^2}{16} - \dfrac{y^2}{9} = 1,$$

da cui deduciamo che si tratta di un'iperbole con i fuochi sull'asse x con $a = 4$ e $b = 3$. Le coordinate dei vertici reali sono

$$A_1(-4; 0), \quad A_2(4; 0),$$

e quelle dei vertici non reali sono:

$$B_1(0; -3), \quad B_2(0; 3).$$

Il semiasse trasverso misura 4.
Determiniamo il valore di c^2,

$$c^2 = a^2 + b^2 = 16 + 9 = 25,$$

le coordinate dei fuochi $F_1(-5; 0)$, $F_2(5; 0)$, il valore dell'eccentricità $e = \dfrac{c}{a} = \dfrac{5}{4}$, e infine le equazioni degli asintoti

$$y = \pm \dfrac{b}{a} x \rightarrow y = \pm \dfrac{3}{4} x.$$

Rappresentiamo l'iperbole graficamente, dopo aver disegnato i quattro vertici e gli asintoti, che sono le diagonali del rettangolo individuato dai vertici.

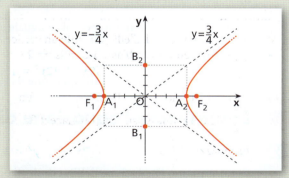

Osservazione. Se l'equazione fosse

$$9x^2 - 16y^2 = -144,$$

si tratterebbe di un'iperbole con i fuochi sull'asse y di coordinate $(0; -5)$ e $(0; 5)$, con gli stessi vertici e asintoti, ma di eccentricità:

$$e = \dfrac{c}{b} = \dfrac{5}{3}.$$

In questo caso B_1 e B_2 sarebbero i vertici reali, A_1 e A_2 i vertici non reali.

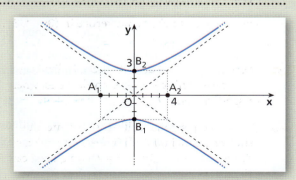

ESERCIZI CAPITOLO 5. **LE CONICHE**

Riconosci quali delle seguenti equazioni rappresentano iperboli e, in caso affermativo, determina la misura del semiasse trasverso, le coordinate dei vertici e dei fuochi, l'equazione degli asintoti, l'eccentricità e rappresenta la curva graficamente.

256 a) $\dfrac{x^2}{4} - \dfrac{y^2}{3} = 2$;　　b) $6x^2 - y^2 - 1 = 0$;　　c) $1 - x^2 + 9y^2 = 0$;　　d) $9x^2 - y^2 = 1$.

257 a) $y^2 = 3 - x^2$;　　b) $7x^2 = y^2 + 2$;　　c) $4x^2 = y^2 - 4$;　　d) $-4x^2 y^2 + 1 = 0$.

258 a) $4 - x^2 + 16y^2 = 0$;　　b) $y^2 = -1 + 4x^2$;　　c) $16x^2 - y^2 - 25 = 0$;　　d) $9x^2 - y^2 = -4$.

259 a) $y^2 = 36 + 9x^2$;　　b) $x^2 = \dfrac{-9 + y^2}{9}$;　　c) $y^2 = \dfrac{4 + x^2}{2}$;　　d) $3x^2 + 3y^2 - 16 = 0$.

....

260 Scrivi l'equazione dell'iperbole con i fuochi sull'asse y con le caratteristiche indicate e calcola l'eccentricità e (a, b, c sono rispettivamente le misure dei semiassi e della semidistanza focale).

a) $a = 1$,　　$b = 3$.　　$\left[9x^2 - y^2 = -9; \dfrac{\sqrt{10}}{3} \right]$　　c) $a = 2$,　　$b^2 = 12$.　　$\left[y^2 - 3x^2 = 12; \dfrac{2}{\sqrt{3}} \right]$

b) $b = 2$,　　$c = 5$.　　$\left[\dfrac{x^2}{21} - \dfrac{y^2}{4} = -1; \dfrac{5}{2} \right]$　　d) $2b = 6$,　　$c = \dfrac{9}{2}$.　　$\left[4x^2 - 5y^2 = -45; \dfrac{3}{2} \right]$

....

261 **VERO O FALSO?**

a) L'eccentricità dell'iperbole di equazione $\dfrac{x^2}{9} - \dfrac{y^2}{4} = -1$ è $\dfrac{\sqrt{13}}{3}$.　　　V　F

b) L'iperbole di equazione $4x^2 - 36y^2 = -1$ ha un vertice reale nel punto $\left(0; \dfrac{1}{6} \right)$.　　　V　F

c) Se l'asse trasverso di un'iperbole è uguale all'asse non trasverso, l'eccentricità è 1.　　　V　F

d) L'iperbole di equazione $2x^2 - 9y^2 - 9 = 0$ ha i fuochi sull'asse y.　　　V　F

e) Gli asintoti dell'iperbole di equazione $4x^2 - 9y^2 + 36 = 0$ hanno equazione $y = \pm\dfrac{3}{2}x$.　　　V　F

Determinare l'equazione di un'iperbole

262 **ESERCIZIO GUIDA**

Determiniamo l'equazione dell'iperbole di eccentricità 2, avente un vertice reale in $(-4; 0)$.

I vertici reali sono sull'asse x, quindi l'equazione dell'iperbole è del tipo $\dfrac{x^2}{a^2} - \dfrac{y^2}{b^2} = 1$.

Dalle coordinate del vertice ricaviamo che $a = 4$.
L'eccentricità ci permette di determinare una relazione fra a e c, e quindi fra a e b:

$$\dfrac{c}{a} = e \;\rightarrow\; \dfrac{c}{4} = 2 \;\rightarrow\; c = 8.$$

Sostituendo nella relazione $a^2 + b^2 = c^2$ otteniamo $16 + b^2 = 64 \;\rightarrow\; b^2 = 48$.
Quindi l'equazione richiesta è:

$$\dfrac{x^2}{16} - \dfrac{y^2}{48} = 1.$$

274

PARAGRAFO 8. L'IPERBOLE   **ESERCIZI**

263 Scrivi l'equazione dell'iperbole avente un fuoco in $(-5; 0)$ e un asintoto di equazione $y=\sqrt{\frac{2}{3}}\,x$.

$$[2x^2 - 3y^2 = 30]$$

264 Determina l'equazione dell'iperbole avente un fuoco in $(-\sqrt{29}; 0)$ e un asintoto di equazione $y = \frac{5}{2}x$.

$$[25x^2 - 4y^2 = 100]$$

265 Determina l'equazione dell'iperbole avente un fuoco in $(0; -\sqrt{5})$ e passante per $(1; 2\sqrt{2})$.

$$\left[x^2 - \frac{y^2}{4} = -1\right]$$

266 Trova l'equazione dell'iperbole con i fuochi sull'asse x avente distanza focale uguale a $\frac{10}{3}$ e un asintoto di equazione $y = -\frac{3}{4}x$.

$$\left[\frac{9}{16}x^2 - y^2 = 1\right]$$

267 Scrivi l'equazione dell'iperbole avente un vertice e un fuoco, rispettivamente, in $(5; 0)$ e $(-6; 0)$.

$$\left[\frac{x^2}{25} - \frac{y^2}{11} = 1\right]$$

268 Trova l'equazione dell'iperbole che ha i fuochi sull'asse x, eccentricità $\frac{2}{3}\sqrt{3}$ e asse non trasverso lungo 6.

$$\left[\frac{x^2}{27} - \frac{y^2}{9} = 1\right]$$

269 Determina l'equazione dell'iperbole che ha i fuochi sull'asse y, asse trasverso lungo 8 e distanza focale uguale a 10.

$$\left[\frac{x^2}{9} - \frac{y^2}{16} = -1\right]$$

270 Scrivi l'equazione dell'iperbole con i fuochi sull'asse x, asse non trasverso lungo 4 e distanza focale uguale a 12.

$$\left[\frac{x^2}{32} - \frac{y^2}{4} = 1\right]$$

L'iperbole equilatera

L'iperbole equilatera riferita agli assi di simmetria

271 Fra le seguenti equazioni riconosci quelle di un'iperbole equilatera riferita ai suoi assi di simmetria.

$$x^2 - y^2 = 1; \qquad x^2 + y^2 = 1; \qquad y^2 - x^2 = 2;$$

$$\frac{x^2}{4} - \frac{y^2}{2^2} = 1; \qquad y^2 - 4x^2 = 1; \qquad y^2 - x^2 = 4.$$

272 Disegna le seguenti iperboli equilatere, scrivendo le equazioni degli asintoti e le coordinate dei vertici e dei fuochi. Calcola poi l'eccentricità.

$$y^2 - x^2 = 1; \quad y^2 - x^2 = 9; \quad x^2 - y^2 = 16; \quad x^2 - y^2 = 25; \quad y^2 - x^2 = 36.$$

Scrivi le equazioni delle iperboli equilatere riferite ai propri assi di simmetria e con le seguenti caratteristiche. Rappresentale poi graficamente.

273 Avente un fuoco in $(2\sqrt{6}; 0)$. $\qquad\qquad [x^2 - y^2 = 12]$

274 Passante per $(2\sqrt{5}; -4)$. $\qquad\qquad [x^2 - y^2 = 4]$

275 Passante per il punto di ascissa 4 della retta di equazione $2x - y - 5 = 0$. $\qquad\qquad [x^2 - y^2 = 7]$

276 Avente un vertice reale in $(-3; 0)$. $\qquad\qquad [x^2 - y^2 = 9]$

L'iperbole equilatera riferita agli asintoti
Data l'equazione dell'iperbole, in ciascuno dei seguenti casi determina le coordinate dei vertici e rappresenta graficamente la curva.

277 a) $xy = 36$; $\qquad$ b) $xy = -12$; $\qquad$ c) $xy = 8$; $\qquad$ d) $xy = -18$.

278 a) $xy = 4$; $\qquad$ b) $xy = -9$; $\qquad$ c) $xy = -16$; $\qquad$ d) $xy = 20$.

275

279 Stabilisci quali delle seguenti equazioni rappresenta un'iperbole equilatera, specificando se è riferita agli assi o agli asintoti, e determina i vertici e i fuochi.

a) $x^2 - 4y^2 + 4 = 0$;   c) $x = \dfrac{y}{2}$;   e) $y^2 - x^2 = 9$;   g) $x^2 = 1 - y^2$;

280 Determina l'equazione dell'iperbole equilatera, riferita agli asintoti, avente un fuoco nel punto $F(2; 2)$.
$[xy = 2]$

281 Scrivi l'equazione dell'iperbole equilatera, riferita agli asintoti, avente un fuoco nel punto $F(-4; 4)$.
$[xy = -8]$

282 Determina l'equazione dell'iperbole equilatera, riferita agli asintoti, tangente alla retta di equazione $y = 5x - 10$.
$[xy = -5]$

La funzione omografica

283 ESERCIZIO GUIDA

Disegniamo il grafico dell'iperbole equilatera di equazione $y = \dfrac{6x + 1}{2x - 4}$.

L'equazione $y = \dfrac{6x+1}{2x-4}$ è quella della funzione omografica $y = \dfrac{ax+b}{cx+d}$, che ha per grafico un'iperbole equilatera avente gli asintoti $x = -\dfrac{d}{c}$ e $y = \dfrac{a}{c}$ e il centro di simmetria $C\left(-\dfrac{d}{c}; \dfrac{a}{c}\right)$.

In questo caso abbiamo: $a = 6$, $b = 1$, $c = 2$, $d = -4$.

Il centro è $C\left(-\dfrac{-4}{2}; \dfrac{6}{2}\right)$, ossia $C(2; 3)$.

Le equazioni degli asintoti sono $x = 2$ e $y = 3$.

Per disegnare il grafico dell'iperbole determiniamo alcuni suoi punti, per esempio le intersezioni con gli assi:

asse y: $\begin{cases} x = 0 \\ y = \dfrac{6x+1}{2x-4} \end{cases}$ → $A\left(0; -\dfrac{1}{4}\right)$;

asse x: $\begin{cases} y = 0 \\ y = \dfrac{6x+1}{2x-4} \end{cases}$ → $B\left(-\dfrac{1}{6}; 0\right)$.

Tracciamo il grafico dell'iperbole assegnata.

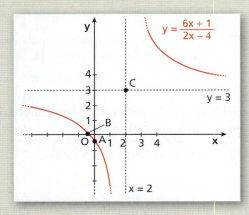

Disegna il grafico delle seguenti iperboli equilatere.

284 $y = \dfrac{x-1}{x-2}$

285 $y = \dfrac{4x-1}{8x-4}$

286 $y = \dfrac{2x-1}{4x+8}$

287 $y = \dfrac{x-3}{x}$

288 $y = \dfrac{4-6x}{3x-9}$

289 $y = \dfrac{x}{x-3}$

290 $xy - x + 1 = 0$

291 $2xy + x - y + 3 = 0$

292 $xy - x + y + 3 = 0$

CIRCONFERENZA, ELLISSE, IPERBOLE E FUNZIONI

Grafici di funzioni

293 **ESERCIZIO GUIDA**

Determiniamo il dominio e tracciamo il grafico della funzione: $y = 2 + \sqrt{4 - x^2}$.

Per determinare il dominio occorre porre il radicando maggiore o uguale a 0, cioè:

$$4 - x^2 \geq 0 \rightarrow -2 \leq x \leq 2.$$

Tracciamo nel piano cartesiano le rette $x = -2$ e $x = 2$ ed eliminiamo tutti i punti che hanno ascissa minore di -2 o maggiore di 2.

Per rappresentare la funzione isoliamo la radice:

$$y - 2 = \sqrt{4 - x^2}.$$

Questa equazione è equivalente al sistema:

$$\begin{cases} y - 2 \geq 0 \\ (y-2)^2 = 4 - x^2 \end{cases} \rightarrow \begin{cases} y \geq 2 \\ x^2 + y^2 - 4y = 0 \end{cases}$$

Tracciamo nel piano cartesiano la retta $y = 2$ ed eliminiamo tutti i punti che hanno ordinata minore di 2.

$x^2 + y^2 - 4y = 0$ è l'equazione di una circonferenza con centro $C(0; 2)$ e raggio $r = 2$.

Tracciamo la semicirconferenza contenuta nella parte di piano che non abbiamo eliminato. Il grafico della funzione è rappresentato dalla linea continua rossa.

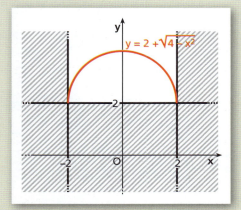

Rappresenta i grafici delle seguenti funzioni.

294 $y = 2 + \sqrt{9 - x^2}$

295 $y = 3 - \sqrt{4 - x^2}$

296 $y = -\sqrt{16 - x^2}$

297 $y = 3 - \sqrt{3 + 2x - x^2}$

298 $y = 1 + \sqrt{2x - x^2}$

299 $y = \frac{3}{2}\sqrt{-x^2 + \frac{4}{9}}$

300 $y = -\sqrt{1 - 16x^2}$

301 $y = -3\sqrt{1 - x^2}$

302 $y = \frac{3}{2}\sqrt{4 - x^2}$

303 $y = -\sqrt{x^2 + 1}$

304 $y = -\sqrt{x^2 - 16}$

305 $y = \frac{6x + 4}{3x - 9}$

306 $y = \frac{2x - 1}{4x + 8}$

307 $y = \frac{x}{x - 3}$

308 $y = \frac{3 + 5x}{1 - x}$

309 $xy + 3x + y + 3 = 0$

310 $y = \frac{2x}{x^2 + x}$

311 $|x|y - 4 = 0$

Grafici di curve

Traccia i grafici delle curve che hanno le seguenti equazioni e stabilisci se rappresentano una funzione.

312 $x = \sqrt{4 - y^2}$

313 $x = -\sqrt{9 - y^2}$

314 $x = 1 + \sqrt{25 - y^2}$

315 $x = -2 - \sqrt{4y - y^2}$

316 $\sqrt{2y - y^2} = x + 2$

317 $3x + \sqrt{36 - 4y^2} = 0$

318 $x = -3\sqrt{9 - y^2}$

319 $x = 2\sqrt{1 - y^2}$

320 $\frac{x}{2} = -\sqrt{16 - y^2}$

Dal grafico all'equazione
Trova le equazioni corrispondenti ai seguenti grafici utilizzando i dati delle figure.

321

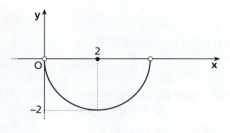

$[y = -\sqrt{4x - x^2} \text{ se } 0 < x < 2]$

323

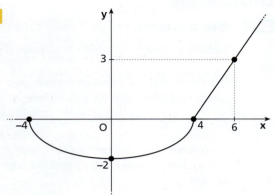

$\left[y = \begin{cases} -\dfrac{1}{2}\sqrt{16 - x^2} & \text{se } -4 \leq x \leq 4 \\ \dfrac{3}{2}x - 6 & \text{se } x > 4 \end{cases} \right]$

322

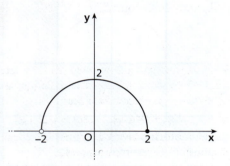

$[y = \sqrt{4 - x^2} \text{ se } -2 < x \leq 2]$

324

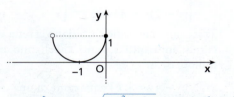

$[y = 1 - \sqrt{-x^2 - 2x} \text{ se } -2 < x <= 0]$

325

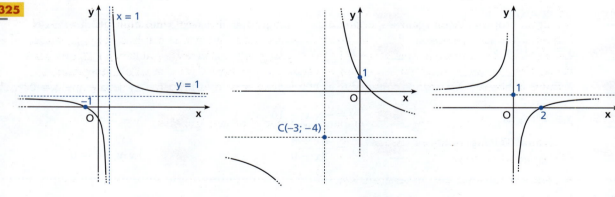

REALTÀ E MODELLI

NEL SITO ▶ Scheda di risoluzione guidata

1 **Partita di pallavolo**

Durante un torneo di giochi scolastici assistiamo a una partita di pallavolo. Immaginiamo di fissare un sistema di riferimento cartesiano centrato su una parete alle spalle di una squadra e proiettiamo sulla parete le varie posizioni della palla. La traiettoria parabolica della palla alzata dal palleggiatore raggiunge la sua massima altezza nel punto $A(4; 6)$ e viene intercettata dallo schiacciatore nel punto $B\left(\frac{1}{2}; \frac{47}{16}\right)$.

▶ Determina l'equazione della traiettoria.
▶ Nel caso in cui lo schiacciatore (o per meglio dire la sua proiezione sulla parete di fondo) si trova nell'origine, a che altezza intercetta la palla? (Supponi che il giocatore salti verticalmente.)
▶ Se il soffitto della palestra è alto 5,5 m, riuscirà il palleggiatore ad alzare ugualmente la palla? In caso negativo, in che punto la palla rimbalzerà contro il soffitto?

2 **Efficienza di un motorino**

L'efficienza di un motorino (ossia il numero dei kilometri percorsi con un litro di carburante) dipende dalla massa del veicolo, approssimativamente secondo la formula:

$E(x) = 0,12x^2 - 21,12x + 944,12, \quad 80 \le x \le 120,$

dove x è la massa del motorino in kilogrammi. Sulla base di tale informazione, rispondi alle seguenti domande.

▶ Qual è la massa del motorino meno efficiente?
▶ Qual è l'efficienza minima?
▶ Qual è la massa di un motorino la cui efficienza è superiore a quella minima di almeno tre unità?

3 **Spettacolo di milioni di stelle brillanti**

Camilla, per la sua laurea, ha avuto in regalo un buono per il pacchetto viaggio «Spettacolo di milioni di stelle brillanti».
Il viaggio, proposto da un'agenzia specializzata e da un gruppo di esperti conoscitori del deserto del Sahara, si svolgerà nel periodo dal 27 luglio al 10 agosto. Nel programma è prevista una settimana a cavallo di un dromedario per raggiungere i piccoli villaggi, oltre ai bivacchi permanenti allestiti per i turisti. Ovviamente, essendo un viaggio impegnativo, inizia a porsi il problema della temperatura…
Durante la giornata, nel periodo considerato e nel tragitto proposto, la temperatura varia secondo la formula:

$t(x) = -0,3004 \cdot x^2 + 7,212 \cdot x + 6,73, \quad 0 \le x \le 24,$

dove il tempo x è misurato in ore e la temperatura $t(x)$ in gradi centigradi.

▶ Quando la temperatura è massima?
▶ Quando è minima?
▶ Qual è la massima temperatura raggiunta?
▶ Qual è l'escursione termica prevista?

4 **Il fiore**

Laura vuole preparare dei bigliettini al computer con un disegno stilizzato di un fiore. Ha a disposizione solo un programma di grafica vettoriale molto semplice, e quindi deve dare al computer le equazioni corrette degli archi di curva che compongono il disegno.

▶ Quali sono queste equazioni?

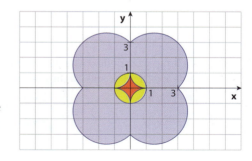

279

VERIFICHE DI FINE CAPITOLO

TEST

Questi e altri test interattivi nel sito: zte.zanichelli.it

1 Data la parabola di equazione

$$y = \frac{1}{2}x^2 - x + 1,$$

il fuoco F, il vertice V e la direttrice d sono rispettivamente:

A $F(1;1)$, $V\left(1;\frac{1}{2}\right)$, la retta $y = 0$.

B $F(1;-1)$, $V\left(1;\frac{1}{2}\right)$, la retta $y = -1$.

C $F(1;-1)$, $V\left(1;\frac{1}{2}\right)$, la retta $y = 0$.

D $F(-1;-1)$, $V\left(-1;\frac{1}{2}\right)$, la retta $y = 0$.

E $F(-1;-1)$, $V\left(-1;\frac{1}{2}\right)$, la retta $y = -\frac{3}{2}$.

2 Sulle parabole di equazioni

$$p_1: y = -\frac{1}{4}x^2 + 2 \text{ e } p_2: y = -\frac{1}{4}x^2 + 2x,$$

si può dire che:

A hanno lo stesso vertice.

B hanno lo stesso asse di simmetria.

C hanno lo stesso fuoco.

D hanno la stessa direttrice.

E sono congruenti.

3 Solo una delle seguenti parabole passa per i punti $A(1;-1)$, $B(-1;5)$, $O(0;0)$. Quale?

A $y = -2x^2 + 3x$

B $y = \frac{1}{2}x^2 + \frac{1}{3}x$

C $y = -\frac{1}{2}x^2 - \frac{1}{3}$

D $y = x^2 - \frac{3}{2}x$

E $y = 2x^2 - 3x$

4 La lunghezza della corda individuata dalla parabola $y = x^2 + x$ sulla retta $y = x + 4$ è:

A $2\sqrt{3}$.

B $3\sqrt{2}$.

C $4\sqrt{2}$.

D $2\sqrt{5}$.

E $5\sqrt{2}$.

5 L'equazione della circonferenza tangente all'asse delle ordinate e di centro $C(-2;-3)$ è:

A $x^2 + y^2 - 4x - 6y - 9 = 0$.

B $x^2 + y^2 + 4x + 6y - 9 = 0$.

C $x^2 + y^2 = 4$.

D $x^2 + y^2 + 4x + 6y + 9 = 0$.

E $x^2 + y^2 - 4x - 6y + 9 = 0$.

6 Le proposizioni seguenti sono tutte vere *tranne una*. Quale?

L'equazione $x^2 + y^2 + ax + by = 0$ rappresenta una circonferenza:

A passante per l'origine solo se $a = 0$ o $b = 0$.

B per qualsiasi valore di a e di b.

C passante per l'origine.

D di raggio $r = \frac{1}{2}\sqrt{a^2 + b^2}$.

E di centro $\left(-\frac{a}{2}; -\frac{b}{2}\right)$.

7 Riferendoci all'ellisse di equazione

$$\frac{x^2}{9} + \frac{y^2}{25} = 1,$$

possiamo dire che:

A il semiasse maggiore è 3.

B la distanza focale è 6.

C i punti $(-4;0)$ e $(4;0)$ sono i fuochi.

D i punti $(0;4)$ e $(0;-4)$ sono i fuochi.

E il semiasse maggiore è 25.

8 Quali equazioni, tra

$$x = -\frac{4}{y}, \quad x^2 = y^2 + 1, \quad y = \frac{1-x}{2x+1},$$

rappresentano un'iperbole equilatera?

A Solo la prima.

B Solo la prima e la terza.

C Nessuna delle tre.

D Solo la seconda.

E Tutte e tre.

VERIFICHE DI FINE CAPITOLO | ESERCIZI

QUESITI ED ESERCIZI

9   **VERO O FALSO?** Per ognuna delle seguenti proposizioni indica se è vera o falsa e motiva la risposta.

    a)   La parabola di equazione $y = m(x - a)^2$ ha vertice in $(a; 0)$ ed è tangente all'asse x.   V   F

    b)   Due parabole con lo stesso fuoco hanno la stessa equazione.   V   F

    c)   In ogni iperbole si ha $e = 1$.   V   F

    d)   L'eccentricità e cambia al cambiare del sistema di riferimento.   V   F

10   Date le due circonferenze di equazioni $x^2 + y^2 + ax + by + c = 0$ e $x^2 + y^2 + a'x + b'y + c' = 0$, indica come devono essere i coefficienti delle due equazioni se le due circonferenze:
   a) sono concentriche;
   b) hanno lo stesso centro che appartiene alla bisettrice del secondo e quarto quadrante;
   c) passano per l'origine.

$$[a)\ a = a',\ b = b';\ b)\ a = a',\ b = b',\ a = -b;\ c)\ c = c' = 0]$$

11   Verifica che il punto $A(2; 13)$ appartiene alla parabola $y = 5x^2 - 4x + 1$ e trova l'equazione della retta tangente alla parabola in tale punto.

$$[y = 16x - 19]$$

12   Calcola le equazioni delle rette passanti per $A(0; 9)$ e tangenti alla parabola di equazione $y = 3x^2 - 4x + 12$.

$$[y = 2x + 9;\ y = -10x + 9]$$

13   Trova le equazioni delle rette tangenti alla parabola di equazione $y = 2x^2 - 7x + 2$ e passanti per $A(-2; -8)$.

$$[y = x - 6;\ y = -31x - 70]$$

14   Trova le equazioni delle rette passanti per $A(1; 11)$ e tangenti alla parabola di equazione $y = x^2 - 5x + 19$ e l'equazione della tangente alla parabola nel suo punto $A(2; 13)$.

$$[y = x + 10;\ y = -7x + 18;\ y = -x + 15]$$

15   Determina l'equazione della parabola, di cui sono indicate le coordinate di due suoi punti, A e B, e l'equazione dell'asse di simmetria:

   a) $A(-2; 5)$, $B(1; -7)$, $x = -\dfrac{5}{2}$.

   b) $A(1; 1)$, $B(3; 0)$, $y = 1$. $[a)\ y = -x^2 - 5x - 1;\ b)\ x = 2y^2 - 4y + 3]$

16   Calcola centro e raggio della circonferenza di equazione $x^2 + y^2 - 7x + 4y - 1 = 0$. Verifica poi se la circonferenza passa per l'origine degli assi.

$$\left[C\left(\frac{7}{2}; -2\right); r = \frac{\sqrt{69}}{2}; \text{no}\right]$$

17   Determina le equazioni delle circonferenze di raggio 5, passanti per l'origine degli assi cartesiani e per il punto $P(7; 7)$.
   Trova le intersezioni A e B, con l'asse x, diverse dall'origine, delle due circonferenze.

$$[x^2 + y^2 - 6x - 8y = 0;\ x^2 + y^2 - 8x - 6y = 0;\ A(6; 0);\ B(8; 0)]$$

18   Trova le equazioni delle rette passanti per $A(-2; 3)$ e tangenti alla circonferenza di equazione $x^2 + y^2 - 10x + 8y - 8 = 0$. $[x = -2;\ y = 3]$

19   Determina le equazioni delle rette passanti per $A(0; 3)$ e tangenti alla circonferenza di equazione $x^2 + y^2 - 8x - 10y + 31 = 0$. $[3x - y + 3 = 0;\ x + 3y - 9 = 0]$

281

ESERCIZI | **CAPITOLO 5. LE CONICHE**

20 Dopo aver calcolato centro e raggio della circonferenza di equazione $x^2 + y^2 - 4x + 6y - 3 = 0$, trova l'equazione delle rette tangenti alla circonferenza e passanti per il punto $A(-2; 3)$.

$$[C(2; -3); r = 4; 5x + 12y - 26 = 0; x + 2 = 0]$$

21 Trova l'equazione dell'iperbole avente un vertice in $A(2; 0)$ e passante per $B(4; \sqrt{3})$. $\left[\dfrac{x^2}{4} - y^2 = 1\right]$

22 Data l'ellisse di equazione $\dfrac{x^2}{9} + \dfrac{y^2}{4} = 1$, calcola l'equazione della retta tangente in $A(3; 0)$. $[x = 3]$

23 Trova le rette tangenti all'ellisse di equazione $\dfrac{x^2}{9} + \dfrac{y^2}{4} = 1$ e passanti per $A(-2; 0)$. [impossibile]

24 Trova l'equazione dell'iperbole, con asse trasverso sull'asse delle ordinate, avente eccentricità $e = \dfrac{5}{4}$ e lunghezza del semiasse non trasverso uguale a 3.

$$\left[\dfrac{x^2}{9} - \dfrac{y^2}{16} = -1\right]$$

TEST YOUR SKILLS

25 Let $y = f(x) = x^2 - 6x + 8$. Find the vertex and axis of symmetry. Does its graph open up or down? Find the maximum or minimum value of $f(x)$ and state which it is. Sketch the graph. Label the vertex and intercepts on your graph.

(USA *Southern Illinois University Carbondale,* Final Exam, Fall 2001)

$$[V(3; -1); x = 3]$$

26 **TEST** Given that the vertex of the parabola $y = x^2 + 8x + k$ is on the x-axis, what is the value of k?

A 0 **B** 4 **C** 8 **D** 16 **E** 24

(USA *University of South Carolina: High School Math Contest,* 2001)

27 What is the y-component of the center of the circle which passes through $(-1; 2)$, $(3; 2)$ and $(5; 4)$?

(USA *Lehigh University: High School Math Contest,* 2001)

[6]

28 A toy rocket is fired vertically from the ground. Its height in meters above the ground is given by $s(t) = 36t - 4.9t^2$, where t represents the time in seconds. What is the maximum height of the rocket?

(USA *Southeast Missouri State University: Math Field Day,* 2005)

[66.12 m]

29 Find the equation of the circle that has a diameter with endpoints $(1; 1)$ and $(7; 5)$.

(USA *Southern Illinois University Carbondale,* Final Exam, 2003)

$$[x^2 + y^2 - 8x - 6y + 12 = 0]$$

GLOSSARY

axis: asse
center: centro
circle: circonferenza
diameter: diametro
ground: suolo

height: altezza
intercept: intercetta
to label: contrassegnare
toy rocket: razzo giocattolo
vertex: vertice

CAPITOLO

[numerazione araba]   [numerazione devanagari]   [numerazione cinese]

LA STATISTICA

POSSIAMO FIDARCI? I giornali sono sommersi di sondaggi, che rivelano opinioni, tendenze, orientamenti politici della popolazione.

Quanto sono attendibili i risultati dei sondaggi?

▶ La risposta a pag. 310

1. I DATI STATISTICI

Popolazione, carattere

Riprendiamo alcune definizioni e alcuni concetti già proposti nel volume del biennio. Come sai la statistica studia fenomeni, eventi collettivi, sia da un punto di vista qualitativo sia quantitativo. Per fare ciò opera su un insieme di elementi di varia natura che possiedono determinate caratteristiche.

Si chiama **popolazione** l'insieme di elementi oggetto dell'indagine statistica. Ogni elemento dell'insieme è detto **unità statistica**.

Ogni caratteristica che si prende in considerazione si chiama **carattere**. Un carattere può essere di due tipi: *qualitativo* o *quantitativo*.

Il carattere è **qualitativo** quando è espresso mediante parole. Per esempio la nazionalità, il colore degli occhi ecc.

Il carattere è **quantitativo** quando è espresso mediante un numero, che può essere il risultato di un'operazione di conteggio o di misurazione. Nel primo caso il carattere quantitativo è *discreto*, nel secondo è *continuo*.

Il **carattere di tipo discreto** può assumere un numero finito di valori; per esempio il carattere "libri presi in prestito dalla biblioteca in un mese" assume valori n che appartengono all'intervallo dei numeri naturali.

Il **carattere di tipo continuo** può assumere gli infiniti valori di un intervallo reale; per esempio il carattere "altezza dei ragazzi che frequentano una scuola" assume valori x che appartengono a un determinato intervallo di $\mathbb{R}$.

Un carattere può manifestarsi in modi diversi, e ogni tipo di manifestazione si chiama **modalità**. Le modalità si chiamano anche *dati*.

Per esempio il carattere qualitativo "colore degli occhi" ha più modalità: azzurro, verde, nocciola…

Il carattere quantitativo "libri presi in prestito dalla biblioteca" può assumere le modalità 0, 1, 2…

Distribuzione di frequenza

Il numero dei dati raccolti corrispondenti a una determinata modalità si chiama *frequenza assoluta*, o più semplicemente *frequenza*.

> **DEFINIZIONE**
>
> **Frequenza**
> La **frequenza** è il numero di volte in cui un dato si presenta.

Modalità	Frequenza
sport	6
amici	8
cinema, TV	5
hobby	4
altre attività	3
Totale unità statistiche	26

▶ Tabella 1

Le tabelle che si costruiscono riportando accanto a ciascuna modalità le frequenze sono chiamate **distribuzione di frequenze**.

Per esempio nella tabella 1 sono indicate le frequenze relative alle attività svolte nel tempo libero da 26 studenti.

PARAGRAFO 1. I DATI STATISTICI | **TEORIA**

Più spesso interessa il valore della frequenza confrontato con il numero totale delle unità statistiche. Infatti siamo in situazioni diverse se, per esempio, la frequenza di una modalità è 8 rispetto a un totale di 26 o se, invece, è 8 rispetto a un totale di 260.

Per questo motivo viene anche calcolata la **frequenza relativa**, di cui diamo la definizione.

■ DEFINIZIONE

Frequenza relativa

La frequenza relativa di una modalità è il rapporto fra la frequenza della modalità e il numero totale delle unità statistiche.

$$f = \frac{F}{T}$$

frequenza relativa → ; frequenza → F ; totale delle unità statistiche → T

Nell'esempio precedente la frequenza della modalità «sport» è 6, ossia 6 studenti su 26 nel tempo libero praticano uno sport; pertanto la frequenza relativa è:

$$f = \frac{6}{26} = \frac{3}{13} = 0,23076 \simeq 0,23.$$

La frequenza relativa può essere espressa anche in **percentuale**, moltiplicando per 100 il valore ottenuto: la frequenza percentuale della modalità sport è 23%. Questo significa che, in una distribuzione con le stesse caratteristiche, dato un campione di 100 studenti, 23 nel tempo libero praticano uno sport.

◀ **Tabella 2**

Distribuzione delle frequenze relative			
Modalità	Frequenza	Frequenza relativa	Frequenza relativa percentuale
sport	6	3/13	23%
amici	8	4/13	31%
cinema, TV	5	5/26	19%
hobby	4	2/13	15%
altre attività	3	3/26	12%
Totale	26	1	100%

● Le frequenze relative percentuali delle tabelle sono approssimate alle unità.

Osserviamo che la somma delle frequenze relative è 1, in percentuale è 100%.

■ Le classi di frequenza

Studiamo i risultati ottenuti da un gruppo di studentesse che, nell'ora di educazione fisica, hanno eseguito una prova di salto in lungo da fermo (tabella 3).

▼ **Tabella 3**

Gruppo A: salto in lungo da fermo																						
Numero d'ordine	1	2	3	4	5	6	7	8	9	10	11	12	13	14	15	16	17	18	19	20	21	22
Misura del salto in metri	1,36	1,46	1,62	1,54	1,94	1,85	1,75	1,88	1,61	1,90	1,65	1,53	1,36	1,67	1,46	1,60	1,50	1,67	1,65	1,78	2,12	1,86

285

TEORIA   **CAPITOLO 6. LA STATISTICA**

In casi come questo, è utile raggruppare le modalità in **classi**, determinando la frequenza di ogni classe. Nella tabella seguente consideriamo cinque classi.

Classi di frequenza		
Classe	Frequenza	Frequenza relativa percentuale
1,20-1,40	2	9%
1,40-1,60	6	27%
1,60-1,80	8	36%
1,80-2,00	5	23%
2,00-2,20	1	5%

▲ **Tabella 4**

● L'estremo inferiore di ciascuna classe può essere considerato escluso dalla classe, mentre quello superiore incluso, o viceversa. Noi adottiamo la prima soluzione. Per esempio, nella tabella il valore 1,60 è relativo alla classe 1,40-1,60 e non alla classe 1,60-1,80.
Se l'estremo superiore è incluso ed è escluso quello inferiore, per indicare un intervallo si usa anche il simbolo —| (per esempio, 1,40 —| 1,60). Se l'estremo superiore è escluso ed è incluso quello inferiore, si può usare il simbolo |—.

Il raggruppamento in classi fornisce meno informazioni (per esempio, non sappiamo quanto valgono esattamente i 6 salti compresi fra 1,40 e 1,60 m), però fornisce una sintesi più leggibile della prova.

Di ogni classe è spesso utile calcolare il **valore centrale**, che si ottiene dividendo per 2 la somma degli estremi della classe. Per esempio, il valore centrale della classe 1,60-1,80 è (1,60 + 1,80)/2, ossia 1,70.

Se vengono forniti le frequenze relative f e il numero totale T delle unità statistiche, è possibile calcolare le frequenze F di ogni modalità. Infatti, essendo

$$f = \frac{F}{T},$$

conoscendo f e T, possiamo ricavare F:

$$F = f \cdot T.$$

La frequenza di una modalità è il prodotto tra la frequenza relativa e il numero totale delle unità statistiche.

● 62% = 62 : 100 = 0,62.

ESEMPIO

Se abbiamo rilevato che, in un campione di 800 lavoratori dipendenti, il 62% usa mezzi propri per recarsi sul posto di lavoro, il numero delle unità del campione che hanno dato questa indicazione è:

0,62 · 800 = 496.

● 0,62 · 3800 = 2356.

Si può dedurre che su 3800 lavoratori 2356 utilizzano un mezzo proprio.

■ Le frequenze cumulate

Consideriamo la tabella 4 e proviamo a rispondere alla seguente domanda: «Quante sono le studentesse che nel salto in lungo non hanno superato 1,80 metri?».

Osservando la tabella rileviamo che 1,80 è il limite superiore della terza classe. Le studentesse della prima classe sono 2, quelle della seconda sono 6 e quelle della terza sono 8. Sommando i tre numeri otteniamo 16, il valore che risponde al quesito. Questo valore si chiama *frequenza cumulata*.

● 2, 6 e 8 sono le frequenze delle prime tre classi; 16 è la somma di tali frequenze.

286

PARAGRAFO 1. I DATI STATISTICI | **TEORIA**

■ **DEFINIZIONE**

Frequenza cumulata

La frequenza cumulata relativa a ogni modalità è la somma della frequenza assoluta corrispondente con tutte le frequenze assolute precedenti.

Completiamo la tabella 4 con le frequenze cumulate per ogni classe e anche con le frequenze cumulate relative percentuali, ottenendo la tabella 5.

▼ Tabella 5

Classi di frequenza				
Classe	Frequenza	Frequenza cumulata	Frequenza relativa percentuale	Frequenza relativa percentuale cumulata
1,20-1,40	2	2	9%	9%
1,40-1,60	6	8	27%	36%
1,60-1,80	8	16	36%	72%
1,80-2,00	5	21	23%	95%
2,00-2,20	1	22	5%	100%

■ **Le serie e le seriazioni**

I dati statistici possono essere rappresentati mediante tabelle.

Le tabelle come la tabella 6 che riportano nella prima colonna le modalità di un carattere *qualitativo* vengono dette **serie statistiche**. Nella seconda colonna compare o il numero delle volte con il quale si presenta (*frequenza*) o il valore (*intensità*) di un carattere quantitativo associato (per esempio il prezzo). L'insieme delle modalità di un carattere qualitativo, alle quali associamo le loro frequenze, definisce una **mutabile statistica**.

Le tabelle che mostrano la successione dei valori che un fenomeno assume in tempi successivi sono **serie storiche**.

Le tabelle come la tabella 7 che riportano nella prima colonna un carattere *quantitativo* vengono dette **seriazioni statistiche**. Nella seconda colonna compare la frequenza, cioè il numero di volte con il quale si presenta la relativa modalità.

L'insieme delle modalità di un carattere quantitativo, alle quali associamo le loro frequenze, definisce una **variabile statistica**.

● Nella tabella 7 le modalità del carattere quantitativo della prima colonna sono raggruppate in **classi**, e vengono riportate le frequenze di ogni classe.

Serie statistica	
Elettrodomestici	Frequenza
apparecchi TV	7
lavatrici	10
forni a microonde	8
aspirapolvere	15
Totale	**40**

▲ Tabella 6

Seriazione statistica				
Spesa sostenuta dai clienti (euro)	Frequenza	Frequenza relativa percentuale	Frequenza cumulata	Frequenza relativa percentuale cumulata
0-300	12	30%	12	30%
300-600	18	45%	30	75%
600-900	6	15%	36	90%
900-1200	4	10%	40	100%
Totale	**40**	**100%**		

► Tabella 7

287

TEORIA | CAPITOLO 6. LA STATISTICA

● Un istogramma è costituito da rettangoli che hanno le basi proporzionali alle ampiezze delle classi e le aree proporzionali alle frequenze.

Se le classi *non* hanno la stessa ampiezza, le altezze dei rettangoli devono essere calcolate in modo che le aree siano proporzionali alle frequenze.

Se in un istogramma si congiungono i punti medi dei lati superiori dei rettangoli, si ottiene una spezzata chiamata **poligono delle frequenze**.

Le rappresentazioni grafiche dei dati

Ci sono diversi tipi di grafici per rappresentare i dati statistici e le loro frequenze. In figura 1 facciamo quattro esempi riferendoci alle tabelle precedenti.

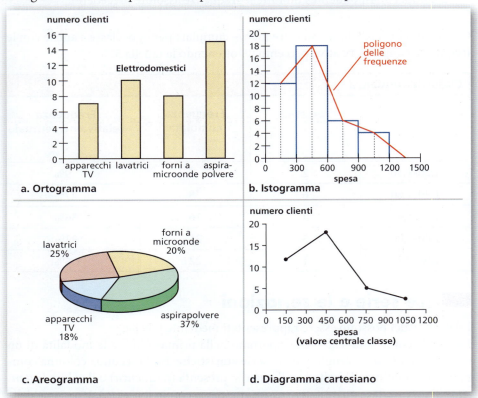

▲ Figura 1

▼ Tabella 8

Gruppo B: salto in lungo da fermo	
Numero d'ordine	Misura del salto in metri
1	1,95
2	2,16
3	1,95
4	1,84
5	1,62
6	1,74
7	1,78
8	1,64
9	1,30
10	1,62
11	1,72
12	1,58
13	1,75
14	1,45
15	1,73
16	1,48

2. GLI INDICI DI POSIZIONE CENTRALE

Gli indici di posizione centrale sono valori che tenendo conto del valore massimo e minimo che può assumere una certa modalità, determinano un valore medio attorno a cui si dispongono i dati rilevati.

Le **medie** sono indici e sono determinate attraverso il calcolo prendendo in considerazione tutti i valori, mentre **moda** e **mediana** dipendono da come sono distribuiti i dati e si determinano prendendo in considerazione solo particolari valori.

La media aritmetica

Supponiamo di voler confrontare i risultati delle prove di salto del gruppo *A* di studentesse del paragrafo 1 (tabella 3) con quelli delle studentesse di un secondo gruppo, che chiamiamo gruppo *B*, di cui riportiamo i risultati in tabella 8.

Affiancando le tabelle delle frequenze dei due gruppi (tabella 9), scopriamo che non è facile stabilire se la prova è andata meglio per il gruppo *A* o per il gruppo *B*.

PARAGRAFO 2. GLI INDICI DI POSIZIONE CENTRALE   **TEORIA**

◄ Tabella 9

Confronto delle frequenze		
Classe	Frequenza gruppo B	Frequenza gruppo A
1,20-1,40	1	2
1,40-1,60	3	6
1,60-1,80	8	8
1,80-2,00	3	5
2,00-2,20	1	1

Calcolando, invece, la *media aritmetica* relativa ai due gruppi di dati, otteniamo un'informazione sintetica della distribuzione dei dati.

■ **DEFINIZIONE**

Media aritmetica

La media aritmetica M di n numeri x_1, x_2, ..., x_n è il quoziente fra la loro somma e il numero n.

$$M = \frac{\overset{\text{somma dei valori}}{\overbrace{x_1 + x_2 + \ldots + x_n}}}{\underset{\text{numero dei valori}}{\underbrace{n}}}$$

media aritmetica

La media aritmetica M_A del gruppo A è

$$M_A = \frac{1,36 + 1,46 + 1,62 + \ldots + 1,78 + 2,12 + 1,86}{22} \simeq 1,671$$

mentre la media aritmetica dei dati del gruppo B è

$$M_B = \frac{1,95 + 2,16 + 1,95 + \ldots + 1,45 + 1,73 + 1,48}{16} \simeq 1,707.$$

Poiché $M_B > M_A$, possiamo dire che le studentesse del gruppo B hanno mediamente saltato meglio di quelle del gruppo A.

La media aritmetica viene anche detta semplicemente **media**, in quanto è il tipo di media più semplice che si può definire.

Nell'esempio precedente abbiamo utilizzato la media come **valore di sintesi**, ossia come un valore che riassume una caratteristica di un insieme di dati. Inoltre possiamo notare che, in questo esempio, la media si trova proprio nella zona della distribuzione dove si addensano maggiormente i risultati.

Quando un valore di sintesi ha questa proprietà, diciamo che è un buon **indice di posizione centrale**. Come vedremo, non sempre la media è un buon indice di posizione centrale.

■ **La media ponderata**

Consideriamo la tabella 10, relativa ai voti che gli studenti di una classe hanno ottenuto in un compito, e calcoliamo la media:

$$M = \frac{4+4+5+5+5+5+5+5+5+6+6+6+6+6+6+6+6+7+7+7+8+8}{22}.$$

▼ Tabella 10

Voti di una classe	
Voto	Frequenza
4	2
5	7
6	8
7	3
8	2

289

TEORIA | **CAPITOLO 6. LA STATISTICA**

Al numeratore possiamo anche scrivere $4 \cdot 2 + 5 \cdot 7 + 6 \cdot 8 + 7 \cdot 3 + 8 \cdot 2$: ogni voto viene moltiplicato per la sua frequenza. La media è allora:

$$M = \frac{4 \cdot 2 + 5 \cdot 7 + 6 \cdot 8 + 7 \cdot 3 + 8 \cdot 2}{2 + 7 + 8 + 3 + 2} \simeq 5,82.$$

Le frequenze rappresentano i diversi «pesi» che devono avere i singoli voti nel calcolo della media. Più grande è la frequenza di un voto, maggiore è l'influenza che esso ha sul valore medio.

La media calcolata è una *media aritmetica ponderata*.

> ■ **DEFINIZIONE**
>
> **Media aritmetica ponderata**
>
> Dati i numeri $x_1, x_2, \ldots, x_n$ e associati a essi i numeri $p_1, p_2, \ldots, p_n$, detti *pesi*, chiamiamo media aritmetica ponderata P il rapporto fra la somma dei prodotti dei numeri per i loro pesi e la somma dei pesi stessi.
>
> somma dei prodotti dei valori per i loro pesi
>
> $$P = \frac{x_1 p_1 + x_2 p_2 + \ldots + x_n p_n}{p_1 + p_2 + \ldots + p_n}$$
>
> media aritmetica ponderata — somma dei pesi

● La media aritmetica può essere considerata un caso particolare di media ponderata in cui tutti i pesi sono uguali a 1.

Se calcoliamo la media aritmetica ponderata nel caso di classi, possiamo assumere come valori $x_1, x_2, \ldots, x_n$ i valori centrali di ogni classe e come pesi le frequenze. Il valore ottenuto può essere diverso dalla media aritmetica.

> ■ **ESEMPIO**
>
> Calcoliamo la media aritmetica ponderata relativa alla tabella 4 (pagina 286), gruppo A:
>
> $$P = \frac{1,30 \cdot 2 + 1,50 \cdot 6 + 1,70 \cdot 8 + 1,90 \cdot 5 + 2,10 \cdot 1}{2 + 6 + 8 + 5 + 1} \simeq 1,673.$$
>
> Il valore ottenuto è diverso, anche se di poco, dalla media aritmetica 1,671, in quanto in ogni classe abbiamo sostituito ai valori della classe il **valore centrale**.

Per come abbiamo usato la media ponderata nei precedenti esempi, cioè facendo coincidere i pesi con le frequenze, essa non è altro che la media ordinaria scritta in modo leggermente diverso. La media ponderata tuttavia è particolarmente significativa quando i pesi servono per indicare l'*importanza* dei diversi valori.

> ■ **ESEMPIO**
>
> In un quadrimestre vengono svolte prove alle quali viene attribuita una diversa importanza (compiti in classe, relazioni, interrogazioni, test). Per un certo studente i voti riportati e i pesi da attribuire ai voti sono quelli della tabella 11. Calcoliamo la media ponderata:
>
> $$P = \frac{5 \cdot 1 + 6 \cdot 2,5 + 5 \cdot 1 + 5 \cdot 1 + 7 \cdot 2,5 + 6 \cdot 3}{1 + 2,5 + 1 + 1 + 2,5 + 3} \simeq 5,95.$$
>
> Il valore che otteniamo è maggiore di quello della media aritmetica semplice (circa 5,67), perché i voti positivi sono stati ottenuti nelle prove alle quali è stata data maggiore importanza.

Voti pesati	
Voto	**Peso**
5	1
6	2,5
5	1
5	1
7	2,5
6	3

▲ **Tabella 11**

■ La media quadratica

Consideriamo le due sequenze di numeri:

$$1, \quad 2, \quad 18, \quad 20, \quad 24; \qquad 9, \quad 11, \quad 14, \quad 15, \quad 16.$$

290

Entrambe hanno media aritmetica $M = 13$.

Calcoliamo ora una nuova media, la *media quadratica* Q. Dobbiamo elevare al quadrato tutti i termini:

$$1, \ 4, \ 324, \ 400, \ 576; \qquad 81, \ 121, \ 196, \ 225, \ 256.$$

Calcoliamo la media aritmetica dei quadrati,

$$\frac{1 + 4 + 324 + 400 + 576}{5} = \frac{1305}{5} = 261,$$

$$\frac{81 + 121 + 196 + 225 + 256}{5} = \frac{879}{5} = 175,8,$$

e infine estraiamo la radice quadrata. Le due medie quadratiche risultano:

$$Q_1 = \sqrt{261} \simeq 16,155, \qquad Q_2 = \sqrt{175,8} \simeq 13,259.$$

Il valore della media quadratica della prima successione è più elevato di quello della seconda che è molto prossimo al valore 13 della media aritmetica.

Il confronto fra la media aritmetica e la media quadratica permette di stabilire come i valori da cui esse provengono tendono a raggrupparsi più o meno.

● In entrambi i casi il valore della media aritmetica si colloca tra il secondo numero e il terzo, ma nella prima sequenza abbiamo valori che si discostano dalla media in misura maggiore rispetto a quelli della seconda sequenza.

DEFINIZIONE

Media quadratica

La media quadratica Q di n numeri $x_1, x_2, …, x_n$ è la radice quadrata della media aritmetica dei quadrati dei numeri.

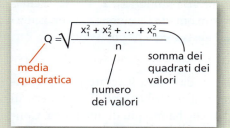

La media quadratica è utilizzata per calcolare il valore medio di scostamenti da un livello prefissato. Gli scostamenti possono essere positivi o negativi, ampi o ridotti, e la media quadratica risulta essere idonea per questi valori in quanto supera il problema del segno e tiene conto solamente dell'ampiezza degli scostamenti.

ESEMPIO

La tabella 12 riporta le variazioni della temperatura in gradi Celsius relative ad alcuni giorni di una settimana rispetto alla temperatura media stagionale.

Calcoliamo il valore della variazione media per mezzo della media quadratica.

Nella tabella sono riportati anche i valori al quadrato delle variazioni.

La media quadratica risulta:

$$Q = \sqrt{\frac{17,15}{5}} \simeq 1,85.$$

Giorno	Variazione	Variazioni al quadrato
lunedì	−2,5	6,25
martedì	1,5	2,25
mercoledì	0,8	0,64
giovedì	−1,5	2,25
venerdì	−2,4	5,76
Totale		17,15

▲ Tabella 12

Non avrebbe avuto fondamento il calcolo della media aritmetica delle variazioni con il loro segno, in quanto si sarebbero avute delle compensazioni. La media aritmetica delle variazioni prese in valore assoluto è 1,74 e il confronto con la media quadratica, di poco superiore, indica che i valori assoluti delle variazioni della temperatura non differiscono molto fra loro.

La mediana e la moda

DEFINIZIONE

Mediana

Data la sequenza ordinata di n numeri $x_1, x_2, \ldots, x_n$, la mediana è:
- il valore centrale, se n è dispari;
- la media aritmetica dei due valori centrali, se n è pari.

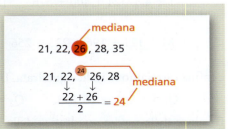

La moda

DEFINIZIONE

Moda

Dati i numeri $x_1, x_2, \ldots, x_n$, si chiama moda il valore a cui corrisponde la frequenza massima.

50, 100, 100, 100, 200, 300, 300 — moda

▶ Tabella 13

La moda indica il valore più «presente» nella distribuzione. Ci sono serie di dati che hanno più di una moda. Consideriamo i risultati di un compito in classe (tabella 13).

Voti di un compito

Voto	4	5	6	7	8
Frequenza	2	9	3	9	2

La distribuzione risulta *bimodale*, avendo per moda sia 5 sia 7. Ciò significa che nella classe si possono distinguere due gruppi di studenti: uno ha ben compreso gli argomenti del compito, l'altro ha bisogno di studiarli ancora!

3. GLI INDICI DI VARIABILITÀ

Data una distribuzione di valori $x_1, x_2, \ldots, x_n$, per determinare come si distribuiscono i dati rispetto al valore medio si usano particolari indici, che si chiamano **indici di variabilità**.

Il campo di variazione

DEFINIZIONE

Campo di variazione

Il campo di variazione di una sequenza di numeri è la differenza fra il numero massimo e quello minimo.

$x_1 \leq x_2 \leq \ldots \leq x_n$

$x_n - x_1$ — campo di variazione

● Il *campo di variazione* è indicato anche con il termine *range*.

Lo scarto semplice medio

Il campo di variazione non è un indice molto accurato, in quanto tiene conto soltanto del valore maggiore e di quello minore e non di quelli intermedi.
Consideriamo due sequenze di numeri:

a. 2, 3, 4, 4, 8, 8, 9, 9, 9, 14;

b. 2, 6, 6, 6, 6, 7, 7, 8, 8, 14.

Esse hanno la stessa numerosità, lo stesso valore medio 7 e lo stesso campo di variazione 12, ma i valori della sequenza *b* sono più vicini al valore medio 7 di quelli della sequenza *a*.
Cerchiamo un indice che permetta di rilevare questa differenza.
Per ogni valore della sequenza *a* calcoliamo lo **scarto assoluto dalla media**, che è la differenza in valore assoluto fra il valore stesso e la media. Indichiamo con S_1 il primo scarto, con S_2 il secondo e così via:

$$S_1 = |2 - 7| = 5, \quad S_2 = |3 - 7| = 4, \quad S_3 = |4 - 7| = 3,$$

$$S_4 = |4 - 7| = 3, \quad S_5 = |8 - 7| = 1, \quad S_6 = |8 - 7| = 1,$$

$$S_7 = |9 - 7| = 2, \quad S_8 = |9 - 7| = 2, \quad S_9 = |9 - 7| = 2,$$

$$S_{10} = |14 - 7| = 7.$$

Calcoliamo ora la media aritmetica degli scarti che chiamiamo **scarto semplice medio**. Lo indichiamo con S_a, poiché è riferito alla sequenza *a*:

$$S_a = \frac{5 + 4 + 3 + 3 + 1 + 1 + 2 + 2 + 2 + 7}{10} = 3.$$

Ripetendo il procedimento per *b*, calcoliamo lo scarto semplice medio S_b:

$$S_b = \frac{5 + 1 + 1 + 1 + 1 + 0 + 0 + 1 + 1 + 7}{10} = 1,8.$$

S_a è maggiore di S_b: in *a* i valori sono mediamente più lontani dalla loro media.

● Lo scarto semplice medio uguale a 3 ci dice che, mediamente, i valori della sequenza si discostano di 3 dalla media.

DEFINIZIONE

Scarto semplice medio
Si chiama scarto semplice medio S di una sequenza di numeri x_1, x_2, ..., x_n la media aritmetica dei valori assoluti degli scarti dei numeri stessi dalla loro media aritmetica M.

$$S = \frac{|x_1 - M| + |x_2 - M| + \ldots + |x_n - M|}{n}$$

scarto semplice medio   media dei valori assoluti degli scarti

La deviazione standard

L'indice più utilizzato per valutare la dispersione o la variabilità di un fenomeno è la **deviazione standard**, più sensibile dei precedenti anche per piccole variazioni nella distribuzione dei dati intorno alla media.

Consideriamo la seguente sequenza di otto valori:

5, 6, 14, 15, 17, 20, 31, 36,

la cui media aritmetica è 18.

● La deviazione standard viene anche detta **scarto quadratico medio**.

- La varianza si basa sulla proprietà che la somma dei quadrati degli scarti dalla media è minima. Se calcoliamo la somma dei quadrati degli scarti da un valore diverso dalla media aritmetica, otterremo sempre un valore maggiore.

Per ogni valore calcoliamo lo scarto e lo eleviamo al quadrato. I valori che si ottengono vengono detti **scarti quadratici**:

$(5 - 18)^2 = 169$; $(6 - 18)^2 = 144$;

$(14 - 18)^2 = 16$; $(15 - 18)^2 = 9$;

$(17 - 18)^2 = 1$; $(20 - 18)^2 = 4$;

$(31 - 18)^2 = 169$; $(36 - 18)^2 = 324$.

Calcoliamo poi la media degli scarti quadratici, chiamata **varianza**:

$$\frac{169 + 144 + 16 + 9 + 1 + 4 + 169 + 324}{8} = 104,5.$$

- La varianza si può calcolare anche facendo la differenza tra la media aritmetica dei quadrati dei valori e il quadrato della media:

$$\frac{x_1^2 + x_2^2 + \ldots + x_n^2}{n} - M^2.$$

Il valore della deviazione standard si ottiene calcolando la radice quadrata della varianza. La indichiamo con la lettera greca σ (si legge «sigma»):

$\sigma = \sqrt{104,5} \simeq 10,2225$.

■ **DEFINIZIONE**

Deviazione standard

La deviazione standard σ di una sequenza di numeri $x_1, x_2, \ldots, x_n$ è la radice quadrata della media aritmetica dei quadrati degli scarti dei numeri stessi dalla loro media aritmetica.

$$\underbrace{\sigma = \sqrt{\underbrace{\frac{(x_1 - M)^2 + (x_2 - M)^2 + \ldots + (x_n - M)^2}{n}}_{\text{media dei quadrati degli scarti}}}}_{\text{deviazione standard}}$$

■ **La distribuzione gaussiana**

Consideriamo ancora la distribuzione relativa ai risultati della prova di salto in lungo di un gruppo di studentesse. Il suo poligono delle frequenze ha una forma particolare, detta anche «a campana».
Se aumentassimo il numero dei risultati, prendendo in considerazione, per esempio, tutte le studentesse di una stessa scuola o quelle di più scuole, il poligono delle frequenze molto probabilmente si avvicinerebbe sempre di più a una particolare curva teorica detta **curva normale** o **gaussiana** (o **di Gauss**).

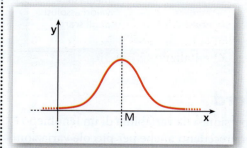

◀ **Figura 2** La curva di Gauss.

Il calcolo della deviazione standard assume particolare importanza nelle distribuzioni gaussiane, poiché tale indice è collegato al modo con cui le frequenze si distribuiscono intorno al valore medio. Si può infatti dimostrare che se M è la media aritmetica di una distribuzione gaussiana e σ la sua deviazione standard, il

68,27% dei valori è compreso fra $M - \sigma$ e $M + \sigma$, il 95,45% fra $M - 2\sigma$ e $M + 2\sigma$, e infine il 99,74% fra $M - 3\sigma$ e $M + 3\sigma$.

Da queste informazioni, essendo la distribuzione gaussiana simmetrica rispetto alla media, se ne possono ricavare altre. Per esempio, il 15,865% dei valori è maggiore di $M + \sigma$. Infatti, la percentuale di valori maggiori di $M + \sigma$ o minori di $M - \sigma$ è

$$100 - 68,27 = 31,73\%,$$

e quindi la percentuale di valori maggiori di $M + \sigma$ è:

$$\frac{100 - 68,27}{2} = 15,865\%.$$

In modo analogo si ricava che il 2,275% dei valori è maggiore di $M + 2\sigma$, e la stessa percentuale di valori è minore di $M - 2\sigma$.

● Altri intervalli rilevanti sono: $M \pm 1,96 \cdot \sigma$ e $M \pm 2,576 \cdot \sigma$, che contengono rispettivamente il 95% e il 99% dei valori.

ESEMPIO

Il costo mensile per il trasporto casa-scuola e viceversa, in una popolazione composta da 800 studenti delle scuole superiori residenti fuori dal capoluogo di provincia, ha una distribuzione gaussiana. Sapendo che il costo medio mensile è $C_M = 56$ euro e la deviazione standard $\sigma = 5$ euro, quanti studenti sostengono un costo compreso tra 51 e 61 euro?
Essendo $51 = 56 - 5$ e $61 = 56 + 5$, la prima domanda chiede quante sono le persone che sostengono un costo compreso tra $C_M - \sigma$ e $C_M + \sigma$; sappiamo che sono il 68,27%:

$$800 \cdot \frac{68,27}{100} = 546.$$

4. LE TABELLE A DOPPIA ENTRATA

Fino a ora abbiamo esaminato come determinare la distribuzione di un solo carattere per volta. Spesso però si incontrano situazioni in cui si devono considerare più caratteri contemporaneamente. In particolare ci occuperemo di estendere e ampliare le nozioni studiate al caso di due variabili statistiche, che indichiamo con X e Y.

Quando due caratteri X e Y sono rilevati insieme su una popolazione, i dati che si ottengono sono espressi da coppie ordinate (x, y).
I dati possono essere raccolti in una tabella, come la tabella 14, in cui sono riportati i voti di matematica (X) e italiano (Y) di 13 studenti.

Per mettere in evidenza la distribuzione delle frequenze per ciascuna coppia (x, y) si utilizza una **tabella a doppia entrata**, nella quale a ogni riga è associato il valore di x e a ogni colonna il valore di y.

▼ Tabella 14

Numero d'ordine	Voto in italiano	Voto in matematica
1	6	8
2	6	6
3	7	6
4	6	6
5	8	7
6	7	7
7	7	6
8	8	8
9	9	8
10	6	7
11	6	6
12	6	6
13	7	6

▼ Tabella 15

Voto in matematica \ Voto in italiano	6	7	8	9	Totale
6	4	3	0	0	7
7	1	1	1	0	3
8	1	0	1	1	3
Totale	6	4	2	1	13

TEORIA | **CAPITOLO 6. LA STATISTICA**

Voto in italiano / Voto in matematica	6	7	8	9	Totale
6	4	3	0	0	7
7	1	1	1	0	3
8	1	0	1	1	3
Totale	6	4	2	1	13

▲ **Tabella 16**

Leggendo questa tabella a doppia entrata è possibile conoscere quanti sono gli alunni che hanno un determinato voto in italiano e in matematica, ma è anche possibile sapere immediatamente quanti sono gli alunni che hanno un certo voto in matematica e contemporaneamente un altro voto in italiano. Per esempio, se vogliamo sapere quanti sono gli studenti che hanno 7 in matematica e 6 in italiano dobbiamo individuare l'incrocio fra la seconda riga e la prima colonna, che rappresenta la frequenza assoluta uguale a 1, della coppia $(7, 6)$.

In generale, indicando con $x_1, x_2, …, x_n$ le modalità con cui si presenta il carattere X, e con $y_1, y_2, …, y_n$, le modalità con cui si presenta il carattere Y, la casella all'incrocio fra riga *i-esima* e colonna *j-esima* rappresenta la *frequenza assoluta* della coppia (x_i, y_j), che possiamo indicare con f_{ij}.

Le frequenze assolute f_{ij} delle coppie (x_i, y_j) si chiamano **frequenze congiunte** o **interne** e la tabella si chiama **distribuzione statistica congiunta**.

▶ **Tabella 17**

X / Y	y_1	y_2	…	y_j	…	…	Totale riga
x_1	f_{11}	f_{12}	…	f_{1j}	…	…	R_1
x_2	f_{21}	f_{22}	…	f_{2j}	…	…	R_2
…	…	…	…	…	…	…	…
x_i	f_{i1}	f_{i2}	…	f_{ij}	…	…	R_i
…	…	…	…	…	…	…	…
…	…	…	…	…	…	…	…
Totale colonna	C_1	C_2	…	C_j	…	…	N

Nella colonna "totale riga" è riportata la somma delle frequenze per ciascuna della modalità x_i della variabile X, così come nella riga "totale colonna" sono riportate le frequenze di ciascuna delle modalità y_j, della variabile Y.

Le due distribuzioni di frequenza sono chiamate **distribuzioni marginali**, relative rispettivamente alla X, le frequenze R_1, R_2, R_i; alla Y, le frequenze C_1, C_2, C_j. Le distribuzioni marginali sono le distribuzioni di frequenze che le due variabili avrebbero se fossero considerate separatamente.

Per esempio, nel caso della tabella relativa ai voti se consideriamo separatamente la prima e l'ultima colonna, e la prima e l'ultima riga otteniamo le distribuzioni marginali relative al voto in matematica e al voto in italiano.

Voto in matematica	Numero alunni
6	7
7	3
8	3
Totale	13

▲ **Tabella 18** Distribuzione marginale relativa al voto in matematica.

Voto in italiano	6	7	8	9	Totale
Numero Alunni	6	4	2	1	13

▲ **Tabella 19** Distribuzione marginale relativa al voto in italiano.

296

PARAGRAFO 4. LE TABELLE A DOPPIA ENTRATA | **TEORIA**

Se x e y sono entrambe modalità quantitative, le tabelle che raccolgono i dati sono dette **tabelle di correlazione**; se x e y sono entrambe modalità qualitative si hanno **tabelle di contingenza**; se una modalità è quantitativa e l'altra qualitativa si hanno **tabelle miste**.

Le distribuzioni condizionate

Quando si considerano due variabili è anche possibile costruire una distribuzione semplice, prendendo in considerazione per esempio solo una modalità della variabile Y o solo una modalità della variabile X. Ciò equivale a prendere in considerazione solo una riga o una colonna per volta.
Se per esempio per il carattere "voto in italiano" consideriamo la modalità "voto = 7", possiamo costruire la distribuzione semplice relativa al carattere "voto in matematica" utilizzando le frequenze della colonna considerata.

La colonna di frequenze che si ricava si chiama **distribuzione condizionata** di X rispetto a Y.
In generale si chiamano distribuzioni condizionate quelle che, fissata una modalità di un carattere, associano le frequenze assolute corrispondenti a tutte le modalità dell'altro carattere.

Voto in matematica	Voto in italiano = 7 (n. alunni)
6	3
7	1
8	0
Totale	4

▲ **Tabella 20** Distribuzione del «voto in matematica» condizionata al «voto in italiano uguale a 7».

Partendo dalle distribuzioni condizionate è possibile ricavare le distribuzioni condizionate relative, che si calcolano dividendo ciascuna frequenza della distribuzione condizionata considerata per le corrispondenti frequenze totali di riga o di colonna. Per esempio, facendo riferimento alla tabella 20 le distribuzioni condizionate relative del voto in matematica condizionate dal 7 in italiano sono rappresentate in tabella:

Voto in matematica	Distribuzione condizionata 7 italiano	Distribuzione relativa
6	3	3/4 = 0,75
7	1	1/4 = 0,25
8	0	0/4 = 0
Totale	4	1

◀ **Tabella 21**

La media aritmetica e la varianza

Anche nel caso di distribuzioni di frequenze relative a due caratteri è possibile determinare gli indici centrali di posizione e gli indici di variabilità che sono la media aritmetica e le varianze relative alle distribuzioni marginali.

Considerando le distribuzioni marginali relative alla variabile X, la media è data da:

$$\overline{x} = \frac{\sum_{i=1}^{n} R_i}{N}$$

La varianza si calcola:

$$\sigma^2 = \frac{1}{N} \sum_{i=1}^{n} (\overline{x} - x_i)^2 R_i.$$

● $\sum_{i=1}^{n}$ si legge «sommatoria per i che va da 1 a n» e serve per indicare una somma di termini. Per esempio, nel nostro caso,

$$\sum_{i=1}^{n} x_i = x_1 + x_2 + \ldots + x_n.$$

297

In modo analogo, considerando le distribuzioni marginali della Y si ottiene:

media: $= \bar{y} = \dfrac{\sum\limits_{j=1}^{n} C_j}{N}$

varianza: $\sigma^2 = \dfrac{1}{N} \sum\limits_{j=1}^{n} (\bar{y} - y_j)^2 C_j.$

La coppia $(\bar{x}, \bar{y})$ individua un punto che si chiama **baricentro** della distribuzione e che è un punto di particolare importanza per determinare la funzione che mette in relazione X e Y, come sarà spiegato nei paragrafi 6 e 7.

5. INDIPENDENZA E DIPENDENZA

■ L'indipendenza fra due caratteri

Quando si considerano due caratteri contemporaneamente è importante verificare se un carattere, per esempio X, ha influenza sull'altro, Y. In altre parole si cerca se tra X e Y esiste un qualche tipo di relazione oppure se sono indipendenti l'uno dall'altro.

Un modo per determinare se esiste oppure no una relazione è quello di analizzare le distribuzioni marginali relative ai due caratteri X e Y.

Un carattere, per esempio Y, è indipendente da X quando le modalità assunte dalla X non modificano la distribuzione di Y.

> ■ **DEFINIZIONE**
>
> Il carattere Y è indipendente dal carattere X se tutte le distribuzioni relative condizionate (di Y rispetto a X) sono uguali tra loro e uguali alla distribuzione marginale di Y.

Pertanto, al variare della modalità X la distribuzione relativa di Y è la stessa. Vale anche viceversa: se il carattere X è indipendente dal carattere Y, allora anche il carattere Y sarà indipendente dal carattere X.

In generale due caratteri sono indipendenti se e solo se:

$$f'_{ij} = \frac{R_i \cdot C_j}{N} \text{ per ogni } i \text{ da 1 a } m, \text{ per ogni } j \text{ da 1 a } n.$$

Le frequenze f_{ij} che si ricavano attraverso questa formula sono chiamate **frequenze teoriche di indipendenza**, in quanto sono calcolate a partire dalle frequenze date, cioè non sono frequenze osservate, ma sarebbero quelle che si avrebbero nel caso di indipendenza dei due caratteri.

Per distinguerle da quelle osservate indichiamo le frequenze teoriche con il simbolo f'_{ij}.

PARAGRAFO 5. INDIPENDENZA E DIPENDENZA **TEORIA**

■ **ESEMPIO**

Costruiamo la tabella teorica di indipendenza relativa alla tabella data.

◀ **Tabella 22**

X \ Y	y_1	y_2	y_3	Totale riga
x_1	15	25	20	60
x_2	75	125	100	300
x_3	60	100	80	240
Totale colonna	150	250	200	600

▼ **Tabella 23**

X \ Y	y_1	y_2	y_3	Totale
x_1	$\dfrac{150 \cdot 60}{600} = 15$	$\dfrac{250 \cdot 60}{600} = 25$	$\dfrac{200 \cdot 60}{600} = 20$	60
x_2	$\dfrac{150 \cdot 300}{600} = 75$	$\dfrac{250 \cdot 300}{600} = 125$	$\dfrac{200 \cdot 300}{600} = 100$	300
x_3	$\dfrac{150 \cdot 240}{600} = 60$	$\dfrac{250 \cdot 240}{600} = 100$	$\dfrac{200 \cdot 240}{600} = 80$	240
Totale	150	250	200	600

Poiché le due tabelle coincidono, i due caratteri sono indipendenti.

In generale due caratteri sono indipendenti se le frequenze teoriche e quelle rilevate sono tutte uguali, se anche una sola è diversa i due caratteri *non* sono indipendenti.

■ La dipendenza fra due caratteri

Due caratteri qualitativi X e Y che non sono indipendenti, sono **connessi**.
Per determinare quanto sono connessi o dipendenti due caratteri è necessario individuare un criterio. Poiché sappiamo che due caratteri sono connessi se la tabella teorica delle frequenze si discosta da quella osservata, si può iniziare a calcolare la differenza fra f_{ij} e f'_{ij}.
La differenza tra la frequenza assoluta rilevata e la frequenza teorica calcolata si chiama **contingenza**.

$$c(x_i, y_j) = f_{ij} - f'_{ij}$$

■ **ESEMPIO**

Consideriamo il tipo di letture preferite da un gruppo di ragazzi e ragazze.

◀ **Tabella 24**

Sesso \ Letture	Romanzo	Saggio	Giallo	Totale
Maschi	20	5	25	50
Femmine	45	10	15	70
Totale	65	15	40	120

Possiamo costruire la tabella teorica delle frequenze.

299

TEORIA | **CAPITOLO 6. LA STATISTICA**

▶ Tabella 25

Letture / Sesso	Romanzo	Saggio	Giallo	Totale
Maschi	27,08	6,25	16,67	50
Femmine	37,92	8,75	23,33	70
Totale	65	15	40	120

Si può osservare che le frequenze rilevate sono espresse da numeri interi, mentre quelle teoriche da numeri decimali.

Costruiamo ora la tabella delle contingenze, calcolando la differenza fra i valori delle due frequenze.

▶ Tabella 26

Letture / Sesso	Romanzo	Saggio	Giallo
Maschi	−7,08	−1,25	8,33
Femmine	7,08	1,25	−8,33

La somma di tutte le contingenze è sempre nulla, come si può verificare anche con l'esempio precedente, pertanto sommare le contingenze non fornisce informazioni sul grado di connessione fra le due variabili.

Considerando i quadrati delle contingenze, definiamo l'indice χ^2 (chi quadrato) uguale alla somma dei rapporti fra il quadrato della contingenza e la relativa frequenza teorica.

$$\chi^2 = \frac{c(x_i, y_j)^2}{f'_{ij}}$$

Nel caso dell'esempio precedente abbiamo:

$$\chi^2 = \frac{50,1264}{27,08} + \frac{1,5625}{6,25} + \frac{69,3889}{16,67} + \frac{50,1264}{37,92} + \frac{1,5625}{8,75} + \frac{69,3889}{23,33} \simeq 10,7383.$$

χ^2 vale zero nel caso di perfetta indipendenza, essendo nulle tutte le contingenze, ma in generale dipende dalle frequenze e cresce al crescere delle osservazioni.

Una volta calcolato il valore di χ^2, per poterlo confrontare con altri valori è necessario che *non* dipenda dal numero k di unità statistiche considerate. Per questo motivo si utilizza il seguente indice, detto χ^2 **normalizzato**:

$$C = \frac{\chi^2}{N \cdot (h - 1)},$$

dove N è il numero totale delle osservazioni e h è il valore minore tra il numero delle righe e delle colonne. Si ha che $0 \leq C \leq 1$. Nel nostro esempio:

$$C = \frac{10,7383}{120 \cdot (2 - 1)} = 0,089.$$

In questo caso il valore di connessione fra X e Y, espresso in percentuale, è uguale a 8,9%, un valore abbastanza basso.

300

6. L'INTERPOLAZIONE STATISTICA

Introduzione

Spesso dalle unità statistiche si ottengono coppie di valori di grandezze che vogliamo interpretare mediante una funzione matematica.
Semplici esempi sono: peso e statura, reddito e consumi, anni e produzione, prezzo e quantità domandata ecc.
Indichiamo le variabili che sono oggetto di indagine, X e Y, e le coppie di valori che conosciamo $(x_i; y_i)$. La loro rappresentazione in un piano cartesiano assume il nome di **diagramma di dispersione** o **nuvola di punti**.

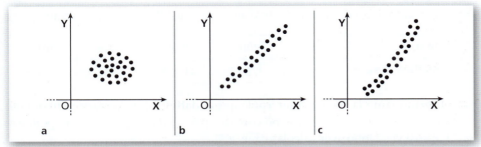

▲ Figura 3

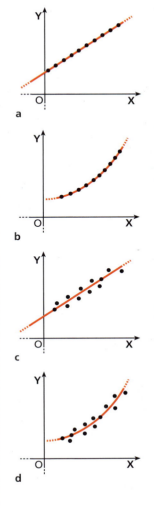

Vogliamo determinare una funzione matematica, che chiameremo **funzione interpolante**, in grado di rappresentare il fenomeno studiato.

- Se la funzione assume esattamente i valori rilevati, e quindi il suo grafico passa per tutti i punti del diagramma a dispersione, parliamo di **interpolazione *per* punti noti** o **interpolazione matematica** (figure *a* e *b* a lato).

- Se la funzione assume valori «vicini» ai valori rilevati e quindi il suo grafico passa fra i punti del diagramma a dispersione, parliamo di **interpolazione *fra* punti noti** o **interpolazione statistica** (figure *c* e *d* a lato).

La funzione interpolante lineare

La funzione lineare $y = ax + b$ è la più semplice delle funzioni interpolanti, ma anche quella più usata. Fra tutte le funzioni lineari che passano fra i punti del diagramma di dispersione, la migliore è quella che:

- passa per il punto $(\overline{x}; \overline{y})$, detto **baricentro** della distribuzione, dove $\overline{x}$ e $\overline{y}$ sono le medie dei valori che le variabili X e Y assumono;
- rende nulla la somma delle differenze tra i valori rilevati y_i e i valori $f(x_i) = ax_i + b$ calcolati con la retta interpolatrice;
- rende minima la somma dei quadrati delle differenze: $f(a, b) = \sum_{i=1}^{n} (y_i - ax - b)^2$;

  si tratta cioè di determinare i parametri a e b in modo che $f(a, b)$ sia minima. Questa caratteristica dà il nome al procedimento, che si chiama **metodo dei minimi quadrati**.

Per cercare la forma analitica dell'equazione della retta interpolante, scriviamo la retta generica passante per $(\overline{x}; \overline{y})$,

$$y - \overline{y} = a(x - \overline{x}),$$

● Ricorda che:

$$\overline{x} = \frac{\sum_{i=1}^{n} x_i}{n},$$

$$\overline{y} = \frac{\sum_{i=1}^{n} y_i}{n}.$$

301

TEORIA | **CAPITOLO 6. LA STATISTICA**

e calcoliamo il valore di a utilizzando la seguente formula, che viene data senza dimostrazione:

$$a = \frac{\sum_{i=1}^{n}(x_i - \overline{x})(y_i - \overline{y})}{\sum_{i=1}^{n}(x_i - \overline{x})^2},$$

dove $x_i - \overline{x}$ e $y_i - \overline{y}$ sono gli scarti dei valori dati rispetto al valore medio.

■ ESEMPIO

Il fatturato di un'industria, relativo agli anni dal 2006 al 2010, è il seguente.

▶ Tabella 27

Anni	2006	2007	2008	2009	2010
Migliaia di euro	3456	3769,5	4126,5	4182	4408,5

Determiniamo la retta che interpola questi dati. I valori x_i rappresentano gli anni che per semplicità vengono contati a partire dal 2006, che corrisponde a 1, e così via. Dopo aver calcolato $\overline{x}$ e $\overline{y}$,

● Per brevità, indichiamo $\sum_{i=1}^{n}$ con $\sum$.

$$\overline{x} = \frac{\sum x_i}{n} = \frac{15}{5} = 3, \qquad \overline{y} = \frac{\sum y_i}{n} = \frac{19942,5}{5} = 3988,5,$$

compiliamo le colonne di $x' = x_i - \overline{x}$; $y' = y_i - \overline{y}$ e poi quelle di $x'_i y'_i$ e $(x'_i)^2$.

x_i	y_i	$x'_i = x_i - \overline{x}$	$y'_i = y_i - \overline{y}$	$x'_i y'_i$	$(x'_i)^2$
1	3456	−2	−532,5	1065	4
2	3769,5	−1	−219	219	1
3	4126,5	0	138	0	0
4	4182	1	193,5	193,5	1
5	4408,5	2	420	840	4
$\sum$ 15	19942,5			2317,5	10
$\overline{x} = 3$	$\overline{y} = 3988,5$				

▶ Tabella 28

I valori ottenuti permettono di calcolare a:

$$a = \frac{\sum_{i=1}^{n}(x_i - \overline{x})(y_i - \overline{y})}{\sum_{i=1}^{n}(x_i - \overline{x})^2} = \frac{\sum x'_i y'_i}{\sum x_i'^2} = \frac{2317,5}{10} = 231,75.$$

Essendo l'equazione della retta interpolante $y - \overline{y} = a(x - \overline{x})$, sostituendo otteniamo $y - 3988,5 = 231,75 \cdot (x - 3)$ → $y = 231,75x + 3293,25$.

302

7. LA REGRESSIONE, LA CORRELAZIONE

La regressione

La **teoria della regressione** si occupa della determinazione di una funzione fra due variabili statistiche adatta a descriverne il possibile legame. Ci limiteremo a considerare la **regressione lineare**. Date due variabili statistiche X e Y, possiamo cercare la retta di **regressione di Y su X** oppure la retta di **regressione di X su Y**, ossia della variabile Y rispetto alla variabile X o viceversa.

ESEMPIO

Nella tabella 29 sono riportati il reddito di cinque dipendenti di un'industria e le relative spese per le ferie.

Dipendenti	Reddito mensile (in migliaia di euro)	Spese annuali per le ferie
Annovi	1,1	0,89
Bertini	1,65	1,07
Cocci	1,92	1,78
Dondi	2,75	2,23
Ellani	3,57	2,5

◀ Tabella 29

Chiamiamo X la variabile relativa al reddito e Y quella relativa alle spese. Determiniamo la retta di regressione di Y rispetto a X. Svolgendo i calcoli si ottiene, mediante il baricentro della distribuzione:

$$y - 1{,}694 = 0{,}69028(x - 2{,}198),$$
$$y = 0{,}69028x + 0{,}17677.$$

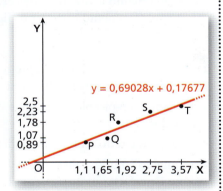

◀ **Figura 4** Diagramma a dispersione e retta di regressione di Y su X.

Analogamente, possiamo determinare la retta di regressione di X su Y. Svolti i calcoli si ottiene:

$$x = 1{,}31433y - 0{,}02848.$$

Confrontando le equazioni delle due rette di regressione notiamo che passano entrambe per lo stesso punto di coordinate (2,198; 1,694), che è proprio il baricentro della distribuzione.

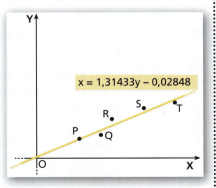

◀ **Figura 5** Diagramma a dispersione e retta di regressione di X su Y.

I coefficienti di regressione

Il coefficiente angolare m della prima retta dell'esempio viene detto **coefficiente di regressione di Y su X** e indica di quanto varia la variabile Y al variare di una unità di X.

● **L'origine del termine «regressione»**
Il termine «regressione» venne usato per la prima volta dall'inglese Francis Galton (1822-1911) in uno studio sulla relazione intercorrente fra la statura dei padri e quella dei figli. Egli notò che, in media, i figli di un padre basso sono più alti del padre, mentre i figli di un padre alto sono più bassi del padre. C'è quindi una tendenza, che egli chiamò *regressione*, della statura dei figli ad avvicinarsi al valor medio della statura.

TEORIA — CAPITOLO 6. LA STATISTICA

● Nell'esempio, il coefficiente di regressione di Y su X è quindi 0,69028.

● Se il reddito aumenta di 100 euro, si può pensare che le spese per le ferie aumentino di 69 euro.

● A un aumento delle spese per le ferie di 100 euro, si può collegare un aumento di stipendio di 131 euro.

● I risultati ottenuti esprimono delle *tendenze* e non dei *rapporti causa-effetto*. Infatti se aumentiamo lo stipendio, l'aumento delle spese per le ferie non è un effetto sicuro.

Nell'esempio, si può ipotizzare che se il reddito mensile aumenta di 1 euro, la predisposizione delle famiglie è di aumentare di circa 0,69 euro le spese per le ferie. Analogamente, il coefficiente m_1 della seconda retta dell'esempio viene detto **coefficiente di regressione di X su Y** e indica di quanto varia X al variare di una unità di Y. Nell'esempio, si può pensare che se le spese per ferie sono aumentate di 1 euro, le famiglie hanno avuto un aumento di reddito di 1,31 euro.

I coefficienti di regressione sono coefficienti angolari di rette: se sono positivi indicano che le rette hanno andamento crescente e se sono negativi indicano un andamento decrescente. Nel nostro esempio, questo fa capire che se aumenta il reddito, aumentano le spese per le ferie e, viceversa, se aumentano le spese per le ferie vuol dire che è aumentato lo stipendio.

In generale:
- se $m > 0$, Y aumenta all'aumentare di X;
- se $m < 0$, Y diminuisce all'aumentare di X;
- se $m = 0$, Y non dipende da X.

Affermazioni analoghe valgono per il coefficiente m_1 di regressione di X su Y.

La regressione e l'angolo fra le rette di regressione

ESEMPIO

Riprendiamo le due rette dell'esempio precedente e rappresentiamole in uno stesso riferimento cartesiano (figura 6). Notiamo che le due rette non coincidono.

In generale, considerate le due rette di regressione di Y su X e di X su Y, rispetto all'angolo che si forma fra di esse si può dire che:
- più l'angolo è piccolo, migliore è il grado di approssimazione dei dati da parte delle due rette;
- se l'angolo è retto, non c'è dipendenza lineare fra le due variabili;
- se l'angolo è nullo, vale a dire se le due rette coincidono, diciamo che la regressione è **perfetta**; in questo caso le coppie di valori dei dati appartengono tutti alla retta.

Consideriamo per quest'ultimo caso un esempio.

ESEMPIO

Abbiamo la situazione espressa in tabella relativa al prezzo di un prodotto e alla sua richiesta sul mercato.

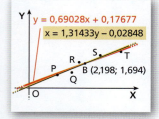

▼ **Figura 6** Le due rette $y = 0,69028x + 0,17677$ e $x = 1,31433y - 0,02848$ rappresentate nello stesso sistema cartesiano.

Prezzo (in euro)	X	28	31,2	36	42	44,8	61,6
Numero articoli richiesti	Y	7840	7672	7560	7280	7168	6496

► Tabella 30

Determiniamo le rette di regressione con il metodo dei minimi quadrati.

Otteniamo, con il solito procedimento:

$$y - 7336 = -39{,}737 \cdot (x - 40{,}6),$$

$$x - 40{,}6 = -0{,}025 \cdot (y - 7336).$$

Le rappresentiamo in un grafico (figura 7). Notiamo che le rette coincidono, quindi la regressione è perfetta. Notiamo inoltre che le coppie di valori dati in tabella appartengono tutti alla retta, che esprime il legame tra domanda e prezzo in maniera perfetta.

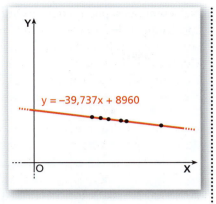

► **Figura 7** Diagramma a dispersione e rette di regressione sovrapposte di Y su X e di X su Y.

La correlazione

Finora abbiamo interpretato dati forniti da indagini statistiche o esperimenti su due variabili X e Y, ricercando una funzione in grado di rappresentare il legame di dipendenza fra questi dati. Ora ci poniamo ancora il problema di stabilire se fra i valori dati esiste un legame, ma, in caso affermativo, cerchiamo di esprimerlo non più come una funzione, ma con un numero che misuri quanto una variabile dipende dall'altra.
Di questo problema si occupa la **teoria della correlazione**.

● Ci limitiamo a considerare una dipendenza lineare.

La covarianza
Date n coppie $(x_i; y_i)$ di una rilevazione statistica su due variabili X e Y, calcolate le medie

$$\overline{x} = \frac{\sum x_i}{n} \text{ e } \overline{y} = \frac{\sum y_i}{n},$$

ricaviamo tutti gli scarti $x'_i = x_i - \overline{x}$ e $y'_i = y_i - \overline{y}$ dai valori medi $\overline{x}$ e $\overline{y}$.

Diamo il nome di **covarianza di X e di Y** alla media dei prodotti degli scarti, ossia alla quantità $\sigma_{XY} = \dfrac{\sum x'_i y'_i}{n}$.

ESEMPIO
Le rilevazioni riguardanti due variabili X e Y sono riportate nella tabella 31.

◄ Tabella 31

X	6	6	7	7	8	8	9	9	2	2
Y	4	5	4	5	4	5	4	5	1	2
X	3	3	4	4	3	3	4	4	6	7
Y	1	2	1	2	4	5	4	5	2	1

Determiniamo la covarianza di X e di Y. Calcoliamo gli scarti e i loro prodotti dopo aver determinato i valori medi:

$$\overline{x} = \frac{105}{20} = 5{,}25 \text{ e } \overline{y} = \frac{66}{20} = 3{,}3.$$

▶ Tabella 32

x_i	y_i	x'_i	y'_i	$x'_i y'_i$
6	4	0,75	0,7	0,525
6	5	0,75	1,7	1,275
7	4	1,75	0,7	1,225
7	5	1,75	1,7	2,975
8	4	2,75	0,7	1,925
8	5	2,75	1,7	4,675
9	4	3,75	0,7	2,625
9	5	3,75	1,7	6,375
2	1	−3,25	−2,3	7,475
2	2	−3,25	−1,3	4,225
3	1	−2,25	−2,3	5,175
3	2	−2,25	−1,3	2,925
4	1	−1,25	−2,3	2,875
4	2	−1,25	−1,3	1,625
3	4	−2,25	0,7	−1,575
3	5	−2,25	1,7	−3,825
4	4	−1,25	0,7	−0,875
4	5	−1,25	1,7	−2,125
6	2	0,75	−1,3	−0,975
7	1	1,75	−2,3	−4,025
Σ 105	66	0	0	32,5

Otteniamo $\sigma_{XY} = \dfrac{\sum x'_i y'_i}{n} = \dfrac{32,5}{20} = 1,625$.

La covarianza è positiva.
In questo caso osserviamo che le rette $x = \overline{x}$ e $y = \overline{y}$ dividono il diagramma a dispersione in quattro regioni che chiamiamo rispettivamente α, β, δ, γ.
Dalla figura possiamo rilevare che le regioni opposte α e δ contengono più punti e le altre β e γ meno punti.

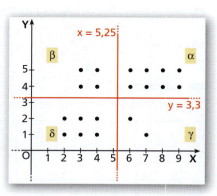

▶ Figura 8 Diagramma a dispersione e sua suddivisione in quattro regioni α, β, δ, γ da parte delle rette $x = \overline{x}$ e $y = \overline{y}$.

In generale, è vero quanto segue.

- Se $\sigma_{XY} > 0$, nelle regioni α e δ in cui il diagramma a dispersione è diviso dalle rette $x = \overline{x}$ e $y = \overline{y}$, abbiamo più punti che nelle altre due regioni β e γ (figura 9a). Questo significa che all'aumentare di una variabile, aumenta in media anche l'altra.

- Se $\sigma_{XY} < 0$, nelle regioni β e γ abbiamo più punti che nelle altre due regioni α e δ (figura 9b). All'aumentare di una variabile, diminuisce in media l'altra.

PARAGRAFO 7. LA REGRESSIONE, LA CORRELAZIONE — TEORIA

- Se $\sigma_{XY} = 0$, i valori x_i sono uguali a $\overline{x}$ o i valori di y_i sono uguali a $\overline{y}$. Tutti i punti stanno sulle rette $x = \overline{x}$ e $y = \overline{y}$ (figura 9c). Fra le due variabili non c'è dipendenza.

Il coefficiente di Bravais-Pearson

Per misurare il grado di dipendenza delle variabili X e Y, usiamo un indice che prende il nome di **coefficiente di correlazione lineare di Bravais-Pearson** e che indichiamo con la lettera r. Questo indice vale:

$$r = \frac{\sigma_{XY}}{\sigma_X \cdot \sigma_Y}, \quad \text{cioè} \quad r = \frac{\sum (x_i - \overline{x})(y_i - \overline{y})}{\sqrt{\sum (x_i - \overline{x})^2 \sum (y_i - \overline{y})^2}}.$$

Ricordiamo che con σ_{XY} abbiamo indicato la covarianza, mentre

$$\sigma_X = \sqrt{\frac{\sum (x_i - \overline{x})^2}{n}} \quad \text{e} \quad \sigma_Y = \sqrt{\frac{\sum (y_i - \overline{y})^2}{n}}$$

sono le **deviazioni standard** di X e di Y.

Sul coefficiente, o indice, di correlazione di Bravais-Pearson possiamo fare le seguenti considerazioni.

- Il coefficiente di correlazione è un numero senza dimensioni, che non risente perciò delle unità di misura di X e di Y.
- È un numero compreso tra -1 e $+1$.
- Se $0 < r < 1$, la correlazione è **diretta** o **positiva**, cioè all'aumentare di X aumenta in media anche Y.
- Se $-1 < r < 0$, la correlazione è **inversa** o **negativa**, cioè all'aumentare di X diminuisce in media Y.
- Se $r = 1$, la correlazione è **perfetta diretta**, cioè tutti i punti del diagramma a dispersione appartengono alla retta di regressione che è crescente.
- Se $r = -1$, la correlazione è **perfetta inversa**, cioè tutti i punti del diagramma a dispersione appartengono alla retta di regressione che è decrescente.
- Se $r = 0$, non esiste correlazione lineare.

Graficamente abbiamo le situazioni illustrate nella figura 10.

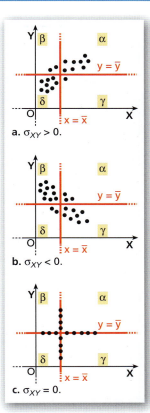

▲ Figura 9

● Dire che non c'è correlazione lineare non vuol dire che non ci sia correlazione; può esistere ma di altro tipo.

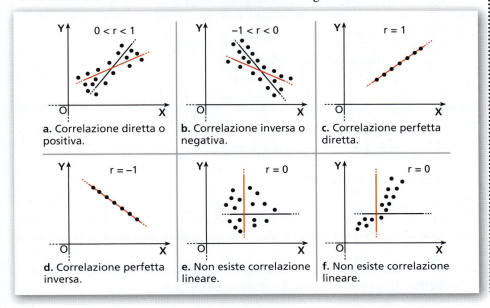

◀ Figura 10 Rappresentazione di diagrammi a dispersione, con indicazioni delle rette di regressione di Y su X (in rosso) e di X su Y (in nero) e degli indici di correlazione r.

TEORIA | **CAPITOLO 6. LA STATISTICA**

Nei casi c e d le due rette di regressione coincidono.

● Valutiamo il prodotto $m \cdot m_1$ dei coefficienti di regressione visti in precedenza. Risulta:

$$m \cdot m_1 = \frac{\left[\sum (x_i - \overline{x})(y_i - \overline{y})\right]^2}{\sum (x_i - \overline{x})^2 \sum (y_i - \overline{y})^2} = r^2.$$

Quindi, se conosciamo i coefficienti di regressione, possiamo più semplicemente calcolare il coefficiente di correlazione con la formula:

$$r = \pm \sqrt{m \cdot m_1}.$$

r va scelto con il segno $+$ se i due coefficienti sono positivi, con il segno $-$ se i due coefficienti sono negativi. Si ricava inoltre che:

$$m = r \frac{\sigma_Y}{\sigma_X} \quad \text{e} \quad m_1 = r \frac{\sigma_X}{\sigma_Y}.$$

La correlazione in tabelle a doppia entrata
Riproponiamo le notazioni di una tabella a doppia entrata.

▶ Tabella 33

X \ Y	y_1	y_2	...	y_j	...	...	Totale
x_1	f_{11}	f_{12}	...	f_{1j}	...	...	R_1
x_2	f_{21}	f_{22}	...	f_{2j}	...	...	R_2
...	...	...	...	...	...	...	...
x_i	f_{i1}	f_{i2}	...	f_{ij}	...	...	R_i
...	...	...	...	...	...	...	...
...	...	...	...	...	...	...	...
Totale	C_1	C_2	...	C_j	...	...	N

Calcoliamo il coefficiente di correlazione lineare r. La formula per il calcolo è un'estensione di quella considerata in precedenza, e utilizza le frequenze marginali della X scritte nell'ultima colonna R_i, le frequenze marginali della Y scritte nell'ultima riga C_j e le frequenze congiunte f_{ij}:

$$r = \frac{\sum\sum (x_i - \overline{x})(y_k - \overline{y}) f_{ij}}{\sqrt{\sum (x_i - \overline{x})^2 R_i \cdot \sum (y_j - \overline{y})^2 C_j}}.$$

● Il doppio simbolo di sommatoria indica che i valori da sommare sono distribuiti su righe e colonne.

Consideriamo la seguente distribuzione di frequenze di due variabili quantitative dove:

X = voto in inglese, $\qquad Y$ = voto in storia.

X \ Y	6	7	8	9	Totale
6	4	5	0	0	9
7	1	1	1	0	3
8	1	0	1	1	3
Totale	6	6	2	1	15

▶ Tabella 34

308

PARAGRAFO 7. LA REGRESSIONE, LA CORRELAZIONE | **TEORIA**

Stabiliamo se le due variabili sono indipendenti. Calcoliamo la frequenza teorica relativa a x_1 e y_1:

$$f'_{1,1} = \frac{6 \cdot 9}{15} = 3,6 \neq 4, \text{ la frequenza rilevata.}$$

Questo risultato ci permette di stabilire che le due variabili non sono dipendenti. Determiniamo, allora, il coefficiente r di correlazione.

Calcoliamo innanzitutto le medie delle distribuzioni marginali:

$$\overline{x} = \frac{6 \cdot 9 + 7 \cdot 3 + 8 \cdot 3}{15} = 6,6; \qquad \overline{y} = \frac{6 \cdot 6 + 7 \cdot 6 + 8 \cdot 2 + 9 \cdot 1}{15} = 6,9.$$

Il calcolo risulta facilitato se ordiniamo i valori che ci interessano in una tabella a doppia entrata.

Intestiamo la tabella con gli scarti dei valori della X e della Y dalla media, nelle celle interne calcoliamo il prodotto fra gli scarti con le frequenze congiunte, e aggiungiamo una riga e una colonna per il calcolo del prodotto del quadrato degli scarti per le frequenze marginali.

▼ **Tabella 35**

$x_i - \overline{x}$ \ $y_j - \overline{y}$	$-0,9$	$0,1$	$1,1$	$2,1$	$(x_i - \overline{x})^2 R_i$
$-0,6$	$0,6 \cdot (-0,9) \cdot 4 = 2,16$	$-0,3$	0	0	$(0,6)^2 \cdot 9 = 3,24$
$0,4$	$-0,36$	$0,04$	$0,44$	0	$0,48$
$1,4$	$-1,26$	0	$1,54$	$2,94$	$5,88$
$(y_j - \overline{y})^2 C_j$	$(0,9)^2 \cdot 6 = 4,86$	$0,06$	$2,42$	$4,41$	

Abbiamo pertanto:

$$\sum (x_i - \overline{x})(y_j - \overline{y}) f_{ij} = 2,16 - 0,3 - 0,36 + 0,04 + 0,44 - 1,26 + 1,54 +$$
$$+ 2,94 = 5,2;$$

$$\sum (x_i - \overline{x})^2 R_i = 3,24 + 0,48 + 5,88 = 9,6;$$

$$\sum (y_j - \overline{y})^2 C_j = 4,86 + 0,06 + 2,42 + 4,41 = 11,75.$$

Il valore del coefficiente di correlazione risulta:

$$r = \frac{5,2}{\sqrt{9,6 \cdot 11,75}} = 0,49.$$

Poiché r è compreso fra 0 e 1, la correlazione è positiva, cioè all'aumentare del voto di inglese aumenta in media anche il voto di storia.

● Utilizzando i valori della tabella, possiamo calcolare:

$$\sigma_{XY} = \frac{5,2}{15} = 0,35;$$

$$\sigma_X = \sqrt{\frac{9,6}{15}} = 0,8;$$

$$\sigma_Y = \sqrt{\frac{11,75}{15}} = 0,89;$$

$$r = \frac{\sigma_{XY}}{\sigma_X \cdot \sigma_Y} = \frac{0,35}{0,8 \cdot 0,89} = 0,49.$$

309

TEORIA | CAPITOLO 6. LA STATISTICA

POSSIAMO FIDARCI?
Quanto sono attendibili i risultati dei sondaggi?

▶ Il quesito completo a pag. 283

In Italia vi sono sessanta milioni di abitanti. I sondaggi, al massimo, interpellano poche migliaia di individui. Eppure i risultati, per lo più, non si discostano molto dai valori reali e riescono a presumere gli orientamenti della popolazione con un accettabile grado di approssimazione. Com'è possibile?

Per capire il metodo della cosiddetta «inferenza statistica», su cui si basano i sondaggi, si può ricorrere a un modello molto semplice: il lancio della moneta. Dal punto di vista del calcolo delle probabilità, infatti, intervistare i cittadini equivale a contare il numero di esiti testa o croce. Si tratta solo di capire quante monete si devono lanciare (ovvero quante persone interpellare) perché la percentuale di esiti che osserviamo sia vicina, con un piccolo margine di errore, alla vera probabilità dell'evento stesso.

Per la legge dei grandi numeri, maggiore è il numero dei lanci, più alta è la probabilità che la percentuale degli esiti (per esempio, testa) si approssimi al 50%. Analogamente, maggiore è il numero di intervistati in un sondaggio, tanto più il risultato ottenuto sarà vicino alla realtà.

Per un grande numero di lanci, la distribuzione di probabilità del lancio delle monete può essere ricondotta alla gaussiana standard. Utilizzando la curva a campana, si può determinare un criterio per stabilire il margine di errore, valido anche per i sondaggi. Si tratta di determinare l'intervallo in cui l'area al di sotto della curva a campana equivale a una probabilità totale del 95% (ovvero la probabilità che i risultati siano esatti diciannove volte su venti).

Una delle proprietà della gaussiana è che il 95,45% dei valori tende a essere incluso nell'intervallo di estremi $M - 2\sigma$ e $M + 2\sigma$. Nel caso della curva normale standardizzata, la deviazione standard è pari a 1 e il valore medio a 0. Pertanto, si può dimostrare che lanciando N monete la stima che i risultati siano esatti al 95% è affetta da un margine di errore pari a $\frac{98}{\sqrt{N}}$.

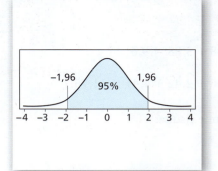

In altre parole significa che, su 20 serie di lanci, per 19 volte la frazione che dà il numero di teste uscite differirà dalla vera probabilità di una percentuale non superiore al margine di errore calcolato.

Per fare qualche esempio, per $N = 10$, il margine di errore è pari al 31%; per $N = 1000$, il margine di errore che si ottiene è pari a circa il 3,1%.

La stessa formula viene utilizzata nei sondaggi: vale a dire che, se intervistiamo 1000 persone, nel 95% dei casi otterremo una percentuale di risposte che si discosta al massimo del 3,1% rispetto alla media della popolazione generale. Ecco quindi la formula per determinare il margine di errore di un sondaggio: 98% diviso la radice quadrata del numero delle persone intervistate.

I sondaggi, comunque, hanno i loro limiti anche quando il margine di errore è molto piccolo. Per questo a volte sbagliano, come è effettivamente successo prima del voto elettorale o durante gli exit poll. Nel primo caso, il risultato può essere sbagliato perché i sondaggi non sono in grado di rendere conto dei cambiamenti futuri e fino al giorno prima del voto qualcosa può cambiare; nel secondo, i risultati possono essere inficiati dalle false risposte dei cittadini. Altre volte, inoltre, il vantaggio di una parte politica sull'altra è così piccolo da sfidare qualunque previsione.

LABORATORIO DI MATEMATICA
LA STATISTICA

ESERCITAZIONE GUIDATA

Con Excel costruiamo una tabella contenente i numeri degli alunni delle quindici classi di cinque livelli (I, II, III, IV, V) e di tre sezioni (A, B, C) di una scuola e i totali e le medie dei vari livelli e delle varie sezioni.

La costruzione della tabella

- Apriamo un foglio di Excel e scriviamo le intestazioni della tabella (figura 1).
- Per simulare una situazione reale, inseriamo per ogni classe un numero a caso fra 16 e 30: poniamo il cursore nella cella B5, nella barra della formula digitiamo = CASUALE.TRA(16;30) e battiamo i tasti F9 e INVIO, in modo che il numero casuale apparso non cambi più.
- Operiamo similmente per le altre celle adibite a contenere la consistenza numerica delle classi.
- Per ricavare i totali e le medie digitiamo rispettivamente in E5 = SOMMA(B5:D5), in F5 = MEDIA(B5:D5) e copiamo la zona E5:F5 sino alla riga 9, in B10 = SOMMA(B5:B9), in B11 = MEDIA (B5:B9) e copiamo la zona B10:B11 sino alla zona D10:D11, in E10 = SOMMA(B5:D9) e in F11 = MEDIA(B5:D9).

	A	B	C	D	E	F
1	La statistica descrittiva					
2						
3	Classe	Sezione				
4	Livello	A	B	C	I totali	Le medie
5	I	30	23	24	77	25,7
6	II	16	24	26	66	22,0
7	III	21	25	25	71	23,7
8	IV	23	22	28	73	24,3
9	V	21	28	20	69	23,0
10	I totali	111	122	123	356	
11	Le medie	22,2	24,4	24,6		23,7

▲ Figura 1

▼ Figura 2

La realizzazione dell'istogramma

- Per ottenere l'istogramma di figura 2, evidenziamo la zona A4:D9 e facciamo clic, di seguito, sulla scheda *Inserisci*, sul pulsante *Istogramma* e, nella tendina che scende, sull'icona a sinistra del campo *Colonne 2D*.

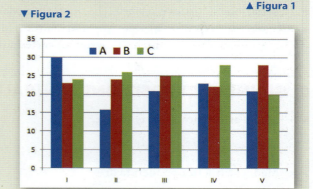

Nel sito: ► Altre esercitazioni

Esercitazioni

Per ognuna delle seguenti indagini statistiche costruisci un foglio per raccogliere i dati e dividerli in classi di frequenza; ricavare una tabella contenente le classi di frequenza, le classi di frequenza cumulata, le classi di frequenza relativa percentuale, le classi di frequenza percentuale cumulata; ottenere il grafico indicato.

1 Le altezze degli alunni di una classe. L'istogramma delle classi di frequenza.

2 Le principali attività sportive praticate dagli alunni di una scuola. L'areogramma delle percentuali delle classi di frequenza.

3 Il numero dei libri prestati da una biblioteca nei primi cinque giorni di quattro settimane. Il grafico a radar del numero dei libri prestati dal lunedì al venerdì.

ESERCIZI | CAPITOLO 6. **LA STATISTICA**

LA TEORIA IN SINTESI
LA STATISTICA

1. I DATI STATISTICI

■ **La popolazione** è un insieme di elementi, oggetto dell'indagine statistica. Ogni elemento dell'insieme è detto **unità statistica**.

■ **Il carattere** è la caratteristica distintiva di ciascun elemento della popolazione statistica. Può essere *qualitativo*, se è espresso tramite parole, o *quantitativo* se è espresso da un numero.
  Il carattere quantitativo può essere:
  • **discreto**: può assumere un numero finito di valori;
  • **continuo**: può assumere gli infiniti valori di un intervallo reale.

■ **La modalità** è qualsiasi tipologia secondo cui si manifesta un carattere, per esempio per il carattere "colore" si può avere modalità rosso, nero, bianco…

■ **La frequenza assoluta** è il numero di volte in cui una modalità si presenta.

■ **La frequenza relativa** è il rapporto tra la frequenza assoluta e il numero di unità statistiche.

■ **La frequenza cumulata** è uguale alla somma della frequenza assoluta corrispondente a una determinata modalità con tutte le frequenze assolute precedenti.

■ **La serie statistica** è la tabella che riporta le modalità di un carattere qualitativo e le relative frequenze.

■ **La seriazione statistica** è la tabella che riporta le modalità di un carattere quantitativo e le relative frequenze.

■ Esistono vari tipi di grafici per rappresentare i dati statistici e le loro frequenze, fra i quali l'**ortogramma**, l'**istogramma**, l'**areogramma**, i **diagrammi cartesiani**.

2. GLI INDICI DI POSIZIONE CENTRALE

■ • **Media aritmetica** di $x_1, x_2, …, x_n$:

$$M = \frac{x_1 + x_2 + … + x_n}{n}.$$

  • **Media aritmetica ponderata** di $x_1, x_2, …, x_n$
    con pesi $p_1, p_2, …, p_n$:

$$P = \frac{x_1 \cdot p_1 + x_2 \cdot p_2 + … + x_n \cdot p_n}{p_1 + p_2 + … + p_n}.$$

  • **Media quadratica** di $x_1, x_2, …, x_n$:

$$Q = \sqrt{\frac{x_1^2 + x_2^2 + … + x_n^2}{n}}.$$

■ Se i numeri sono disposti in una sequenza ordinata, la **mediana** è il valore centrale della sequenza se n è dispari, o la media aritmetica dei due valori centrali se n è pari. La **moda** è il valore di frequenza massima.

3. GLI INDICI DI VARIABILITÀ

■ Data una sequenza di numeri $x_1, x_2, …, x_n$ con valore medio M, si definiscono:

  • **campo di variazione**: la differenza tra il valore massimo e quello minimo;

  • **scarto semplice medio** S: $S = \dfrac{|x_1 - M| + |x_2 - M| + … + |x_n - M|}{n}$;

  • **deviazione standard** σ: $\sigma = \sqrt{\dfrac{(x_1 - M)^2 + (x_2 - M)^2 + … + (x_n - M)^2}{n}}$.

312

LA TEORIA IN SINTESI   **ESERCIZI**

- **Distribuzioni gaussiane (o normali)**: sono distribuzioni di valori il cui poligono delle frequenze ha la forma della curva di Gauss. Per tali distribuzioni, la deviazione standard σ è legata al modo in cui le frequenze si distribuiscono intorno al valore medio M: il 68,27% dei valori è compreso tra $M - \sigma$ e $M + \sigma$, il 95,45% tra $M - 2\sigma$ e $M + 2\sigma$, il 99,74% tra $M - 3\sigma$ e $M + 3\sigma$.

4. LE TABELLE A DOPPIA ENTRATA

- Le **tabelle a doppia entrata** sono tabelle di distribuzione di frequenze relative a due caratteri X e Y, le cui modalità sono espresse da coppie ordinate (x, y). A ogni riga è associato il valore di x e a ogni colonna il valore di y.
- Le **frequenze congiunte** o **interne** sono le frequenze assolute f_{ij} delle coppie (x_i, y_j).
- Le **distribuzioni marginali** sono le distribuzioni di frequenza relative alla X e alla Y.
- Le **distribuzioni condizionate** sono quelle che, fissata una modalità di un carattere, associano le frequenze assolute corrispondenti a tutte le modalità dell'altro carattere.
- Le **distribuzioni condizionate relative** si calcolano dividendo ciascuna frequenza della distribuzione condizionata considerata con le corrispondenti frequenze totali di riga o di colonna.
- La **media aritmetica** si calcola considerando le frequenze marginali.

Per la variabile X

Media: $\overline{x} = \dfrac{\sum\limits_{i=1}^{n} R_i}{N}$.

Varianza: $\sigma^2 = \dfrac{1}{N} \sum\limits_{i=1}^{n} (\overline{x} - x_i)^2 R_i$.

Per la variabile Y

Media: $\overline{y} = \dfrac{\sum\limits_{j=1}^{n} C_j}{N}$.

Varianza: $\sigma^2 = \dfrac{1}{N} \sum\limits_{j=1}^{n} (\overline{y} - y_j)^2 C_j$.

5. INDIPENDENZA E DIPENDENZA

- Il carattere Y è **indipendente** dal carattere X se tutte le distribuzioni relative condizionate (di Y rispetto a X) sono uguali tra loro e uguali alla distribuzione marginale di Y. Due caratteri sono indipendenti se e solo se:

  $f'_{ij} = \dfrac{R_i \cdot C_j}{N}$ per ogni i da 1 a m, per ogni j da 1 a n.

  Le frequenze f_{ij} sono le **frequenze teoriche di indipendenza**.
  Due caratteri qualitativi X e Y sono **connessi** se *non* sono indipendenti.

- La **contingenza** è uguale alla differenza tra la frequenza assoluta rilevata e la frequenza teorica calcolata:

  $c(x_i, y_j) = f_{ij} - f'_{ij}$

  L'indice χ^2 (**chi-quadrato**) è uguale alla somma dei rapporti fra il quadrato della contingenza e la relativa frequenza teorica.

  $\chi^2 = \dfrac{c(x_i, y_j)^2}{f'_{ij}}$

  χ^2 vale 0 in caso di perfetta indipendenza, dipende dalle frequenze e cresce al crescere delle osservazioni.

6. L'INTERPOLAZIONE STATISTICA

- I dati riguardanti un fenomeno statistico descritto da due variabili X e Y, rilevati mediante coppie ordinate $(x_i; y_i)$ di valori, possono essere indagati tramite una funzione $y = f(x)$ il cui grafico passa tra i valori rilevati (interpolazione fra punti noti).
- La **funzione interpolante lineare** $y = ax + b$ si ottiene mediante la formula $y - \overline{y} = a(x - \overline{x})$, con:

  $a = \dfrac{\sum\limits_{i=1}^{n} (x_i - \overline{x})(y_i - \overline{y})}{\sum\limits_{i=1}^{n} (x_i - \overline{x})^2}$, dove $\overline{x}$ e $\overline{y}$ sono i valori medi rispettivamente di x e y, mentre $(x_i - \overline{x})$ e $(y_i - \overline{y})$ sono gli scarti dei valori dati dai valori medi.

313

7. LA REGRESSIONE, LA CORRELAZIONE

- La **regressione** si occupa dell'individuazione di un legame tra due variabili statistiche X e Y. Può essere **di X su Y** o **di Y su X**.

- La regressione lineare si attua determinando le rette interpolanti un diagramma a dispersione, prima rispetto a Y poi rispetto a X.
  Considerato l'angolo che si forma fra le due rette di regressione di Y su X e di X su Y, possiamo dire che:
  - più l'angolo è piccolo, migliore è il grado di approssimazione dei dati da parte delle due rette;
  - se l'angolo è retto, non c'è dipendenza lineare fra le due variabili;
  - se l'angolo è nullo, vale a dire se le due rette coincidono, diciamo che la regressione è **perfetta**; in questo caso le coppie di valori dei dati individuano punti che appartengono tutti alla retta.

- Mediante la **correlazione** vogliamo esprimere il legame che c'è tra due variabili statistiche X e Y con un indice.

- Diamo il nome di **covarianza di X e di Y** alla quantità:
  $\sigma_{XY} = \dfrac{\sum (x_i - \overline{x})(y_i - \overline{y})}{n}$, dove $x_i - \overline{x}$ e $y_i - \overline{y}$ sono gli scarti dai valori medi $\overline{x}$ e $\overline{y}$.

- Le rette $x = \overline{x}$ e $y = \overline{y}$ dividono il diagramma a dispersione in quattro regioni $\alpha, \beta, \delta, \gamma$.
  - Se $\sigma_{XY} > 0$, nelle regioni α e δ abbiamo più punti che nelle regioni β e γ. All'aumentare di una variabile, aumenta in media anche l'altra.
  - Se $\sigma_{XY} < 0$, nelle regioni β e γ abbiamo più punti che nelle regioni α e δ. All'aumentare di una variabile, diminuisce in media l'altra.
  - Se $\sigma_{XY} = 0$, i valori x_i sono uguali a $\overline{x}$ o i valori di y_i sono uguali a $\overline{y}$. Tutti i punti stanno sulle rette $x = \overline{x}$ e $y = \overline{y}$.

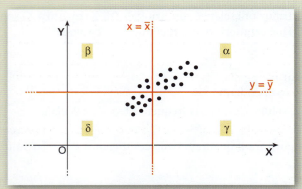

- Per misurare il grado di dipendenza delle variabili X e Y, usiamo un indice che prende il nome di **coefficiente di correlazione lineare di Bravais-Pearson**. Questo indice vale:
  $r = \dfrac{\sigma_{XY}}{\sigma_X \cdot \sigma_Y}$, cioè $r = \dfrac{\sum (x_i - \overline{x})(y_i - \overline{y})}{\sqrt{\sum (x_i - \overline{x})^2 \sum (x_i - \overline{y})^2}}$, dove σ_X e σ_Y sono le deviazioni standard.

  - Se $0 < r < 1$, la correlazione è **diretta** o **positiva**, cioè all'aumentare di X aumenta in media anche Y.
  - Se $-1 < r < 0$, la correlazione è **inversa** o **negativa**, cioè all'aumentare di X diminuisce in media Y.
  - Se $r = 1$, la correlazione è **perfetta diretta**, cioè tutti i punti del diagramma a dispersione appartengono alla retta di regressione che è crescente.
  - Se $r = -1$, la correlazione è **perfetta inversa**, cioè tutti i punti del diagramma a dispersione appartengono alla retta di regressione che è decrescente.
  - Se $r = 0$, non esiste correlazione lineare.

PARAGRAFO 2. GLI INDICI DI POSIZIONE CENTRALE **ESERCIZI**

1. I DATI STATISTICI

▶ Teoria a pag. 284

COMPLETA

1 In una fabbrica sono stati prodotti 800 scooter suddivisi in 4 modelli.

Tipo di scooter	Quantità	Percentuale
Alfabeta	...	25%
XY	120	...
Tuono	320	...
S50	160	...

2 Quattro giocatori di pallacanestro hanno realizzato complessivamente 50 punti in una partita.

Giocatore	Punti	Percentuale
n. 1	...	40%
n. 2	5	...
n. 3	...	30%
n. 4	10	...

3 Età di un campione di 300 elementi estratto dalla popolazione degli abitanti di una città. Dopo aver completato la tabella, rappresenta i dati nel modo che ritieni più opportuno.

Età	Persone	Percentuale
0 − 18	54	
18 − 30	84	
30 − 50	90	
50 − 70	48	
70 − 100	24	

4 Temperatura media dell'acqua di mare rilevata nel mese di luglio 2009 in una località balneare. Dopo aver completato la tabella effettua una rappresentazione grafica delle frequenze assolute e una rappresentazione delle frequenze relative e di quelle cumulate.

Temperatura	Numero giornate	Frequenza relativa	Frequenza relativa cumulata
26	2		
27	4		
28	9		
29	12		
30	4		

5 I voti conseguiti in una classe nell'ultimo compito di matematica sono:

6, 6, 7, 5, 5, 4, 4, 3, 6, 8, 8, 8, 9, 4, 8, 4, 5, 6, 6, 7.

Compila la tabella di frequenza dei voti e, dopo aver calcolato le frequenze relative percentuali, rappresenta graficamente i dati.

2. GLI INDICI DI POSIZIONE CENTRALE

▶ Teoria a pag. 288

6 Determina la media aritmetica delle seguenti sequenze di numeri.

a) 9; 21; 12; 33; 6.
b) 7; 16; 21; 7; 21; 16.
c) 3,6; 4,2 6,7; 5,3.
d) −6; 0; 12; 8; −4; −10.
e) 2,3; −1; −6,4; 5,4; 3,2; −5.
f) $4 \cdot 10^{-3}$; $2 \cdot 10^{-1}$; $5 \cdot 10^{-2}$.

[a) $16,2$; b) $14,\overline{6}$; c) $4,95$; d) 0; e) $-0,25$; f) $8,4\overline{6} \cdot 10^{-2}$]

7 Sono dati i numeri: 2; 4; 6; 8; 10; 12.

a) Calcola la media aritmetica.
b) Calcola la media dei primi due, dei due di mezzo e degli ultimi due.
c) Calcola la media dei tre valori medi ottenuti. Il risultato che ottieni è uguale alla media aritmetica dei sei numeri?

[a) 7; b) 3; 7; 11; c) 7]

315

ESERCIZI CAPITOLO 6. LA STATISTICA

8 In cinque verifiche sulla produzione di un testo mediante un programma di videoscrittura un ragazzo ha commesso i seguenti numeri di errori: 10, 8, 7, 6, 5. Calcola il numero medio di errori in ogni verifica. [7,2]

9 Si è fatta un'indagine tra sei amiche ed è risultato che il loro consumo mensile di verdura in kg è il seguente: 5,2, 6,0, 6,5, 7,8, 8,1, 9,3.
Calcola il consumo medio di verdura del gruppo delle ragazze. [7,15 kg]

La media ponderata

10 ESERCIZIO GUIDA

Un grossista di frutta acquista quattro quantitativi di mele Golden presso aziende agricole diverse che praticano prezzi differenti. La seguente tabella espone i prezzi e le relative quantità e si vuole determinare il prezzo medio al kg.

	Azienda A	Azienda B	Azienda C	Azienda D
Prezzo (€)	0,60	0,55	0,68	0,57
Quantità (kg)	200	300	220	280

Dobbiamo calcolare una media aritmetica ponderata dei prezzi dove i pesi sono le quantità.

$$M = \frac{0,60 \cdot 200 + 0,55 \cdot 300 + 0,68 \cdot 220 + 0,57 \cdot 280}{200 + 300 + 220 + 280} \simeq 0,59.$$

11 TEST Un esame consiste in una prova di laboratorio, una prova orale e una prova scritta. Le tre prove hanno rispettivamente peso 2, 3, 5. Un candidato riceve 8 nella prova di laboratorio, 6 nella prova orale e 7 nella prova scritta. Quanto vale la media aritmetica ponderata dei punteggi?

A 6,9.   B 7,2.   C 6,7.   D 6,5.   E 7,4.

12 TEST È data la seguente tabella, relativa ai punti totalizzati giocando al tiro con l'arco.

Punti	Numero tiri
10	6
20	3
30	1
40	2

Il punteggio medio per ogni tiro è:

A 9,6.   C 3,0.   E 19,2.

B 25,0.   D 41,5.

13 La seguente tabella riporta il numero di DVD posseduti dai ragazzi di una classe.

Numero DVD	10	15	20	25
Numero ragazzi	8	7	6	3

Calcola il numero medio di DVD posseduti da ciascun ragazzo. [15,8]

14 Nella seguente tabella viene indicato il numero di Gran Premi di Formula 1 vinti, negli ultimi tre anni, da vari piloti.

Numero GP vinti	1	2	3	4	5	6	7
Numero piloti	7	4	1	2	3	2	1

Calcola il numero medio di GP vinti da ciascun pilota. [3]

316

PARAGRAFO 2. GLI INDICI DI POSIZIONE CENTRALE   ESERCIZI

La media quadratica

15 **ESERCIZIO GUIDA**

Un orefice ha a disposizione 7 medaglie d'oro, di uguale spessore, da fondere per ricavare altre 7 medaglie, uguali tra loro, dello stesso spessore di quelle fuse. Sappiamo che tre delle medaglie da fondere hanno diametro uguale a 12 mm, due medaglie hanno diametro uguale a 14 mm, una ha diametro di 15 mm e l'ultima di 17 mm. Calcoliamo quale deve essere il diametro delle nuove medaglie.

Possiamo risolvere il problema calcolando prima la superficie totale delle 7 medaglie da fondere. Applichiamo la formula dell'area del cerchio $A = r^2\pi$:

$$S = (6^2\pi) \cdot 3 + (7^2\pi) \cdot 2 + (7,5^2\pi) + (8,5^2\pi) = 334,5\pi \text{ mm}^2.$$

La superficie di ogni medaglia da realizzare è:

$$S = \frac{334,5\pi}{7} \simeq 47,79\pi \text{ mm}^2.$$

Applicando la formula inversa, determiniamo il raggio e quindi il diametro:

$$r = \sqrt{\frac{47,79\pi}{\pi}} \simeq 6,91 \text{ mm},$$

quindi $2r \simeq 13,82$ mm.

Possiamo ottenere direttamente il valore del diametro calcolando la media quadratica dei diametri delle medaglie:

$$Q = \sqrt{\frac{12^2 + 12^2 + 12^2 + 14^2 + 14^2 + 15^2 + 17^2}{7}} = \sqrt{\frac{12^2 \cdot 3 + 14^2 \cdot 2 + 15^2 + 17^2}{7}} =$$

$$= \sqrt{\frac{1338}{7}} \simeq 13,82 \text{ mm}.$$

---

16 **TEST** Si è versata una certa somma in banca nel mese di gennaio e altre somme nei cinque mesi successivi. Gli scostamenti di queste ultime rispetto alla prima sono stati: $+4\%, +3\%, -1\%, +2\%, -2\%$.
Lo scostamento medio è stato:

A 3%.

B 2,6%.

C 1%.

D 5%.

E 3,4%.

---

17 Si devono sostituire 5 quadrati aventi rispettivamente lati di 8, 12, 15, 16 e 20 cm con 5 quadrati aventi lati uguali in modo che la superficie totale rimanga la stessa. Calcola la misura del lato dei nuovi quadrati.

[14,758 cm]

---

18 Si sono rilevate le seguenti differenze di peso in grammi rispetto al peso standard garantito da una macchina confezionatrice: $+2, -18, -10, +4, +5, -9$. Calcola la media quadratica degli scarti.   [9,57 g]

317

ESERCIZI CAPITOLO 6. LA STATISTICA

La media aritmetica, la mediana, la moda

19 COMPLETA la seguente tabella.

Dati	Media	Mediana	Moda
3, 7, 8, 10, 3, 6, 3, 2			
12, 15, 11, 15, 19, 18, 15			

20 Nel corso del mese di giugno in un supermercato i duroni per cinque giorni sono stati offerti al prezzo di 10 euro al kg, per nove giorni al prezzo di 7 euro al kg, per quattro giorni al prezzo di 8 euro al kg e per sette giorni al prezzo di 9 euro al kg. Calcola la media aritmetica, la mediana e la moda.   [8,32; 8; 7]

21 Le autovetture di un salone per la vendita di auto usate sono classificate secondo l'età dell'usato.

Età usato (mesi)	Numero autovetture
6	12
12	16
18	15
24	9
30	5
36	1
48	1
60	1

Determina la media aritmetica, la mediana e la moda.   [17,4; 18; 12]

22 La seguente tabella riporta la quantità di libri venduti in una determinata settimana in 20 librerie.

Numero libri venduti	Numero librerie
50	4
60	6
70	5
80	3
90	2

Determina la media aritmetica, la moda e la mediana del numero di libri venduti.   [66,5; 60; 65]

3. GLI INDICI DI VARIABILITÀ

▶ Teoria a pag. 292

Il campo di variazione, lo scarto semplice medio, la deviazione standard

23 ESERCIZIO GUIDA

In una certa località, nel corso di una giornata estiva sono state rilevate le seguenti temperature in gradi Celsius: 19,0; 21,0; 22,5; 24,0; 26,0; 27,5; 28,0; 28,0; 26,0; 24,0.

Determiniamo:
a) la temperatura media della giornata;
b) il campo di variazione;
c) lo scarto semplice medio;
d) la deviazione standard.

a) La temperatura media è la media aritmetica M dei valori misurati:

$$M = \frac{19,0 + 21,0 + 22,5 + 24,0 + 26,0 + 27,5 + 28,0 + 28,0 + 26,0 + 24,0}{10} = \frac{246}{10} = 24,6.$$

La temperatura media è 24,6 °C.

318

PARAGRAFO 3. GLI INDICI DI VARIABILITÀ   **ESERCIZI**

b) Il campo di variazione è la differenza fra il valore massimo e il valore minimo: $28,0 - 19,0 = 9,0$.

   Questa differenza viene chiamata anche «escursione termica».

c) Per rispondere a questa domanda e alla successiva, disponiamo i dati nella prima colonna di una tabella, poi completiamo la tabella calcolando gli scarti, gli scarti in valore assoluto, i quadrati degli scarti.

   Lo scarto semplice medio è:

   $$S = \frac{25,0}{10} = 2,5.$$

d) La deviazione standard è:

   $$\sigma = \sqrt{\frac{84,9}{10}} \simeq 2,91.$$

Temperatura	Scarto	Scarto assoluto	Scarto al quadrato
19,0	−5,6	5,6	31,36
21,0	−3,6	3,6	12,96
22,5	−2,1	2,1	4,41
24,0	−0,6	0,6	0,36
26,0	+1,4	1,4	1,96
27,5	+2,9	2,9	8,41
28,0	+3,4	3,4	11,56
28,0	+3,4	3,4	11,56
26,0	+1,4	1,4	1,96
24,0	−0,6	0,6	0,36
246*	0*	25*	84,9*

* Totale.

---

24 Determina il campo di variazione delle seguenti sequenze di numeri:

a) 3; 5; 2; 8; 9; 4;   d) 12; 6; 18; 24; 6;

b) − 3; − 9; − 1; − 4;   e) 3; − 2; − 4; 0; − 3;

c) − 2; − 2; − 2; − 2;   f) 6; 1; 1; 2; − 2.   [a) 7; b) 8; c) 0; d) 18; e) 7; f) 8]

25 Siano *A*, *B* e *C* tre borghi campestri. Un geometra posto in *B* effettua cinque misurazioni dell'ampiezza dell'angolo $A\hat{B}C$ e ottiene i seguenti valori:

   92° 28′ 56″;   92° 29′ 04″;   92° 28′ 58″;   92° 28′ 59″;   92° 29′ 05″.

Calcola la media aritmetica e il campo di variazione.   [92° 29′ 0,4″; 9″]

26 Nel corso dell'anno, un alunno ha conseguito in italiano e in inglese i seguenti voti.

Italiano	6	5	7	7	8	6	5	6
Inglese	5	5	6	6	7	7	6	6

Determina in quale materia la variabilità è stata maggiore utilizzando il campo di variazione.

[italiano 3; inglese 2]

27 Determina lo scarto semplice medio nelle seguenti sequenze di numeri:

a) 3; 5; 9; 10; 22;   d) 2; 2; 2; 2;

b) − 5; − 6; − 8; 5; 6; 8;   e) − 16; − 10; − 2; 0; 2; 8;

c) 5; 5; 5; − 5; − 5;   f) 5; 8; 11; 14; 17.

[a) 4,96; b) 6,$\bar{3}$; c) 4,8; d) 0; e) 6,$\bar{6}$; f) 3,6]

28 Nelle seguenti sequenze di numeri, verifica che la media aritmetica degli scarti, non in valore assoluto, è uguale a 0. Calcola poi lo scarto semplice medio.

a) 6; 8; 2; 6; 10; 4;   b) − 5; 7; 2; 8; − 3; − 9.   [a) 2; b) 5,$\bar{6}$]

319

ESERCIZI CAPITOLO 6. LA STATISTICA

29 Calcola la deviazione standard delle seguenti sequenze di numeri:

a) 7; 9; 11; 13;
b) 0,9; 3,6; 9,6; 13,5; 18,9;
c) 2; 6; 10; 14; 18;
d) 3; 3; 3; 3; 3;
e) −9; −2; 1; 2; 3;
f) −7; −5; 1; 3; 8.

[a) 2,24; b) 6,53; c) 5,66; d) 0; e) 4,34; f) 5,44]

Calcola la deviazione standard delle distribuzioni descritte dalle seguenti tabelle.

30 Voti riportati da un alunno nel primo quadrimestre in inglese.

Voto	4	5	8	9
Frequenza	1	2	1	3

[2,07]

31 Temperature rilevate nel corso di una giornata invernale (espresse in °C).

Temperatura	−3	−2	2	3
Frequenza	2	3	3	2

[2,45]

32 Dalla produzione e vendita di articoli di pelletteria, una ditta, in sei mesi successivi, ha ottenu-

to i seguenti guadagni in euro: 100 000, 125 000, 140 000, 135 000, 160 000, 110 000. Calcola il guadagno medio e la deviazione standard.

[128 333; 19 720]

33 Una prova di tedesco contiene 80 difficoltà. La seguente tabella indica quanti errori sono stati commessi dagli studenti di una classe.

Errori	0	5	10	20	30	40	50
Studenti	2	1	5	4	4	3	2

Calcola il numero medio di errori e la deviazione standard. [22,62; 15,09]

34 Le misurazioni ripetute relative al consumo di energia elettrica per la prestazione giornaliera di una lavastoviglie in una mensa aziendale, presentano una distribuzione che si può ritenere gaussiana con media di 8 kWh e deviazione standard 0,85 kWh. Determina quante volte in 240 giorni il consumo è stato:

a) compreso fra 7,15 kWh e 8,85 kWh;
b) maggiore di 9,7 kWh;
c) minore di 5,45 kWh.

[a) 163,848; b) 5,46; c) 0,312]

RIEPILOGO **La statistica**

35 La seguente tabella riporta il numero di autovetture di un determinato tipo per le quali si è dovuto procedere alla sostituzione della marmitta, classificate secondo il numero di kilometri percorsi.

Kilometri (migliaia)	Numero autovetture
fino a 40	6
40-60	9
60-70	23
70-80	8
oltre 80	4

Effettua la rappresentazione grafica che ritieni più opportuna.

36 La quantità di frutta (in kg) venduta in una settimana da un negoziante è la seguente.

Giorno	lu	ma	me	gio	ve	sa
Kg di frutta	15	20	30	28	27	40

Calcola la quantità media giornaliera di frutta venduta e il campo di variazione. [26,$\bar{6}$; 25]

37 Scrivi cinque numeri tali che la loro media aritmetica sia 10 e la loro mediana 8.

38 In un campionato una squadra di calcio ha giocato 36 partite, realizzando 52 punti. I goal segnati sono stati 58, quelli subiti 40.

a) Calcola la media dei punti a partita.
b) Calcola la media dei goal segnati per partita e quella dei goal subiti. [a) 1,$\bar{4}$; b) 1,6$\bar{1}$; 1,$\bar{1}$]

320

PARAGRAFO 4. LE TABELLE A DOPPIA ENTRATA — **ESERCIZI**

39 Calcola la media aritmetica, la mediana e la moda dei tempi (in minuti) impiegati da alcuni ragazzi a percorrere un tracciato di corsa campestre, dati dalla sequenza:

10, 8, 8, 9, 9, 8, 8, 9, 9, 9, 9, 8.

[8,7; 9; 9]

40 Calcola la media e lo scarto semplice medio del numero di spettatori presenti alla proiezione di un film nel corso di una settimana. Calcola anche la deviazione standard.

Giorno	lu	ma	me	gio	ve	sa	do
Spettatori	215	200	270	280	350	400	420

[305; 72,86; 80,40]

41 Una conduttura idrica, a causa di quattro rotture, subisce via via le seguenti perdite percentuali sui successivi flussi: 4%, 9%, 10%, 2%. Calcola la percentuale media di perdita. [6,31%]

42 Calcola la deviazione standard della seguente distribuzione: tempi impiegati da un ciclista a fare 8 giri di pista (espressi in minuti).

Tempo	1	1,1	1,4	1,8
Frequenza	2	1	3	1

[0,27]

43 Nella seriazione seguente è riportato il numero delle domande presentate a una scuola secondaria di I grado, per ottenere il sussidio Buono Libro, ripartite secondo il numero dei componenti della famiglia.

Numero componenti della famiglia	2	3	4	5	6
Numero domande	5	16	14	4	1

Calcola la media, la mediana e la moda.

[3,5; 3; 3]

4. LE TABELLE A DOPPIA ENTRATA

▶ Teoria a pag. 295

44 Raggruppa i dati in classi e compila una tabella a doppia entrata. Considera gli accompagnatori turistici di un'agenzia che conoscono ciascuno due lingue straniere. Si hanno le seguenti coppie ordinate dove la prima lingua è quella del Paese di origine:
(francese; inglese), (francese; spagnolo), (francese; tedesco), (tedesco; inglese), (tedesco; francese), (francese; inglese), (inglese; tedesco), (spagnolo; inglese), (inglese; francese), (francese; tedesco).

45 Da una rilevazione è risultato che i due sport preferiti dagli alunni di sesso maschile di una classe sono, in ordine di preferenza: (calcio; tennis), (calcio; nuoto), (calcio; volley), (calcio; basket), (nuoto; basket), (volley; basket), (nuoto; volley), (basket; calcio), (basket; volley), (calcio; volley), (volley; nuoto). Raggruppa i dati e compila una tabella a doppia entrata. Determina le distribuzioni marginali e condizionate.

46 Data la tabella seguente:

X \ Y	1	2	3	Totale riga
4	7	4	1	
5	2	8	3	
6	4	5	9	18
Totale colonna			13	43

a) determina la distribuzione marginale delle x_i;
b) determina la distribuzione marginale delle y_j;
c) determina la distribuzione condizionata relativa a $y = 3$;
d) determina la distribuzione condizionata relativa a $x = 5$;
e) calcola la media della distribuzione marginale delle y_j;
f) calcola la media della distribuzione marginale delle x_i.

[d) $\bar{y} = 2, \bar{x} = 5,06$]

321

ESERCIZI   CAPITOLO 6. **LA STATISTICA**

47 Nella tabella seguente sono riportate le medie dei voti di matematica ottenuti alla fine del primo quadrimestre e le assenze in ore relative a 100 studenti.

assenze \ media	4	5	6	7	8	9	Totale riga
2	1	3	6	9	3	1	23
3	1	2	6	8	2	0	
4	1	2	5	6	1	1	
5	3	4	4	3	1	0	
6	5	3	2	1	0	0	
7	7	5	3	1	0	0	
Totale colonna			26				100

a) determina le distribuzioni marginali relativi alla media;

b) determina le distribuzioni marginali relativi alle assenze;

c) calcola la media relativa alla media dei voti in matematica (y);

d) calcola la media relativa alle assenze (x);

e) determina la distribuzione condizionata relativa alle ore di assenza uguali a 5;

f) determina la distribuzione condizionata relativa alla media uguale a 7;

g) calcola la media aritmetica relativa al voto medio che corrisponde a 4 ore di assenza.

$$[c) \ \overline{y} = 5,93, \ d) \ \overline{x} = 4]$$

48 Le frequenze relative alle variabili X e Y sono riportate nella tabella seguente.
Determina la media e la varianza relativa alla X e alla Y.

$$[\overline{x} = 5,96, \ \overline{y} = 2,48; \ \sigma_x^2 = 7,43, \ \sigma_y^2 = 1,0496]$$

X \ Y	2	4	6	8	10	Totale riga
1	10	20	30	20	30	110
2	30	20	30	40	10	130
3	50	20	30	50	20	170
4	10	30	20	10	20	90
Totale colonna	100	90	120	130	80	500

5. INDIPENDENZA E DIPENDENZA

▶ Teoria a pag. 298

49 Raggruppa i seguenti dati in classi, compila una tabella a doppia entrata e determina le distribuzioni marginali e condizionate. Verifica che le due modalità sono dipendenti.

Considera un campione di 30 pezzi meccanici prodotti da una macchina che possono essere difettosi nel peso o nella lunghezza. Si hanno le seguenti coppie ordinate di dati, dove il primo valore indica il peso in grammi e il secondo la lunghezza in cm:

(123; 56), (122; 55), (122; 55), (123; 55), (120; 56), (123; 57), (122; 55), (122; 56), (122; 54), (124; 57), (125; 55), (122; 54), (123; 58), (123; 54), (125; 55), (121; 52), (122; 55), (123; 56), (125; 56), (126; 57), (122; 56), (123; 54), (124; 55), (122; 55), (123; 56), (123; 57), (123; 56), (122; 57), (123; 57), (123; 55).

322

PARAGRAFO 5. INDIPENDENZA E DIPENDENZA **ESERCIZI**

50 Completa la seguente tabella di distribuzione delle frequenze in modo che le due variabili risultino indipendenti.

X \ Y	1	2	3	4	Totale riga
2	6		2		20
3			5		50
4			3		30
Totale colonna	30	40		20	100

51 I dati relativi a un'indagine sul consumo di bevande durante il pasto, tra 1000 persone divise per fasce di età sono riportati in tabella.

Fascia di età \ Bevanda	Vino	Birra	Acqua	Altro	Totale riga
18-30	22	80	158	73	
30-60	184	92	54	4	
Sopra 60	137	66	127	3	
Totale colonna					1000

Verifica se le due variabili sono dipendenti o indipendenti

La dipendenza fra due caratteri

52 Si è rilevato il livello di gradimento di un prodotto in tre regioni e il risultato è riportato nella seguente tabella.

Regioni \ Gradimento	Basso	Medio	Alto
Piemonte	20	30	10
Toscana	10	20	30
Puglia	30	10	10
Sicilia	10	30	40

Dopo aver verificato che le due modalità non sono indipendenti calcola gli indici χ^2 e C.

$$[\chi^2 = 52,91; C = 0,1058]$$

53 La tabella espone i punteggi conseguiti da quattro studenti sottoposti a tre test. I punteggi sono espressi in centesimi.

Studente \ Test	I	II	III
A	60	80	70
B	70	65	95
C	85	75	80
D	70	60	80

Calcola gli indici χ^2 e C arrotondando opportunamente le frequenze teoriche all'unità.

$$[\chi^2 = 9,02; C = 0,005]$$

323

54 Un campione di 80 dipendenti è stato esaminato sotto le modalità «grado di istruzione» e «settore» in cui opera l'azienda in cui lavora.

Grado istruzione \ Settore	Industria	Commercio	Agricoltura	Altro
Scuola media	8	2	4	1
Scuola superiore	12	28	5	0
Laurea	10	8	2	0

Calcola gli indici χ^2 e C.

$[\chi^2 = 15{,}81; C = 0{,}0988]$

6. L'INTERPOLAZIONE STATISTICA

▶ Teoria a pag. 301

55 ESERCIZIO GUIDA

In un esperimento abbiamo ottenuto le seguenti coppie di valori per le variabili X e Y.

x_i	25	30	35	40	45	50
y_i	80	93	102	118	132	152

Rappresentiamo il diagramma a dispersione e determiniamo la retta interpolante.

Rappresentiamo i punti in un diagramma cartesiano.

La retta interpolante ha equazione $y = ax + b$, ottenibile con la formula $y - \overline{y} = a(x - \overline{x})$,

dove $a = \dfrac{\sum (x_i - \overline{x})(y_i - \overline{y})}{\sum (x_i - \overline{x})^2}$.

Calcoliamo i valori che servono per applicare le formule e li riportiamo nella tabella seguente.

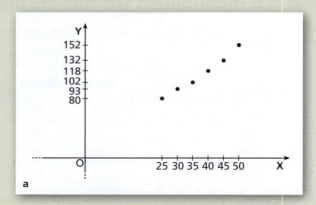

a

x_i	y_i	$x_i - \overline{x}$	$y_i - \overline{y}$	$(x_i - \overline{x})(y_i - \overline{y})$	$(x_i - \overline{x})^2$	$f(x_i)$
25	80	−12,5	−32,8333	410,41625	156,25	77,6195
30	93	−7,5	−19,8333	148,74975	56,25	91,7050
35	102	−2,5	−10,8333	27,08325	6,25	105,7905
40	118	2,5	5,1667	12,91675	6,25	119,8760
45	132	7,5	19,1667	143,75025	56,25	133,9615
50	152	12,5	39,1667	489,58375	156,25	148,0470
$\sum$	225	677			1232,5	437,5	676,9995

$\bar{x} = 37,5; \quad \bar{y} = 112,8333,$

L'equazione della retta interpolante è:

$$y = \frac{1232,5}{437,5}(x - 37,5) + 112,8333,$$

$$y = 2,8171x + 7,1920.$$

La rappresentiamo insieme al diagramma a dispersione.

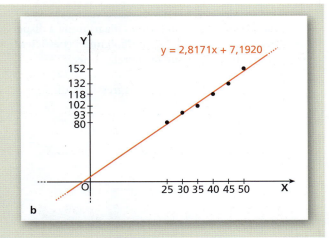

b

Rappresenta in un diagramma a dispersione i dati delle seguenti tabelle e determina l'equazione della retta di interpolazione.

56

x_i	0	1	2	3	4
y_i	3	5,4	9,9	13,5	18,9

$[y = 3,99x + 2,16]$

57

x_i	1	4	9	16	25
y_i	0,51	15,3	41,31	75,99	121,89

$[y = 5,06x - 4,66]$

58

x_i	1	2	3	4	5
y_i	37	62,9	96,2	118,4	148

$[y = 27,75x + 9,25]$

59

Tempo (s)	1	2	3	4	5
Velocità (m/s)	13,9	25,96	39,30	52,42	65,39

$[y = 12,944x + 0,562]$

7. LA REGRESSIONE, LA CORRELAZIONE

▶ Teoria a pag. 303

La regressione e la correlazione

60 ESERCIZIO GUIDA

Nella seguente tabella sono riportati la statura di cinque giovani e il relativo peso corporeo.

Ragazzo	Altezza in centimetri (X)	Peso in kilogrammi (Y)
1	171	64
2	175	68
3	177	73
4	178	75
5	180	77

325

Rappresentiamo i dati in un diagramma a dispersione. Stabiliamo se c'è qualche relazione di tipo lineare tra le due grandezze. Calcoliamo i coefficienti di regressione e ne valutiamo il significato. Determiniamo il coefficiente di correlazione.

L'equazione della retta di regressione di Y su X è:

$$y - 71{,}4 = 1{,}5299(x - 176{,}2)$$

e l'equazione della retta di regressione di X su Y è:

$$x - 176{,}2 = 0{,}6325 \cdot (y - 71{,}4).$$

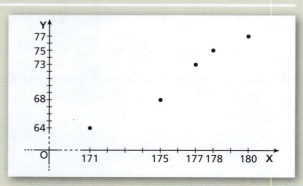

I coefficienti di regressione sono $m = 1{,}5299$ e $m_1 = 0{,}6325$. Possiamo perciò dire che al variare di 1 cm dell'altezza il peso corporeo dei giovani varia in media di 1,5299 kilogrammi e che al variare di 1 kilogrammo del peso corporeo la statura varia in media di 0,6325 centimetri.
Calcoliamo il coefficiente di correlazione: $r = \sqrt{1{,}5299 \cdot 0{,}6325} \simeq 0{,}9837$. È un buon indice perché è vicino a 1, quindi, nel nostro caso, c'è molta correlazione tra peso e statura.

61 Sono dati i valori riportati in tabella.

x_i	30	48	102	168	180
y_i	30	33	42	53	55

- Rappresenta il diagramma a dispersione. Cosa osservi?
- Determina la retta di regressione della variabile X su Y e quella della variabile Y su X.
- Quanto valgono i due coefficienti di regressione? Cosa indicano?
- Determina il valore della variabile Y in corrispondenza di $x = 200$.
- Determina il coefficiente di correlazione.

$[x - 105{,}6 = 6(y - 42{,}6); \ y - 42{,}6 = 0{,}16667(x - 105{,}6); \ y = 58{,}33; \ r = 1, \text{ perciò} \ldots]$

Dati i valori riportati in tabella, rappresenta il diagramma a dispersione e determina la retta di regressione della variabile X su Y e quella della variabile Y su X. Calcola il coefficiente di correlazione e commenta i risultati ottenuti.

62

x_i	1	3	5	7	9	11
y_i	33,6	16	13,2	$-15{,}6$	$-23{,}2$	$-47{,}2$

$[x - 6 = -0{,}123(y + 3{,}8667); \ y + 3{,}8667 = -7{,}863(x - 6); \ r = -0{,}983]$

63

x_i	16	25	50	86	92
y_i	24	29	36	50	54

$[x - 53{,}8 = 2{,}641(y - 38{,}6); \ y - 38{,}6 = 0{,}376(x - 53{,}8); \ r = 0{,}9966]$

64

Anni	2006	2007	2008	2009	2010
X: aerei arrivati	197 268	204 946	228 401	241 039	262 191
Y: passeggeri sbarcati	14 513 254	14 936 001	16 569 832	18 601 896	19 838 429

$[x - 226\,769 = 0{,}0114(y - 16\,891\,882); \ y - 16\,891\,882 = 85{,}8765(x - 226\,769); \ r = 0{,}988]$

RIEPILOGO L'INTERPOLAZIONE, LA REGERESSIONE, LA CORRELAZIONE · · · · · **ESERCIZI**

65 Si è rilevato il peso di 50 bambini di due anni e la loro altezza. Calcola il coefficiente di correlazione r.

Peso (kg) Altezza (cm)	11	12	13	14
60	0	1	1	0
65	3	3	3	1
70	0	6	6	2
75	0	5	6	3
80	0	1	4	5

[0,4216]

66 La tabella seguente è relativa al numero delle persone che abitano in 100 appartamenti suddivisi per numeri di vani. Calcola il coefficiente di correlazione r.

Numero vani Persone	1	2	3	4	5
1	6	25	5	0	0
2	4	20	12	2	1
3	0	5	6	5	2
4	0	0	2	3	2

[0,6011]

RIEPILOGO **L'interpolazione, la regressione, la correlazione**

TEST

67 La regressione lineare della variabile X su Y esprime:

- **A** di quanto X è più piccola di Y.
- **B** di quanto Y è più piccola di X.
- **C** un legame lineare fra X e Y.
- **D** di quanto X varia rispetto Y.
- **E** di quanto Y varia rispetto X.

68 La correlazione è:

- **A** diretta se $r < 0$.
- **B** diretta se $r = 0$.
- **C** perfetta se $r > 1$.
- **D** perfetta diretta se $r = 1$.
- **E** inversa se $r < -1$.

Rappresenta in un diagramma a dispersione i dati delle seguenti tabelle. Determina, con il metodo dei minimi quadrati, l'equazione della retta di interpolazione statistica (considera come X la variabile nella prima riga e come Y quella nella seconda).

69

Prezzo	23,4	25,6	27,8	29,2	31,1	32,2
Quantità offerta	63	65	68	72	76	78

$[y = 1,7838x + 20]$

70

Quantità	8	9	10	11	12	13
Ricavo	65	66	67	68	69	70

$[y = x + 57]$

327

ESERCIZI | CAPITOLO 6. LA STATISTICA

71

N. addetti manutenzione	1	3	6	10	12	13
N. interventi straordinari	440	406	375	320	292	275

$[y = -13,36x + 451,53]$

72

x_i	8	9	10	11	12	14
y_i	66	67	68	69	70	72

$[y = x + 58]$

73

Tempo (s)	1	3	6	10	12	13
Velocità (cm/s)	44,4	40,6	37,4	31,8	29	27,5

$[y = -1,3675x + 45,3730]$

74 La seguente serie storica riguarda la produzione di olive in migliaia di tonnellate dal 1995 al 2000. Esprimi il trend con una funzione lineare $y = ax + b$.

Anni	1995	1996	1997	1998	1999	2000
Quantità	3018	3088	3159	3232	3315	3390

$[y = 74,686x + 2938,932]$

Dati i valori riportati nelle seguenti tabelle, rappresenta il diagramma a dispersione e determina la retta di regressione della variabile X su Y e quella della variabile Y su X. Calcola il coefficiente di correlazione e commenta i risultati ottenuti (considera come X la variabile nella prima riga e come Y quella nella seconda).

75

Paesi	Danimarca	Germania	Grecia	Spagna	Francia
Produzione patate (in centinaia di t)	14 145	124 380	10 500	34 200	65 000
Produzione frumento (in centinaia di t)	48 340	198 667	20 160	46 300	339 280

$[x - 49\,645 = 0,2268\,(y - 130\,549); y - 130\,549 = 1,90197\,(x - 49\,645); r = 0,65672]$

76

Paesi	Polonia	Rep. Ceca	Ungheria	Romania	Bulgaria
Produzione frumento (in centinaia di t)	81 927	36 390	5270	71 562	37 740
Produzione granoturco (in centinaia di t)	4165	1689	68 110	126 797	16 500

$[x - 46\,577,8 = 0,02927\,(y - 43\,452,2); y - 43\,452,2 = 0,09\,(x - 46\,577,8); r = 0,05133]$

328

RIEPILOGO L'INTERPOLAZIONE, LA REGRESSIONE, LA CORRELAZIONE   **ESERCIZI**

77 Nella seguente tabella sono riportati i dati (in milioni) relativi al numero di viaggi all'estero con almeno un pernottamento effettuati dagli italiani negli anni dal 2003 al 2008 (fonte: ISTAT).

Anni	2003	2004	2005	2006	2007	2008
Viaggi all'estero	14,6	15,8	17,8	18,1	18,9	19,8

a) Rappresenta i dati in una nuvola di punti.
b) Scrivi l'equazione della retta che esprime il trend del fenomeno.
c) Nel 2009 i viaggi all'estero (in milioni) sono stati 17,3. Quale valore avresti invece potuto prevedere con il risultato del punto precedente.

[b) $y = 1,02x + 13,93$; c) $\simeq 21,1$ milioni]

78 Nella tabella sono riportati i dati relativi al numero di persone che hanno trasferito la propria residenza dall'Italia all'estero nel quinquennio 2001-2005 (fonte: Istat).

2001	2002	2003	2004	2005
56 077	41 756	48 706	49 910	59 931

a) Rappresenta i dati in un diagramma a dispersione e congiungi i punti trovati con una spezzata.
b) Scrivi l'equazione della retta interpolante.

[b) $y = 1586,2x + 46 517,4$]

79 Nella tabella sono riportati i dati relativi all'età e al numero di pulsazioni (al minuto) sotto sforzo, rilevati su un campione di otto donne.

Età	12	19	22	26	29	34	40	45
Pulsazioni	180	176	180	172	168	170	162	154

a) Riporta i dati in un diagramma a dispersione.
b) Scrivi l'equazione della retta di regressione della variabile *pulsazioni* rispetto alla variabile *età*.
c) Fai una previsione, in base ai dati forniti, riguardo al numero di pulsazioni sotto sforzo di una donna di 52 anni.

[b) $y = -0,767x + 192,014$; c) $\simeq 152$]

80 Nella tabella sono riportati i dati relativi al reddito medio pro capite X (in dollari) e la speranza di vita alla nascita Y (in anni) degli abitanti di 6 Paesi in via di sviluppo nel 2000.

a) Rappresenta i dati in una nuvola di punti.
b) Determina la retta di regressione di X su Y e quella di Y su X.
c) Determina quanto deve aumentare il reddito medio pro capite perché la speranza di vita alla nascita aumenti di 1 anno.

[b) $x = 54,35y - 2324,93$; $y = 0,013x + 48,023$; c) $\simeq 77$ dollari]

Paese	X	Y
Bangladesh	370	61,19
Burkina Faso	210	44,22
Ecuador	1190	69,59
Egitto	1490	67,46
El Salvador	2000	70,15
Repubblica del Congo	570	51,32

329

REALTÀ E MODELLI

NEL SITO ▶ Scheda di risoluzione guidata

1 I campionati mondiali di calcio

Le tabelle riportano i risultati ottenuti dall'Italia nei campionati mondiali di calcio del 1982 e del 2006.

Campionato mondiale 1982	
Partita	**Risultato**
Italia – Polonia	0-0
Italia – Perù	1-1
Italia – Camerun	1-1
Italia – Argentina	2-1
Italia – Brasile	3-2
Polonia – Italia	0-2
Italia – Germania	3-1

Campionato mondiale 2006	
Partita	**Risultato**
Italia – Ghana	2-0
Italia – Stati Uniti	1-1
Repubblica Ceca – Italia	0-2
Italia – Australia	1-0
Italia – Ucraina	3-0
Germania – Italia	0-2
Italia – Francia	1-1 (5-3 ai rigori)

Per il campionato mondiale del 2006, calcola:
▶ la media dei goal segnati e dei goal subìti durante il campionato, esclusi i goal ai rigori;
▶ lo scarto semplice medio dei goal segnati;
▶ la deviazione standard dei goal segnati.

Confrontiamo i due campionati mondiali.
▶ In quale campionato l'Italia ha subìto in media più goal?
▶ In quale campionato è migliore il rapporto fra goal segnati e goal subìti?

2 Le tabelle di crescita

Nella tabella sono riportati i dati relativi alle altezze medie delle bambine dalla nascita fino a un anno di età.

▶ Stabilisci se esiste una relazione lineare tra le due grandezze determinando l'equazione delle rette di regressione e calcolando l'indice di correlazione.

Età (mesi)	Altezza (cm)
0	49
2	53
4	59
6	62
8	66
10	68
12	71

3 Il mercato immobiliare

La tabella riporta i dati, relativi al primo semestre 2010, dei prezzi degli appartamenti di nuova costruzione in vendita nella periferia est di Roma, in base al numero dei locali.

▶ È possibile trovare una funzione che leghi il prezzo al numero dei locali?
▶ Trova la retta interpolante.
▶ Sulla base dei risultati precedenti stabilisci quanto potrebbe costare un appartamento di 6 locali.

Numero locali	Prezzo (in euro)
1	230 000
2	280 000
3	320 000
4	380 000
5	450 000

VERIFICHE DI FINE CAPITOLO

TEST

Questi e altri test interattivi nel sito: zte.zanichelli.it

1 Date le due rette di regressione di Y su X e di Y su X, quale delle seguenti affermazioni *non* è corretta?
- **A** Esse si incontrano nel baricentro della distribuzione.
- **B** Se l'angolo che si forma fra di esse è retto, non esiste correlazione lineare.
- **C** Se l'angolo che si forma fra di esse è nullo, la regressione è perfetta.
- **D** I coefficienti angolari delle due rette sono detti coefficienti di regressione della Y rispetto alla X e della X rispetto alla Y.
- **E** Il coefficiente di regressione di Y su X indica quanto varia la X al variare di una unità della Y.

2 Quale delle seguenti affermazioni è *vera*?
- **A** Se $r = 0$, fra i due fenomeni non esiste alcun tipo di correlazione.
- **B** Se $r = -1$, fra i coefficienti di regressione lineare sussiste la relazione $m = -\dfrac{1}{m_1}$.
- **C** La covarianza è la somma dei prodotti degli scarti dei valori della X e dei valori della Y dalle rispettive medie.
- **D** I coefficienti di regressione lineare e la covarianza hanno lo stesso segno.
- **E** Se i coefficienti di regressione lineare hanno lo stesso segno, allora $r > 0$.

QUESITI ED ESERCIZI

3 Illustra il concetto di funzione interpolante fra punti noti. Rappresenta poi il diagramma a dispersione della seguente tabella:

X	5	10	15	20
Y	4	22	16	3

e traccia la funzione interpolante
$y = -0{,}3\,x^2 + 7{,}6x - 25{,}8$.

4 Descrivi il modo per determinare l'equazione di una retta interpolante con il metodo dei minimi quadrati e determina l'equazione della retta interpolante per i dati della seguente tabella.

X	12	16	18	24
Y	9	11	20	19

$[y = 0{,}9x - 1]$

Dati i valori nelle tabelle riportate sotto:
a) rappresentali in un diagramma a dispersione;
b) determina con il metodo dei minimi quadrati l'equazione della retta interpolante.

5

N. medaglie	1	2	3	4	5
Peso (g)	52,36	103,84	157,2	209,68	261,56

$[b)\ y = 52{,}424x - 0{,}344]$

6

x_i	20	25	30	35	40	45
y_i	83	85	88	92	96	98

$[b)\ y = 0{,}64x + 69{,}533]$

331

ESERCIZI | **CAPITOLO 6. LA STATISTICA**

7 Un'azienda ha sostenuto, per la sicurezza degli impianti, le seguenti spese (in centinaia di euro).

Anni	2004	2005	2006	2007	2008	2009
Spesa sicurezza	341	392	439	508	584	666

a) Rappresenta graficamente il fenomeno.
b) Determina la funzione che esprime il trend lineare.
c) Determina le proiezioni relative agli anni 2010 e 2011.

[b) $y = 64{,}857x + 261{,}334$; c) $715{,}332$; $780{,}189$]

8 Data la seguente serie storica relativa alle quantità (in tonnellate) esportate di Parmigiano Reggiano:

Anni	2004	2005	2006	2007	2008	2009
Quantità (t)	625	635	642	654	666	675

a) costruisci la funzione che esprime il trend lineare;
b) estrapola la serie storica determinando le proiezioni relative agli anni 2010, 2011, 2012;
c) se da una ulteriore indagine, per questi ultimi tre anni, i dati osservati sono stati rispettivamente 684, 694, 707, riformula la funzione del trend partendo dall'anno 2007.

[a) $y = 10{,}143x + 614$; b) $685, 695, 705$; c) $y = 10{,}229x + 644{,}2$]

TEST YOUR SKILLS

9 The following data give the weight lost by 15 members of the Bancroft Health Club and Spa at the end of two months after joining the club.

5   10   8   7   25   12   5   14
11   10   21   9   8   11   18

Compute for these data:
a) the sample mean;
b) the sample standard deviation.

(USA *United States Naval Academy*, Final Examination, 2001)

$\left[\text{a) } M = \dfrac{174}{15}; \text{ b) } \sigma = \sqrt{\dfrac{461.6}{15}} \right]$

10 The table shows a student's marks and the weights given to these marks. Calculate the weighted mean mark.

Subject	Physics	Chemistry	Mathematics	Irish
Mark	74	65	82	58
Weight	3	4	5	2

(IR *Leaving Certificate Examination*, Ordinary Level, 1994)

[$M = 72$]

GLOSSARY

to join: unire
lost: perso
mark: voto
mean: media

table: tabella
weight: peso
weighted mean: media ponderata

MATHS IN ENGLISH

1.
POLAR AND CARTESIAN COORDINATES... AND HOW TO CONVERT THEM

2.
THE NUMBER π

3.
FLATLAND – A ROMANCE OF MANY DIMENSIONS

The first precept was never accept a thing as true until I knew it as such without a single doubt.

René Descartes (1596-1650),
Le Discours de la Méthode, 1637

MATHS IN ENGLISH

1. POLAR AND CARTESIAN COORDINATES... AND HOW TO CONVERT THEM

To pinpoint where you are on a map or graph there are two main systems:
– cartesian coordinates;
– polar coordinates.

■ Cartesian Coordinates

Using cartesian coordinates you mark a point by **how far along** and **how far up** it is:

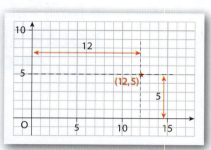

■ Polar Coordinates

Using polar coordinates you mark a point by **how far away**, and **what angle** it is:

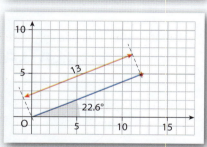

■ Converting

To convert from one to the other, you need to solve the triangle:

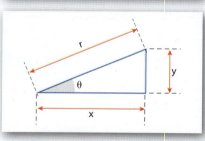

■ To Convert from Cartesian to Polar

When you know a point in cartesian coordinates $(x; y)$ and want it in polar coordinates $(r; \theta)$ you **solve a triangle of which you know two sides**.

■ EXAMPLE
What is (12; 5) in polar coordinates?

Use Pythagorean Theorem to find the long side (the hypotenuse):
$r^2 = 12^2 + 5^2$,
$r = \sqrt{(12^2 + 5^2)}$,
$r = \sqrt{(144 + 25)} = \sqrt{(169)} = 13$.

Use the **tangent function**[1] to find the angle:

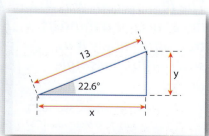

---

❶ Sine, Cosine and Tangent: Three Functions, but Same Idea.

Sine, cosine and tangent are all based on a right triangle. Before getting stuck into the functions, it helps to give a **name** to each side of a right triangle:
– "opposite" is opposite to the angle θ;
– "adjacent" is adjacent (next to) to the angle θ;
– "hypotenuse" is the long one.

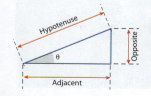

E2

1. POLAR AND CARTESIAN COORDINATES... AND HOW TO CONVERT THEM

$$\tan(\theta) = \frac{5}{12},$$

$$\theta = \tan^{-1}\left(\frac{5}{12}\right) = 22.6°.$$

Answer: the point (12; 5) is (13; 22.6°) in polar coordinates.

So, to convert from cartesian coordinates $(x; y)$ to polar coordinates $(r; \theta)$ you need the following equations:

$$r = \sqrt{(x^2 + y^2)}, \qquad \theta = \tan^{-1}\left(\frac{y}{x}\right).$$

■ To Convert from Polar to Cartesian

When you know a point in polar coordinates $(r; \theta)$ and want it in cartesian coordinates $(x; y)$, you solve a triangle of which you know the hypotenuse and an angle.

■ EXAMPLE
What is (13; 22.6°) in cartesian coordinates?

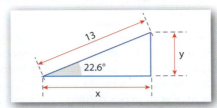

Use the cosine function and solve for x: $\quad \cos(22.6°) = \frac{x}{13}.$

Rearranging and solving: $\quad x = 13 \times \cos(22.6°) = 13 \times 0.921 =$ **12.002**.

Use the sine function and solve for y: $\quad \sin(22.6°) = \frac{y}{13}.$

Rearranging and solving: $\quad y = 13 \times \sin(22.6°) = 13 \times 0.391 =$ **4.996**.

Answer: the point (13; 22.6°) is almost exactly **(12; 5)** in cartesian coordinates.

So, to convert from polar coordinates $(r; \theta)$ to cartesian coordinates $(x; y)$ you need the following equations:

$$x = r \times \cos(\theta), \qquad y = r \times \sin(\theta).$$

(from http://www.mathsisfun.com/polar-cartesian-coordinates.html)

Exercises

1 **About the Pythagorean Theorem.** Only one of the following sentences is wrong. Which one?
- **A** In a right triangle: the square of the hypotenuse is equal to the sum of the squares of the other two sides.
- **B** A "3-4-5 triangle" is a right triangle.
- **C** Pythagorean Theorem can be written in one short equation: $a^3 + b^3 = c^3$
- **D** The following equation summarizes the Pythagorean Theorem: the length of the diagonal of a square with a unit side is $\sqrt{2}$.

2 **Finding polar coordinates.** What are the polar coordinates of the point $P = (3; 8)$?
- **A** (8.54; 20.6°)
- **B** (9.11; 69.4°)
- **C** (8.54; 110.6°)
- **D** (8.54; 69.4°)

3 **Solving a triangle.** Calculate the value of c.
- **A** $c = 5$
- **B** $c = 25$
- **C** $c = \sqrt{527}$
- **D** $c = 31$

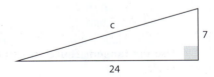

E3

2. THE NUMBER π

When we first meet the number $\pi = 3.14159\ldots$ it is all about circles. In particular, if we have a circle of radius r, then

$$\text{circumference} = 2\pi r,$$

and

$$\text{area} = \pi r^2$$

The first of these formulae is more or less what we *mean* by the number π. For if we regard it as "obvious" that the circumference of a circle is proportional to its diameter, then the ratio $\frac{\text{circumference}}{\text{diameter}}$ will be a single number, the same for all circles.

And that number is denoted by the symbol π. To put it another way, we *define* π to be that number, and as the diameter of a circle is twice the radius, i.e. $2r$, the formula *circumference* $= 2\pi r$ then follows immediately.

But the second formula, *area* $= \pi r^2$, is quite a different matter. There was no mention of area at all in our definition of π just now. Here, then, we have a simple but far from obvious result.

So why is it true?

Begin by inscribing within the circle a polygon with N equal sides.

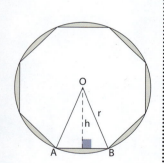

Now, this polygon will consist of N triangles such as OAB, where O is the centre of the circle, and the area of each such triangle will be $\frac{1}{2}$ its "base" AB times its "height" h. The total area of the polygon will be N times this, i.e. $\frac{1}{2} \times (AB) \times h \times N$. But $(AB) \times N$ is the length of the perimeter of the polygon, so

$$\text{Area of polygon} = \frac{1}{2} \times (\text{Perimeter of polygon}) \times h.$$

Consider, finally, what happens as we let N get larger and larger, so that the polygon has an ever-increasing number of shorter and shorter sides, and therefore approximates the circle ever more closely:

   …

As we continue in this way, the perimeter of the polygon will get ever closer to the circumference of the circle, which is $2\pi r$, and h will get ever closer to the radius of the circle, r. The area of the polygon will therefore get ever closer to $\frac{1}{2} \times 2\pi r \times r$. And that is why the area of a circle is πr^2. […]

The earliest known estimate of π is $\left(\frac{4}{3}\right)^4 = 3.16\ldots$, which appears in the Rhind Papyrus, dating from about 1650 BC. Despite this, the crude approximation $\pi = 3$ was used throughout much of the ancient world, and this is the approximation which appears in the Old Testament:

… Also he made a molten sea of ten cubits from brim to brim, round in compass… and a line of thirty cubits did compass it round about.

(1 Kings 7:23)

2. THE NUMBER π

The Rhind Papyrus

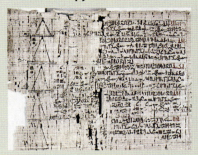

In 1858, Alexander Henry Rhind (1833-1863) bought a scroll that was 18 feet long and 13 inches high, which is now called the *Rhind Mathematical Papyrus*. A scribe named Ahmes made this copy around 1650 or 1700 BC (different sources are inconsistent with the date), and he copied it from a document that dated 200 years before that, so the original was from around 1850 BC. The Rhind, also called the Ahmes Papyrus, is the greatest source of information on Egyptian mathematics from that time. The Rhind Papyrus contains 87 math problems, including equations, volumes of cylinders and prisms, and areas of triangles, rectangles, circles and trapezoids, and fractions. The Egyptians used unit fractions, which are fractions with one in the numerator. In order to simplify things, the Egyptians included an important table in the papyrus, so they could look up the answers to arithmetic problems. This table showed the number 2 divided by all the odd numbers from 3 to 101. The answers to these division problems were stated in the table as several fractions added together, although the plus signs were omitted. For example, the fraction $\frac{5}{8}$ would have been written like this: $\frac{1}{2}\ \frac{1}{8}$. Addition and subtraction were accomplished in this way, but multiplication and division were a different matter. In fact, the only multiplication that the Egyptians used was with the number 2. If they wanted to multiply 17 by 4, they would have doubled 17 to get 34, and then they would have doubled 34 to get a final answer of 68. In other words, division was accomplished by successively doubling the denominator of a fraction. After the death of Henry Rhind, the Rhind Papyrus was transferred to the British Museum. Fortunately large missing pieces of the Rhind were found in New York's Historical society and reunited with the other part of the papyrus. The British Museum now owns the whole Rhind Papyrus.

The first really systematic attempt to pin down the value of π seems to have been by Archimedes, who used polygons with 96 sides, inside *and* outside the circle, to show that π must be greater than $3 + \frac{10}{71}$ but less than $3 + \frac{1}{7}$. And this upper bound of $\frac{22}{7}$ often appeared, centuries later, as an approximation to π in elementary textbooks. The first exact formula for π was obtained in 1593 by Viète:

$$\frac{2}{\pi} = \frac{\sqrt{2}}{2} \times \frac{\sqrt{2+\sqrt{2}}}{2} \times \frac{\sqrt{2+\sqrt{2+\sqrt{2}}}}{2} \cdots$$

and this remarkable infinite product was again derived by considering polygons. The square roots make it a little cumbersome, but still permitted, even in Viète's time, the numerical calculation of π to 14 decimal places:

$\pi = 3.14159\ 26535\ 8979\ldots$

(David Acheson, *1089 and All That. A Journey into Mathematics*, Oxford University Press, 2002)

Exercises

1 Right statements. How many and which of the following statements are *correct*?

- **A** π is the ratio of the circumference to the diameter of a circle
- **B** π = 3.14
- **C** π = $\frac{22}{7}$
- **D** π is an irrational number

2 The best estimate. Which of the following gives the best estimate for π (consider 5 decimal places)? Why?

- **A** 3.14
- **B** $\frac{22}{7}$
- **C** $\sqrt{10}$
- **D** $\sqrt{31}$

E5

MATHS IN ENGLISH

3. FLATLAND – A ROMANCE OF MANY DIMENSIONS

Section 1
Of the Nature of Flatland

I CALL our world Flatland, not because we call it so, but to make its nature clearer to you, my happy readers, who are privileged to live in Space.

Imagine a vast sheet of paper on which straight Lines, Triangles, Squares, Pentagons, Hexagons, and other figures, instead of remaining fixed in their places, move freely about, on or in the surface, but without the power of rising above or sinking below it, very much like shadows--only hard with luminous edges--and you will then have a pretty correct notion of my country and countrymen. Alas, a few years ago, I should have said "my universe": but now my mind has been opened to higher views of things.

In such a country, you will perceive at once that it is impossible that there should be anything of what you call a "solid" kind; but I dare say you will suppose that we could at least distinguish by sight the Triangles, Squares, and other figures, moving about as I have described them. On the contrary, we could see nothing of the kind, not at least so as to distinguish one figure from another. Nothing was visible, nor could be visible, to us, except Straight Lines; and the necessity of this I will speedily demonstrate.

Place a penny on the middle of one of your tables in Space; and leaning over it, look down upon it. It will appear a circle.

But now, drawing back to the edge of the table, gradually lower your eye (thus bringing yourself more and more into the condition of the inhabitants of Flatland), and you will find the penny becoming more and more oval to your view, and at last when you have placed your eye exactly on the edge of the table (so that you are, as it were, actually a Flatlander) the penny will then have ceased to appear oval at all, and will have become, so far as you can see, a straight line.

The same thing would happen if you were to treat in the same way a Triangle, or a Square, or any other figure cut out from pasteboard. As soon as you look at it with your eye on the edge of the table, you will find that it ceases to appear to you as a figure, and that it becomes in appearance a straight line. Take for example an equilateral Triangle--who represents with us a Tradesman of the respectable class. Figure 1 represents the Trades-

▲ The frontispiece.

Edwin Abbott Abbott (1838-1926) was the eldest son of Edwin Abbott (1808-1882), headmaster of the Philological School, Marylebone, and his wife, Jane Abbott (1806-1882). His parents were first cousins.
He was educated at the City of London School and at St John's College, Cambridge, where he took the highest honors in classics, mathematics and theology. In 1862 he took orders. Abbott became headmaster of the City of London School in 1865. He retired in 1889 and devoted himself to literary and theological pursuits. Abbott wrote *Shakespearian Grammar* (1870) a permanent contribution to English philology. His theological writings include three anonymously published religious romances. Abbott also wrote educational text books, one being "Via Latina: First Latin Book" (1898), distributed around the world within the education system.
Abbott's best-known work is his 1884 novella *Flatland: A Romance of Many Dimensions* which describes a two-dimensional world and explores the nature of dimensions.
It has often been categorized as science fiction although it could more precisely be called "mathematical fiction".
With the advent of modern science fiction from the 1950s to the present day, *Flatland* has seen a revival in popularity, especially among science fiction and cyberpunk fans. Many works have been inspired by the novella, including novel sequels, short films, and a film called *Flatland*.

3. FLATLAND – A ROMANCE OF MANY DIMENSIONS

man as you would see him while you were bending over him from above; figures 2 and 3 represent the Tradesman, as you would see him if your eye were close to the level, or all but on the level of the table; and if your eye were quite on the level of the table (and that is how we see him in Flatland) you would see nothing but a straight line. [...]

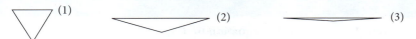

Section 3
Concerning the Inhabitants of Flatland

THE GREATEST length or breadth of a full grown inhabitant of Flatland may be estimated at about eleven of your inches[1]. Twelve inches may be regarded as a maximum.

Our Women are Straight Lines.

Our Soldiers and Lowest Class of Workmen are Triangles with two equal sides, each about eleven inches long, and a base or third side so short (often not exceeding half an inch) that they form at their vertices a very sharp and formidable angle. Indeed when their bases are of the most degraded type (not more than the eighth part of an inch in size), they can hardly be distinguished from Straight lines or Women; so extremely pointed are their vertices. With us, as with you, these Triangles are distinguished from others by being called Isosceles; and by this name I shall refer to them in the following pages.

Our Middle Class consists of Equilateral or Equal-Sided Triangles.

Our Professional Men and Gentlemen are Squares (to which class I myself belong) and Five-Sided Figures or Pentagons.

Next above these come the Nobility, of whom there are several degrees, beginning at Six-Sided Figures, or Hexagons, and from thence rising in the number of their sides till they receive the honourable title of Polygonal, or many-Sided. Finally when the number of the sides becomes so numerous, and the sides themselve so small, that the figure cannot be distinguished from a circle, he is included in the Circular or Priestly order; and this is the highest class of all.

It is a Law of Nature with us that a male child shall have one more side than his father, so that each generation shall rise (as a rule) one step in the scale of development and nobility. Thus the son of a Square is a Pentagon; the son of a Pentagon, a Hexagon; and so on. [...]

(Edwin Abbott Abbott, *Flatland, A Romance of Many Dimensions*, Second, revised edition, 1884)

[1] **1 inch = 2.54 centimeters**
An inch is the name of a unit of length in a number of different systems, including Imperial units and United States customary units. Corresponding units of area and volume are the square inch and the cubic inch.

Exercises

1. **Following the Law of Nature.** In Flatland, a male child shall have one more side than his father. How many sides shall have a male child of a Circular? Why?

2. **What's the score?** The center circle of the target has radium of 3 inches and each ring is 3 inches wide. For each region of area A, the score follows from the formula:
$$\text{Score} = \frac{225\pi}{A}.$$
   a) Find the area of each region in terms of π.
   b) Use the formula to find the score for each region.
   c) Which player, Greg or Jamie, has a higher score?

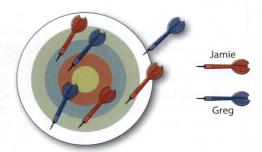

E7

MATHS IN ENGLISH

MATHS TALK
Let's read the equations

> Visit us online for the pronunciation of these formulas and many others!

Conics

Graph	Conic	Typical equation	
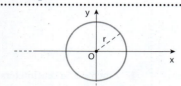	circle	$x^2 + y^2 = r^2$	**x squared plus y squared equals r squared**, where *r* is the radius
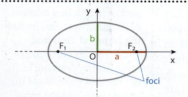	ellipse	$\dfrac{x^2}{a^2} + \dfrac{y^2}{b^2} = 1$	**x squared over a squared plus y squared over b squared equals one**, where *a* is the semi-major axis and *b* the semi-minor axis
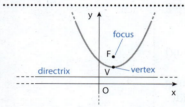	parabola	$y = ax^2 + bx + c$	**y equals a x squared plus b x plus c**, where *a*, *b*, *c* are parameters that define the vertex and the directrix of a parabola with directrix parallel to the *x*-axis
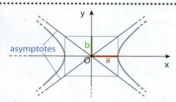	hyperbola	$\dfrac{x^2}{a^2} - \dfrac{y^2}{b^2} = 1$	**x squared over a squared minus y squared over b squared equals one**, where *a* is the semi-major axis and *b* the semi-minor axis

Graph of the sine function

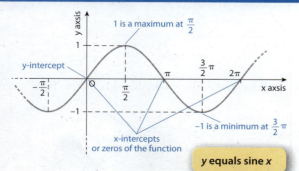

y equals sine x

- The domain of the function $y = \sin x$ is $\mathbb{R}$.
- The function is bounded between -1 and $+1$; the range of the function is $[-1, 1]$.
- The function is periodic with period 2π.

Some basic trigonometric identities

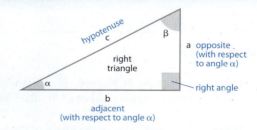

$\sin \alpha = \dfrac{a}{c}$ — **Sine alpha equals a over c**

$\cos \alpha = \dfrac{b}{c}$ — **Cosine alpha equals b over c**

$\sin^2 \alpha + \cos^2 \alpha = 1$ — **Sine squared of alpha plus cosine squared of alpha equals one**

E8